最优控制

——数学理论与智能方法（上册）

张杰 王飞跃 著

清华大学出版社
北京

内 容 简 介

最优控制是现代控制理论中的重要课题。近年来，随着工程应用的需求和人工智能的兴起，在系统模型未知或部分未知的情况下寻求近似最优控制的方法逐渐崭露头角。本书上册包括最优控制基础和最优控制的数学理论两部分，着重介绍经典变分法、庞特里亚金极小值原理以及动态规划方法；下册侧重最优控制的智能方法，包括强化学习与自适应动态规划、最优控制的数值方法、模型预测控制、微分博弈以及平行控制。为了适应“智能时代”的人才需求，我们在中国科学院大学计算机与控制学院和人工智能学院开设了包含最优控制数学理论与智能方法的研究生专业课，并在课程讲义的基础上整理得到本书。

本书上册可作为高年级本科生或研究生的最优控制课程教材，上下册的结合可供控制论、人工智能、管理学等领域的学生、科研人员和专业技术人员参考。

图书在版编目(CIP)数据

最优控制：数学理论与智能方法. 上册/张杰，王飞跃著.—北京：清华大学出版社，2017 (2025.3重印)
ISBN 978-7-302-47911-6

Ⅰ. ①最… Ⅱ. ①张… ②王… Ⅲ. ①最佳控制 Ⅳ. ①O232

中国版本图书馆 CIP 数据核字(2017)第 193266 号

责任编辑：薛 慧
封面设计：何凤霞
责任校对：刘玉霞
责任印制：宋 林

出版发行：清华大学出版社
网 址：https://www.tup.com.cn, https://www.wqxuetang.com
地 址：北京清华大学学研大厦 A 座 邮 编：100084
社 总 机：010-83470000 邮 购：010-62786544
投稿与读者服务：010-62776969, c-service@tup.tsinghua.edu.cn
质量反馈：010-62772015, zhiliang@tup.tsinghua.edu.cn
印 装 者：涿州市般润文化传播有限公司
经 销：全国新华书店
开 本：210mm×235mm **印 张：**21.25 **字 数：**470 千字
版 次：2017 年 9 月第 1 版 **印 次：**2025年 3月第 7次印刷
定 价：78.00 元

产品编号：074795-02

假如你不能简单说清楚，你就还没完全明白。

——爱因斯坦（Albert Einstein），1879—1955

前言：最优控制与最优教学

三十多年前，最优控制曾是我由力学转入控制后的首选方向。记得第一个课题就是桥梁和高层建筑的主动减振控制，属分布参数系统问题；第二个是非线性问题的次优控制，试图利用最小二乘方法和勒让德特殊函数进行递归求解 Hamilton-Jacobi-Bellman（HJB）方程。可惜因其他研究任务最后都没持续下去，成为心中至今的遗憾。喜欢最优控制的一个重要原因是大学和硕士期间着迷于变分法、力学和物理中各种各样的变分原理、泛函分析及其在希尔伯特空间的几何表示方式。我一直希望能利用泛函从代数几何空间的角度去解释最优控制，并进而在流形上近似求解各种非线性最优控制问题。

赴美留学之后，研究方向立刻转入以人工智能为基础和以智能机器人系统为对象的智能控制。1986 年，上导师 George N.Saridis 教授的“自组织系统之随机控制”（Stochastic Control of Self-organizing Systems）课时，一度曾有机会回头从事最优控制的研究，但由于对于如何利用熵（entropy）表示与导师有严重的分歧，一番争吵之后，最后“少”果而终，仅留下一篇会议论文和一篇杂志论文[1]。有幸的是，这让我有机会独立地提出了早期自适应动态规划（adaptive dynamic programming，ADP，最初称为 approximate dynamic programming）的思想。更可喜的是，今天，以刘德荣教授和魏庆来研究员为代表的复杂系统管理与控制国家重点实验室团队在此领域硕果累累，已成为国际上研究 ADP 的先锋与重镇。

其实，至今我仍认为熵表示可能是统一各种最优控制方法，特别是将自适应和预测控制统一起来的可行途径，甚至更广泛的平行控制也可以纳入熵表示的框架之中。特别是跟随副导师 Robert F. McNaughton 教授上完自动机、形式语言和理论计算机课程之后，更感到控制熵与信息熵、计算复杂性之间有着深刻的内在关联，再加上学习控制和机器学习（当时称为“学习机器”，learning

[1] 关于争吵的部分描述见 2001 年出版的 *Modeling Uncertainty: An Examination of Stochastic Theory, Methods, and Applications* 第 16 章最后一节。会议论文之后于 1992 年发表于图森召开的 IEEE 控制与决策会议，题为 *Suboptimal Control for Nonlinear Stochastic Systems*。杂志论文于 1994 年发表于 *Control Theory and Advanced Technology* 第 10 卷第 4 期，题为 *Suboptimal Control of Nonlinear Stochastic Systems*。

machines）方法，或许能够创出一条从最优控制的数学理论到最优控制的智能方法之新路[2]。这三十余年来未熄的“梦”想，就是驱动创作本书的原始动机。

当然，本书的写作还有一个十分显然的现实动机。近十年来，周围愿以控制理论和控制工程专业为第一选择的学生相对大大减少，学生们都希望转入其他以算法为主更时兴、见效更快的专业。相对而言，控制付出大，回报却不见得大。然而，控制是“硬”科技，更是智能技术中的“硬”智能。没有过硬的控制，许多想法和算法无法落地。而且，最优控制是控制之中的“硬”课程，是“硬”中之硬。正如国家与社会的发展不能只发展“虚拟”经济，必须有强硬的“实体”经济支撑，技术的健康发展，一定也不可忽略控制技术，必须有高质量的人才不断加入控制技术的研究与开发之中才可持续。因此，一部与时代技术和应用要求合拍的最优控制教程，是吸引更多优秀学生从事控制专业的重要一步，这就是本书写作的现实动机。

因此，2015 年秋，我答应承担起中国科学院大学（以下简称“国科大”）计算机与控制学院的“最优控制”研究生教学任务，并筹划写一本新的最优控制教材。最初有两个计划，一是按“以学习者为中心的教育”（learner-centered education，LCE，其中老师和学生都是学习者）之思想教学，并按照教学“三境界”方式安排教学内容和进度；二是变“编年体”式的教科书为“纪传体”的教材，就像《史记》开创中国史书的撰写新方式，希望使“最优控制”这门课的课本尽量生动有趣，与时代相宜。

所谓教学“三境界”是仿王国维关于词之三层境界之说，让教学也有“三阶段”或“三境界”:

1）**开始**：滴水见大海，See the whole ocean from a drop of water。用开始的几堂课，把最优控制的核心问题、主要概念和关键方法以最简单的例子讲清楚。目的就是带学生登顶看城，让学生有一个整体观。

2）**过程**：借用苏轼的《题西林壁》，“横看成岭侧成峰，远近高低各不同。不识庐山真面目，只缘身在此山中。” Difficulty and confused, but not lost, still know where you are and enjoy.“滴水阶段”之后，根据学生水平和兴趣及教学要求，放开地去讲，但不断地与“滴水”的内容回连和关联。学生可以不懂，但必须知道懂了什么、不知什么，内容的意义或意味着什么。这就如同带领学生手机地图探城，大街小巷任游。

3）**结局**：借用杜甫的《望岳》，“荡胸生层云，决眦入归鸟。会当凌绝顶，一览众山小。” In the end you feel like an expert in Optimal Control：Be there，done that，and so what! 课的后期，以一个综合的题目或项目，把“滴水阶段”的问题、概念、方法再回头以“庐山阶段”学到的手段“一网打尽”，让学生从心理上感觉到自己了解掌握了最优控制的精髓，上升到“泰山境地”，今后可以

[2] 见 1989 年王飞跃在 NASA/RPI 空间探索智能机器人系统中心提交的题为 *Information-based Complexity and Its Application in Intelligent Machines* 的工作报告。

有信心地使用或补习最优控制的方法和技术。这就像游城之后，让学生讲述经历和体会，让他们有“这座城市我去过”，是一个活生生的地方，消除心理障碍，不再抽象神秘了。

这是我在美教授二十年“机器人与自动化”（Robotics and Automation）课程的实践与经验的总结，曾获得很好的效果，使学生对内容的理解从原来大约 20% 的程度提高到差不多 70%[3]。“最优控制”差不多是控制课程中最难的，我希望以“三境界”的方法教授国科大的“最优控制”。

新型教材的撰写更是自己很久以来的想法。读过许多领域的专业著作，多数初读时的感觉很难摆脱“枯燥无味”四字，往往对书中一些内容不知为什么、干什么，更不知谁提出来了，当时的情景与动机是什么。没有历史感，更无发展感。每当此时，我就想起小时看过的“文革”之前的一些中小学课本：物理课本介绍牛顿定律时有牛顿的头像和简介，化学课本介绍元素周期表时有门捷列夫的画像和故事，似乎自己就是因此才养成喜欢读书的习惯。

一次，读《史记》纪传体形成过程研究的论文，深叹司马迁纳百家众体，创新出以纪传体为中心，五体相依，体系严密的新史体，以致“百代而下，史官不能易其法，学者不能舍其书”，从此《春秋》《左传》《国语》等编年体史书不再主流，而纪传体不断发展延至今日。个人认为，今天绝大多数的专业著作和教科书之写作方式仍属知识的“编年体”，太注重知识本身之“用”，却忘了是谁去学谁去用。我们应该学习司马迁，重视专业知识之前、之中、之后的人，就是学习者和应用者，用知识描述的“纪传体”方式来创作专著和教科书，让人在其中，故事穿之，使“死”知识变“活”知识，生动有趣，让 LCE 以学习者为中心的教育和教学不再是口号和空话。由于时间的原因，本书的写作，只是沿此方向的一个十分初步的尝试，希望将来有机会结合 wiki、微信和网络化、可视化等技术深入系统地研究“纪传体”的教科书和学术著作应如何撰写[4]。

由于肩负其他科研任务，我无法以个人之力完成“最优控制”的教学和教材写作任务。这些任务的完成，特别是本书写作，张杰博士是最主要的贡献者。张杰大学在清华大学读数学，硕士在人民大学攻经济，博士期间才开始在中科院自动化所与我一起从事社会计算、计算经济，特别是博弈论方面的研究工作。我一直希望张杰能以闭环实时反馈的思路在平行经济，特别是平行博弈方向有所建树，所以要求他再回头补足一些控制的核心知识。因此，博士一毕业，就安排他与我一起教授“最优控制”，并承担了大部分的教学和教材工作。两年多来，我几乎只是动口并“反复无常”地提出了许多几近“苛刻”的要求，张杰博士总是全力以赴，而且给了我许多事先没有想到的惊喜。我坚信，张杰博士一定会独立成为“最优控制”这门课的一位非常优秀的教师。

[3] 见王飞跃科学网博客：《关于机器人课教学的“三境界”实践简忆》，http://blog.sciencenet.cn/blog-2374-860504.html。

[4] 更多关于教学的想法，请见王飞跃科学网博客：《我的教学梦》，http://blog.sciencenet.cn/blog-2374-6431.html；以及《将来如何教学生？》，http://blog.sciencenet.cn/blog-2374-341680.html。

2015 年“最优控制”课后部分师生交流合影，就座二人为授课教师，本书作者王飞跃、张杰（摘自 2015 年国科大“最优控制”课程纪念册）

第一年（2015 年）教授“最优控制”时，我还请了北京交通大学的侯忠生教授，讲授数据驱动的控制方法；我们实验室的魏庆来研究员，讲授自适应动态规划方法。第二年（2016 年）上课时，邀请了国科大的王立新教授讲授模糊逻辑和模糊控制，以及美国印第安纳大学-普渡大学的李灵犀教授讲授强化学习方法。在张杰博士的精心协调和安排之下，讲课效果之佳完全超出我的预想，学期结束时得到了许多同学积极正面的反馈，摘录如下：

“教学三境界”——第一次接触到这般教学思想，从整体到局部，再从局部回归整体。如今课程结束，那些知识却深深地印在脑海之中。

几位老师给我们描绘了一幅控制的完美历史画卷，张老师说他喜欢这种“历史的厚重感”，敢问又有哪位同学能不被这么美妙的“历史”所吸引。在这种强烈的兴趣下我也相信每位同学都愿意深入这门课程去探索科学的真谛。

最优控制理论是我十几年的求学过程中上过的最优质的课程。课程内容既扎根本质又放眼前沿，“高大上”的微信公众平台也让我得以随时了解课堂信息，全面、客观的考核方式更是让我真正做到了“平时努力学，考试轻松过”。

在怀柔国科大，有幸能上“最优控制理论”这门课，遇到那么棒的老师，认识一群那么棒的同学，是我这辈子，学生时代，最美好的回忆！

国科大“最优控制”2015 年授课教师，左上为中科院自动化所王飞跃教授，左下为北京交通大学侯忠生教授，右上为中科院自动化所张杰副研究员，右下为中科院自动化所魏庆来研究员（摘自 2015 年国科大“最优控制”课程纪念册）

特别令我高兴的是，第一年结束时，我还得到一本由“最优控制”课程的教学照片和评语制作成的纪念册，不但精美，而且难忘。这不但让我感到自己所费心血值得，也再次让我想起物理学大师 John Wheeler 的话：“大学里为什么要有学生？那是因为老师有不懂的东西，需要学生来帮助解答。”

国科大“最优控制”2016 年部分授课教师，左图为国科大王立新教授，
右图为印第安纳大学 -普渡大学李灵犀教授

2016 年“最优控制”课后师生共游国科大后山雁栖湖，左三、左五、
左六分别为本课教师张杰、王飞跃、王立新

回国后能有这样一次令人难忘的教学经历，十分难得，为此我必须感谢上课的两百余名同学和五名教授团队，特别是付出最大努力的张杰博士。然而，这离我最初希望以教学“三境界”为支撑，以平行课堂和平行教育的方式进行“最优控制”教学的设想还有很大一段距离。可喜的是，两年来的教学实践和教材撰写已为下一步的智能化平行教学奠定了一个良好的基础。衷心希望这本教材所开始的新教学理念，能在同学的帮助之下得到深入地发展和巩固，使本书的下册《最优控制——智能方法》更加完善和成功，也为教学改革做一次有益且有效的努力。

《最优控制——数学理论与智能方法》（上册）是一次教学和教材的改革尝试，一定存在许多不足之处，作为主导和组织者，对此我必须承担全部责任。在此，我十分感谢王雨桐、白天翔、曾帅博士、张晓磊、顾颖城、王晓博士、高琳等帮助此课的同事和同学。希望本书面世后能够得到相关专家和一线师生的批评指正，以便今后改正和改进，在此表示衷心的感谢。

2017 年夏末于北京静安园
中国科学院自动化研究所复杂系统管理与控制国家重点实验室
中国国防科技大学军事计算实验与平行系统技术研究中心

目　录

第 1 部分　最优控制介绍

第 2 部分 最优控制的数学理论

第 1 部分

最优控制介绍

第 1 章 最优控制基础

> 大自然总是以最简的方式运转。如果一个物体从一点无障碍地到达另一点，大自然必引导它沿着最短的路径最快地到达。
>
> ——Pierre Louis Maupertuis（莫佩尔蒂），1698—1759

本章提要

本章从历史的视角介绍最优控制理论涉及的主要问题。包括早期的变分问题、最优控制问题，以及最优控制数学理论走向成熟后涌现的无确定模型的控制问题。

1.1 引 言

科学家一直向往用简单的原理解读复杂的现象。本章开始的一段名言出自 18 世纪法国科学家和哲学家 Maupertuis[1]的著作《作品集》（*Oeuvres*）。他于 1744 年首次提出最小作用量原理[2]（principle of least action），认为世界上的物理规律都是以对某个“作用量”取极小值为准则“制定”的。这种最优化的思想在很多领域中都显示出威力。例如，“业余数学家之王” Pierre de Fermat（费马）早在 1662 年就提出光线总沿着耗时最短的路径传播（见文献 [1, 2]）；依据最小作用量原理，可利用变分法推导出牛顿运动定律等力学规律；经济学中也称最大化个人利益的个体为经济人（homo economicus），我们可认为此时他最小化的是其损失或代价；甚至在社会学领域也有类似的现象，认为人会天然地选择需要最少努力的路径，哈佛大学语言学教授 George Kingsley Zipf（齐普夫）称之为最小努力原则（principle of least effort，见文献 [3]），被广泛应用于设计领域。

当我们面对一个控制任务时，总是希望依照事物发展的规律，在已有条件的约束下，达到控制目标。本书讨论的最优控制就是研究如何以最小的代价完成这一控制任务的理论。这个代价可能是所需时间、消耗的能量，也可能是实际与预期的差距等。

代价的具体形式和例子见 1.3 节。

设想我们要为一辆无人车设计控制方法，使其沿着一定的路线，到达目标位置。要完成这个控制任务，首要的课题就是要了解这辆车当前的“状态”及其关于“控制”的变化规律：其中，我们最关心的状态是车辆当前所处的位置和车速；可以通过控制油门加速，也可以通过控制刹车减速；运行速度又会进一步影响接下来一段时间内车辆位置的改变。与此同时，还需要确保车速不能过快而违反了交通规则；假如车上的燃油不多了，则还需要保证整个行程中油耗不大于现有油量的限额。

---

[1] 在本书中，除少量控制学科之外的知名学者外，一般使用英文称呼国外学者，以便与文献统一。

[2] 除了 Maupertuis，Leonhard Euler（欧拉）和 Gottfried Leibniz（莱布尼茨）对最小作用量原理的提出也有着重要作用。同在 1744 年，Euler 随后给出了类似却更为公式化的提法，并给出了计算方法。也有一种有争议的观点认为，早在 1707 年，Leibniz 就已经得知这一原理。

以上描述的是一个典型的控制任务。一位经验丰富的司机可能会有多种控制的方法驶达目的地。然而，如果我们希望以最短的时间自动到达目标，就带来了一些困扰：直观来看，加大油门固然能减少到达目的地所需的时间，却可能引发超速的问题，甚至还可能因加大消耗而提前耗光燃油，最终无法抵达。路途上还可能发生预料之外的情况。这需要合理地设计控制方法，我们可以将其描述为一个最优控制问题。

这个例子中蕴含了最优控制问题的四个基本元素：

最优控制问题的四个基本元素的介绍见1.3节。

(1) 状态方程：描述动态系统。即，关于时间 t 的函数控制变量 $u(t)$ 对接下来状态变量 $x(t)$ 的影响，这一影响一般用常微分方程表示。

$$\dot{x}(t)=f(x(t),u(t),t),\quad t\in[t_0,t_f].\quad x(t_0)=x_0.$$

(2) 容许控制：控制和状态需满足的约束条件。

$$u\in\mathcal{U},\quad x\in\mathcal{X}.$$

(3) 目标集：任务结束的 t_f 时刻被控对象的状态 $x(t_f)$ 应符合的条件。

$$\mathcal{S}=\{x(t_f):m(x(t_f),t_f)=0\}.$$

(4) 性能指标：在达到目标集的情况下，用于衡量控制任务完成的优劣。

$$J(u)\stackrel{\text{def}}{=}h(x(t_f),t_f)+\int_{t_0}^{t_f}g(x(t),u(t),t)\,\mathrm{d}t.$$

从数学的角度，最优控制问题可理解为求解满足状态方程、容许控制，且能达到控制任务目标集的情况下使性能指标最小化的控制变量。本章接下来的各小节将介绍最优控制的基本概念和核心问题，以及上述符号的含义。我们从最优控制的起源——变分问题谈起。

1.2 变分问题

1.2.1 最速降线问题

变分法是一种经典的数学工具，它的诞生可以追溯至 17 世纪末轰动欧洲的“伯努利兄弟打赌”（见文献 [4]）。1696 年 6 月，法国数学家 Johann

Bernoulli（约翰·伯努利）在《教师学报》向欧洲数学家，尤其是自己的哥哥兼导师，Jakob Bernoulli（雅各布·伯努利，又名 James 或 Jacques）公开提出挑战：如图 1.1 所示，如何选择一条曲线，让一个小球（质点）从较高的一点无摩擦地沿这条曲线最快下滑到达较低的一点，即著名的"最速降线问题"（brachistochrone curve problem）。最终，Johann Bernoulli 自己、他的哥哥 Jakob Bernoulli、Johann 的学生 Marquis de l'Hôpital（洛必达），以及数学家 Gottfried Leibniz（莱布尼茨）和 Isaac Newton（牛顿）都独立给出了正确的答案 ——旋轮线，即圆沿直线滚动，其上一固定点所经过的轨迹。这些解法都发表在次年 5 月的《教师学报》上。

Johann Bernoulli
(1667—1748)
法国数学家，提出并解决最速降线问题

例 1.1 (最速降线问题，brachistochrone curve problem). *质点在重力作用下，于给定起点 a，从静止滑至其下方的终点 b，不计摩擦力，沿何曲线滑下所需时间最短？*

为了分析方便，如图 1.1 所示，我们以向下的方向为 y 轴正向，以向右的方向为 x 轴正向。设质量为 m 的质点在 (x, y) 点处的滑动速度为 v。由能量

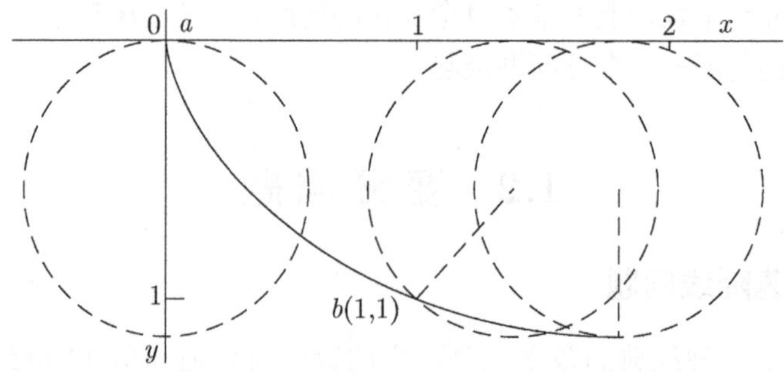

图 1.1 最速降线问题

守恒定律可知，$mgy = mv^2/2$，其中 g 是重力加速度，为常数。于是得到质点位于 (x, y) 点时的速度为关于位置的函数：$v = \sqrt{2gy}$。以 v 为速度的质点划过单位弧长 $\mathrm{d}l = \sqrt{(\mathrm{d}x)^2 + (\mathrm{d}y)^2} = \sqrt{1 + (\mathrm{d}y/\mathrm{d}x)^2}\,\mathrm{d}x$ 所需的时间应为弧长除以速度：

$$\frac{\mathrm{d}l}{v} = \frac{\sqrt{1 + (\mathrm{d}y/\mathrm{d}x)^2}\,\mathrm{d}x}{\sqrt{2gy}}.$$

质点从 a 沿任意曲线 $y(x)$ 滑行到 b 所需的时间 $T(y)$ 可写为积分形式

$$T(y) = \int_0^1 \frac{\sqrt{1 + (\mathrm{d}y/\mathrm{d}x)^2}}{\sqrt{2gy}}\,\mathrm{d}x. \tag{1.2.1}$$

最速降线问题就是求一条两端固定的光滑曲线 $y(x)$ 使性能指标 $T(y)$ 最小。其中 $T(y)$ 是一个以函数 $y(x): \mathbb{R} \to \mathbb{R}$ 为定义域，取值于实数 $\mathbb{R}$ 的泛函。可解得参数方程形式的最优解为

不熟悉泛函的读者可暂时将其理解为一个以曲线为自变量的映射。其严格定义以及变分法求解最速降线问题的详细过程，分别参考 3.2.2 节和 3.2.4 节。

$$x(\alpha) = r[\alpha - \sin\alpha], \quad y(\alpha) = r[1 - \cos\alpha].$$

其中，α 为参数，r 为待定系数。以如图 1.1 所示的起点为 $a = (0, 0)$，终点为 $b = (1, 1)$ 计算，可解得待定系数 $r \approx 0.573$。

最速降线问题需要考虑小球的动态系统，寻求合适的运动轨迹以达到目标，并以所耗时间为性能指标，将其最小化。因此控制论专家 Héctor J. Sussmann[5] 称之为第一个最优控制问题。事实上，著名科学家 Galileo Galilei（伽利略）早在 1630 年和 1638 年就系统地表述过最速降线问题，然而给出了圆弧的错误结论（见文献 [6]）。因“伯努利兄弟打赌”，这类“最优曲线”的问题一时间成为欧洲数学界的研究热点，类似的问题在随后逐渐被提出，并使用当时刚刚崭露头角的微积分（calculus）相似的思路解决。这一系列的工作最终促成了变分问题的提出和变分法（calculus of variation）的诞生。其实，从变分法与微积分的英文即可见二者关系之密切。

利用微积分解决变分问题的例子见 2.1 节。

1.2.2 等周问题

兄弟之间的打赌依然在继续，这次是哥哥发起挑战，源自 Dido 女王建立迦太基城传说（见图 1.2）的著名问题被解决。传说，女王在北非岸边向当地

国王购买“一张牛皮之地栖身”，她机智地把一张牛皮做成 4 千米长的细条，在海岸围成了圆弧建立了迦太基城。根据传说，古人的智慧早已想到给定弧长，圆弧围成的面积最大，然而并没有给出严格的数学证明。1697 年 5 月，Jakob Bernoulli 以这一问题同样在《教师学报》向弟弟 Johann Bernoulli 提出挑战，赌资 50 个金币。Johann 最初给出几种解法但都有错误，直到 1701 年，Jakob 给出了正确的答案（见文献 [7]）。1718 年，Johann 大大改进了哥哥的解法，然而此时 Jakob Bernoulli 已经去世了。

Jakob Bernoulli
(1654—1705)
法国数学家，给出等周问题的解答

数学家们将 Dido 女王的故事抽象为：在一个泛函取给定值（例如，牛皮长为 4 千米）的约束条件下，最小化或最大化另一

图 1.2　Erhard Schön 的版画，展现了圆形古城的风貌

个泛函（例如，牛皮围成的面积最大化），称其为等周问题（isoperimetric problem）。等周问题在数学史上占有一席之地，直到 21 世纪还有数学家在研究其变种。与例 1.1 的最速降线问题类似，我们将其建模成约束条件下求解极值的问题。

例 1.2 (等周问题，isoperimetric problem). 曲线 $y(x)$ 经过 x 轴上给定两点 $a=(-1,0)$ 和 $b=(1,0)$，象征图 1.2 中海岸线与城墙的两个交点。在曲线长度为 L 的约束条件下，确定 $y(x)$ 使其与 x 轴围成的面积最大。

位于海岸线（即 x 轴）上方的曲线 $y(x)$ 的参数方程为 $x(t), y(t), t\in[t_0,t_f]$。则曲线的长度需要满足约束条件

$$\int_{t_0}^{t_f}\sqrt{\dot{x}^2(t)+\dot{y}^2(t)}\,\mathrm{d}t=L. \tag{1.2.2}$$

上式中，分别用 $\dot{x}(t)$ 和 $\dot{y}(t)$ 表示 $x(t)$ 和 $y(t)$ 关于 t 的导数。根据格林公式，曲线与 x 轴围成区域的面积为

在此我们略过计算过程，格林公式及相关微积分内容可参考文献 [8, 9]。

$$S=\int_{t_0}^{t_f}\frac{1}{2}\Big[x(t)\dot{y}(t)-y(t)\dot{x}(t)\Big]\,\mathrm{d}t. \tag{1.2.3}$$

等周问题与最速降线问题有所不同，在最小化或最大化性能指标 S 的同时还需满足约束条件。在此我们同样略去计算过程，与古人的直观相符，最大面积恰好是由经过两给定点 a 和 b 的圆与 x 轴围成：

在 3.4.3 节将给出等周问题的详细求解过程。

$$x^2+(y-b)^2=r^2,\quad y\geq 0,$$

其中 b 和 r 为待定系数。若取 $L=10\pi/3$，可解得 $b=\sqrt{3}, r=2$。

1.2.3 变分法的诞生

“变分”一词源自大数学家 Leonhard Euler 在 1733 年 发表的著作《变分原理》(*Elementa Calculi Variationum*)。Euler 和 Maupertuis 同为 Johann Bernoulli 的学生。1744 年，就在 Maupertuis 的最小作用量原理问世的同一年，Euler 发表了著作《寻求具有某种极大或极小性质的曲线的技巧》（下面简称为《技巧》）。《技巧》不但得到最小作用量原理的更多推论，还列举并计算了一百个求极小或极大曲线的问题。Euler 不再像前辈一样针对特殊的例子

最小作用量原理见本章引言1.1节。

给出特殊解答，而是系统地解决非常一般的问题。可以认为，《技巧》一书标志着“变分法”作为一门数学分支的正式诞生。前文所述的最小作用量原理、最速降线问题、等周问题等问题都可抽象为满足一定约束条件下的变分问题。

Leonhard Euler
(1707—1783)
瑞士数学家、物理学家，变分法创始人之一

在《技巧》中，Euler 提出了一类变分问题，如图 1.3 所示，寻找固定了两个端点，且处于开集中的曲线，使某个性能指标达到最大或最小。对开集概念不熟悉的读者可理解为，对性能指标定义域中的任意曲线施加一个“很小”的扰动后，曲线依然处于定义域中。我们将这类问题称为最简变分问题。

关于开集的讨论详见 3.2.3节。

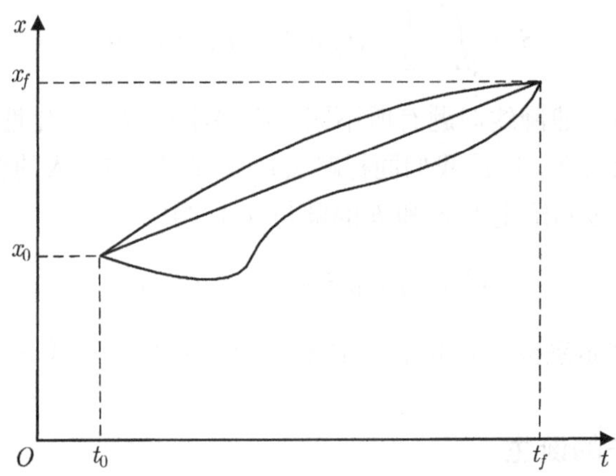

图 1.3 最简变分问题

问题 1.1 (最简变分问题，the simplest variational problem). 求连续可微函数 $x(t):[t_0,t_f]\to\mathbb{R}^n$，满足初始条件 $x(t_0)=x_0$，在给定的终端时刻 t_f，达到给定的终端状态 $x(t_f)=x_f$，并最小化性能指标:

$$J(x)=\int_{t_0}^{t_f} g(x(t),\dot{x}(t),t)\,\mathrm{d}t, \tag{1.2.4}$$

其中函数 g 取值于 $\mathbb{R}$，二阶连续可微， J 是从 $[t_0,t_f]\to\mathbb{R}^n$ 的连续可微函数全体到 $\mathbb{R}$ 的映射，是一个泛函。

一般的最优化问题中要最小化的性能指标（即目标函数）定义在数域上，而变分问题中性能指标（即目标泛函）的定义域则是函数的集合。问题 1.1 中性能指标的“自变量” x 可取固定了两个端点的任意连续可微函数，这类函数全体组成一个开集。连续可微的曲线不但有导数，而且导数也连续，对于 Euler 研究的力学和光学问题而言，这个假定是适合的。Euler 在《技巧》中提出了一种十分直观的几何方法，考虑一条曲线 $x(t):[t_0,t_f]\to\mathbb{R}$，使用 $x(t_0)$, $x(t_1),\dots,x(t_N)=x(t_f)$ 这 $N+1$ 个值的连线来近似 $x(t)$，利用微积分的方法给出了最简变分问题最优解的必要条件，即著名的 Euler-Lagrange 方程：

2.1节将简述 Euler 的几何方法。

$$\frac{\partial g}{\partial x}(x(t),\dot{x}(t),t)-\frac{\mathrm{d}}{\mathrm{d}t}\Big[\frac{\partial g}{\partial \dot{x}}(x(t),\dot{x}(t),t)\Big]=0. \tag{1.2.5}$$

上式中考察的是状态变量维数 $n=1$ 的情况，

$$\frac{\partial g}{\partial x}(x(t),\dot{x}(t),t),\quad \frac{\partial g}{\partial \dot{x}}(x(t),\dot{x}(t),t)$$

分别表示函数 g 在前两个分量上的偏导。

受 Euler 的影响，1755 年，年仅 19 岁的少年 Joseph-Louis Lagrange（拉格朗日）在写给 Euler 的信中给出了不依赖于几何结构的分析方法，引起了 Euler 的重视。Euler 放弃了自己的方法，将 Lagrange 的方法命名为变分法。其后，于 1762 年发表的 Lagrange 乘子法可用于处理等周问题等的约束条件，初步形成了早期变分法的数学体系。20 世纪初，数学家 David Hilbert（希尔伯特）注意到 Euler 最初提出的方法具有重要价值，称之为**直接变分**，并在此基础上发展了系统的理论和方法。

Lagrange 处理变分问题的方法也称为 δ-方法，与他的 Lagrange 乘子法均见 2.1 节。详细介绍见本书第 2 部分第 3 章。

经过William Rowan Hamilton（哈密顿）、Carl Gustav Jacob Jacobi（雅可比）、Karl Theodor Wilhelm Weierstrass（魏尔斯特拉斯）、Christian Gustav Adolph Mayer（迈尔）、David Hilbert、Constantin Caratheodory（卡拉泰奥多里）、Oskar Bolza（博尔扎）、Gilbert Ames Bliss（布利斯）等一代代数学家两百多年的不懈努力，变分法作为一个重要的数学分支逐渐走向成熟。有趣的是，变分法大师们之间多数有师承关系，见图 1.4。

第 2 章将介绍部分数学家的工作，并将在本书第 2 部分中应用于最优控制中。

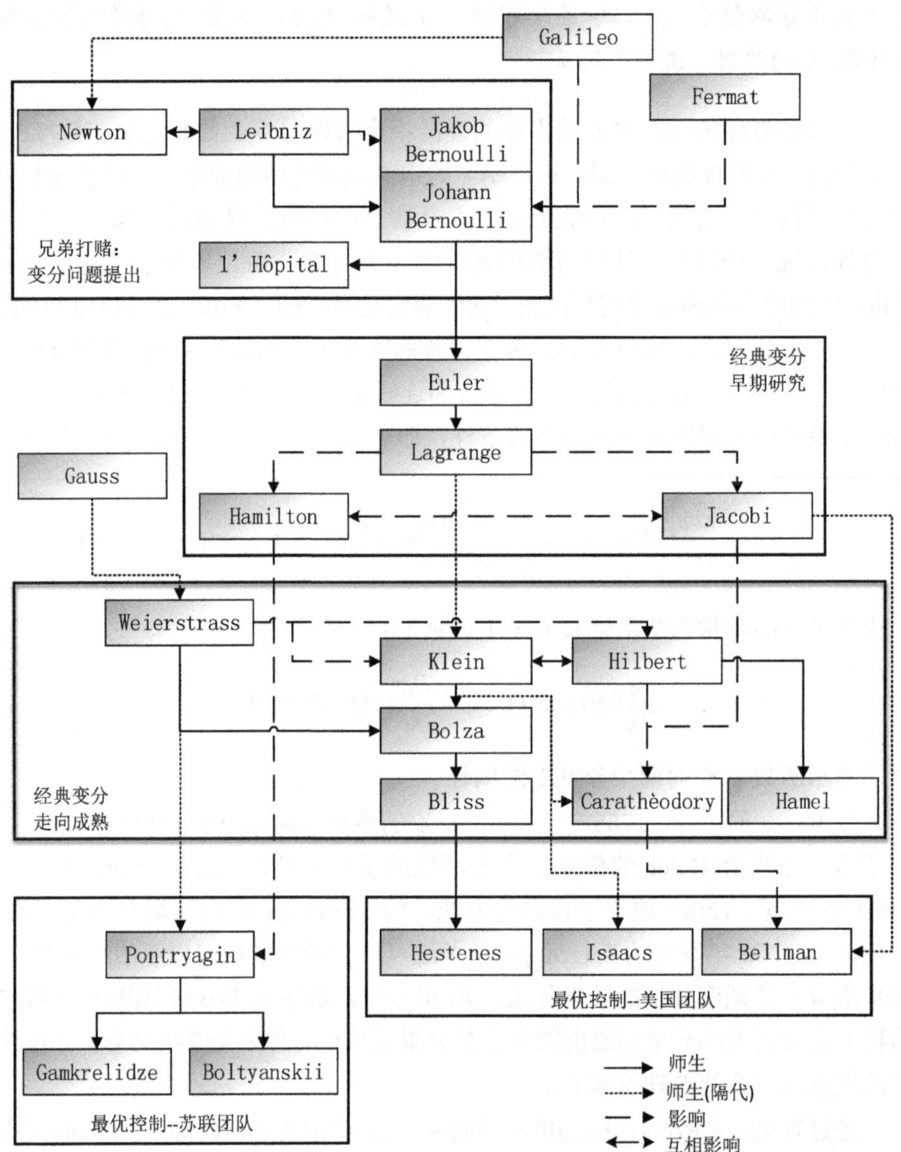

图 1.4 变分法的重要人物和最优控制理论的创始人

1900 年，David Hilbert 在巴黎召开的国际数学家大会上提出了影响深远的 23 个数学问题。其中，第 20 和第 23 两个问题都与变分法有关，这不但促进了变分法的进一步发展，还极大地提高了变分法的影响力（见文献 [10]）。

Marston Morse 在变分法的基础上提出 Morse 理论，成为弦论的重要工具。菲尔兹奖得主 Jesse Douglas（1936 年）和 Enrico Bombieri（1974 年）在极小曲面上的成果，诺贝尔物理学奖得主 Richard Feynman 在量子力学中的路径积分理论，以及本书最为关心的，由 Lev S. Pontryagin（庞特里亚金）和 Richard E. Bellman（贝尔曼）等人建立的最优控制理论也都源自变分法。

1.3 最优控制问题

1.3.1 最优控制问题的早期探索

最优控制问题与近代以来人类对航天航空的探索直接相关。1919 年，美国火箭先驱 Robert H. Goddard 提出问题：以让火箭达到给定的最高速度为控制目标，应如何设计火箭上升时的控制策略，才能最小化需要携带的燃料（见文献 [11]）。这可以认为是一种变分问题。遗憾的是，由于 Goddard 提出的数学模型有误，未能给出合理解答，但他提出的问题却备受关注。他和他的团队最终成功发射了最早期的液体燃料火箭。1949 年，加州理工学院成立喷气推进研究中心，中国火箭之父钱学森先生任首位 Robert H. Goddard 教授，并担任中心主任。1959 年，美国国家航空航天局（National Aeronautics and Space Administration, NASA）也将位于马里兰州绿带城的飞行中心命名为 Goddard Space Flight Center。

Robert H. Goddard
(1882—1945)
美国火箭先驱

控制的目标或目标集是1.1节中最优控制问题的元素 (3)。

Hamel 的问题："不连续" 的变分问题

1927 年，Hilbert 的学生德国数学家 Georg Hamel（哈梅尔）重新建模了 Goddard 的问题（见文献 [12]）。令火箭的位置 $x(t):[t_0,t_f]\to\mathbb{R}^n$ 为状态变量，速度 $u(t):[t_0,t_f]\to\mathbb{R}^m$ 为控制变量，n, m 分别为状态变量和控制变量的维数。将所需初始燃料推导为形如公式 (1.3.1) 的性能指标

$$J(u)=h(x(t_f),t_f)+\int_{t_0}^{t_f} g(x(t),u(t),t)\,\mathrm{d}t. \tag{1.3.1}$$

性能指标是 1.1 节中最优控制问题的元素 (4)。

与最简变分问题 1.1 最小化性能指标 (1.2.4) 类似，Hamel 的模型同样最小化上述代表着“代价”的性能指标。其中 $h(x(t_f),t_f)$ 称为终端代价，是关于终端时刻状态的函数，$g(x(t),u(t),t)$ 称为运行代价是关于状态变量与控制变量的函数，二者都取值于实数 $\mathbb{R}$。

三种性能指标的关系将于第三章分析和证明。

这种形式的性能指标最初由 Oskar Bolza 于 1913 年提出，他的学生 Gilbert Ames Bliss 于 1932 年将其命名为 Bolza 形式性能指标（见文献 [13]），是本书考察变分问题和最优控制问题的一般形式。若性能指标中不计终端代价而只有运行代价，则称为 Lagrange 形式性能指标；若不计运行代价只考终端代价，则称为 Mayer 形式性能指标。上述两种形式的性能指标由 Mayer 分别于 1878 年和 1895 年提出。Bliss 证明了三种性能指标形式是等价的，可以相互转化。

状态方程是 1.1 节中最优控制问题的元素 (1)。

与一般的变分问题不同的是，Hamel 的问题中还表述了关于状态变量和控制变量的常微分方程：

$$\dot{x}(t) = f(x(t),u(t),t), \quad t \in [t_0,t_f], \tag{1.3.2}$$

称为状态方程，用于刻画被控对象的动态系统，其中函数 f 是关于状态变量和控制变量的函数，取值于 $\mathbb{R}^n$。状态方程是最优控制问题与经典变分问题重要的区别之一[3]。习惯上，常微分方程中的向量和向量值函数常使用列向量表示。在本书中，状态变量 $x(t):\mathbb{R}\to\mathbb{R}^n$、控制变量 $u(t):\mathbb{R}\to\mathbb{R}^m$ 等也记为列向量形式[4]：

$$x(t) = \begin{bmatrix} x_1(t) \\ \vdots \\ x_n(t) \end{bmatrix}, \quad u(t) = \begin{bmatrix} u_1(t) \\ \vdots \\ u_m(t) \end{bmatrix}.$$

[3] 最优控制和微分博弈的早期学者何毓琦（Ho Yu-Chi）在他的博客 On Optimal Control（见文献 [14]）中指出，控制理论（control theory）的主要贡献是 (1) The Idea of Feedback, (2) The Idea of Dynamics, (3) Dealing with Uncertainty, (4) Extensions of the Discipline.

[4] 为了让读者更关注最优控制本身，降低“向量”带来的额外困扰，我们并未将状态变量和（或）控制变量为向量的符号写成黑体。除了具体的计算问题之外，在本书中未明确强调的情况下，读者都可假定状态变量和控制变量均为一维变量理解问题。我们相信这种“直观”更有利于问题和方法的理解。

Hamel 在研究中发现:“由于燃尽时空气阻力不连续,上述问题(指 Hamel 的变分问题)超出了经典变分的范围”。遗憾的是,尽管 Hamel 认识到并试图解决这一问题,但由于引入了与工程实践不符的假设,也未能给出正确解答(见文献 [15])。面对实际应用中的控制任务,控制变量等经常不能保证连续,来源于完美数学世界中的变分法与“不连续”的现实世界之间出现了鸿沟。我们需要在变分法基础上拓展行之有效的方法以适应新的情况。在我们讨论最优控制问题时,常使用经典变分一词,以区别早期研究与此后的 Pontryagin 极小值原理等可处理不连续控制变量、或状态变量和控制变量有约束的新方法。

钱学森的解答:定义域为非开集的问题

1951年,控制领域经典著作《工程控制论》[16, 17](*Engineering Cybernetics*[5])的作者,中国科学家钱学森先生迈出重要的一步(见文献 [24, 25])。他不但将哈梅尔的变分问题进一步细化建模,还考察了控制变量有界,即 $u(t)$ 总在闭区间 $[M_1, M_2]$ 中的一种常见情况:

$$M_1 \leq u(t) \leq M_2, \quad t \in [t_0, t_f]. \tag{1.3.3}$$

钱学森
(1911—2009)
中国空气动力学家
和系统科学家

经典变分问题一般假定性能指标的定义域为开集,例如问题 1.1。控制变量有不等式约束的情况下,若受到一定的扰动则不再确保依然满足约束条件。例如,若上述 $u(t)$ 在一部分区间上取值于边界 M_1 或 M_2,很小的扰动都会让其超过边界。定义域非开集的问题不能直接使用 Euler 和 Lagrange 的方法求解,但常常可以针对具体问题具体分析。钱学森针对空气阻力与速度线性相关及呈二次关系的两种特殊情况给出最优控制。

---

[5] “控制论”的原文为 Cyberneteics,而非“最优控制”中的 control。Cybernetics 为希腊字源,1948 年由控制论之父 Norbert Wiener(维纳)在其名著《控制论:或关于在动物和机器中控制和通讯的科学》[18, 19] 中提出,取“掌舵人”之意。Wiener 后来才知道,这个词汇早在 19 世纪初期就被物理学家 André-Marie Ampère(安培)用到政治科学方面(见 20 世纪 50 年代 Wiener 的著作 [20, 21])。Cybernetics 最初在《简明哲学词典》中翻译为“大脑机械论”,后被译为“控制论”。关于 Cybernetics 的历史可参考文献 [22, 23]。

容许控制是 1.1 节中最优控制问题的元素 (2)。

然而，这种约束条件在控制问题中很常见，例如 1.1 节引言中所述的车速不能过快，或总油耗有限制等。因此最优控制理论中引入了容许控制，以刻画被控对象的状态变量和控制变量因物理性质、规章制度等需要满足的约束。在本书中，我们通常用 $x \in \mathcal{X}$ 表示状态变量的约束，用 $u \in \mathcal{U}$ 表示控制变量的约束，即，性能指标定义域中的容许控制。其中，$\mathcal{X}$ 和 $\mathcal{U}$ 都是一类函数的集合。例如问题 1.1中 $\mathcal{X}$ 为 $x(t):[t_0,t_f] \to \mathbb{R}^n$ 连续可微函数全体；本小节的例子中 $\mathcal{U}$ 为 $u(t):[t_0,t_f] \to \mathbb{R}$ 且满足约束条件1.3.3的函数全体。$\mathcal{X}$ 为满足 $x(t) \in X \subseteq \mathbb{R}^n$ 的函数，$\mathcal{U}$ 为满足 $u(t) \in U \subseteq \mathbb{R}^m$ 的函数都是常见的约束条件形式，其中 X 和 U 是 $\mathbb{R}^n$ 和 $\mathbb{R}^m$ 的子集。容许控制下状态变量经过的轨迹 $x(t), t \in [t_0, t_f]$ 称为容许轨迹或容许状态轨迹。

Goddard 的问题提出后的 40 年间，Hermann Oberth、George Leitman 等也为其解决作出了贡献。特别应指出的是，苏联火箭专家 Dmitry Okhotsimsky 于 1944 年解决了 Goddard-Hamel 问题的一个特殊情况，1957 年人类成功发射的第一颗人造卫星斯普特尼克 1 号就应用了他和 Timur Eneev 所设计的轨迹（见文献 [26]）。

对最优控制问题的早期探索往往是针对具体问题尝试解决最优控制“不连续”以及有界的控制变量给经典变分带来的困扰。然而，伴随着第二次世界大战，军事中所需解决的控制问题越发复杂，人们希望有更为强有力的通用方法来解决具有非线性的状态方程、更为复杂的约束条件、控制变量不可微甚至不连续等情况下的最优控制问题。

练习 1.1. 考虑本章最初的停车问题，或从工作生活中举一个最优控制问题的例子，指出其中的状态方程、容许控制、目标集和性能指标。

1.3.2 最优控制问题数学理论的奠基

第二次世界大战之后，在冷战的最初十年中，美苏双方的空军部门都遇到了同一类问题——如何以最短的时间拦截敌方的飞机（见文献 [26, 27, 28]）。与卫星发射中的轨迹设计不同的是，飞机的拦截和控制所面临的外界环境更为复杂多变。经典变分对控制变量的连续性假设成了一道障碍，状态方程也并不再仅限于线性模型，美苏双方都迫切希望在最优控制问题上有所突破，于是各自组建了研究团队，寻找切合实际的通用数学工具。

美国方面由空军推动建立的兰德（Research ANd Development, RAND）公司主导研究，自 1948 年起，Magnus Hestenes、Rufus Isaacs 和 Richard Bellman 等人先后参与了相关工作。苏联团队直到 1955 年才正式组建，核心成员是苏联科学院 Steklov 数学研究所的数学家 Lev Pontryagin 和他的两个学生 Revaz Gamkrelidze 和 Vladimir Boltyanskii[6]。尽管苏联方面着手较晚，在最优控制领域的“美苏争霸”以 1956—1957 年间苏联团队提出适用范围极为广泛的 Pontryagin 极小值原理而暂时胜出，美方在 1952—1957 年提出的动态规划方法则在 20 世纪 60 年代初被发现可用于最优控制问题，在特定情况下还可得到和苏联团队相同的结果。这两个团队的成果，Pontryagin 极小值原理和动态规划奠定了最优控制数学理论的基础。里程碑性质的工作简介如下。

Pontryagin 极小值原理的核心想法见本节和 2.2 节，第4章将详细论述。动态规划方法的核心想法见本节和 2.3 节，第5章将详细论述。

Hestenes 的问题：经典变分与最优控制

美国兰德公司的 Magnus Hestenes 是变分法大师 Bliss 的学生，因于 1952 年和 Eduard Stiefel 独立提出并共同发表共轭梯度法的论文（见文献 [29]）而闻名。早在 1950 年，他就研究了飞机的最短时间拦截问题（见兰德公司解密的资料 [30]）。事实上，由于兰德公司的保密规定，Hestenes 的研究被尘封了十余年，直到 1965 年才被允许详细公布，然而在 1961 年由同在兰德公司的 Leonard Berkovitz 和 Richard Bellman 发表在公开期刊的文章中（见文献 [31]）已经初步介绍了他的结果。

Hestenes 寻求最优的飞机攻角（angle of attack，飞机横轴与气流的夹角）和坡度（bank angle，纵轴转动的角度）。他考察了飞机的动态系统，在给定 t_0 时刻状态 $x(t_0)=x_0$ 的情况下，最小化飞机的拦截时间 t_f-t_0。即，以

$$J(u)=t_f-t_0 \tag{1.3.4}$$

为性能指标，求最优控制 u 将其最小化，称为时间最短控制问题。性能指标(1.3.4)也可以写成形如公式(1.3.1)的形式，其中终端代价 $h(x(t_f),t_f)=0$，运行代价 $g(x(t),u(t),t)=1$，

$$J(u)=\int_{t_0}^{t_f} 1\,\mathrm{d}t=t_f-t_0.$$

[6] 有趣的是，由图 1.4 中可见，美苏双方最优控制的核心人员大都师出 Weierstrass 和 Christian Felix Klein（克莱因）的数学家族。

Hestenes 首次使用了严格区分状态变量与控制变量的控制 Hamiltonian 函数（本书中简称为 Hamiltonian 函数）：

$$\mathcal{H}(x,u,p,t) \stackrel{\text{def}}{=} g(x,u,t) + p \cdot f(x,u,t). \tag{1.3.5}$$

Hamiltonian 函数与协态变量是研究最优控制问题非常重要的工具，其介绍见 2.1.2 节和 2.2.3节。

其中符号“·”表示实数相乘或向量内积，协态变量 p 为引入的辅助变量，与状态变量及最优控制有关，函数 f 刻画动态系统，见公式(1.3.2)。Hestenes 证明了他的最优控制问题中，最优控制 u 需满足极值条件，总最小化 Hamiltonian 函数(1.3.5)。即对任意容许控制 u'，几乎任意时刻 $t \in [t_0, t_f]$，

$$\mathcal{H}(x(t),u(t),p(t),t) \leq \mathcal{H}(x(t),u'(t),p(t),t). \tag{1.3.6}$$

因为攻角和坡度的最优控制满足一定连续条件，利用经典变分即可得出 Hestenes 的结论。但对于最优控制 $u(t)$ 不连续的情况，则并不满足一般变分问题（例如最简变分问题 1.1）的开集条件。尽管有学者[32] 因 Hestenes 的结论与随后的 Pontryagin 极小值原理形式相同而将最优控制理论的建立归功于 Hestenes，然而严格地说，直到 Pontryagin 的研究，最优控制的方法才脱离了经典变分的范畴。

本小节随后将介绍 Pontryagin 的工作。

Isaacs 的问题：微分博弈

1944 年，匈牙利裔美国数学家，博弈论的创始人 John von Neumann（冯·诺依曼）在他和经济学家 Oskar Morgenstern 的名著 *Theory of Games and Economic Behavior* 中使用倒推法解决了一类博弈论的问题。随后，von Neumann 成为美国兰德公司的顾问，给美国团队带来了博弈论及其“倒推”求解的思想。

我们将在 2.4 节简介博弈论与微分博弈的核心想法，并在本书下册第 3 部分“微分博弈”一章详细讨论。关于“倒推”，我们将在 2.4 节引用 Norbert Wiener 的原文加以诠释。

兰德公司的 Rufus Isaacs 从 1950 年左右将博弈论引入飞机拦截问题，研究了随后被称为微分博弈的“追逃问题”（见兰德公司的资料[33, 34]）。两个飞行器一追一逃，假如以二者距离为性能指标，则追者希望将指标最小化，而逃者希望将其最大化。在追逃的动态系统中，状态的变化和双方的性能指标都由二者的控制共同决定。Isaacs 认为追逃双方在矛盾中会采取博弈的平衡策略（equilibrium）。在今天看来，我们可以把微分博弈问题理解为一种有两个或多个参与者的最优控制问题，或者把最优控制问题看做一种只有一人参与

的微分博弈问题。Isaacs 提出了“转移原理”（tenet of transition），被认为包含了其后发展起来的动态规划（Bellman 的最优性原理）的思想。遗憾的是，Isaacs 的工作同样是保密的，且研究和表述太过艰深，故未受到兰德公司工程师们的重视。1965 年，他将工作整理发表于同名著作《微分博弈》[35] 中。

如果我们将三维空间中追逐和逃跑的两架飞机简化为考察追逃二者存在于一维空间的情况，以 1.1 节引言中提到的开车的例子来说明，就是限制在一条公路上追逐的两部车，但下列分析过程和结论也将完全适用于三维空间。不记外界摩擦力和空气阻力等因素，质量为 1 的追逃二者的状态为位置 $x_1^{(i)}(t):[t_0,t_f]\to\mathbb{R}$ 和速度 $x_2^{(i)}(t):[t_0,t_f]\to\mathbb{R}$, $i=1,2$，二者以加速度作为各自的控制变量 $u^{(i)}(t):[t_0,t_f]\to\mathbb{R}$, $i=1,2$。则二者共同的状态方程为

$$\begin{cases}\dot{x}_1^{(1)}(t)=x_2^{(1)}(t),\\ \dot{x}_2^{(1)}(t)=u^{(1)}(t).\end{cases}\qquad\begin{cases}\dot{x}_1^{(2)}(t)=x_2^{(2)}(t),\\ \dot{x}_2^{(2)}(t)=u^{(2)}(t).\end{cases}\tag{1.3.7}$$

二者的性能指标都是 Mayer 形式的，为终端的 t_f 时刻二者的距离

$$J(u_1,u_2)=|x_1^{(1)}(t_f)-x_1^{(2)}(t_f)|.\tag{1.3.8}$$

与一般的最优控制问题有所不同的是，在追逃博弈中，追者希望最小化上述距离，而逃者希望将其最大化。

1965 年，华裔美籍科学家何毓琦将微分博弈和导弹制导问题结合起来，对具有线性状态方程的系统证明了比例导航律是追逐的导弹与逃跑的飞机之间博弈的平衡策略（参考文献 [36]）。

关于比例导航律详见 2.4 节。

Bellman 的问题：Bang-Bang 控制

最优控制的奠基人之一 Richard E. Bellman 于 1952 年正式加入兰德公司。1954 年至 1955 年，他和 Joseph LaSalle 等人分别研究了 Bang-Bang 控制问题（见文献 [37, 38]）。对于线性状态方程：

$$\dot{x}(t)=Ax(t)+u(t),$$

在容许控制有界，例如形如公式 (1.3.3) 的情况下，研究能否将状态控制到零，或更进一步，如何以最短的时间完成上述控制任务。Bellman 证明了，上述问题的最优控制只取值于上界或下界，而不需要随时间连续，这是超出

对于 Bang-Bang 控制问题更为一般的提法和结论详见 4.3 节。

了经典变分范畴的最优控制问题。最初在使用电磁继电器实现这种控制器时，在上下界切换会发出 “bang-bang” 的声音，因而得名。然而 Bellman 最初讨论的问题具有线性状态方程，且需要假定控制变量 $u(t)$ 与状态变量 $x(t)$ 维数相同。回顾 1.1 节引言中那位要驶达目的地的司机，我们将问题简化：

例 1.3 (小车时间最短控制). *小车的状态方程:*

$$\dot{x}_1(t) = x_2(t), \tag{1.3.9}$$

$$\dot{x}_2(t) = u(t). \tag{1.3.10}$$

以形如 (1.3.3) *的容许控制，* $|u(t)| \leq M_1$，*最小化达成控制目标的时间*(1.3.4)。

在上面小车时间最短控制的例子中，有位置 $x_1(t) : [t_0, t_f] \to \mathbb{R}$ 和速度 $x_2(t) : [t_0, t_f] \to \mathbb{R}$ 两维状态，只有加速度 $u(t) : [t_0, t_f] \to \mathbb{R}$ 一维控制。这并不满足 Bellman 最初的研究中状态与控制维数相当的要求。幸运的是，对于控制变量和状态变量维数不同的情况，若存在一个矩阵 B 使得：

$$\dot{x}(t) = Ax(t) + Bu(t), \tag{1.3.11}$$

Bellman 对于 Bang-Bang 控制的结论依然成立，时间最短控制问题的解只在控制变量的上下界取值。然而，他的这一结果仅限于线性状态方程，尚未形成通用的最优控制理论。

Richard E. Bellman
(1920—1984)
美国应用数学家，提出动态规划方法，最优控制奠基人之一

Bellman 的多级决策问题与离散时间最优控制

与此同时，Bellman 把更多的精力投入在*多级决策问题*。这是一类非常广泛的通用问题，在 Bellman 和 E. S. Lee 的综述中[39] 给出过一个简化的版本。以总量为 B 的同型号导弹依次攻击价值分别为 $v_1, v_2, \ldots, v_N$ 的 N 个目标。对于 $k = 1, 2, \ldots, N$，攻击第 k 个目标前剩余导弹数量为 $x(k) : \mathbb{N} \to \mathbb{R}$，要确定投向第 k 个目标的导弹数目 $u(k) : \mathbb{N} \to \mathbb{R}$。则初始时刻的剩余弹药为 $x(1) = B$，其后符合动态系统

$$x(k+1) = x(k) - u(k), \quad k = 1, 2, \ldots, N-1. \tag{1.3.12}$$

以及约束条件

$$0 \le u(k) \le x(k). \tag{1.3.13}$$

Bellman 的多级决策问题要依据决策的目标与当前时刻的剩余弹药给出最优的投弹策略，以最大化对目标造成的期望伤害：

$$J = \sum_{k=1}^{N} p(u(k), k) v_k. \tag{1.3.14}$$

其中 $p(u(k), k)$ 表示投放 $u(k)$ 数量的导弹能够摧毁第 k 个目标的概率。

在自 1952 年到 1957 年的一系列工作 [40−42] 中，Bellman 提出动态规划方法。其核心是著名的最优性原理——*多级决策过程的最优策略具有如下性质：不论初始状态和初始决策如何，其余的决策对于由初始决策所形成的状态来说，必定也是一个最优策略。*

若以 $V(x(k), k)$ 表示在第 k 个决策时刻，尚存 $x(k)$ 弹药的情况下所能获得的最大期望伤害，我们将这个函数 V 称为最优控制问题的值函数。值函数就是性能指标的极值， 可以利用最优性原理得到 Bellman 方程：

$$V(x(k), k) = \max_{u(k)} \Big\{ g_D(x(k), u(k), k) + V(x(k+1), k+1) \Big\}, \quad k = N-1, \ldots, 0. \tag{1.3.15}$$

其中 $g_D(x(k), u(k), k) = p(u(k), k) v_k$ 表示决策 $u(k)$ 的即时收益，下一时刻的状态 $x(k+1)$ 可通过离散时间的动态系统 (1.3.12) 表示为当前时刻状态和控制的函数。细心的读者可能已经注意到，如果已知终端时刻的最优性能指标 $V(x(N), N)$，则可倒推求得 $k = N-1, \ldots, 1$ 时刻的决策 $u(k)$ 及此时的最优性能指标 $V(x(k), k)$。

我们可以将上述多级决策问题看成一个离散时间最优控制问题。$x(k): \mathbb{N} \to \mathbb{R}$ 是状态变量，$u(k): \mathbb{N} \to \mathbb{R}$ 是控制变量。公式 (1.3.12) 就是离散时间的状态方程，刻画当前状态和当前控制对下一时刻状态的影响。公式 (1.3.13) 刻画了容许控制需满足的约束条件。公式 (1.3.14) 则是需要最大化的性能指标。

动态规划方法可以处理离散时间和连续时间最优控制问题。见 2.3 节，以及第5章。

尽管在今天看来，多级决策问题和最优控制问题的关系似乎一目了然，然而这在 Bellman 的时代却远非如此显然。就是在动态规划方法诞生的最初几年中，人们还是没有意识到其对于控制问题的重要价值，直到 20 世纪 60 年代初才被应用于控制领域。1984 年，Bellman 充满遗憾的回忆[43]：I should have seen the application of dynamic programming to control theory several years before. I should have, but I did not. 令人惋惜！

开环控制与闭环控制

在 Bellman 方程 (1.3.15) 中，下一时刻的状态可根据状态方程表示为当前状态变量和当前控制变量的函数，因此解得的最优控制与此时状态有关。如图 1.5 所示，若控制律（或称控制策略）形如

$$u(t) = \phi(x(t), t), \tag{1.3.16}$$

我们称之为闭环控制。

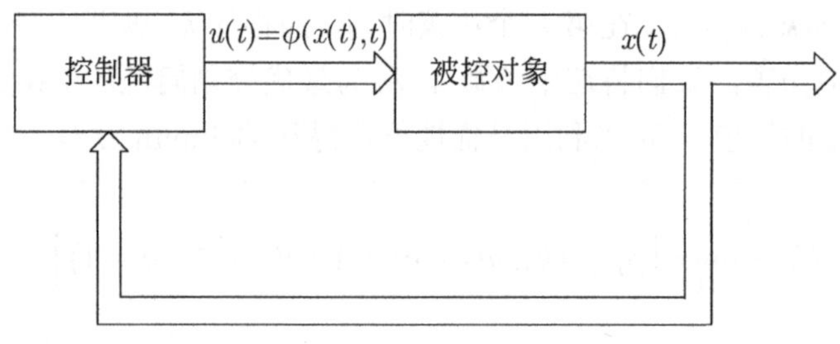

图 1.5 闭环控制

在一些场景中，除了初始状态之外无法再观测到状态变量，控制变量的确定仅依赖于初始状态以及当前时刻。如图 1.6 所示，若控制律形如

$$u(t) = \phi(x(t_0), t), \tag{1.3.17}$$

我们称之为开环控制。

对于完全确定性的系统，如果对于给定的控制律，状态方程在给定的初值下具有唯一解，则对被控对象的状态变化有着精确的预测。将闭环控制代入状态方程，即可得到开环控制，这使得闭环控制在数学上等价于对应的开环控制。但在物理实施的角度，闭环控制和开环控制结果有本质不同。Wiener 在《人有人的用处》[20, 21] 中指出，这种“以机器的实际演绩而非以其预期演绩为

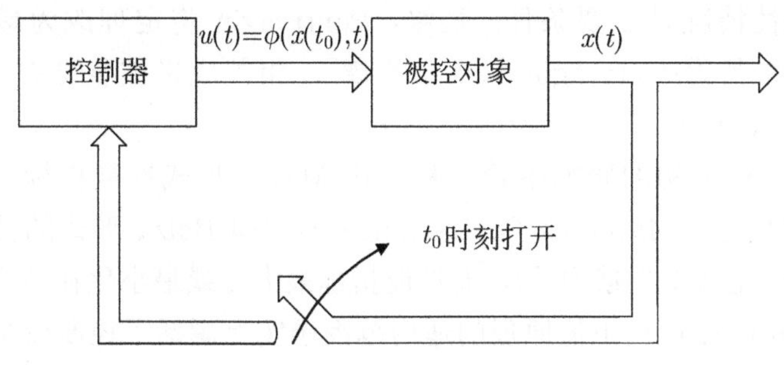

图 1.6 开环控制

依据的控制就是反馈”。在本书中，在可能的情况下我们总希望得到最优控制问题的闭环形式控制律，以充分利用反馈信息。

Pontryagin 极小值原理：连续条件的解放

相对于美国兰德公司，苏联科学院对最优控制的研究起步较晚。1955 年，最优控制的奠基人之一，苏联数学家 Lev S. Pontryagin 受命从拓扑学转向控制领域并组建团队。此时，兰德团队在最优控制领域的许多成果已现雏形。然而仅在一年之后，经过“三个不眠之夜”，Lev Pontryagin, Revaz Gamkrelidze 和 Vladimir Boltyanskii 在未加证明的情况下提出，控制变量分段连续且不限于开集条件的情况下，Mayer 形式性能指标

$$J(u) = h(x(t_f), t_f) \tag{1.3.18}$$

达到全局最大值的必要条件是控制变量使 Hamiltonian 函数 (1.3.5) 最大化，作为一个变分问题的拓展还需满足 Euler-Lagrange 方程 (1.2.5)，并称其为*极大值原理*[44]。

Lev S. Pontryagin
(1908—1988)
苏联数学家，提出 Pontryagin 极小值原理，最优控制奠基人之一

这一成果在初次宣布时只有结论和一些特殊情况的计算。在 Pontryagin 的团队随后的一系列工作中，Gamkrelidze 和 Pontryagin 证明了他们的结论对于线性状态方程是充分必要条件，Boltyanskii 和 Pontryagin 证明了对于

Pontryagin 极小值原理的介绍见 2.2 节和第 4 章。

一般的非线性情况是必要条件。最终，Pontryagin 将定理改为最小化性能指标，正式称其为Pontryagin 极小值原理[7]，相关成果被整理在 1962 年的著作（文献 [45]）中。

Pontryagin 最初的研究中希望最大化 Mayer 形式性能指标，由于此前 Bliss 已经证明了，Mayer 形式、Lagrange 形式和 Bolza 形式的性能指标之间可以相互转化（见文献 [13]），而性能指标最大化或最小化在数学上并无本质区别，Pontryagin 极小值原理的适用范围事实上囊括了控制变量连续或不连续的、有约束或无约束的非线性控制问题，被认为是最优控制理论中最为重要的成果。不久之后，人们发现动态规划也可用于处理最优控制问题，在最优的性能指标关于初始状态和初始时间二阶连续可微的情况下可获得同 Pontryagin 极小值原理相同的结果，美苏双方殊途同归。

连续时间最优控制问题与两点边值问题

20 世纪 50 年代到 60 年代的十几年间，在科学家们的不懈努力下，利用 Pontryagin 极小值原理，我们终于可以将下述连续时间最优控制问题取得最优解的必要条件转化为一个常微分方程组的两点边值问题[8]（two point boundary value problem, TPBVP），这是一个关于状态变量和协态变量的方程组，变量在控制的初始时刻和终端时刻各需满足一组边界条件，因而得名。这将是本书第3章和第4章的主要任务。

问题 1.2 (连续时间最优控制问题). 状态变量 $x(t):[t_0,t_f]\to\mathbb{R}^n$ 分段连续可微，控制变量 $u(t):[t_0,t_f]\to\mathbb{R}^m$ 分段连续。连续函数 f, g, h, m 分别取值于 $\mathbb{R}^n$, $\mathbb{R}$, $\mathbb{R}$, $\mathbb{R}^k$，且在 x 各方向的偏导也都连续。

(1) 被控对象符合状态方程和初值条件：

$$\dot{x}(t)=f(x(t),u(t),t),\quad t\in[t_0,t_f]. \tag{1.3.19}$$

$$x(t_0)=x_0. \tag{1.3.20}$$

[7] Pontryagin 极小值原理还可推广到更为宽泛的控制变量勒贝格可测情况，本书并不过多依赖测度论和泛函分析工作，主要讨论实际应用中最为常见的控制变量分段连续的情况。

[8] Hilbert 早在 20 世纪初就已经发现变分问题与微分方程边值问题之间的联系（见文献 [13]），而最优控制问题也与其密切相关。

(2) 控制变量与状态变量都是容许的:

$$u \in \mathcal{U}, \quad x \in \mathcal{X}. \tag{1.3.21}$$

(3) 终端时刻的状态变量满足目标集:

$$\mathcal{S} = \{x(t_f) : m(x(t_f), t_f) = 0\}. \tag{1.3.22}$$

(4) 连续时间最优控制问题就是要求得控制 u 以最小化性能指标:

$$J(u) = h(x(t_f), t_f) + \int_{t_0}^{t_f} g(x(t), u(t), t)\,\mathrm{d}t. \tag{1.3.23}$$

二次性能指标与 Kálmán 的调节器问题

Norbert Wiener 和 Albert C. Hall 在 20 世纪 40 年代就提出了设计闭环形式控制器以最小化跟踪误差的想法（分别见文献 [46] 和文献 [47]）。20 世纪 60 年代初，针对最优控制问题 1.2 一大类常见的特殊情况，匈牙利裔美国科学家 Rudolf E. Kálmán（卡尔曼）系统地研究了具有线性状态方程 (1.3.11)、最小化性能指标为二次型性能指标

$$J(u) = \frac{1}{2} x^{\mathrm{T}}(t_f) H x(t_f) + \frac{1}{2} \int_{t_0}^{t_f} \left[x^{\mathrm{T}}(t) Q(t) x(t) + u^{\mathrm{T}}(t) R(t) u(t) \right] \mathrm{d}t$$

Rudolf E. Kálmán (1930—2016)
匈牙利裔美国数学家，提出 Kalman 滤波器、线性二次调节器

的线性二次型最优控制问题（见文献 [48]）。其中 H 和 $Q(t)$ 都是$n \times n$ 实对称半正定矩阵，$R(t)$ 是$m \times m$ 实对称正定矩阵，终端时刻 t_f 预先给定，终端状态 $x(t_f)$ 可自由取值。最小化上述二次型性能指标的最优控制问题可令状态变量和控制变量都稳定在零点附近，也被称为调节器问题。线性二次型最优控制容易解析求解闭环控制，且便于工程师建模，是非常重要的一类最优控制问题。

第4章和第5章将分别使用 Pontryagin 极小值原理和动态规划方法讨论线性二次型最优控制问题。

“二战”后美苏开始关注最优控制的最初十几年中，对最优控制问题的研究不再局限于某种特定问题，科学家们更注重寻找针对一类问题的通用方法。

尽管微分博弈也诞生于这一时期，然而其中包含对人的行为的预测和建模，在本书正文中被我们归在本书下册第 3 部分“最优控制的智能方法”中介绍。

最优控制问题作为变分问题在控制领域的拓展，引入了新的课题和新的方法，经典变分、Pontryagin 极小值原理、动态规划共同构成了最优控制的数学理论。然而，人们对最优控制的研究并未停止，工业和经济的快速发展也带来更多的问题和挑战。

练习 1.2. 在练习 1.1 的控制问题中，指出什么控制策略是开环控制，什么控制策略是闭环控制。哪种更好？

1.3.3 无确定模型的最优控制问题：智能方法

自 17 世纪末到 20 世纪中叶，最优控制因数学家的争论诞生，因军事需求而奠定了完整的数学理论。随着战后现代工业和现代信息技术的迅速发展，传统的最优控制数学方法面临着新的挑战，精确刻画动态系统的状态方程往往难以建立，人们需要数据驱动的控制方法以处理状态方程未知或具有不完全信息的情况[9]，本书将这类问题统称为“无确定模型的最优控制问题”。本书下册第 3 部分，将针对无确定模型的最优控制问题，着重介绍强化学习与自适应动态规划、模型预测控制、微分博弈、平行控制四种最优控制的“智能方法”。

对于何为“智能”，学者们并未达成共识。苏格拉底说：“我知道我是智能的，因为我知道我什么也不知道”；爱因斯坦的名言则是：“智能的真正标识不是知识，而是想象”。1904 年，英国心理学家 Charles Spearman[51] 提出“通用智能因子”说，试图用单一的变量反应人在各种任务中表现出来的各类“智能”；1983 年，美国哈佛大学心理学家 Howard Gardner[52] 对其加以修正，认为“智能”应有八种不同的判断准则，彼此之间不必关联，即所谓的“多智能理论”；美国认知心理学家 Robert J. Sternberg[53] 提出的“智力三元论”则认为，“智能”应由组合-解析性智能、经验-创造性智能、实用-情境性智能三种类型组成。近年来，神经生物学家也开始以更加科学的手段来探讨什么是智能的问题，他们主要观察大脑神经元及其连接与不同智能活动、水平的关联。特别是 2007 年提出的 P-FIT[54] 智能理论，能够说明不同脑区与不同“智能”的关联，引起了业内的关注。博弈论与机制设计的专家，2007 年诺贝尔经济学

[9] 自适应控制[49]、模糊控制[50] 等方法也用于解决不精确系统的控制，感兴趣的读者可参考相关专著。

奖得主 Roger B. Myerson 则认为，“博弈论可以被定义为对智能的理性决策者之间冲突与合作的数学模型研究”，他对“智能”的解读明显有着严格的数学意味：决策者应当了解决策问题的结构，且能“作出我们对此情形所能作出的一切推断”，意指依照博弈论决策方为智能（见文献 [55]）。

如何将智能与控制结合，科学家更是做出了许多努力。20 世纪 70 年代初，智能控制和机器人学的奠基人 George N. Saridis（萨里迪斯）和模式识别先驱，美籍华人傅京孙（Fu King-Sun）等在自组织控制和学习控制等研究的基础上（见文献 [56, 57, 58]），从控制的角度提出，智能控制就是 AI（artificial intelligence，人工智能）、OR（operational research，运筹学）和 CS（control systems，控制系统）的交叉（见文献 [59, 60]）。图 1.7 是 Saridis 对三者关系的诠释，以及他的学生王飞跃教授以此为基础构建的智能协调理论（见文献 [60, 61, 62]）。随后，对 CS 的解释又被扩展到通信系统（communication systems）和计算系统（computing systems）。

George N. Saridis
(1931—2006)
希腊裔美国科学家，智能控制和机器人学的奠基人

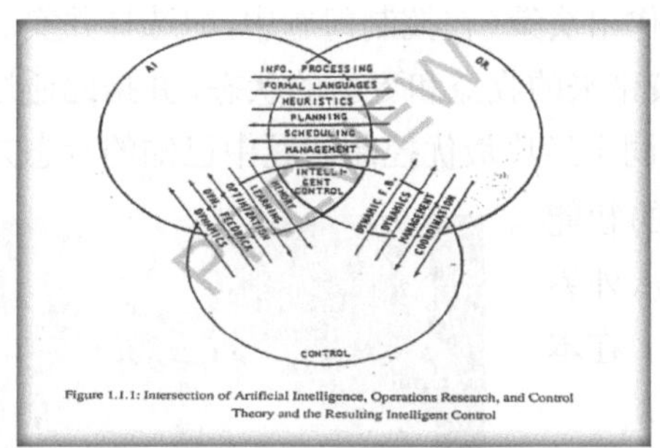

Figure 1.1.1: Intersection of Artificial Intelligence, Operations Research, and Control Theory and the Resulting Intelligent Control

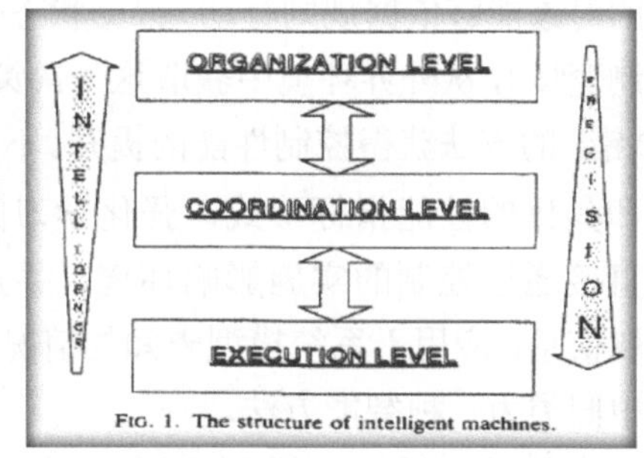

FIG. 1. The structure of intelligent machines.

图 1.7 Saridis 的智能控制和智能机器框架

在本书讨论无确定模型最优控制问题时，我们将有关近似的（approximate）、计算的（computational）或启发式（heuristic）的控制方法统称为“智能方法”。事实上，对于并不充分了解的动态系统，我们总需要依赖一定的“想象”，寻找某种意义上的最优解。以上节讨论过的微分博弈为例，则是在对方采取“最优控制”的假定下设计己方的“最优控制”，Saridis 称之为“最坏情况设计”（worst case design, 见文献 [57]）。然而若针对对方的假定并不成立，未能料敌先机，则以此为原则设计的控制策略几乎必将遭受一定程度的损失。

“维数灾难”和“组合爆炸”：强化学习与自适应动态规划

动态规划方法的应用场景非常广泛，不仅限于控制领域，在计算机和经济学等领域都有其一席之地。最初 Bellman 提出的动态规划方法就可以用于解决动态系统中具有一定不确定信息的 Markov 决策过程（Markov decision process, MDP）。然而，仅在特殊情况下（例如 Kálmán 的线性二次调节器）可以根据最优性原理解析地解得最优控制；在使用计算机求解最优控制时，动态规划方法需要存储任意时刻 k、任意可能的状态 $x(k)$ 对应的“价值”，即最优控制下的性能指标 $V(x(k),k)$，这导致状态空间 $x(k)\in\mathbb{R}^n$ 的维数 n 较大时，存储量和计算量都随 n 呈指数增加，面临所谓“维数灾难”（见文献 [42]）。19 路围棋的计算机算法更因“组合爆炸”成为人工智能领域的难题。为此，学者们提出了强化学习与自适应动态规划等方法，以应对难以解析求解的控制问题。

本书下册第 3 部分“强化学习与自适应动态规划”一章中将介绍强化学习的主要想法。

强化学习（reinforcement learning, RL）是一种对动态系统未知的控制问题非常直观的抽象。它并不依赖倒推，可以时间向前地求解控制问题，并在一定程度上避免维数灾难。一个智能体（agent，也常被翻译为代理，可理解为控制理论中的对象能够依据规则行动）根据状态作出决策（在控制问题中，即选择并实施控制变量），从外界环境中获取这一决策带来的收益和更新的状态，并据此通过“试错”的方法获得控制性能的提升。不同于经典最优控制问题中已知的状态方程和具体的性能指标形式，强化学习的智能体直接通过控制的实施影响环境，并从外界获取信息，应用于系统模型未知的情况，在本书中归类为一种智能方法。

Marvin L. Minsky
(1927—2016)
美国计算机科学家，人工智能先驱

这种强化学习的模型最早见于 1954 年（见文献 [63]）。人工智能的先驱 Marvin L. Minsky 在他的博士论文[64] 中提出一种随机神经模拟强化计算器（stochastic neural-analog reinforcement calculator）。到了 20 世纪 60 年代，傅京孙、Jerry M. Mendel 等（见文献 [65, 66]）将其称为“reinforcement learning”，译为“强化学习”，或“增强学习”。1971 年，Minsky 发

表大作《迈向人工智能》[67]，指出了至今依然是强化学习挑战之一的信用分配问题：在试错过程中，有些行动获得的直接收益多，有些则很少，但如何判别哪些才是真正对达成控制目标有益的行动？在 1998 年出版的经典教材 *Reinforcement Learning: An Introduction*[63] 中，Richard S. Sutton 系统地讲解了强化学习的主要方法，为其推广起到重要作用。

自适应动态规划（adaptive/approximate dynamic problem, ADP）结合了强化学习的想法，利用神经网络等近似方法，近似求解动态规划的 Bellman 方程或 HJB 方程，是一类控制方法的统称。自适应动态规划方法的诞生与神经网络的反向传播（back propagation）算法关系密切。1973 年，Paul J. Werbos 在他的博士论文[68, 69] 中使用反向传播算法[10]训练神经网络。1977 年，他以此为基础，结合 Ronald A. Howard 的离散时间策略迭代（policy iteration，见文献 [74]），针对离散时间的系统提出了第一个自适应动态规划算法——启发式动态规划（heuristic dynamic programming，见文献 [75, 76]），利用多层神经网络（multiple layer perceptron，MLP，可参考文献 [77]）作为近似器逼近动态规划方法中的最优性能指标（我们称之为值函数）以及控制律，通过误差的反向传播算法，近似地求解 Bellman 方程(1.3.15)，从而"时间向前"地获得近似的最优控制和值函数，在一定程度上避免了"维数灾难"。

本书 2.5 节和第 3 部分"强化学习与自适应动态规划"一章中将介绍策略迭代方法和自适应动态规划。

1979 年，Saridis 和 George Lee（见文献 [78]）将 Howard 的离散时间策略迭代方法推广到连续时间系统，迭代地构造控制律的序列，逼近最优控制律，也被称为"近似动态规划方法"，或称"次优控制"（suboptimal control）。在此基础上，1986 年，王飞跃提出随机系统的次优控制解法，之后 Saridis 又与其熵方法结合（见文献 [79, 80, 81]）。连续时间系统的自适应动态规划方法一般难以直接求解，需要结合 Galerkin 函数（见文献 [82]）、神经网络（见文献 [83, 84]）等近似函数应用。

20 世纪 90 年代以来，结合强化学习和神经网络等近似函数，近似求解 Bellman 方程或 HJB 方程的研究层出不穷。如，adaptive critic designs[85]、adaptive dynamic programming[83]、approximate dynamic programming[86, 87]、

[10] 误差反向传播的想法更早见于 20 世纪 60 年代初，Henry J. Kelley 和 Arthur E. Bryson 分别提出离散时间最优控制问题的 Kelley-Bryson 梯度方法（文献 [70, 71]）。Stuart Dreyfus 等（见文献 [72, 73]）证明了多层神经网络的反向传播算法可被看作 Kelley-Bryson 梯度方法的特殊情况。

asymptotic dynamic programming[88]、neuro-dynamic programming[89]、neural dynamic programming[90] 或 reinforcement learning[91] 等。在本书中，我们将这类方法统称为自适应动态规划（可参考综述文章[92, 93]）。如图 1.8 所示，这些自适应动态规划方法在实施控制之后从环境中获取状态与收益/惩罚的信号，并利用这些信号更新评判模块计算控制策略的性能指标，更新策略模块以获得近似的最优控制率。与强化学习类似，自适应动态规划同样是一种基于“试错”的方法。

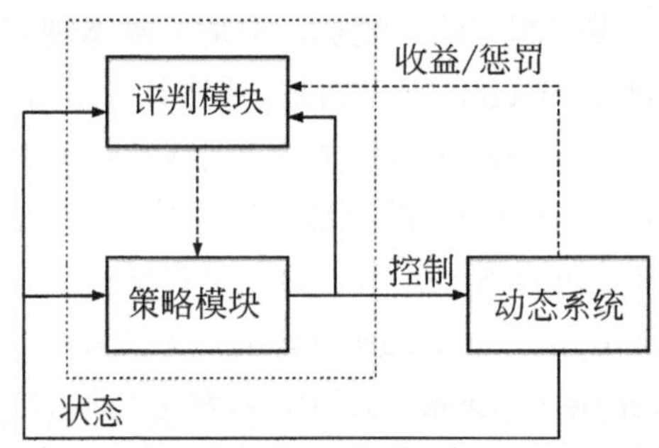

图 1.8 自适应动态规划的三个模块

值得一提的是，Google 公司 Deepmind 团队的人工智能围棋程序 AlphaGo[94] 也采用了类似方法，结合了强化学习和关于深层神经网络的深度学习[77] 近似评估棋盘局势（即评判模块）、设计落子策略（即策略模块）。2015 年 10 月，AlphaGo 成为第一个无需让子在 19 路棋盘上击败围棋职业选手的计算机程序。2016 年 3 月，AlphaGo 以 4:1 战胜顶级棋手李世石九段，纽约时报称其为人工智能的“历史性跨越”。2016 年圣诞节后，红遍网络的神秘棋手“Master”在 6 天时间里对战中日韩数十位围棋高手，连续 60 局无一败绩，事后也被证实是 Deepmind 的杰作。2017 年 5 月，三年来保持围棋等级分排名世界第一的中国棋手柯杰对战 AlphaGo 三番棋全败，显示出强化学习的威力。Google 还宣布会将该技术应用于医疗和曾经风靡一时的“即时战略”电脑游戏星际争霸。有学者认为（见文献 [95]），这种强化学习与深层神经网络的结合将有望系统地实现对复杂问题的近似解决。

来自工业界的实践：模型预测控制

在石油化工、先进制造业、交通治理等实践中，对被控对象精确或近似建模并非易事，甚至根本无法实现。出于对经济利益和社会效益的重视，这些场景恰恰需要对性能指标进行优化，在没有精确模型的情况下，使用计算机寻求最优或次优的控制律成为来自工业界的现实需求。

自 1973 年起（见文献 [96]），壳牌石油公司在其炼油厂中应用了最早期的**模型预测控制**（model predictive control, MPC）算法，以改进广泛使用的 PID 控制器，应对多变量、有约束、需要优化性能等需求。1978 年，Jacques Richalet 等提出了 MAC 算法（model algorithmic control，见文献 [97]），首次详细阐述了模型预测控制的算法和工业实践。1980 年，C. Culer 和 B. Ramaker 又提出了 DMC 算法（dynamic matrix control，见文献 [98]）。我国学者席裕庚的《预测控制》[99] 是本领域的经典教材。

模型预测控制研究的问题往往假定已经处于“稳定点”附近，若没有发生扰动，只需实施预计的控制计划，状态变量轨迹与预期状态轨迹之差会保持在零附近。模型预测控制则负责排除干扰，保持稳定。这类方法都具有如下三个环节：

我们将在 2.6 节简要介绍模型预测控制，详见本书 下册第 3 部分“模型预测控制”一章。

(1) **预测模型**：利用预测模型，刻画被控对象的动态系统。模型可能精确给定，也可能是对实际系统的近似，需要实时计算参数。

(2) **滚动优化**：依据预测模型求解从当前时刻起一个时段内的开环最优控制，优化这一阶段内的控制性能。

(3) **反馈矫正**：仅实施滚动优化中当前时刻的控制变量，此后从环境获得反馈信息，修正预测模型，进入下一轮的滚动优化。

过于复杂的模型会降低运算速度，继而影响系统的响应时间；而过于简单的模型又可能因为不够精确得到远离最优的控制策略。模型预测控制方法需要在精确和简单之间权衡。早期的模型预测控制方法多采用线性模型近似实际动态系统，以便解析求解，或利用最优化等方法快速计算数值解。随着计算能力的提高，非线性模型的预测控制受到广泛关注（见综述文献 [100]），神经网络甚至深层神经网络（见文献 [101, 102] 等）也被用于近似模型预测控制中的状态方程。模型预测控制在改善最优控制的计算性能、有效利用非线性模型和随机模型、提高控制稳定性，以及处理大规模系统等方面依然面临挑战。

在模型预测控制中，由于预测模型多变，模型预测的滚动优化计算过程往往需要利用计算在线求解，这就依赖于**最优控制的数值方法**。最优控制的数值方法主要分为两类（见文献 [103]），一是以求解由经典变分或 Pontryagin

详见本书下册第 3 部分“最优控制的数值方法”一章。

极小值原理得到的常微分方程两点边值问题为目标（见文献 [104, 105, 106]），称为间接法；一是将最优控制问题参数化（见文献 [107, 108]），化性能指标泛函为近似的函数，作为非线性规划问题数值求解最优控制，称为直接法。最优控制的数值方法伴随着最优控制理论的应用而发展，早期用于人造卫星的轨迹设计，后来由于工业领域的大量需求，加上非线性规划算法的进步，以及计算能力的快速提高等，使得最优控制的数值方法变得越发重要。同时，相比 Pontryagin 极小值原理，数值方法的适用范围更为广泛和灵活，在实际应用中也有着更低的知识和成本门槛。

平行智能与平行控制：人机结合、知行合一、虚实一体

随着工业的快速发展，大型生产过程中的过程控制系统、制造执行系统和企业资源规划的集成程度不断提高，不可避免地导致工程系统越加复杂；安全、环保、人性化，工程系统同时面临越来越多的要求，随着互联网时代的到来，传统的工程领域必须越来越多地考虑社会与人的因素，不可避免地引入社会复杂性。工程复杂性与社会复杂性的结合使得复杂系统（见文献 [109, 110]）的管理与控制问题成为新时代的需求[11]。

1990 年，钱学森、于景元、戴汝为共同发表了论文《一个科学新领域——开放的复杂巨系统及其方法论》[112]，以“综合集成”的思路开创了复杂系统研究的新局面。1999 年，美国《科学》杂志组织了“复杂系统”专刊, 提出了复杂性科学是 21 世纪的科学之观点[113]。然而，除了针对一些有解析模型的特殊系统外，至今研究者对复杂系统和复杂性问题并没有形成共识，更谈不上普适的解决方法。我们认为（见文献 [114]），复杂系统应当包含两个特征：“不可分”与“不可知”。

不可分特征: 相对于任何有限资源，在本质上，一个复杂系统的整体行为不可能通过对其部分行为的独立分析而完全确定。

不可知特征: 相对于任何有限资源，在本质上，一个复杂系统的整体行为不可能预先在大范围内（如时间、空间等）完全确定。

所谓“不可分”就是不能按照传统的方式一直分解下去，最后还原出来整

[11] 本小节内容部分整理自本书作者发表于 2013 年的论文[111]。

个复杂系统的行为，即还原论方法。所谓“不可知”则因为社会复杂性中人的因素，在对实际复杂系统的控制和管理中无法简单地依照博弈论中的假定，认为任何人的行为都是“理性的”。这就导致了复杂系统“不可分又要分”“不可知又要知”的对立性矛盾。

400 年前，虚数的提出使得简单的一元二次方程“$x^2+1=0$”和其他的代数方程有了虚数解。时至今日，虚数早已不“虚”，与实数一起组成复数（complex numbers），形成新的复数空间，如图 1.9 所示。就像代数方程要有解需要虚数的概念及其开拓的新的解空间一样，复杂系统要有“解”，也必须引入相应的“虚数”才可以，这就是我们求解复杂问题的基本想法。在本书中读者将看到，最简变分问题 1.1 中的解空间——连续可微函数全体，将逐渐被拓展至 Pontryagin 极小值原理中的分段连续函数。

但何为复杂系统的“虚数”？这一“虚数”又如何能够引入解决复杂系统控制与管理问题的“新的解空间”？尽管对此目前并没有明确的答案，但我们认为，正在兴起的 Cyberspaces（音译为赛博空间，也可理解为虚拟空间、计算空间或人工空间，我们称之为虚理空间）可以回答这些问题，至少可以成为这一“虚数”和相应“新的解空间”的载体。我们的基本认识是：未来的生活空间将从过去的物理空间 (physical spaces) 扩展到包含虚理空间的复杂空间（complex spaces），如图 1.10 所示。

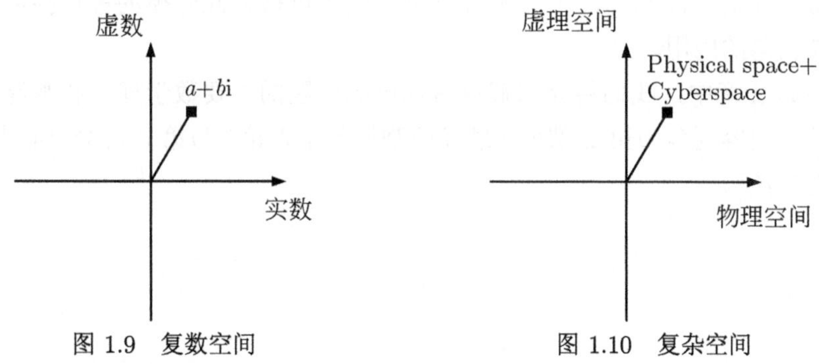

图 1.9 复数空间　　图 1.10 复杂空间

为此，我们在 2004 年提出“虚实结合”的平行控制方法[115, 116, 111]，利用“人工系统”[117] 进行建模和表示，通过“计算实验”[118] 进行分析和评估，借助“平行执行”实现对复杂系统的控制和管理。我们知道，模型预测控制预测未来一段时间内动态系统的规律，利用滚动优化提升控制器的性能；强化学习与自适应动态规划强调在交互中根据收益的变化，通过试错的方法逐步提升达成控制目标；博弈论则在对方总采用最优策略的假定下设计己方策略。平行控制利用了三者技术，通过建模代理行动策略构建与实际系统相对应的人工系统，构成复杂系统“解空间”的“虚部”，利用计算实验在人工系统中试错，获得针对人工系统的控制律，并在平行执行过程中实现实际系统和人工系统之间虚实互动，形成闭环反馈，将平行系统建模与计算实验纳入决策环节。

平行控制是为了解决“人机物”一体的 Cyber-Physical-Social Systems（CPSS，见文献 [109]）的最优控制而提出的。CPSS 与流行的信息物理系统（Cyber-Physical Systems, CPS）不同，增加了社会因素，把人及其组织纳入系统之中，是一类“默顿系统”（Merton systems），相对于“牛顿系统”（Newton systems）提出。平行控制的基础是软件定义的系统与平行智能 [95, 110, 119, 120]，是一个仍在发展的方向。

“默顿系统”和平行控制详见本书下册第 3 部分“平行控制”一章。

小 结

至此，我们以最优控制发展的历史为线索，回顾了变分问题和最优控制问题的提出和发展过程，以及近年来最优控制问题的扩展。穿插其中，介绍了最优控制问题的四个元素：被控对象的状态方程，容许控制，控制目标集，以及需要最小化的性能指标，本书所有讨论都限于可被如此建模的最优控制问题，或这类问题的应用。

在第 2 章中，我们将介绍解决最优控制问题的主要数学理论和智能方法。本书其余内容则分为第 2 部分“最优控制的数学理论”与第 3 部分“最优控制的智能方法”。

第 2 章　最优控制方法

只有向后看才能理解生活；但要生活好，则必须向前看。

——Søren Kierkegaard（克尔凯郭尔），1813—1855

本章提要

本章的任务是介绍最优控制数学理论和智能方法的核心想法。经典变分法（2.1 节）获得最优控制问题的驻点条件，Pontryagin 极小值原理（2.2 节）寻求最优控制问题的必要条件，动态规划方法（2.3 节）得到最优控制问题的充分条件，以及用微分博弈（2.4 节）求解两人参与的“最优控制问题”的平衡条件。自适应动态规划（2.5 节）、模型预测控制（2.6 节）和平行控制（2.7 节）则示范其主要想法和基本流程。在本章中，我们也可以看到控制问题解空间的变化带来的影响。

2.1 变分法与最优控制的驻点条件

我们首先从一个简单的函数求极小值的例子谈起。在讨论开集 $\mathbb{R}$ 上连续可微函数 $f(t):\mathbb{R}\to\mathbb{R}$ 的极值时，通常先考察满足 $\dot{f}(t)=0$ 的驻点条件，无论函数取得极小值、极大值或是鞍点，其解都应满足这一条件。更进一步，则希望辨识该点是否为极小值点，获得函数取得极小值的必要条件或者充分条件。

本节将结合上述想法，利用变分法获得一类简单最优控制问题的驻点条件。为此，我们首先回到变分法诞生的 1744 年，回顾 Euler 最初解决最简变分问题时的几何方法。随后，讨论 Euler 和 Lagrange 提出的基于现代分析学的变分法，即 δ 方法，以及在其基础上的后续研究。最后，我们简单介绍如何利用 Lagrange 乘子法将一类最优控制问题转化为变分问题，以一个简单的例子结束本节。在本节中，我们总是将控制变量与状态变量假定为有限时间内连续可微函数，这是一类性质良好的函数。

2.1.1 Euler 的几何方法

考虑 1.2.3 节所述最简变分问题 1.1 ，本小节主要介绍 Euler 几何方法的基本思路。暂时将状态维数限定为 $n=1$，即 $x(t):[t_0,t_f]\to\mathbb{R}$ 是一条曲线。假定 $g(x,\dot{x},t)$ 有连续偏导。固定两个端点 $x(t_0)=x_0, x(t_f)=x_f$，要寻找连续可微的曲线 x，最小化性能指标(1.2.4)：

$$J(x)=\int_{t_0}^{t_f} g(x(t),\dot{x}(t),t)\,\mathrm{d}t.$$

Euler 的几何方法在今天看来依然十分简洁（见文献 [13, 121]）。如图 2.1 所示，将曲线 $x(t)$ 横轴的 $[t_0,t_f]$ 等分为 N 段，则每段区间长度为 $\Delta t=(t_f-t_0)/N$，得到 $N+1$ 个时间点：$t_0,\ t_1=t_0+\Delta t,\ t_2=t_1+\Delta t,\ \ldots,\ t_N=t_f$。假定最

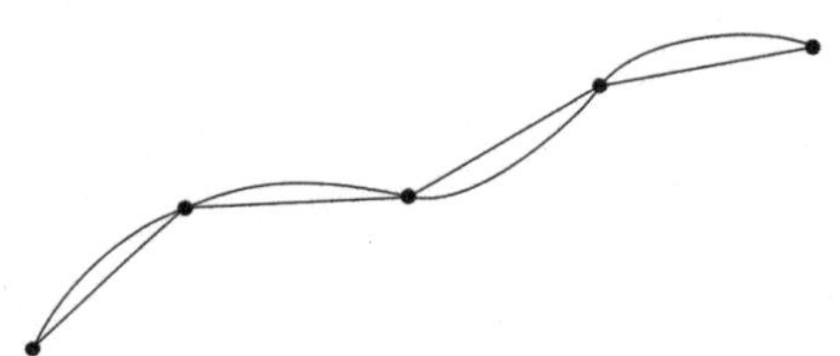

图 2.1 Euler 将轨迹切割成多段用折线近似

优解 $x(t)$ 在这些点上的取值分别为 $x_0 = x(t_0), x_1 = x(t_1), \dots, x_N = x(t_N)$，这 $N+1$ 个点依次连接的折线即可作为曲线 $x(t)$ 的近似。此时 Lagrange 形式的性能指标近似等于如下的 Riemann 和：

$$J(x) = \int_{t_0}^{t_f} g(x(t), \dot{x}(t), t)\,\mathrm{d}t \approx \sum_{k=0}^{N-1} g(x_k, \dot{x}_k, t_k)\Delta t = \bar{J}[x_1, \dots, x_{N-1}].$$

其中 $\bar{J}$ 是关于 $x_1, \dots, x_{N-1}$ 的函数，导数 $\dot{x}_k$ 可直接利用定义近似计算：

$$\dot{x}_k \approx \frac{x_{k+1} - x_k}{\Delta t}.$$

如图 2.2 所示，最小化 $J(x)$ 的问题就近似转化为求 $N-1$ 个采样点的取值 $x_1, x_2, \dots, x_{N-1}$，使得性能指标 $\bar{J}[x_1, x_2, \dots, x_{N-1}]$ 最小化。

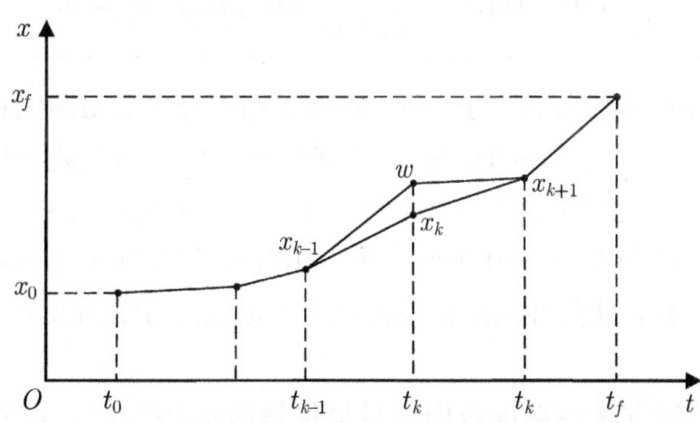

图 2.2 Euler 的几何方法：在 t_k 时刻施加扰动

若对最优解施加“扰动”，如图 2.2 所示，仅在某个时刻 t_k 令状态为 $x'_k = \omega$，其他 $N-2$ 个点保持不变，$x'_i = x_i, i \neq k$。则 $J(x') \approx \bar{J}[x_1, \dots, \omega, \dots, x_{N-1}]$ 是关于 ω 的函数。于是，函数的驻点条件为 $\bar{J}$ 在 x_k 方向偏导为零。

$$0 = \frac{\partial \bar{J}}{\partial x_k}, \quad k = 1, 2, \dots, N-1.$$

事实上，对 x_k 施加很小的扰动只会引起相邻的两个区间 $[t_{k-1}, t_k]$ 和 $[t_k, t_{k+1}]$ 上的性能指标扰动。于是，

$$0 = \frac{\partial \bar{J}}{\partial x_k} = \frac{\partial}{\partial x_k}\left[g(x_{k-1}, \dot{x}_{k-1}, t_{k-1})\Delta t + g(x_k, \dot{x}_k, t_k)\Delta t\right]$$

$$
\begin{aligned}
&= \frac{\partial g}{\partial \dot{x}} \frac{\partial \dot{x}_{k-1}}{\partial x_k}\Big|_{t_{k-1}} \Delta t + \frac{\partial g}{\partial x}\Big|_{t_k} \Delta t + \frac{\partial g}{\partial \dot{x}} \frac{\partial \dot{x}_k}{\partial x_k}\Big|_{t_k} \Delta t \\
&\approx \frac{\partial g}{\partial x}\Big|_{t_k} \Delta t - \left[\frac{\partial g}{\partial \dot{x}}\Big|_{t_k} - \frac{\partial g}{\partial \dot{x}}\Big|_{t_{k-1}}\right].
\end{aligned}
$$

其中 $\Big|_{t_k}$ 表示前式在 t_k 时刻取值。在等式两边同时除以 Δt，

$$
0 \approx \frac{\partial g}{\partial x}\Big|_{t_k} - \left[\frac{\partial g}{\partial \dot{x}}\Big|_{t_k} - \frac{\partial g}{\partial \dot{x}}\Big|_{t_{k-1}}\right] \Big/ \Delta t.
$$

继续细分区间 $[t_0, t_f]$，令 $N \to \infty$，有$\Delta t \to 0$，就得到了最简变分问题的最优解应满足 Euler-Lagrange *方程*：

$$
\frac{\partial g}{\partial x}(x(t), \dot{x}(t), t) - \frac{\mathrm{d}}{\mathrm{d}t}\left[\frac{\partial g}{\partial \dot{x}}(x(t), \dot{x}(t), t)\right] = 0. \tag{2.1.1}
$$

在上面计算过程的最后一步，我们利用了微积分中取极限的技巧，随着 N 的逐渐增加，构造了曲线 x 的序列，使其性能指标序列收敛至最优。遗憾的是微积分在 Euler 的时代尚未被严格化，也让 Euler 在看到 Lagrange 的变分法之后放弃了自己的方法。20 世纪以来，Hilbert 等发展了 Euler 的方法，称这种构造函数序列，使其性能指标序列收敛于最优的方法为**直接变分**（参考文献 [122]）。

Euler 的几何方法在局部范围内对最优解施加“扰动”，再考察性能指标是否变化的技巧被变分法和最优控制中绝大部分方法加以应用。此外，Euler 使用了另一个重要的想法：我们可以利用给定的函数结构（例如，本例中连续的分段线性函数）和有限多个参数（例如，本例中的 $x_1, \ldots, x_{N-1}$）近似一条曲线、一个曲面或者一个函数。20 世纪以来，尤其是 20 世纪中后期，非线性规划等方法的巨大进展和计算机的广泛应用使直接变分再次受到重视。

1766 年，Euler 发表《变分法基础》，这是有关变分法的第一部著作，是 Euler-Lagrange 方程的广泛应用，也是 Maupertuis 最小作用量原理除了非常简单的示例之外第一次被真正地应用于物理学。Jacobi 赞扬 Euler 的工作“产生了整个分析力学”。然而《变分法基础》中所述的技巧并不以 Euler 最初的几何方法为基础，而是如该书引言所述，来自他的学生，“这个来自托里诺的深刻的数学家 Lagrange”。

2.1.2 Lagrange 的 δ 方法

Joseph-Louis Lagrange
(1736—1813)
意大利裔法国数学家、天文学家，变分法创始人之一

在第3章我们将以此为基础系统地处理定义域为开集的最优控制问题。

最简变分问题的实质是以函数为输入，以实数为输出，对性能指标泛函的“最优化问题”。Euler 的几何方法把将函数用有限多个实数近似，把变分问题转化为有限维自变量的函数极值问题。在 Euler 的影响之下，Lagrange 提出的 δ 方法则优雅而直观。下面我们简述这个让 Euler 放弃了自己的几何方法的天才想法。

和 Euler 的几何方法类似，Lagrange 的变分法同样对最优解施加“扰动”，但并不需离散化处理，而是直接对比最优的曲线 x 和对其施加任意“扰动”后的曲线 $x+\delta x$。若 x 是最优解，则新的性能指标 $J(x+\delta x)$ 不会小于最优的 $J(x)$。考察性能指标的增量 $\Delta J = J(x+\delta x) - J(x)$，如果 x 是极值点，则在任取 δx 的情况下，这个增量总应该大于等于零（得到极小值的必要条件），或在该点足够小的邻域内几乎为零（得到驻点条件）。

对于最简变分问题 1.1，如图 2.3 所示，假定 x 是最优解，$x+\alpha_1\delta x$ 和 $x+\alpha_2\delta x$ 都是定义域中的曲线。即，从 $[t_0, t_f]$ 到 $\mathbb{R}^n$ 连续可微函数，且：

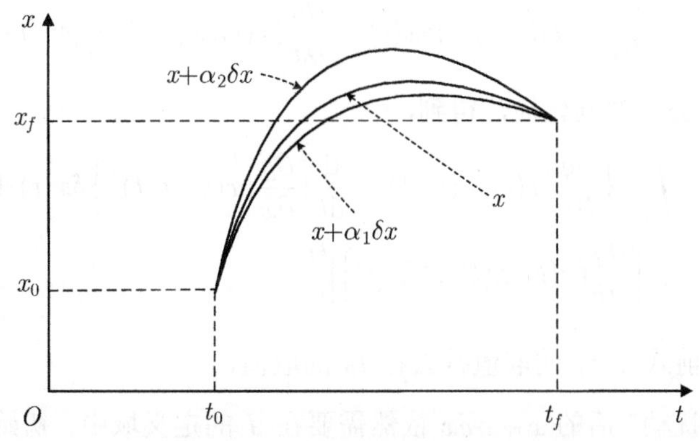

图 2.3 Lagrange 的δ 方法：对最优解的扰动

$$x(t_0) = x(t_0) + \alpha_i \delta x(t_0) = x_0,$$
$$x(t_f) = x(t_f) + \alpha_i \delta x(t_f) = x_f, \quad i = 1, 2.$$

泛函极值驻点条件的严格证明见 3.2 节。

基于这一想法，我们可以得到如下并不严格的分析。设 δx 是不恒为零的函数，则可以将 $x + \alpha\delta x \in \Omega$ 理解为从 x 出发，沿着 δx 的“方向”前进 α “步长”之后达到的函数，其中 $\alpha \in \mathbb{R}$。于是，若 x 是使得性能指标 $J(x)$ 取得极小值的函数，则对于任意给定的“方向” δx，无论走多少步（α 取值多少），性能指标 $J(x+\alpha\delta x)$ 的取值都应该不会小于 $J(x)$。对于给定的 x 和 δx，$J(x+\alpha\delta x)$ 是关于 α 的函数，我们可以对 α 计算本节引言中的驻点条件。于是，最优解 x 应满足，对于任意的 δx，

$$\frac{\mathrm{d}}{\mathrm{d}\alpha} J(x + \alpha\delta x)\Big|_{\alpha=0} = 0. \tag{2.1.2}$$

利用上述最优解的驻点条件(2.1.2)，我们已经可以初步分析最简变分问题 1.1。依然以连续可微的曲线 $x(t) : [t_0, t_f] \to \mathbb{R}$ 为例，可知对任意连续可微的“方向” $\delta x(t) : [t_0, t_f] \to \mathbb{R}$，

$$\begin{aligned}
0 &= \frac{\mathrm{d}}{\mathrm{d}\alpha} J(x+\alpha\delta x)\Big|_{\alpha=0} \\
&= \frac{\mathrm{d}}{\mathrm{d}\alpha}\Big\{ \int_{t_0}^{t_f} g(x(t)+\alpha\delta x(t), \dot{x}(t)+\alpha\delta\dot{x}(t), t)\,\mathrm{d}t \Big\}\Big|_{\alpha=0} \\
&= \int_{t_0}^{t_f} \Big\{ \frac{\partial g}{\partial x}(x(t),\dot{x}(t),t)\delta x(t) + \frac{\partial g}{\partial \dot{x}}(x(t),\dot{x}(t),t)\delta\dot{x}(t) \Big\}\,\mathrm{d}t \\
&= \int_{t_0}^{t_f} \Big\{ \frac{\partial g}{\partial x}(x(t),\dot{x}(t),t)\delta x(t) + \frac{\partial g}{\partial \dot{x}}(x(t),\dot{x}(t),t)\frac{\mathrm{d}}{\mathrm{d}t}[\delta x(t)] \Big\}\,\mathrm{d}t.
\end{aligned}$$

使用分部积分公式对其化简，得到，

$$\begin{aligned}
0 = &\int_{t_0}^{t_f} \Big\{ \frac{\partial g}{\partial x}(x(t),\dot{x}(t),t) - \frac{\mathrm{d}}{\mathrm{d}t}\Big[\frac{\partial g}{\partial \dot{x}}(x(t),\dot{x},t)\Big] \Big\}\delta x(t)\,\mathrm{d}t \\
&+ \Big[\frac{\partial g}{\partial \dot{x}}(x(t),\dot{x}(t),t)\delta x(t)\Big]\Big|_{t_0}^{t_f}.
\end{aligned}$$

其中 $\Big|_{t_0}^{t_f}$ 表示前式在 t_f 的取值减去在 t_0 的取值。

考虑到“扰动”后的 $x+\alpha\delta x$ 依然需要在 J 的定义域中，初始时刻和终端时刻的状态取值都已经固定，若要使 $x+\alpha\delta x$ 依然满足 $x(t_0)+\alpha\delta x(t_0) = x_0$

和 $x(t_f)+\alpha\delta x(t_f)=x_f$，则函数 $\delta x(t)$ 必须满足 $\delta x(t_0)=0,\delta x(t_f)=0$。于是上式可进一步化简为

$$0=\int_{t_0}^{t_f}\left\{\frac{\partial g}{\partial x}(x(t),\dot{x}(t),t)-\frac{\mathrm{d}}{\mathrm{d}t}\left[\frac{\partial g}{\partial \dot{x}}(x(t),\dot{x}(t),t)\right]\right\}\delta x(t)\,\mathrm{d}t.$$

利用微积分的技巧即可证明，要让上述积分对于任意连续可微的“方向” $\delta x(t)$ 都为零，则被积函数必恒为零。即，最优解 $x(t)$ 需要满足 Euler-Lagrange 方程：

对此结论的详细证明见引理 3.1。

$$\boxed{\frac{\partial g}{\partial x}(x(t),\dot{x}(t),t)-\frac{\mathrm{d}}{\mathrm{d}t}\left[\frac{\partial g}{\partial \dot{x}}(x(t),\dot{x}(t),t)\right]=0.}$$

类似地，我们可以将 Euler-Lagrange 方程推广到状态变量高维的情况。即，对于 n 维的状态变量 $x(t)=[x_1(t),x_2(t),\ldots,x_n(t)]^{\mathrm{T}}$，对其每个分量均需满足 Euler-Lagrange 方程

对 Euler-Lagrange 方程的严格证明详见 3.2 节。

$$\frac{\partial g}{\partial x_i}(x(t),\dot{x}(t),t)-\frac{\mathrm{d}}{\mathrm{d}t}\left[\frac{\partial g}{\partial \dot{x}_i}(x(t),\dot{x}(t),t)\right]=0,\quad i=1,2,\ldots,n. \tag{2.1.3}$$

从上述分析中可见，公式(2.1.2)是性能指标最优的必要条件。然而，假如 $J(x)$ 的定义域并非开集，例如图 2.4所示，$x(t)\leq M$ 有界，而最优解$x(t)$ 又恰好受到约束，则利用 δ 方法分析时任意的α 和 δx 就可能会导致 $x'=x+\alpha\delta x$ 落在定义域之外，上述结论将不再有效。这也是遇到控制变量有不等式约束时需要经典变分之外新工具的主要原因之一。

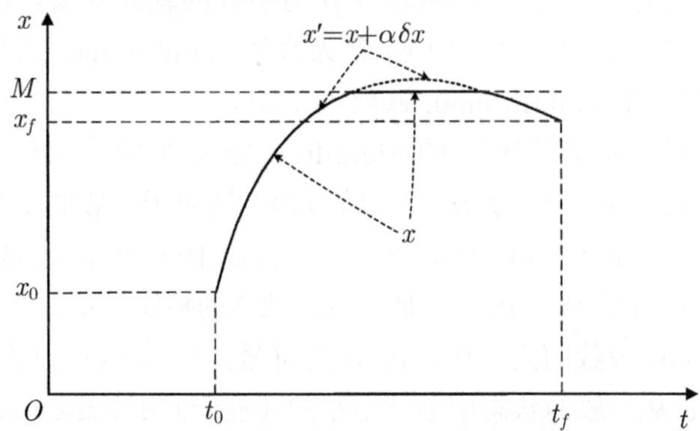

图 2.4 定义域非开集，施加了扰动超出定义域

Hamilton 方程组

与 Lagrange 同样少年成名的爱尔兰物理学家 William Rowan Hamilton 从物理学的视角出发，认为 Maupertuis 和 Euler 的最小作用量原理应该是一种“稳定作用原理”。因为物理世界中很多现象并非最小化或最节约，也不是最大化，而是按照一种稳定路线运行。在 Hamilton 和 Jacobi 看来，最小作用量原理与 Euler-Lagrange 方程更多的是一种数学工具，而非揭示物理学规律的真理。

在 Euler 和 Lagrange 工作的基础上，1833 年，Hamilton 在研究光学和动力学时发现，系统满足一定条件的情况下可以得到与 Euler-Lagrange 方程等价的 Hamilton 规范方程组，或简称 Hamilton 方程组：

$$\dot{x} = +\frac{\partial H}{\partial p}, \tag{2.1.4}$$

$$\dot{p} = -\frac{\partial H}{\partial x}. \tag{2.1.5}$$

William Rowan Hamilton (1805—1865) 爱尔兰物理学家、天文学家，提出 Hamilton 方程组

其中：

$$H(x, \dot{x}, p, t) \stackrel{\text{def}}{=} p \cdot \dot{x} - g(x, \dot{x}, t) \tag{2.1.6}$$

在力学研究中被称为 Hamiltonian 函数（Hamiltonian），且具有明确的物理意义，为“广义能量”。称 x 为状态（state），协态（co-state）p 为引入的辅助变量。在本书中，我们按文献 [5] 的提法，将公式 (2.1.6) 称为力学 Hamiltonian 函数，以区别于 Hestenes 提出的控制 Hamiltonian 函数 (1.3.5)。

注意公式(2.1.6)和公式 (1.3.5) 所用符号分别为 H 和 $\mathcal{H}$。

从数学上看，高维情况下的 Hamilton 方程组将 n 个二阶的 Euler-Lagrange 方程 (2.1.3) 转化为 $2n$ 个一阶方程，适用于一般的变分问题而不仅限于力学。力学 Hamiltonian 函数 (2.1.6) 与控制 Hamiltonian 函数 (1.3.5) 最主要区别并不在 g 的符号，而在于是否包含独立的控制变量。事实上，即便在力学 Hamiltonian 函数的定义中修改 g 的符号，Hamilton 方程组依然成立。而将控制变量 u 从一般的状态中独立出来的（控制）Hamiltonian 函数，在最优控制理论中可获得更为简洁直观的形式。在本书中我们并不详细讨论力学 Hamilton 方程组的结果，在第3章中，会给出简要推导。

对 Hamiltonian 函数中 g 符号的分析见 3.2.5 节。

2.1.3 Lagrange 乘子法

Lagrange 使用了一种后世被称为 Lagrange 乘子法的技巧处理约束条件，可以把有等式约束的极值问题转化为具有更多自变量的极值问题。这是一种微积分的常用技巧，我们在此仅简要介绍。

对于连续可微函数 $F(x):\mathbb{R}^n\to\mathbb{R}$ 和 $f(x):\mathbb{R}^n\to\mathbb{R}^m$，我们希望在保证等式约束条件 $f(x)=0$ 的情况下求解 x，以最小化 $F(x)$。引入 Lagrange 乘子 $\lambda\in\mathbb{R}^m$，和 $\lambda_0\in\mathbb{R}$ 并记增广的目标函数为

$$L(x,\bar{\lambda})=\lambda_0F(x)+\lambda\cdot f(x),$$

则必存在不全为零的 $\lambda_0,\lambda_1,\dots,\lambda_m$，使得原问题的最优解 x 满足，

$$\frac{\partial L}{\partial x_i}(x,\bar{\lambda})=0,\quad i=1,2,\dots,n, \tag{2.1.7}$$

$$\frac{\partial L}{\partial \lambda_j}(x,\bar{\lambda})=0,\quad j=1,2,\dots,m. \tag{2.1.8}$$

对于 $\lambda_0\neq 0$ 的“正常”情况，我们常对上述每个式子都除以 λ_0，将目标函数记为

$$\bar{F}(x,\lambda)=F(x)+\lambda\cdot f(x).$$

则最优解 x 满足

$$\frac{\partial \bar{F}}{\partial x_i}(x,\lambda)=0,\quad i=1,2,\dots,n, \tag{2.1.9}$$

$$\frac{\partial \bar{F}}{\partial \lambda_j}(x,\lambda)=f(x)=0,\quad j=1,2,\dots,m. \tag{2.1.10}$$

且 $\lambda_1,\dots,\lambda_m$ 不全为零。

Lagrange 使用这一方法获得诸多结论，却并未对此给出证明。19 世纪后半叶，在 Weierstrass 的倡议下，数学家们开始为微积分和变分法建立严谨的数学基础。到了 1886 年，Mayer 给出了 Lagrange 乘子法的证明，最终在 1906 年由 Hilbert 完善。

在此基础上，很多数学家和物理学家对 Lagrange 乘子法进行了进一步深入研究。1951 年，运筹学大师 Harold W. Kuhn（库恩）和 Albert W. Tucker

（塔克）将 Lagrange 乘子法的约束条件推广到不等式的情况（见文献 [123]）。随后，人们发现早在 1939 年，Magnus R. Hestenes 的学生 William Karush 已在他的硕士论文[124] 中提出，于是称其为 Karush-Kuhn-Tucker（KKT）条件。因提出量子物理的多重世界诠释（many-worlds interpretation, MWI）而闻名于世的传奇物理学家 Hugh Everett III 则将其拓展至目标函数非可微函数（例如取值为整数的函数）的情况（见文献 [125]）。

2.1.4 Hestenes 的经典变分求解最优控制

Hestenes 师出名门。他师从 Bliss，又曾为 Bliss 的老师 Bolza 的助手。而 Bolza 师从 Klein，并学习了分析学之父 Weierstrass 在 1879 年的变分法课程。Weierstrass、Bolza、Bliss 师徒各自著有《变分法讲义》，见文献 [126, 127, 13]，他们和 Hestenes 师徒为变分法的严格化和系统化做出巨大贡献。在 Hestenes 的博士论文和随后的一系列工作中，他系统地研究了变分中具有 Lagrange 形式性能指标、Mayer 形式性能指标、Bolza 形式性能指标的变分问题最优解的充分条件。他对变分法的主要贡献详见 Bliss 的《变分法讲义》[127]。

人物关系见第1章图 1.4。

Magnus R. Hestenes (1906—1991)
美国数学家，共轭梯度法提出者

1950 年 Hestenes 处理时间最短控制问题时（见文献 [30]）完全使用经典变分并不出乎意料。巧合的是，他所研究问题的最优控制恰好满足经典变分的诸多条件。有学者甚至慨叹（见文献 [28]），Hestenes 深厚的变分法功底是他没能率先提出控制变量可能不连续等一般情况下极小值原理的原因。如果他在兰德公司遇到的是最优控制不连续的问题，最优控制的历史很可能将被改写。

见 1.3.2 节中所述飞机的最短时间拦截问题。

Hestenes 的想法是将状态变量和控制变量加以区分。对任意给定的控制律，状态变量可通过状态方程计算，于是当对最优控制施加任意的扰动 $u(t)+\alpha\delta u(t)$，Lagrange 形式的性能指标

$$J(u)=\int_{t_0}^{t_f} g(x(t),u(t),t)\,\mathrm{d}t$$

也将受到扰动，变为 $J(u+\alpha\delta u)$。通过适当地引入协态变量，即可得到最优控制的必要条件。由于上述工作需要假定最优控制是连续函数，可以被包含在 Pontryagin 极小值原理的控制变量分段连续的结论中，我们在本书中将不独立给出证明。

2.1.5 变分法解最优控制示例

下面，我们沿着 Euler 和 Lagrange 的想法，结合 Euler-Lagrange 方程和 Lagrange 乘子法，求解第1章引言中提出的停车问题。与例 1.3 的时间最短控制问题不同，我们在此希望最小化性能指标

$$J(u)=\frac{1}{2}\int_{t_0}^{t_f}u^2(t)\,\mathrm{d}t. \tag{2.1.11}$$

其中，控制变量平方的积分称为控制能量。最小化控制能量的问题也常被称为能量最优控制问题。

例 2.1 (能量最优控制). 状态方程为

$$\dot{x}_1(t)=x_2(t), \tag{2.1.12}$$

$$\dot{x}_2(t)=u(t). \tag{2.1.13}$$

$t_0=0, t_f=2$，要将状态从初始时刻的 $x(t_0)=[-2,1]^{\mathrm{T}}$ 达到终点为原点 $x(t_f)=[0,0]^{\mathrm{T}}$。最小化控制能量(2.1.11)。

以位置 $x_1(t):[t_0,t_f]\to\mathbb{R}$ 和速度 $x_2(t):[t_0,t_f]\to\mathbb{R}$ 构成状态变量 $x(t)=[x_1(t),x_2(t)]^{\mathrm{T}}$，以加速度 $u(t):[t_0,t_f]\to\mathbb{R}$ 为控制变量。我们假定状态变量和控制变量都在 $[t_0,t_f]$ 内连续可微。

由于任意时刻都需要满足状态方程(2.1.12) 和 (2.1.13)，我们需要对任意时刻都引入 Lagrange 乘子，即对任意的 $t\in[t_0,t_f]$ 都引入 Lagrange 乘子 $p_1(t)$ 和 $p_2(t)$，正规化后就得到了性能指标

$$\bar{J}=\int_{t_0}^{t_f}\left\{\frac{1}{2}u^2(t)+p_1(t)[x_2(t)-\dot{x}_1(t)]+p_2(t)[u(t)-\dot{x}_2(t)]\right\}\mathrm{d}t.$$

再令

$$\bar{g}(x,u,p,\dot{x})=\frac{1}{2}u^2+p_1[x_2-\dot{x}_1]+p_2[u-\dot{x}_2],$$

立即得最优控制 $u(t)$、状态变量 $x(t)$ 和 Lagrange 乘子 $p(t)$ 应满足 Euler-Lagrange 方程:

$$\begin{aligned}
&\frac{\partial \bar{g}}{\partial x_i}(x(t),u(t),p(t),\dot{x}(t))-\frac{\mathrm{d}}{\mathrm{d}t}\left[\frac{\partial \bar{g}}{\partial \dot{x}_i}(x(t),u(t),p(t),\dot{x}(t))\right]=0, \quad i=1,2.\\
&\frac{\partial \bar{g}}{\partial p_i}(x(t),u(t),p(t),\dot{x}(t))-\frac{\mathrm{d}}{\mathrm{d}t}\left[\frac{\partial \bar{g}}{\partial \dot{p}_i}(x(t),u(t),p(t),\dot{x}(t))\right]=0, \quad i=1,2.\\
&\frac{\partial \bar{g}}{\partial u}(x(t),u(t),p(t),\dot{x}(t))-\frac{\mathrm{d}}{\mathrm{d}t}\left[\frac{\partial \bar{g}}{\partial \dot{u}}(x(t),u(t),p(t),\dot{x}(t))\right]=0.
\end{aligned} \tag{2.1.14}$$

其中公式 (2.1.14) 可得 $u(t)=-p(t)$。结合初始状态和终端状态的条件:

$$x_1(0)=-2, \quad x_2(0)=1, \quad x_1(2)=0, \quad x_2(2)=0,$$

经过化简，我们就得到了一个包含 x_1,x_2,p_1,p_2 四个变量的*常微分方程两点边值问题*。与*常微分方程初值问题* 仅有一个时间点（例如初始时刻 t_0）的状态取值边界条件不同，上述问题在 t_0 和 t_f 两个时刻都有边界条件，而且在 t_0 或 t_f 时刻，都有若干变量的取值未知，无法当做初值问题求解（在本例中，t_0 时刻 $p_1(t_0)$ 和 $p_2(t_0)$ 未知，t_f 时刻 $p_1(t_f)$ 和 $p_2(t_f)$ 未知）。事实上，无论经典变分还是 Pontryagin 极小值原理，都能通过分析最优控制问题的必要条件，得到一个关于最优控制下状态变量和协态变量的两点边值问题。

本例中的常微分方程是线性的，假定 p 连续可微即可解析求解，再代入边界条件，可解得最优控制如图 2.5 所示，为

$$u(t)=-\frac{3}{2}t+1. \tag{2.1.15}$$

以上使用变分法求得的最优控制 $u(t)$ 依赖于当前时刻 t，求解过程中用到了初始时刻的状态 $x(t_0)=x_0$，而做出这一决策并不需要也无法利用当前时刻的状态 $x(t)$，是一个开环控制。如图 2.6 所示，最优控制下的状态轨迹为

开环控制的定义见公式(1.3.17)。

$$\begin{aligned}
x_1(t)&=-\frac{1}{4}t^3+\frac{1}{2}t^2+t-2,\\
x_2(t)&=-\frac{3}{4}t^2+t+1.
\end{aligned}$$

在图 2.6 中，小车的位置 $x_1(t)$ 单调增加，始终前进，从初始时刻的 $x_1(t_0)=-2$ 移动到终端时刻的 $x_1(t_f)=0$；由于控制变量在前期大于零，后期小于零，小车的速度 $x_2(t)$ 从初始时刻的 $x_2(t_0)=1$ 先增后降，并最终达到终端时刻的 $x_2(t_f)=0$。实现了在 0 点停止（位置和速度均为 0）的控制目标。

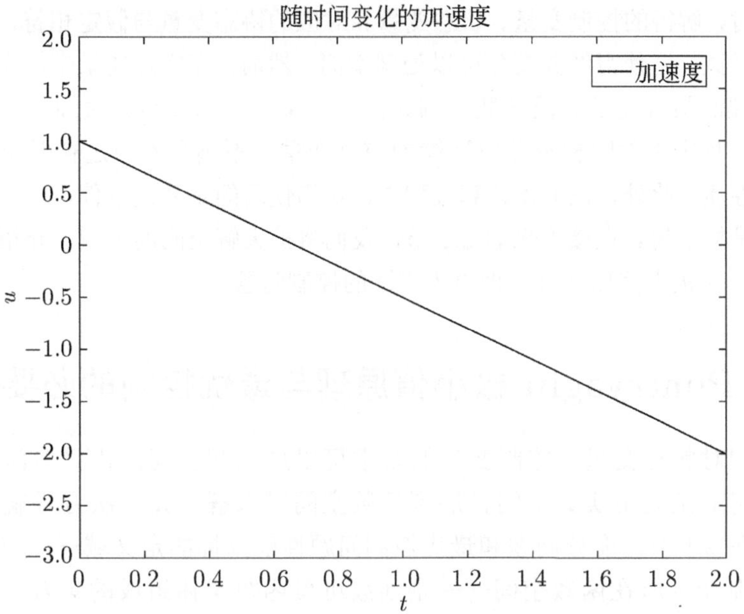

图 2.5 经典变分计算无约束最优控制：控制 -时间

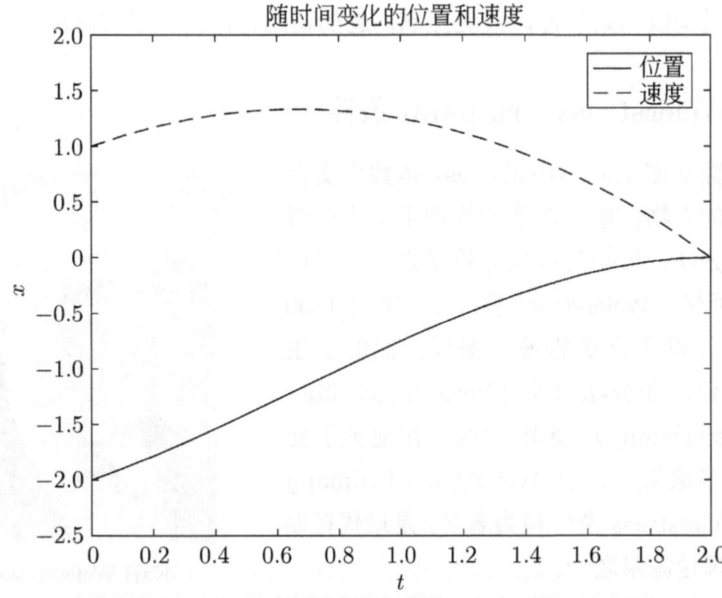

图 2.6 经典变分计算无约束最优控制：状态 -时间

同时，解得的控制变量、状态变量和对应的协态变量与假定相符，都是连续可微函数，这使得经典变分可以处理本例。然而，在实际场景中，我们对加速度的控制很可能是分段函数，例如需要在某一时刻突然加大油门，或突然刹车，这种常见的阶梯形分段连续的控制变量并不满足本节之初假定的连续可微的性质。此外，在上述计算过程中，我们使用的是驻值条件，尚不能断言解得的是极小值。在接下来的 2.2 节，我们将扩大解空间的范围，介绍著名的 Pontryagin 极小值原理来处理更为广泛的控制问题。

2.2 Pontryagin 极小值原理与最优控制的必要条件

一元二次方程与虚数的例子见 1.3.3 节。

放宽对状态变量、控制变量的要求可以放大解空间，让更多问题得以处理，将解空间由实数空间扩展到复数空间以求解一元二次方程就是经典一例。在 2.1 节，变分问题和最优控制问题性能指标的定义域——即状态变量或控制变量所在函数空间——是连续可微函数全体组成的集合，是个开集。在 2.2.1 节中，我们将其放宽到分段连续可微函数全体，并在 2.2.3 节的 Pontryagin 极小值原理中继续将控制变量放宽到分段连续函数全体，且允许对控制变量施以约束条件，最优控制问题的适用范围达到了实际应用的要求。

2.2.1 Weierstrass-Erdmann 条件

德国数学家 Karl Weierstrass 是数学史上里程碑式的人物，他以严格的推理重新审视微积分和变分法，被誉为现代分析学之父。根据 Bolza 的回忆，Weierstrass 在 1865 年至 1890 年间持续开设变分法的暑期课程。他的学生们整理了他的变分法讲义（Vorlesungen über Variationsrechnung），影响深远。在他关于变分法的诸多成果中，以 Weierstrass-Erdmann 条件和 Weierstrass 条件最为著名，是最优控制最主要的理论源泉之一。

Karl Weierstrass
(1815—1897)
德国数学家，现代分析学之父

在 3.5.3 节中，我们将利用本小节的技巧处理有内点约束的最优控制等问题。

1865 年，Weierstrass 在他的暑期课程上公布了关于定义域为不连续可微曲线的最简变分问题的Weierstrass-Erdmann 条件[1]。回顾最简变分问题 1.1，依然考察 $n=1$ 的情况，寻求函数 x 最小化性能指标 $J(x)$。我们此前将性能指标的定义域限定为两个端点满足约束条件的连续可微函数全体，即，函数 $x(t):[t_0,t_f]\to\mathbb{R}$ 不但需在 $[t_0,t_f]$ 上处处可微，且 $\dot{x}(t)$ 也都是连续函数。分段连续可微的函数则比连续可微函数更为广泛：假定存在一个 $[t_0,t_f]$ 的有限划分 $t_0<t_1<\ldots<t_{N-1}<t_N=t_f$，在每个区间 $[t_k,t_{k+1}]$ 上 $x(t)$ 都是连续可微的，且 $x(t)$ 在整个区间 $[t_0,t_f]$ 连续。分段连续可微函数与连续可微函数的区别在于，尽管 $x(t)$ 依然连续，然而 $\dot{x}(t)$ 在 $t_1,t_2,\ldots,t_{N-1}$ 并不连续，我们称 $t_1,t_2,\ldots,t_{N-1}$ 为角点（corner points）。如图 2.7 所示的两个曲线 x 和 x'，分别有角点 t_1 和 $t_1+\delta t_1$，在角点处曲线依然连续，其导数——即曲线的斜率——在该点却并不连续。

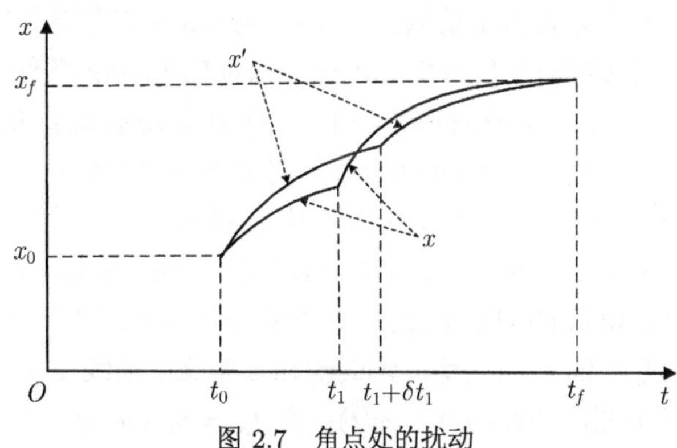

图 2.7 角点处的扰动

在此，我们不妨假定曲线 $x(t)$ 只有一个角点，然而不知发生的具体时刻 t_1。可将性能指标写为 $[t_0,t_1]$ 和 $[t_1,t_f]$ 两部分积分的加和

这一技巧将在本书第 3 章用于处理终端时刻不固定的变分问题和最优控制问题。

$$J(x)=\int_{t_0}^{t_1}g(x(t),\dot{x}(t),t)\,\mathrm{d}t+\int_{t_1}^{t_f}g(x(t),\dot{x}(t),t)\,\mathrm{d}t.$$

扩展 Lagrange 的 δ 方法，不但考察函数的扰动 δx，还考察角点发生时刻的扰动 δt_1。如图 2.7 所示，依然考察扰动前后的性能指标。可以证明，性能指标 $J(x)$ 取得极值的必要条件除分段满足 Euler-Lagrange 方程之外，还需在角点处满足 Weierstrass-Erdmann 条件：

[1] G. Erdmann 在 1877 年也独立给出了上述结论，因而得名。

$$\left.\frac{\partial g}{\partial \dot{x}}\right|_{t_1-} = \left.\frac{\partial g}{\partial \dot{x}}\right|_{t_1+}, \tag{2.2.1}$$

$$\left.\left(g - \dot{x}\frac{\partial g}{\partial \dot{x}}\right)\right|_{t_1-} = \left.\left(g - \dot{x}\frac{\partial g}{\partial \dot{x}}\right)\right|_{t_1+}. \tag{2.2.2}$$

其中记号 $|_{t_1-}$ 表示函数在 t_1 时刻取左极限，$|_{t_1+}$ 表示函数在 t_1 的右极限。

1865 年，Weierstrass 证明了若最简变分问题中性能指标的定义域为分段连续可微函数，则最优解的每个角点都必须满足 Weierstrass-Erdmann 条件 (2.2.1) 和 (2.2.2)。

2.2.2 Weierstrass 条件

至此，我们已经介绍了对函数或曲线施加的三种形式的“扰动”：Euler 在时间轴上采样，每个采样点上的取值可变；Lagrange 以任意连续可微函数作为方向，其离开最优解的步长可变；Weierstrass-Erdmann 条件中，则令角点发生的时刻也可变。然而，在这些方法中，当对函数施加较小的扰动时，函数导数变化也很小。1879 年，Weierstrass 针对分段连续函数为定义域的变分问题提出一种新的变分形式，函数变化很小时，其导数变化可能依然很大。

依然以 $n=1$ 的曲线 $x(t):[t_0,t_f]\to\mathbb{R}$ 为例。如图 2.8 所示，选择在区间 $[t_0,t_f]$ 中取不包含角点的区间 $[t_2,t_4]$。用参数 $\omega\in\mathbb{R}$ 调整曲线斜率 $\dot{x}$ 的扰动，用参数 $\epsilon\in\mathbb{R}$ 调整曲线 x 的扰动，Weierstrass 定义了曲线 $x'(t;\epsilon,\omega)$。在区间 $[t_2,t_4]$ 外令曲线不变，$x'(t;\epsilon,\omega)=x(t)$；在 $t_3=t_2+\epsilon$ 点，令 $x'(t_3;\epsilon,\omega)=x(t_2)+\omega\epsilon$；而在区间 $[t_2,t_3]$ 和 $[t_3,t_4]$，令 $x'(t;\epsilon,\omega)$ 为连接端点的线段。

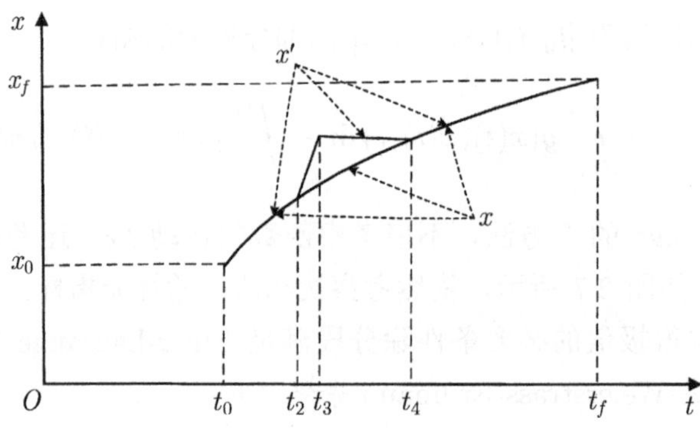

图 2.8 分段连续可微的扰动

这使得，在 $[t_2,t_3]$ 区间之内，扰动后的曲线斜率总是 $\dot{x}'(t;\epsilon,\omega)=\omega$，与 ϵ 无关。这样，无论 ω 如何取值，当 $\epsilon>0$ 非常小时，在整个区间 $[t_2,t_3]$ 上，对曲线的扰动 $|x'(t;\epsilon,\omega)-x(t)|\le|\omega|\epsilon$ 可以很小，而在区间 $[t_2,t_3]$ 上，其斜率相差依然可能很大。事实上，由于区间 $[t_2,t_4]$ 不包含角点，t_3 时刻曲线斜率 $\dot{x}$ 的扰动并不连续，Weierstrass引入了与前人不同的“不光滑”的变分。在上述构造的函数变分基础上引入 Weierstrass 函数（或称 Weierstrass excess 函数）

为了处理“不光滑”的控制变量，Pontryagin 也引入了“不光滑”的变分，见 2.2.3 节。

$$E(x,\dot{x},\omega,t)\overset{\text{def}}{=}g(x,\omega,t)-g(x,\dot{x},t)-(\omega-\dot{x})\frac{\partial g}{\partial \dot{x}}(x,\dot{x},t).$$

可以证明，$x(t):[t_0,t_f]\to\mathbb{R}$ 是极小值点的必要条件为对任意的 $\omega\in\mathbb{R}$

$$E(x(t),\dot{x}(t),w,t)\ge 0. \tag{2.2.3}$$

即 Weierstrass 条件。

2.2.3 Pontryagin 极小值原理

1956 年，苏联数学家 Pontryagin 和他的学生 Boltyanskii 和 Gamkrelidze 提出了最大化 Mayer 性能指标的“极大值原理”，为最优控制理论奠定了基础。这是一个关于全局最优解的必要条件，可以处理控制变量分段连续的问题，同时允许控制变量存在边界：

$$u(t)\in U\subseteq\mathbb{R}^m,\quad t\in[t_0,t_f], \tag{2.2.4}$$

能处理的实际问题范围很广。至此，可以处理的最优控制问题的解空间已经从最简变分问题的无约束的连续可微函数，经 Weierstrass 的无约束的分段连续可微函数，拓展至有 Pontryagin 的约束的分段连续函数。即，控制变量 $u(t):[t_0,t_f]\to U\subseteq\mathbb{R}^m$ 在 $[t_0,t_f]$ 有限划分的每个区间上都连续，状态变量 $x(t):[t_0,t_f]\to\mathbb{R}^n$ 依然分段连续可微。

从形式上看，解空间更为广泛的 Pontryagin 极小值原理与 Hestenes 的结论完全相同：最优控制需要满足极值条件，对任意的 $u'(t)\in U$，最优控制 $u(t)\in U$ 满足

Hestenes 的极值条件见1.3.2节。

$$\mathcal{H}(x(t),u(t),p(t),t)\le\mathcal{H}(x(t),u'(t),p(t),t), \tag{2.2.5}$$

以及 Euler-Lagrange 方程，或与之等价的 Hamilton 方程组

$$\text{状态方程:}\quad \dot{x}_i(t) = +\frac{\partial \mathcal{H}}{\partial p_i}(x(t), u(t), p(t), t), \quad i = 1, \ldots, n, \tag{2.2.6}$$

$$\text{协态方程:}\quad \dot{p}_i(t) = -\frac{\partial \mathcal{H}}{\partial x_i}(x(t), u(t), p(t), t), \quad i = 1, \ldots, n. \tag{2.2.7}$$

其中协态 $p(t) : [t_0, t_f] \to \mathbb{R}^n$ 是引入的辅助变量。由于 Hestenes 的工作是 Pontryagin 极小值原理的特殊情况，在本书中的应用场景，将不再区分，统一以后者称呼。

比 Weierstrass 条件中构造的分段连续可微的变分更进一步，Pontryagin 的证明对控制变量引入了一种分段连续的变分，在除了极小的区间 $[t_2, t_3]$ 以外并不引入扰动，而在这个区间上，让控制变量等于某个常数 ω。Pontryagin 的团队最初称其为“针状变分”，如图 2.9 所示。很快，Pontryagin 发现，Bliss 的学生 Edward McShane 早在 1939 年就已经在其他问题的研究中使用过这种变分（见文献 [128]），于是在随后的研究中将其改称为 McShane 变分，人们称其为 Pontryagin-McShane 变分：

$$u'(t) = \begin{cases} \omega, & t \in [t_2, t_2 + \Delta t], \\ u(t), & \text{其他时刻}. \end{cases}$$

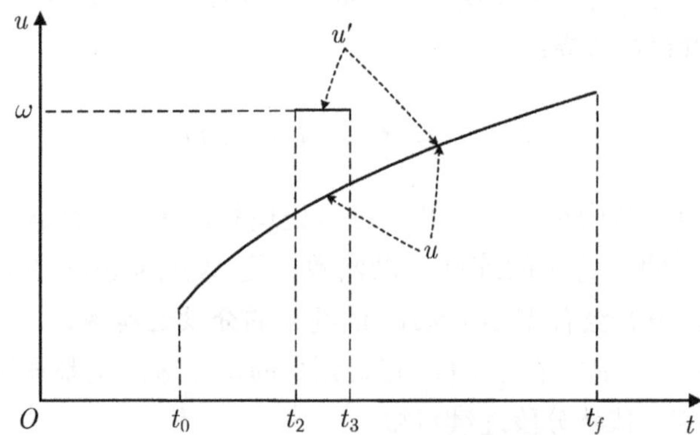

图 2.9　Pontryagin-McShane 变分：不连续的扰动

随后，Pontryagin 极小值原理被推广到各种特殊情况。其中比较重要的是状态和控制有关的有约束情况（见文献 [129]）：

$$c(x(t), u(t), t) \le 0, \tag{2.2.8}$$

以及状态变量有约束的情况（见文献 [130]）：

$$c(x(t), t) \leq 0. \tag{2.2.9}$$

2.2.4 极小值原理解最优控制示例

在本小节的示例中，我们再次考察小车的控制问题，而以 LaSalle 和 Bellman 所考察的控制时间为要优化的性能指标，即 1.3.2 节例 1.3。

时间最短控制历史悠久，见 1.3.2 节，将在 4.3 节详细讨论。

由 Bellman 的结论，在任意时刻 t，最优控制 $u(t)$ 的取值仅限于集合 $\{+M_1, -M_1\}$，一般情况下满足这样条件的控制变量并不连续，无法使用经典变分直接求解。我们在此用 Pontryagin 极小值原理分析。引入协态变量 $p(t) : [t_0, t_f] \to \mathbb{R}^2$，该时间最短控制问题的 Hamiltonian 函数为

$$\begin{aligned}\mathcal{H}(x(t), u(t), p(t), t) &= g(x(t), u(t), t) + p(t) \cdot f(x(t), u(t), t) \\ &= 1 + p_1(t)x_2(t) + p_2(t)u(t).\end{aligned} \tag{2.2.10}$$

根据 Pontryagin 极小值原理，我们将其视为关于 $u(t)$ 的函数求极值。Hamiltonian 函数关于控制变量 $u(t)$ 是单调的，在对容许控制 $|u(t)| \leq M_2$ 的约束条件下取得极小值等价于对任意的容许控制 u'，

$$p_2(t)u(t) \leq p_2(t)u'(t). \tag{2.2.11}$$

只要 $p_2(t) \neq 0$，

$$u(t) = -\operatorname{sign}[p_2(t)]M_2. \tag{2.2.12}$$

其中 $\operatorname{sign}(y)$ 为符号函数 $\mathbb{R} \to \mathbb{R}$，取值为 y 的正负号，即

$$\operatorname{sign}(y) \stackrel{\text{def}}{=} \begin{cases} +1, & y \geq 0, \\ -1, & y < 0. \end{cases}$$

于是，最优控制在协态变量不为零时只取 M_1 或 $-M_1$ 两种可能。我们几乎可以得到 1.3.2 节中介绍的 Bellman 得到的结论。

对于时间最短控制等最优控制不连续的情形，将于第 4 章详细介绍。

容易发现，一般情况下，本例公式 (2.2.12) 定义的最优控制是一个分段连续函数，并不保证连续。我们利用 Pontryagin 极小值原理在相对 2.1 节更大的解空间——分段连续函数全体——解得最优控制。由于任意连续可微函数

$u'(t)$ 同时也必然是一个分段连续函数，其获得的性能指标 $J(u')$ 必然不会优于公式(2.2.12)解得的最优控制 $u(t)$ 的性能指标 $J(u)$。换言之，对于一些经典变分在以连续可微或分段连续可微函数全体作为定义域时无解的问题，我们可以利用 Pontryagin 极小值原理在扩展了的解空间中求得最优控制，恰如 $x^2+1=0$ 在实数空间无解时将解空间扩展至复数空间。

2.3 动态规划与最优控制的充分条件

对变分问题充分条件的研究始于法国数学家 Adrien-Marie Legendre（勒让德）在 1786 年的研究。其后，Jacobi、Weierstrass、Carathèodory 等人都对变分问题的充分条件做出了贡献。在本节中，我们首先介绍对最优控制理论带来深远影响的 Hamilton-Jacobi 方程。随后，介绍 Bellman 的动态规划方法在连续时间最优控制的重要结论——Hamilton-Jacobi-Bellman 方程（简称 HJB 方程）。最后，以一个简单的例子示范。

2.3.1 Hamilton-Jacobi 方程

19 世纪 30 年代，Hamilton 将他的 Hamilton 方程组(2.1.4)和(2.1.5)转化为两个关于最优性能指标的偏微分方程组。1842—1843 年，德国数学家 Carl Gustav Jacob Jacobi 在哥尼斯堡的讲座中指出了 Hamilton 工作中存在的问题，并提出 Hamilton 方程组应化为一个一阶非线性偏微分方程（而非 Hamilton 认为的偏微分方程组），后人将其称为 Hamilton-Jacobi 方程（可参考文献 [131]）。为此，需要在最简变分问题 1.1 的基础上，引入变分问题“值函数”的概念。首先，给性能指标 J 增加初始时刻 t_0、初始状态 $x(t_0)=x_0$ 两个参数：

Hamilton 方程组的介绍见 2.1.2 节。

$$J(x;x_0,t_0)=\int_{t_0}^{t_f} g(x(t),\dot{x}(t),t)\,\mathrm{d}t,\quad x(t_0)=x_0. \tag{2.3.1}$$

Carl Gustav Jacob Jacobi
(1804—1851)
德国数学家，证明了
Hamilton 方程组和
Hamilton-Jacobi 方程

定义该变分问题的值函数是以 t_0 为初始时刻，x_0 为初始状态，满足变分问题约束条件的情况下，时段 $[t_0, t_f]$ 内性能指标的极小值：

$$V(x_0, t_0) \stackrel{\text{def}}{=} \min_x J(x; x_0, t_0).$$

Jacobi 证明了，最简变分问题 1.1 的值函数满足Hamilton-Jacobi 方程：

$$-\frac{\partial V}{\partial t} = H\left(x, \dot{x}, \frac{\partial V}{\partial x}, t\right). \tag{2.3.2}$$

其中 $H(x, \dot{x}, p, t) \stackrel{\text{def}}{=} p \cdot \dot{x} - g(x, \dot{x}, t)$ 是如公式(2.1.6)定义的力学 Hamiltonian 函数。Hamilton 和 Jacobi 最初发现这一方程在一些情况下是变分问题最优解的必要条件。到了 20 世纪 20 年代，希腊裔数学家 Constantin Caratȟeodory 证明了 Hamilton-Jacobi 方程是变分问题最优解的充分条件。由于 Caratȟeodory 对变分法系统而重要的贡献，他的工作被盛赞为“变分法的皇家大道”（royal road to the calculus of variations，见文献 [132]）。

在 5.3 节中，我们将在最优控制问题中证明有关 Hamilton-Jacobi 方程的这两个结论。

Hamilton-Jacobi 方程是变分法研究，尤其是 Hamilton 方程组的延续，然而其与本章此前的工作却具有显著的区别。经典变分和 Pontryagin 极小值原理尽管同样以最大化或最小化性能指标为目标，在计算过程中，却并未关注其性能指标的取值，而是寻找能够使其取得极值的条件，再对这个条件进行分析，得出最优解。Hamilton-Jacobi 方程则是关于值函数的偏微分方程，换言之，Hamilton、Jacobi、Caratȟeodory 的这一系列工作以刻画值函数为目标，而非刻画最优控制或最优控制下的状态轨迹。Bellman 的动态规划方法就是对这种方法的继承。

2.3.2 Bellman 的动态规划方法

Von Neumann 的博弈论和倒推法对兰德公司的研究团队影响深远，Isaac 提出的微分博弈和 Bellman 提出的动态规划的解法中都有 von Neumann 的影子。动态规划的 Bellman 方程(1.3.15)与 Hamilton-Jacobi 方程 (2.3.2)之间也有着千丝万缕的联系。Jr. Arthur E. Bryson[133] 认为，Bellman 方程是 Hamilton-Jacobi 方程在离散时间下的拓展。也有学者认为，无法判断在最优控制的早期研究中 Bellman 是否已经意识到动态规划方法与 Hamilton-Jacobi 方程之间的关系（见文献 [6]）。

微分博弈的介绍见 1.3.2 节，及本章 2.4 节，及本书下册第 3 部分“微分博弈”一章。

下面我们将看到，对于连续时间最优控制问题，利用动态规划方法求解连续时间最优控制几乎是 Hamilton-Jacobi 方程在控制问题中的直接应用。与 Hamilton-Jacobi 方程考察的最简变分问题的性能指标 (2.3.1) 类似，我们给连续时间最优控制问题的性能指标也增加初始时刻 t_0 和初始状态 x_0 两个参数。

$$J(u;x_0,t_0)=h(x(t_f),t_f)+\int_{t_0}^{t_f} g(x(t),u(t),t)\,\mathrm{d}t,\quad x(t_0)=x_0. \tag{2.3.3}$$

定义该最优控制问题的值函数（value function）是以 t_0 为初始时刻，x_0 为初始状态，在最优控制下的性能指标：

$$V(x_0,t_0)\overset{\text{def}}{=}\min_u J(u;x_0,t_0). \tag{2.3.4}$$

若存在最优控制，且值函数二阶连续可微，则如下 Hamilton-Jacobi-Bellman 方程（简称 HJB 方程）是最优控制的充分必要条件：

$$-\frac{\partial V}{\partial t}(x(t),t)=\min_{u(t)\in U}\mathcal{H}\Big(x(t),u(t),\frac{\partial V}{\partial x}(x(t),t),t\Big), \tag{2.3.5}$$

$$V(x(t_f),t_f)=h(x(t_f),t_f). \tag{2.3.6}$$

为了形式上的简洁一致，本书对 $n=1$ 和 $n>1$ 的情况采用相同的记号。

其中值函数关于状态变量的偏导或梯度定义为列向量：

$$\frac{\partial V}{\partial x}(x(t),t)\overset{\text{def}}{=}\begin{bmatrix}\dfrac{\partial V}{\partial x_1}(x(t),t)\\ \vdots\\ \dfrac{\partial V}{\partial x_n}(x(t),t)\end{bmatrix}.$$

若我们解上述偏微分方程得到值函数，则可利用 HJB 方程 (2.3.5) 中蕴含的极值条件求得最优控制：

$$u(t)=\underset{u(t)\in U}{\operatorname{argmin}}\,\mathcal{H}\Big(x(t),u(t),\frac{\partial V}{\partial x}(x(t),t),t\Big). \tag{2.3.7}$$

至此读者会发现，HJB 方程和 Pontryagin 极小值原理也惊人地相似。如果 $\partial V/\partial x$ 就是 Pontryagin 极小值原理极值条件 (1.3.6) 中的协态变量 p，从公式 (2.3.7) 和 (1.3.6) 可见，两种方法都通过最小化 Hamiltonian 函数得到最优控制。这个猜测是正确的，更进一步，若值函数二阶连续可微，我们还由 HJB 方程推得 Pontryagin 极小值原理。

Pontryagin 极小值原理和 Bellman 的动态规划方法最大的不同在于，极小值原理只寻求以给定的初始状态为起点的最优控制和最优状态轨迹，动态规划方法却求解了以任意容许状态、任意时刻为起点的问题。一方面，这导致动态规划的计算过于复杂，尤其是当 HJB 方程无法解析求解时，数值计算通常因需要存储的状态过多而面临“维数灾难”。而另一方面，动态规划方法求解的最优控制允许我们从环境中获得当前时刻 t 的状态变量 $x(t)$，求解关于控制变量 $u(t)$ 的极值条件 (2.3.7)，形如公式 (1.3.16)，从而获得闭环形式最优控制。

事实上，第 1 章中提到的 Kálmán 的线性二次最优控制问题，即可利用动态规划方法求得解析的闭环形式最优控制。然而，很多最优控制问题的值函数甚至并不可微，为此，1983 年，数学家 Michael Crandall 和 Pierre-Louis Lions 引入了微分方程粘性解的概念，并完善了值函数非光滑情况的数学基础。感兴趣的读者可参考文献 [134, 6]。

2.3.3 动态规划解最优控制示例

在本小节中，我们依然以小车的控制问题为例示范动态规划方法。为了发挥动态规划的优势，我们求解闭环形式的最优控制。下面的例子延续 1.3.2 节的两车追逃，控制小车追逐前方运动的目标。这正是最优控制理论诞生时的热门议题。

在 2.4 节，我们将在博弈环境中继续这个例子。

例 2.2 (简化的拦截问题). 追逃二者的状态为位置 $x_1^{(i)}(t):[t_0,t_f]\to\mathbb{R}$ 和速度 $x_2^{(i)}(t):[t_0,t_f]\to\mathbb{R}, i=1,2$，二者以加速度作为各自的控制变量 $u^{(i)}(t):[t_0,t_f]\to\mathbb{R}, i=1,2$。则二者共同的状态方程为

$$\begin{cases}\dot{x}_1^{(1)}(t)=x_2^{(1)}(t),\\ \dot{x}_2^{(1)}(t)=u^{(1)}(t).\end{cases}\qquad \begin{cases}\dot{x}_1^{(2)}(t)=x_2^{(2)}(t),\\ \dot{x}_2^{(2)}(t)=u^{(2)}(t).\end{cases}$$

在此假定已知逃跑者匀速运动，即 $u^{(2)}(t)\equiv 0$。仍然设定 $t_0=0, t_f=2$。被控对象——追逐者最小化性能指标

$$J_1(u^{(1)})=\frac{b}{2}|x_1^{(1)}(t_f)-x_1^{(2)}(t_f)|^2+\frac{1}{2}\int_{t_0}^{t_f}[u^{(1)}(t)]^2\mathrm{d}t. \tag{2.3.8}$$

上述性能指标表示，追逐者 $i=1$ 希望降低在 t_f 时刻与逃跑者距离，与此同时，也希望尽量节约控制能量，二者重要性之比为 $b:1$。这是最优化理

论的常用技巧，在设计控制器时可据此在精度和消耗，或其他各类因素之间取得平衡。在本例中，当设定 b 非常大的时候，例如令 $b \to \infty$，上述性能指标表示几乎无视控制能量。

我们首先化简该问题。引入二者相对位置 $x_1(t) : [t_0, t_f] \to \mathbb{R}$，相对速度 $x_2(t) : [t_0, t_f] \to \mathbb{R}$ 和相对加速度 $u(t) : [t_0, t_f] \to \mathbb{R}$：

$$
\begin{aligned}
u(t) &= u^{(1)}(t) - u^{(2)}(t) = u^{(1)}(t), \\
x_1(t) &= x_1^{(1)}(t) - x_1^{(2)}(t), \\
x_2(t) &= x_2^{(1)}(t) - x_2^{(2)}(t).
\end{aligned}
$$

于是，状态方程化为

$$
\begin{aligned}
\dot{x}_1(t) &= x_2(t), \\
\dot{x}_2(t) &= u(t).
\end{aligned}
$$

可见，当 $b \to 0$，本例的数学模型与 2.1 节例 2.1相同。接下来的计算自然也可用于求解例 2.1。

性能指标为

$$
J(u; x_0, t_0) = \frac{b}{2} x_1^2(t_f) + \frac{1}{2} \int_{t_0}^{t_f} u^2(t) \mathrm{d}t, \quad x(t_0) = x_0.
$$

下面我们利用动态规划方法列出 HJB 方程，并解析求解。假定该问题的值函数为 $V(x,t) : \mathbb{R}^2 \times \mathbb{R} \to \mathbb{R}$，则 Hamiltonian 函数为

$$
\mathcal{H}\left(x(t), u(t), \frac{\partial V}{\partial x}(x(t),t), t\right) = \frac{1}{2} u^2(t) + \frac{\partial V}{\partial x_1}(x(t),t) x_2(t) + \frac{\partial V}{\partial x_2}(x(t),t) u(t).
$$

这是关于 $u(t)$ 的二次函数，可知最优控制满足

$$
u(t) = -\frac{\partial V}{\partial x_2}(x(t),t).
$$

此时 Hamiltonian 函数取得极小值

$$
\mathcal{H}\left(x(t), u(t), \frac{\partial V}{\partial x}(x(t),t), t\right) = \frac{\partial V}{\partial x_1}(x(t),t) x_2(t) - \frac{1}{2} \left[\frac{\partial V}{\partial x_2}(x(t),t)\right]^2,
$$

得到 HJB 方程及其终端条件

$$
-\frac{\partial V}{\partial t}(x(t),t) = \frac{\partial V}{\partial x_1}(x(t),t) x_2(t) - \frac{1}{2} \left[\frac{\partial V}{\partial x_2}(x(t),t)\right]^2, \tag{2.3.9}
$$

$$V(x(t_f), t_f) = \frac{b}{2} x_1^2(t_f). \tag{2.3.10}$$

上述偏微分方程并无一般解法，在第5章中我们将说明，线性状态二次型控制的值函数是二次形式的。在此我们用试凑法，假设值函数形如

$$V(x(t), t) = \frac{1}{2}\left(k_1(t)x_1^2(t) + 2k_2(t)x_1(t)x_2(t) + k_3(t)x_2^2(t)\right), \tag{2.3.11}$$

其中 $k_1(t), k_2(t), k_3(t)$ 都是从时间 $t \in [t_0, t_f]$ 到 $\mathbb{R}$ 的待定函数。将公式 (2.3.11) 代入 HJB 方程 (2.3.9)，整理并对比系数即可得

$$\dot{k}_1(t) = k_2^2(t), \qquad k_1(t_f) = b, \tag{2.3.12}$$

$$\dot{k}_2(t) = -k_1(t) + k_2(t)k_3(t), \qquad k_2(t_f) = 0, \tag{2.3.13}$$

$$\dot{k}_3(t) = -2k_2(t) + k_3^2(t), \qquad k_3(t_f) = 0. \tag{2.3.14}$$

可解得，

对尚不熟悉常微分方程解法的读者，在 5.3.3 节将介绍更为简便的数值计算方法，在此略过常微分方程的求解过程。

$$\begin{aligned} u^{(1)}(t) = u(t) &= -\frac{\partial V}{\partial x_2}(x(t), t) \\ &= -\frac{t_f - t}{1/b + (t_f - t)^3/3} x_1(t) - \frac{(t_f - t)^2}{1/b + (t_f - t)^3/3} x_2(t) \end{aligned} \tag{2.3.15}$$

为关于追逃双方相对位置 $x_1(t)$ 以及相对速度 $x_2(t)$ 的函数，是闭环形式的最优控制。再由速度是位置的变化率，只需观测追逃双方位置的时间序列即可估计双方相对位置以及相对速度，求得最优控制。

HJB 方程的应用条件更强于 2.1 节状态变量和控制变量的连续可微，还需要假定最优控制问题的值函数具有一定连续性条件，上述解得的最优控制也是连续可微函数。然而对于满足这一条件的问题，我们所得的结论也更强，得到了闭环形式的最优控制 (2.3.15)。

2.4 微分博弈与最优控制的平衡条件

在 2.3 节中给出的例 2.2 拦截问题中，我们将逃跑者的行为简化地假设为加速度为零，即始终保持匀速运动。事实上，假如追逐者事先已知逃跑者的控制律，即他逃跑的行为模式，总可以使用动态规划方法或者 Pontryagin 极小值原理求解最优控制问题，设计自己的最优追逐策略。然而在现实中，逃跑者

的行为模式往往难以被追逐者精确预知，这正是 1.3.3 节中所述状态方程未知的情况。如果是在最优控制的课堂上，一个自然而有趣的想法是：倘若逃跑者也以最优控制设计己方的逃跑策略，谁将获胜？

本节将讨论两人甚至多人场景下的最优控制问题，即微分博弈。由于追逃的例子中双方目的冲突难以两全，与传统的最优控制不同，微分博弈寻求的是冲突双方之间的平衡（equilibrium）策略。本节中，我们并不详细介绍博弈论中的严格定义，而是从最优控制的角度介绍平衡条件的计算。

2.4.1 博弈与平衡

“博弈”一词在汉语中颇有运筹帷幄掌控全局的深意。其思想自古有之，现今人工智能研究中炙手可热的围棋相传就是三千年前中国人从战争和兵法中抽象而来的两人博弈问题，对弈过程中双方需要预测对手的策略，估计盘面的局势，以决定自己的落子。

西方对博弈论的研究可以追溯至 1713 年的英国，James Waldegrave 研究的二人纸牌游戏。现代对博弈的研究始于 1921 年，法国数学家 Émile Borel（波莱尔）研究了一种两人零和博弈问题，考察无论博弈双方如何行动二者收益之和总是零的情况下双方的行为。Borel 初步提出了与控制律类似的博弈问题“策略”的概念，但他认为一般情况下博弈是“无解”的。1928 年，John von Neumann 建立了两人零和博弈问题的一般理论（见文献 [135, 136]），提出最小最大定理（minimax theorem）。1944 年，von Neumann 和 Morgenstern 合著 Theory of Games and Economic Behavior[137]，让博弈论受到广泛重视，也标志着现代博弈理论的初步形成。1950 年，John F. Nash（纳什）提出了纳什平衡（Nash equilibrium）（见文献 [138]），讨论了多人非零和博弈问题，要求博弈的每个参与人都在他所预测的对手策略基础上采取“最优策略”，同时还假定每个参与人的预测都是正确的，也就是 Myerson 所说的在博弈论框架下是“智能”的。

John von Neumann
(1903—1957)
匈牙利裔美国数学家、物理学家、经济学家、计算机科学家，博弈论创始人

关于“智能”的解释，见 1.3.3 节。

博弈论中蕴含了倒推法的想法。控制论之父 Wiener 在其名著《控制论：或关于在动物和机器中控制和通讯的科学》的第二版[18, 19] 中如此评价：这个理论涉及的与其说是一种从博弈的开始来看为最好的对策，不如说是一种从博弈的结局看来为最好的对策。在博弈的最后一着中，如果有可能，一个博弈参与者总是力求走能获胜的一着，其次要走能得平局的一着。他的对手，在走他这一着的前面一着时，总是力求要取一种着法，使得他不能走这获胜或得平局的一着……依次倒着推下去，都是如此。

动态规划方法则是从终端时刻向前倒推，与博弈的倒推非常相似。

考虑一个简单的博弈问题。有两个参与人 $i=1,2$，双方都希望最小化自己的目标函数 $F_i(x_1,x_2):\Omega_1\times\Omega_2\to\mathbb{R}, i=1,2$，其中 $x_i\in\Omega_i\subset\mathbb{R}^n, i=1,2$ 分别是两个参与人的策略。注意到，与一般的最优化问题不同，在博弈问题中，一方的目标函数不仅被他自己的策略影响，也受对方策略的影响，如果二者目标并不一致，则无法使用经典的优化理论求解。为此，我们引入纳什平衡作为博弈问题解的概念：若 $x_1\in\Omega_1, x_2\in\Omega_2$ 满足，在 x_1 和 x_2“附近”的策略 x_1' 和 x_2' 都满足

$$F_1(x_1,x_2)\le F_1(x_1',x_2),\quad F_2(x_1,x_2)\le F_2(x_1,x_2'),$$

则称 x_1,x_2 是这个博弈问题的纳什平衡。换言之，满足纳什平衡的策略让双方都不愿独自调整自己的策略。可以看出，博弈平衡的概念是最优化问题中最优解在多人多目标情况下的自然扩展。接下来，我们以经典的“囚徒困境”为例介绍博弈问题求解的基本概念和想法。

例 2.3 (囚徒困境). 囚徒 $i=1,2$ 两人分别受审，均可不招供（0）或招供（1），此时两人的策略空间均为 $\Omega_1=\Omega_2=\{0,1\}$。函数 $F_1(x_1,x_2), F_2(x_1,x_2)$ 取值见表 2.1（斜杠“\”左侧为 F_1 的取值，右侧为 F_2 的取值），是二人分别采用 x_1,x_2 策略时的刑期，二者均希望最小化自己的目标函数。

表 2.1 囚徒二人的目标函数

$i=1$ \ $i=2$	招供 (1)	不招供 (0)
招供 (1)	6\6	1\8
不招供 (0)	8\1	2\2

我们把目标函数取值整理如下：

$$\begin{aligned} &F_1(1,1)=6, \quad F_1(0,1)=8, \quad F_1(1,0)=1, \quad F_1(0,0)=2, \\ &F_2(1,1)=6, \quad F_2(0,1)=1, \quad F_2(1,0)=8, \quad F_2(0,0)=2. \end{aligned}$$

直接使用博弈的纳什平衡定义容易验证，在本例中，仅有 $x_1=1, x_2=1$ 满足平衡的定义

$$\begin{aligned} &F_1(1,1) \leq F_1(x_1',1), \quad \forall x_1' \in \Omega_1, \\ &F_2(1,1) \leq F_2(1,x_2'), \quad \forall x_2' \in \Omega_2. \end{aligned}$$

假定双方采用了 $x_1=1, x_2=1$ 的策略，若参与人 1 改变自己的策略为 $x_1=0$，则需要服刑时间变为 $F_1(0,1)=8$，劣于平衡策略。类似地，参与人 2 也不愿改变自己的策略。函数纳什平衡可以理解为：若固定对方策略不变，则己方策略应使得自己目标函数取得最小，双方均以此为依据决策。在博弈分析中，经济学家常从表 2.1 中的任意一点出发，横向（即固定 $i=2$ 的策略）或纵向（即固定 $i=1$ 的策略）检查，是否存在让其中一个囚徒修改自己策略的解，若没有，则这一点就是博弈平衡。我们将这一想法抽象为反应函数法。这种方法也蕴含了倒推求解的思想，在本节中，将是我们求解微分博弈问题的主要想法。

依然考虑两人博弈的场景。定义映射 $R_1(x_2): \Omega_2 \to \Omega_1$ 为

$$R_1(x_2) = \underset{x_1 \in \Omega_1}{\operatorname{argmin}} F_1(x_1, x_2),$$

是参与人 $i=1$ 的*反应函数*（reaction function，或 best response）。类似地，还可以定义参与人 $i=2$ 的反应函数 $R_2(x_1): \Omega_1 \to \Omega_2$ 为

$$R_2(x_1) = \underset{x_2 \in \Omega_2}{\operatorname{argmin}} F_2(x_1, x_2).$$

假设上述两个问题都有唯一解，根据反应函数和纳什平衡定义，若

$$x_1 = R_1(x_2), \quad x_2 = R_2(x_1), \tag{2.4.1}$$

可知 x_1, x_2 为纳什平衡。我们可以通过联立上述博弈双方的反应函数来求解博弈的纳什平衡。回到囚徒困境的例子，分别考虑 $x_2 \in \{0,1\}$，可得 $i=1$ 的

反应函数

$$R_1(0) = \underset{x_1\in\{0,1\}}{\operatorname{argmin}} F_1(x_1, 0) = 1,$$

$$R_1(1) = \underset{x_1\in\{0,1\}}{\operatorname{argmin}} F_1(x_1, 1) = 1.$$

分别考虑 $x_1 \in \{0,1\} = 0$，可得 $i = 2$ 的反应函数

$$R_2(0) = \underset{x_2\in\{0,1\}}{\operatorname{argmin}} F_2(0, x_2) = 1,$$

$$R_2(1) = \underset{x_2\in\{0,1\}}{\operatorname{argmin}} F_2(1, x_2) = 1.$$

于是，利用反应函数法可知，只有 $x_1 = 1, x_2 = 1$ 满足条件 (2.4.1)。

注意，尽管反应函数法与闭环控制(1.3.16)的写法类似，却完全不同。闭环控制中，作为输入的状态或观测是控制决策的依据，真实可见；而反应函数法的输入是对方的策略，基于对方是理性人的假设。

2.4.2 Isaac 的微分博弈

从最优化问题拓展为变分问题时，我们将定义域 $\mathbb{R}^n$ 转化为函数空间，将博弈的想法引入最优控制理论也是如此。依然以追逃问题为例，我们暂不介绍微分博弈的严格定义，而从更为直观的视角考察追逃之间的平衡条件。假定追逃双方都知道对方的状态方程和性能指标，且双方均采用“最优控制”作为自己追逐或逃跑的策略。延续例 2.2 的场景，追逐者依然最小化其性能指标

$$J_1 = +\frac{b_1}{2}|x_1^{(1)}(t_f) - x_1^{(2)}(t_f)|^2 + \frac{1}{2}\int_{t_0}^{t_f} [u^{(1)}(t)]^2 \mathrm{d}t. \tag{2.4.2}$$

在固定的 t_f 时刻，尽量接近逃跑者，且兼顾能量消耗。逃跑者则希望 t_f 时刻距离越远越好，最小化性能指标

$$J_2 = -\frac{b_2}{2}|x_1^{(1)}(t_f) - x_1^{(2)}(t_f)|^2 + \frac{1}{2}\int_{t_0}^{t_f} [u^{(2)}(t)]^2 \mathrm{d}t. \tag{2.4.3}$$

在上面两个性能指标中，我们将终端代价的参数写为 b_1 和 b_2，这是假定追逃双方对两者距离和控制能量之间的重视程度不同。例如，逃跑一方是一架

飞机，希望节约能源以备后续使用，而追逐者是一个导弹，更关注终端代价，则 $b_1 < b_2$。我们将其写成

$$J_1(u^{(1)}, u^{(2)}) = +\frac{b}{2}|x_1^{(1)}(t_f) - x_1^{(2)}(t_f)|^2 + \frac{1}{2}\int_{t_0}^{t_f} \frac{[u^{(1)}(t)]^2}{E_1}\mathrm{d}t, \tag{2.4.4}$$

$$J_2(u^{(1)}, u^{(2)}) = -\frac{b}{2}|x_1^{(1)}(t_f) - x_1^{(2)}(t_f)|^2 + \frac{1}{2}\int_{t_0}^{t_f} \frac{[u^{(2)}(t)]^2}{E_2}\mathrm{d}t. \tag{2.4.5}$$

其中 $E_1 > E_2 > 0, b_1 = E_1 b, b_2 = E_2 b$，分别为追逐者和逃跑者对双方距离对比控制能量的重视权重。

现在，我们使用反应函数法求解这一追逃博弈问题。以 $u^{(1)}, u^{(2)}$ 为控制变量，依然引入二者相对位置 $x_1(t) : \mathbb{R} \to \mathbb{R}$，相对速度 $x_2(t) : \mathbb{R} \to \mathbb{R}$ 为状态变量。状态方程可整理为

$$\dot{x}_1(t) = x_2(t), \tag{2.4.6}$$

$$\dot{x}_2(t) = u^{(1)}(t) - u^{(2)}(t). \tag{2.4.7}$$

初始时刻，二者相对位置和相对速度分别为 x_0 和 v_0。利用反应函数法，先假定追逐者已知逃跑者的控制律为 $u^{(2)}$ 求解其最优控制，再用类似的方法求解逃跑者的最优控制，即可求得追逃博弈的平衡。

上述求解过程可以使用 Pontryagin 极小值原理，也可以使用动态规划。略过计算细节，可得追逃双方的平衡策略为

详见本书下册第 3 部分“微分博弈”一章。

$$u^{(1)}(t) = -\frac{E_1(t_f - t)\Big[x_1(t) + x_2(t)(t_f - t)\Big]}{1/b + (E_1 - E_2)(t_f - t)^3/3}, \tag{2.4.8}$$

$$u^{(2)}(t) = \frac{E_2}{E_1}u^{(1)}(t). \tag{2.4.9}$$

这种情况下，终端时刻相对位置为

$$x_1(t_f) = \frac{x_0 + v_0(t_f - t_0)}{1 + b(E_1 - E_2)(t_f - t_0)^3/3}. \tag{2.4.10}$$

如图 2.10 所示，是 $E_1 = 0.8, E_2 = 0.5, b = 1000$ 情况下，博弈平衡下的二者位置变量 $x_1^{(1)}, x_1^{(2)}$，追逐者在 $t_f = 2$ 时刻“命中”逃跑者。

事实上，对于足够大的 $b \to \infty$（即假定，追逃双方均将是否命中远看重于能量消耗），若 $E_1 > E_2$，有 $x_1(t_f) \to 0$。此时，在上述微分博弈平衡的基础上，我们还可以进一步推导得到有趣的性质：

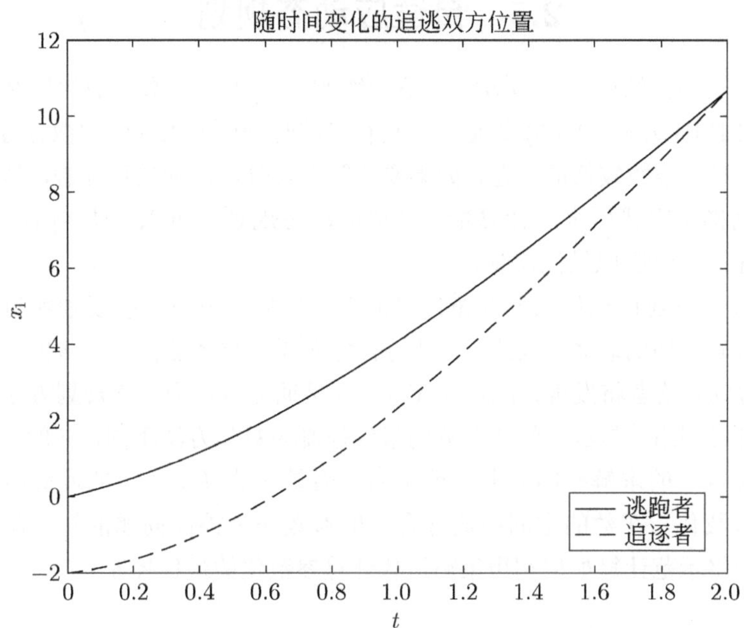

图 2.10 零和追逃博弈的平衡：位置 -时间

$$u^{(1)}(t) = -\frac{E_1(t_f - t)\Big[x_1(t) + x_2(t)(t_f - t)\Big]}{(E_1 - E_2)(t_f - t)^3/3} = -\frac{3}{1 - E_2/E_1}\frac{\mathrm{d}}{\mathrm{d}t}\Big[\frac{x_1(t)}{t_f - t}\Big]. \tag{2.4.11}$$

即，若逃跑者以“最优控制”逃跑，追逐方的最优的加速度应与 $x_1(t)/[t_f - t]$ 的变化率成正比。在导弹制导中，即得著名的比例引导律，应用广泛（见资料 [36] 或文献 [25]）。

微分博弈的应用不仅限于双方或多方参与的决策问题，对于状态方程具有一定不确定扰动的系统，我们可以将这一扰动看作控制的“对手”，考察最坏情况的最优控制问题，即可得到 H 无穷控制（见文献 [139]）。在一般情况下，微分博弈问题和 HJB 方程同样难以解析求解，近似解则可利用我们在下一节即将介绍的自适应动态规划方法获得（见文献 [140]）。

从另外一个方面看，微分博弈在一定意义上扩充了“解空间”，不仅计算己方的控制律，还需求解对方的控制律。微分博弈在“对方控制律”这个“解”的子空间上选择了博弈平衡。

2.5 自适应动态规划

动态规划方法的一个显著特点是“倒推”，关于值函数（最优控制的性能指标）的 HJB 方程 (2.3.5) 就是一个具有终端时刻边界条件的偏微分方程。然而，即便对于维数较低的问题，如果要计算很长时段内的最优控制，从终端时刻向前倒推也需要巨大的计算量。自适应动态规划则可以“时间向前”设计，获得最优控制或近似最优控制。

在第 1 章我们已经简要介绍，自诞生之日起自适应动态规划就与神经网络模型有着密切的联系。因此，本节将首先简要介绍多层神经网络模型及其反向传播算法，读者将发现，Paul J. Werbos 早期的自适应动态规划方法可以看作一种神经网络。与源自经典变分的最优控制的数学方法不同，一般来说，自适应动态规划的求解空间并非函数空间，而是在选择了一定的近似结构后将控制律参数化，在数的空间中选择合适的参数作为控制问题的解。在本节最后，我们将示范计算如何利用策略迭代计算参数化的最优控制。

2.5.1 神经网络与反向传播算法

有关 Wiener 和 Cybernetics 的简要介绍见 1.3.1 节。

受 Wiener 的影响，1943 年，Warren McCulloch 和 Walter Pitts 为人脑的神经网络构建了计算模型（见文献 [141]），他们提出将神经元具有的“皆有或皆无”（all-or-none）特性建模为阈值函数：

$$\phi(z)=\begin{cases}1, & z\geq\theta,\\ 0, & z<\theta.\end{cases} \tag{2.5.1}$$

这是最早的一种人工神经元，被称为 McCulloch-Pitts 模型（MCP 模型）。

MCP 模型最初只考虑了输出 0 或 1 的情况。1958 年，Frank Rosenblatt 提出了感知器模型（perceptron）（见文献 [142]），将公式(2.5.1)中的 $x\geq\theta$ 拓展至多元的 $\omega\cdot x\geq\theta$。20 世纪 60 年代初，Bernard Widrow 在他的 ADALINE 模型（adaptive linear neuron，见资料 [143]）中将阈值 θ 移项，写成今天常见的偏移量形式，如图 2.11 所示的一个简单的人工神经元，给定输入 x_1,x_2 将输出

$$h(x;\omega,b)=\omega_1x_1+\omega_2x_2+b. \tag{2.5.2}$$

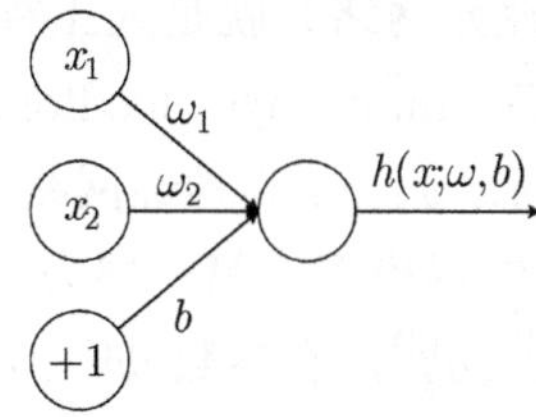

图 2.11 人工神经元

从图中可见，我们可以将偏移量 b 理解为一个特殊的参数 ω_0，与之相乘的输入 x_0 恒等于 $+1$。以 ω, b 为参数，我们可以将 Widrow 的模型理解为输入 x_0, x_1, x_2 的线性组合。

在 Widrow 的线性模型基础上，结合连续单调的激活函数$\sigma : \mathbb{R} \to \mathbb{R}$，就可以得到非线性的人工神经元

$$h(x; \omega, b) = \sigma(\omega_1 x_1 + \omega_2 x_2 + b). \tag{2.5.3}$$

例如，可令激活函数 σ 为 sigmoid 函数

$$\text{sigmoid}(z) \stackrel{\text{def}}{=} \frac{1}{1 + \mathrm{e}^{-z}}. \tag{2.5.4}$$

阈值函数 (2.5.1) 与 sigmoid 函数 (2.5.4) 都将输入 x 输出至有界的区间，如图 2.12 所示。双曲正切函数、RELU（rectified linear unit）等都是常用的激活函数，可参考文献 [77]。

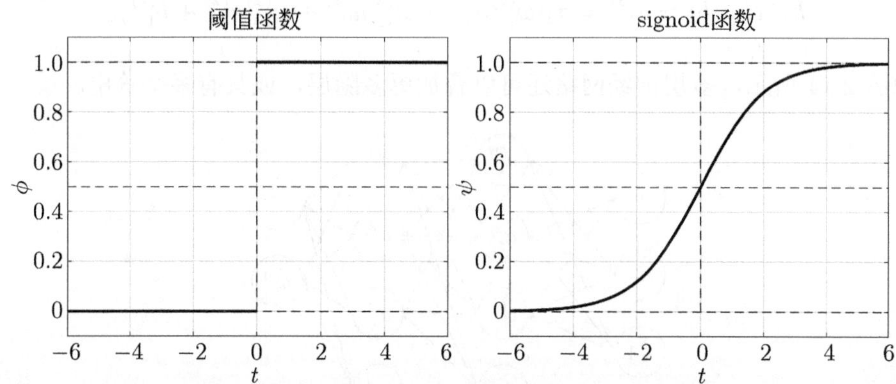

图 2.12 阈值函数（左）与 sigmoid 函数（右）

神经网络（或称人工神经元网络）就是人工神经元的联结。将感知器叠加，就得到多层前馈神经网络（multi-layer feedforward perceptron），或简称多层神经网络。如图 2.13 所示，x_1, x_2 为神经网络的输入，$a_1^{(3)}$ 为神经网络的输出，共有两层（layers）感知器模型。第一层为“隐层”，输入为 x_1, x_2，激活函数为 σ_1，输出为 $a_1^{(2)}, a_2^{(2)}, a_3^{(2)}$，有参数 $\omega^{(1)}, b^{(1)}$。

$$
\begin{aligned}
a_1^{(2)} &= \sigma_1(\omega_{11}^{(1)} x_1 + \omega_{12}^{(1)} x_2 + b_1^{(1)}),\\
a_2^{(2)} &= \sigma_1(\omega_{21}^{(1)} x_1 + \omega_{22}^{(1)} x_2 + b_2^{(1)}),\\
a_3^{(2)} &= \sigma_1(\omega_{31}^{(1)} x_1 + \omega_{32}^{(1)} x_2 + b_3^{(1)}).
\end{aligned}
$$

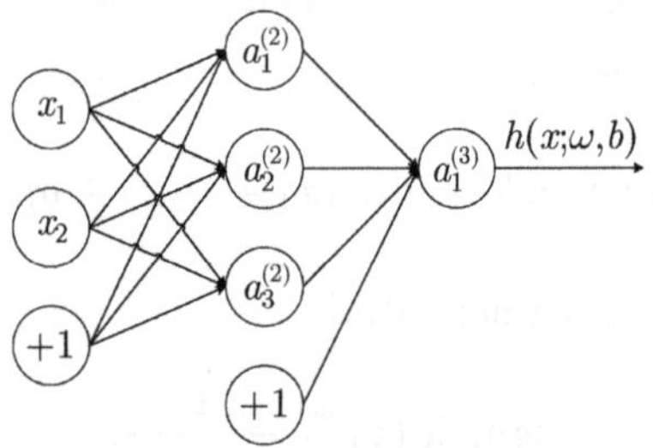

图 2.13 单输出的多层神经网络

第二层为“输出层”，输入为 $a_1^{(2)}, a_2^{(2)}, a_3^{(2)}$，激活函数为 σ_2，输出为 $a_1^{(3)}$，有参数 $\omega^{(2)}, b^{(2)}$。

$$
h_1(x;\omega,b) = a_1^{(3)} = \sigma_2(\omega_{11}^{(2)} a_1^{(2)} + \omega_{12}^{(2)} a_2^{(2)} + \omega_{13}^{(2)} a_3^{(2)} + b_1^{(2)}).
$$

如图 2.14 所示，多层神经网络还可以叠加更多隐层，或具有多个输出。

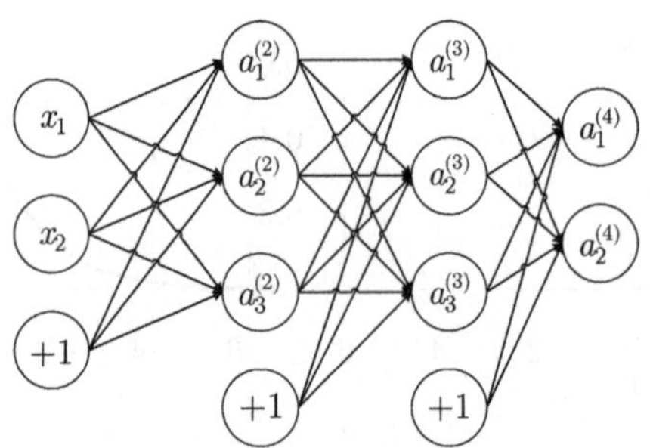

图 2.14 多输出的多层神经网络

神经网络模型从仿生的角度出发，同时具有优秀的数学性质。1989年，George Cybenko 证明了，这种多层神经网络是通用逼近器（universal approximator，见文献 [144]）。即，对于定义在 $\mathbb{R}^n$ 中有界区域 Ω 上的连续函数 $f(x):\Omega\to\mathbb{R}^m$，以及任意的误差 $\epsilon>0$，存在适当的隐层神经元数量，以及感知器参数 ω, b，使得 $h(x;\omega,b)$ 是函数 f 的近似，对任意的 $x\in\Omega$，

$$|h(x;\omega,b)-f(x)|<\epsilon.$$

这使得神经网络成为参数化表示最优控制问题状态方程、值函数以及控制策略的优秀工具。

神经网络的反向传播算法

下面我们仅简要介绍 Werbos 反向传播算法的基本任务。假设有样本集 $(x^{(1)},y^{(1)}),\dots,(x^{(M)},y^{(M)})$，希望寻找合适的参数 ω, b，使得多层神经网络的输出与实际样本尽量接近。即最小化每个样本误差 E_k 的平均值

对反向传播算法的详细计算过程见本书第 3 部分“强化学习与自适应动态规划”一章。

$$J(\omega,b;x,y)=\frac{1}{M}\sum_{k=1}^{M}E_k(\omega,b;x,y), \tag{2.5.5}$$

$$E_k(\omega,b;x,y)=\frac{1}{2}\sum_{i=1}^{m}\left[y_i^{(k)}-h_i(x^{(k)};\omega,b)\right]^2. \tag{2.5.6}$$

反向传播算法利用梯度下降法（gradient descent）更新任意一个参数 θ 为：

$$\theta\leftarrow\theta-\alpha\frac{\partial J}{\partial\theta}, \tag{2.5.7}$$

其中 α 是“学习率”。在多层神经网络的结构下，反向传播算法是一种对误差的“信用分配”。利用链式法则，将误差分配给每个人工神经元，在每个感知器层都进行参数的更新和误差向前传递，即可实现神经网络的训练。

2.5.2 离散时间自适应动态规划

Werbos 考察的是无穷时间非线性系统的最优控制问题，具有离散时间状态方程

$$x(k+1)=f_D(x(k),u(k)),\quad k=0,1,\dots,\infty$$

要最小化无穷时间的性能指标

$$J(u;x_0)=\sum_{k=0}^{\infty}g_D(x(k),u(k)).$$

于是，按照强化学习的想法，在 k 时刻实施了控制 $u(k)$ 后，可以从环境中得到状态 $x(k)$ 和代价

$$r(k)=g_D(x(k),u(k)). \tag{2.5.8}$$

根据最优性原理，我们可以得到这个问题的 Bellman 方程。即，关于无穷时间最优控制问题的值函数$V(\cdot)$ 的函数方程，对任意的时刻 k，任意的状态 $x(k)$，

$$V(x(k))=\min_{u(k)}\Big\{g_D(x(k),u(k))+V(x(k+1))\Big\}. \tag{2.5.9}$$

离散时间系统的策略迭代方法

1960 年，Ronald A. Howard 提出了离散时间系统的策略迭代方法（见文献 [74]），他从任意一个容许[2]的控制律 $u(k)=\phi_0(x(k))$ 出发，对 $i=0,1,\ldots$，在每次迭代中首先求解控制律 $u(k)=\phi_i(x(k))$ 对应的广义 Bellman 方程：

$$V_i(x(k))=g_D(x(k),\phi_i(x(k)))+V_i(x(k+1)), \tag{2.5.10}$$

其中，$V_i(\cdot):X\rightarrow\mathbb{R}$ 是从状态空间到实数空间的函数。再以 $V_i(\cdot)$ 作为值函数的近似，通过求解 Bellman 方程更新控制律：

$$\phi_{i+1}(x(k))\leftarrow\underset{u(k)}{\operatorname{argmin}}\Big\{g_D(x(k),u(k))+V_i(x(k+1))\Big\}. \tag{2.5.11}$$

上述迭代过程得到的控制律序列 $\phi_0,\phi_1,\phi_2,\ldots$ 将收敛至最优控制。与此同时，迭代过程中的每个控制律都是容许控制。

Werbos 的启发式动态规划

若状态变量和控制变量都可在实数空间中连续取值，Howard 的策略迭代不易求解。1977 年，Werbos 在此基础上结合神经网络提出的启发式动态规划

[2] 对无穷时间最优控制问题，容许控制需要让性能指标有意义，即，$J(u;x_0)$ 有限。

方法（heuristic dynamic programming, HDP，见文献 [75, 76]）是最早的自适应动态规划方法。如图 2.15 所示，启发式动态规划方法由模型网络、评判网络和策略网络三个模块组成。

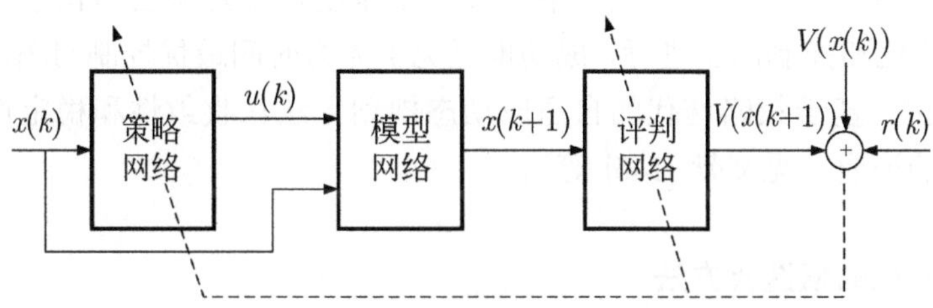

图 2.15 启发式动态规划的三个模块

我们在 2.5.1 节已经介绍了多层神经网络的通用逼近特性，在未知状态方程的情况下，可以构造**模型网络** $f(x(k),u(k);\theta_f)$ 预测 $x(k+1)$，其中 θ_f 是模型网络的参数。根据收集得到的状态、控制序列 $x(0),u(0),x(1),u(1),\ldots$ 可直接利用反向传播算法训练模型网络，用以近似状态方程。

构造**评判网络** $V(\cdot;\theta_V):X\to\mathbb{R}$ 用于近似最优控制问题的值函数，其中 θ_V 是评判网络的参数。再构造**策略网络** $\phi(\cdot;\theta_\phi):X\to U$，其中 θ_ϕ 是闭环形式的策略网络的参数。根据 Howard 的策略迭代方法，理想情况下的评判网络应满足广义 Bellman 方程：

$$V(x(k);\theta_V)=g_D(x(k),u(k))+V(x(k+1);\theta_V). \tag{2.5.12}$$

于是在每次迭代中，对于由策略网络给出的控制律 $u(k)=\phi(x(k);\theta_\phi)$，类比多层神经网络的误差(2.5.6)，可得评判网络的误差为

$$E_k(\theta_V)=\frac{1}{2}\Big[V(x(k);\theta_V)-r(k)-V(x(k+1);\theta_V)\Big]^2, \tag{2.5.13}$$

其中 $r(k)$ 由(2.5.8)定义，为可由环境中获取的代价。 广义 Bellman 方程成立（即上述误差为零）就等价于最小化 非负的误差 $E_k(\theta_V)$，利用反向传播算法即可获得评价网络参数的更新。类似地，对于给定的评价网络 $V(x(k);\theta_V)$，根据 Howard 的策略迭代方法，策略网络应满足

$$u(k)=\operatorname*{argmin}_{\eta}\Big\{g_D(x(k),\eta)+V(f(x(k),\eta;\theta_f);\theta_V)\Big\}.$$

Werbos 的启发式动态规划方法利用了神经网络近似，不再需要记录对任意可能状态记录其最优性能指标，在任意时刻，只需存储神经网络的参数 $\theta=(\theta_f,\theta_V,\theta_\phi)$ 即可，这在一定程度上避免了“维数灾难”。Werbos 的启发式动态规划在尚未得到最优控制之前就实施于系统，正是源自强化学习中试错的想法，优化和控制同步进行，成功地避免了无穷时间最优控制问题没有倒推源头的困扰。基于策略迭代的自适应动态规划方法在收敛性和稳定性等方面都有严格的证明（见文献 [145] 等）。

离散时间系统的值迭代方法

上述自适应动态规划的策略迭代方法需要从一个初始的性能指标有限的控制律开始，直至迭代收敛才能得到最优控制。值迭代方法（见文献 [146]）同样考虑 迭代地近似 Bellman 方程，却并不依赖于初始的容许控制。选择初始的近似值函数为对任意可能状态 $x(k)$，

$$V_0(x(k))=0. \tag{2.5.14}$$

在每次迭代中 $i=0,1,\ldots$，首先计算迭代的近似最优控制律，对任意可能状态$x(k)$，

$$\phi_i(x(k))\leftarrow \underset{u(k)\in U}{\operatorname{argmin}}\Big\{g_D(x(k),u(k))+V_i(f_D(x(k),u(k)))\Big\}. \tag{2.5.15}$$

在此基础上，更新迭代的近似值函数：

$$V_{i+1}(x(k))\leftarrow g(x(k),\phi_i(x(k)))+V_i(f_D(x(k),\phi_i(x(k)))). \tag{2.5.16}$$

Asma Al-Tamimi 等证明了，在上述迭代过程中，值函数单调递增而有界，继而得到了收敛的迭代过程（见文献 [87]）。魏庆来等给出了上述迭代方法在选择其他初始值函数情况下的收敛性证明（见文献 [147]）。

2.5.3 连续时间自适应动态规划

1979 年，George N. Saridis 通过逐次近似（successive approximation）的方法近似求解连续时间非线性动态系统的最优控制（见文献 [78]）。这种方法可以认为是 Howard 离散时间策略迭代在连续时间情况的推广（见文

献 [148]），同时，又是一种直接变分方法。从一个初始的闭环形式容许控制律 $u(t)=\phi_0(x(t),t)$ 出发，迭代构造控制律的序列 $\phi_0,\phi_1,\phi_2,\ldots$，并收敛至最优控制。考察连续时间的非线性状态方程，

$$\dot{x}(t)=A(x(t),t)+B(x(t),t)u(t),\quad t\in[t_0,t_f]. \tag{2.5.17}$$

求最优控制以最小化性能指标

$$J(u;x_0,t_0)=h(x(t_f))+\int_{t_0}^{t_f}\left[L(x(t))+\|u(t)\|^2\right]\mathrm{d}t,\quad x(t_0)=x_0. \tag{2.5.18}$$

其中函数 h,L 非负，对任意 $x\in\mathbb{R}^n,h(x)\geq 0,L(x)\geq 0$，$\|u(t)\|$ 为控制变量的 Euclidean 范数。

Euclidean 范数在微积分中常见，也可参考 3.1 节。

对一个容许的闭环控制律 $u(t)=\phi(x(t),t)$，Saridis 定义了关于函数 $V(x,t):\mathbb{R}^n\times\mathbb{R}\to\mathbb{R}$ 的广义 HJB 方程：

$$\frac{\partial V}{\partial t}+\mathcal{H}\Big(x,u,\frac{\partial V}{\partial x},t\Big)=0,\quad t\in[t_0,t_f], \tag{2.5.19}$$

$$V(x(t_f),t_f;\phi)=h(x(t_f)). \tag{2.5.20}$$

对任意的 $i=0,1,\ldots$，若我们已知容许的控制律 $u(t)=\phi_i(x(t),t)$，则求解其对应的广义 HJB 方程，可得函数 $V_i(x,t)$。即可获得控制律的迭代：

$$\phi_{i+1}(x,t)\leftarrow-\frac{1}{2}B^{\mathrm{T}}(x,t)\frac{\partial V_i}{\partial x}(x,t),\quad i=1,2,\ldots \tag{2.5.21}$$

上述策略迭代的过程收敛的关键在于，上述广义 HJB 方程的解就是控制律的性能指标，而上述定义的迭代过程可以让控制律的性能指标递减

$$V_0(x,t)\geq V_1(x,t)\geq\ldots.$$

正如 Euler 的直接变分方法随着 N 递增至无穷得到的收敛至最优的性能指标序列，Saridis 逐次近似的策略迭代同样构造了关于控制律和性能指标的序列，随 i 递增收敛至最优，是一种连续时间最优控制问题的直接变分方法。然而，和离散时间策略迭代类似，Saridis 的上述方法同样难以解析求解。1997 年，他和学生 Randal W. Beard 利用 Galerkin 函数（见文献 [82]）近似实现了连续时间自适应动态规划方法的策略迭代。其后，神经网络也被用于值函数和控制律的近似（见文献 [83, 84]）。

2.5.4 神经网络与控制

神经网络不仅用于自适应动态规划，因其通用逼近器的特性，还被广泛应用于各类控制系统。

回到本节之初图 2.13 的神经网络模型，可以状态变量为输入，以神经网络输出作为控制变量。若我们选择 $\sigma_1(z) = \text{sigmoid}(z)$，$\sigma_2(z) = z$，神经网络可以写为：

$$h(x;\omega,b) = \omega^{(2)} \cdot \sigma_1(\omega^{(1)} \cdot x + b^{(1)}) + b^{(2)}. \tag{2.5.22}$$

可以看作以 $\sigma_1(\omega^{(1)} \cdot x + b^{(1)})$ 和偏移量一项的 $+1$ 为基（basis）的线性组合。于是，隐层的神经元就是一组闭环形式的控制律，需要选择其合适的线性组合作为实施的控制律。神经网络的可调整参数为 ω, b，其输出并不仅限于与观测线性相关，给控制器设计带来极大的灵活性。

此外，神经网络还可用于系统辨识和跟踪误差[149, 150]、近似模糊控制中的隶属度函数[50, 151]、处理时滞系统或多智能体系统[152]、处理控制变量约束[84] 等。

2.5.5 自适应动态规划求解最优控制示例

本节中的自适应动态规划迭代方法均可利用神经网络等近似值函数 和策略，用计算机完成迭代过程。为了强调迭代过程而非近似函数的特性，在下面的例子中我们考察一类无穷时间的线性二次型最优控制问题，利用形如 $V(x;\theta_i) = x^{\mathrm{T}}\theta_i x$ 的函数结构（而非神经网络模型），计算值函数或近似值函数，并使用 2.5.2 节的离散时间系统值迭代方法计算近似最优控制，其中 θ_i 就是这种近似结构的参数。尽管在 5.4 节我们将证明这种结构就是此类问题的通解，严格地说并非“近似”函数。然而，这并不妨碍我们理解在使用近似函数时，不需枚举任意状态对应的最优性能指标，而只需求解函数参数的特点。

例 2.4 (离散时间系统的值迭代方法). *状态变量 $x(k) : \mathbb{N} \to \mathbb{R}$，控制变量 $u(k) : \mathbb{N} \to \mathbb{R}$。满足离散时间状态方程，*

$$x(k+1) = x(k) + u(k).$$

要将状态控制在原点附近并保持稳定。设计二次型性能指标:

$$J(u) = \sum_{k=0}^{\infty}[x^2(k) + u^2(k)]. \tag{2.5.23}$$

我们使用

$$V(x(k);\theta) = \theta x^2(k)$$

作为近似值函数的近似函数，其中 $\theta \in \mathbb{R}$ 即为其参数。下面，我们采用自适应动态规划的值迭代方法计算。

(1) 对近似值迭代赋予初值，并更新

首先选取近似值函数的初值为对任意的 $x \in \mathbb{R}$，$V(x;\theta_0) = 0$。即 $\theta_0 = 0$。由值迭代方法策略更新的公式 (2.5.15)，

$$\begin{aligned}\phi_0(x(k)) &\leftarrow \underset{u(k)\in\mathbb{R}}{\operatorname{argmin}}\left\{x^2(k) + u^2(k) + \theta_0[x(k) + u(k)]^2\right\} \\ &= \underset{u(k)\in\mathbb{R}}{\operatorname{argmin}}\left\{x^2(k) + u^2(k)\right\} = 0.\end{aligned} \tag{2.5.24}$$

很显然，$V(x(k);\theta_0) = 0$ 并不是该问题值函数很好的猜测。以此得到的控制律 $\phi_0(x(k)) = 0$ 使得对任意的初始状态 $x(0) = x_0$，随后的状态变量不再变化，$x(k) = x_0, k = 0, 1, 2, \ldots$。这将导致性能指标 $J(u) = \sum_{k=0}^{\infty} x_0^2$ 发散至无穷，不是一个好的控制律。同时，近似值函数 $V(x(k);\theta_0) = 0$ 也并非控制律 $\phi_0(x(k))$（或任何一个控制律）的性能指标。

根据值迭代方法值函数更新的公式 (2.5.16)，将 $i = 0$ 次迭代的控制律 (2.5.24) 代入，即得到近似值函数的更新，对任意 $x(k) \in \mathbb{R}$，

$$V_1(x(k)) \leftarrow \left\{x^2(k) + \phi_0^2(x(k)) + \theta_0[x(k) + \phi_0(x(k))]^2\right\} = x^2(k). \tag{2.5.25}$$

至此，我们就完成了一次值迭代，得到更新的参数：$\theta_1 = 1$。

(2) 从 V_1 起继续值迭代

继续迭代。此时我们对值函数的估计为 $V_1(x(k)) = \theta_1 x^2(k), \theta_1 = 1$。利用公式 (2.5.15) 计算更新的策略 ϕ_1，对任意 $x(k) \in \mathbb{R}$，

$$\phi_1(x(k)) \leftarrow \underset{u(k)\in\mathbb{R}}{\operatorname{argmin}}\left\{x^2(k) + u^2(k) + \theta_1[x(k) + u(k)]^2\right\} = -0.5x(k). \tag{2.5.26}$$

使用 $\phi_1(x(k)) = -0.5x(k)$ 迭代近似值函数，对任意 $x(k) \in \mathbb{R}$，

$$V_2(x(k)) \leftarrow \left\{x^2(k)+\phi_1^2(x(k))+\theta_1[x(k)+\phi_1(x(k))]^2\right\}=1.5x^2(k). \quad (2.5.27)$$

得到更新的参数：$\theta_2=1.5$。

(3) 从 V_2 起继续值迭代

继续迭代，首先计算 ϕ_2，对任意 $x(k)\in\mathbb{R}$，

$$\phi_2(x(k)) \leftarrow \underset{u(k)\in\mathbb{R}}{\operatorname{argmin}}\left\{x^2(k)+u^2(k)+\theta_2[x(k)+u(k)]^2\right\}=-0.6x(k). \quad (2.5.28)$$

使用 $\phi_2(x(k))=-0.6x(k)$ 迭代近似值函数，对任意 $x(k)\in\mathbb{R}$，

$$V_3(x(k)) \leftarrow \left\{x^2(k)+\phi_2^2(x(k))+\theta_2[x(k)+\phi_2(x(k))]^2\right\}=1.6x^2(k). \quad (2.5.29)$$

得到更新的参数：$\theta_3=1.6$。

如此往复，从 $i=5$ 起，θ_i 稳定在 1.618 基本不再改变。我们得到了近似的值函数和闭环形式的近似最优控制。

$$\begin{aligned}V_i(x(k)) &\approx 1.618x^2(k),\\ u(k) &\approx -0.618x(k).\end{aligned}$$

近似值函数的迭代经过了 0, $x^2(k)$, $1.5x^2(k)$, $1.6x^2(k)$, …, 直到收敛至 $1.618x^2(k)$ 附近，单调递增，也逐渐接近值函数的真实值。我们将详细的证明留在本书下册第 3 部分 “强化学习与自适应动态规划”。图 2.16 和图 2.17 分别

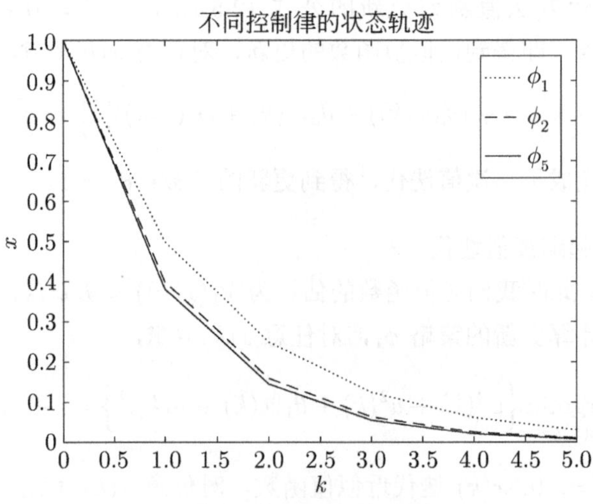

图 2.16 迭代的状态轨迹

是迭代得到的控制律 ϕ_1, ϕ_2, ϕ_5 作用下以 $x_0 = 1$ 为初值的状态轨迹以及 5 个时段内的运行代价，性能随迭代提高。ϕ_5 在五个时段内的运行代价为约 1.618。

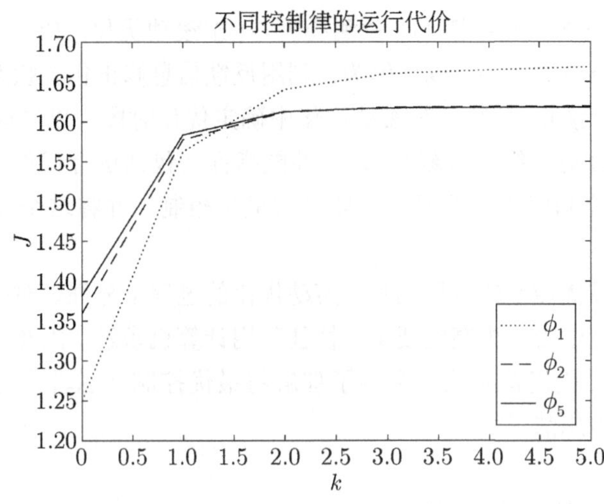

图 2.17 迭代的运行代价

从上述计算中可见，策略迭代方法继承了动态规划方法获得闭环控制的优势。而得益于自适应动态规划方法对值函数和控制策略的参数化，以及时间向前的强化学习想法，动态规划方法面临的“维数灾难”在一定程度上可以得到缓解甚至避免。

在不考察近似误差的情况下，自适应动态规划方法与经典最优控制方法面对的解空间完全相同。利用神经网络参数化控制律或值函数，则体现了函数空间过大难以求解时将其缩小为数的空间的技巧。然而，其近似几乎一定引入误差，近年来一些工作[153, 154, 155] 已经注意到这一问题，研究考察近似误差的自适应动态规划方法。而下一小节将介绍的模型预测控制方法则自问世起就面对误差问题，并利用对模型误差的反馈，实时更新系统模型。

在本书下册第 3 部分“强化学习与自适应动态规划”一章，我们会介绍如何利用自适应动态规划处理最优控制的数学方法难以解决的各类问题。

2.6 模型预测控制

模型预测控制（model predictive control, MPC）和自适应动态规划方法类似，都是基于计算机的控制算法。不同的是，诞生于工业界的模型预测控制在实践上走在理论之前，思路非常直观。尽管早期的模型预测控制希望改进 PID 控制的性能，本节乃至本书都并不假定读者有 PID 控制的相关基础，而是希望从最优控制的视角解读模型预测控制。

对比最优控制问题的要素，模型预测控制可以理解为“可变”的最优控制。

模型预测控制一般包括 (1) 预测模型，(2) 滚动优化，(3) 反馈矫正三个环节。从最优控制的角度可以理解为：利用反馈信息修正包含状态方程、状态初值等在内的“预测模型”；在滚动优化中确定优化时段（以当前时刻为初始时刻，并确定合适的终端时刻），设定性能指标（包括运行代价和终端代价），构造一个最优控制问题，求解其开环形式最优控制，并将这个控制实施于系统中。

相比传统最优控制的应用场景，滚动优化的过程十分强调时效性，也给最优控制的计算方法带来更高的要求，往往利用计算机求解。因此，在介绍模型预测控制之前，我们首先从一个例子理解将最优控制问题转化为最优化问题数值求解的基本想法。

2.6.1 最优控制的数值方法

例 2.4 中的离散时间最优控制问题需要优化无穷时间的性能指标，在此我们来看其有限时间的版本。

例 2.5 (最优控制的数值方法). *状态变量* $x(k):\mathbb{N}\to\mathbb{R}$，*控制变量* $u(k):\mathbb{N}\to\mathbb{R}$。*满足离散时间状态方程，*

$$x(k+1)=x(k)+u(k),\quad x(0)=x_0.$$

最小化二次型性能指标:

$$J(u)=x^2(N)+\sum_{k=0}^{N-1}[x^2(k)+u^2(k)]. \tag{2.6.1}$$

回顾 2.1.1 节 Euler 的几何方法。他将变分问题化作关于曲线在采样点处取值 $x_1,x_2,\ldots,x_{N-1}$ 的函数。上述最优控制问题也可采用同样思路，我们可以利用状态方程将状态变量写成控制变量$u(0),u(1),\ldots,u(N-1)$ 的函数，

$$\begin{aligned}x(1)&=x(0)+u(0)=x_0+u(0),\\x(2)&=x(1)+u(1)=x_0+u(0)+u(1),\end{aligned}$$

$$x(3) = x(2) + u(2) = x_0 + u(0) + u(1) + u(2),$$

$$\vdots$$

$$x(N) = x(N-1) + u(N-1) = x_0 + \sum_{k=0}^{N-1} u(k).$$

于是，若记

$$\bar{x} = [x(1), \ldots, x(N)]^{\mathrm{T}}, \quad \bar{u} = [u(0), \ldots, u(N-1)]^{\mathrm{T}}, \tag{2.6.2}$$

我们就可以利用控制轨迹 $\bar{u}$ 和初值 x_0 表示状态轨迹 $\bar{x}$。性能指标 (2.6.1) 也可写成关于 $\bar{u}$ 和 x_0 的函数：

我们将在本书下册第 3 部分“最优控制的数值方法”一章完成这个函数表示以及最优控制的计算。

$$J = \bar{x}^{\mathrm{T}}\bar{x} + \bar{u}^{\mathrm{T}}\bar{u} + x_0^2.$$

这个例子中，状态方程和性能指标很特殊，使得上式中的 J 是控制轨迹 $\bar{u}$ 的二次函数，最优控制可以解析求解。对于更为一般的非线性状态方程，则可通过数值方法计算。上述方法事实上将性能指标和控制律都用参数 $\bar{u}$ 表示。对于更为一般的情况，我们也可以用类似的想法，将性能指标和控制律参数化，将最优控制问题转化为最优化问题近似解决。在 2.5 节的自适应动态规划方法中，我们将值函数表示成含有参数的近似函数，同样是一种参数化。

2.6.2 模型预测控制求解最优控制示例

在上小节，我们计算得到的 $\bar{u} = u(0), u(1), \ldots, u(N-1)$ 是最优控制问题的开环解。接下来，我们就将示范如何将其应用在模型预测控制的滚动优化环节。现在我们来考察无穷时间的最优控制问题例 2.4。与数值方法计算的例 2.5 不同，其性能指标考察无穷时间，这将导致上一小节的数值方法无法直接计算；同时，我们计算例 2.5 所用的方法无法利用反馈信息，当存在扰动，或对系统状态方程建模不精确时会出现误差甚至错误。为此，我们将问题分解为预测模型、滚动优化、反馈矫正三个环节。

首先，将原问题转化为近似的有限时间最优控制问题。在任意决策的时间点 k，考察 $k, k+1, \ldots, N$ 时刻的系统运行情况。有状态方程，

$$x(k;k) = x(k), \tag{2.6.3}$$

$$x(i+1;k) = x(i;k) + u(i;k), \quad i = k, k+1, \ldots, k+N-1, \tag{2.6.4}$$

其中 $x(i;k)$ 为在 k 时刻对 i 时刻状态的预测，称区间 $[k, k+N]$ 为预测时段。由于 k 时刻已经观测得到系统状态为 $x(k)$，因此有 $x(k;k) = x(k)$。在这一时段，最小化性能指标

$$J(u;k) = x^2(k+N;k) + \sum_{i=k}^{k+N-1} [x^2(i;k) + u^2(i;k)]. \tag{2.6.5}$$

之后，求解 $[k, k+N]$ 时段内的最优控制，得到最优控制 $u(i;k), i \in [k, k+N-1]$，但仅执行 $u(k;k)$。这是因为，$k+1$ 时刻我们又可以获得下一时刻状态 $x(k+1)$，对原模型进行反馈矫正。在一般的模型预测控制中，反馈矫正可以修正状态方程的参数以及状态初值。在本例中，我们假定已经获得了精确的状态方程，仅利用其初值信息即可。得到新的预测模型

$$x(k+1;k+1) = x(k+1), \tag{2.6.6}$$

$$x(i+1;k+1) = x(i;k+1) + u(i;k+1),$$
$$i = k+1, k+2, \ldots, k+N-1, \tag{2.6.7}$$

即可进入下一轮 $[k+1, k+N+1]$ 时段内的滚动优化。

在此我们略过具体计算过程，依然以 $x_0 = 1$ 为初值。分别以 $N = 1, 2, 4$ 为预测时域，求得 ϕ_1, ϕ_2, ϕ_4 三个模型预测控制的闭环控制律。图 2.18 和图 2.19 分别是三个控制律作用下的状态轨迹和 5 个时段内的运行代价。ϕ_4 在5 个时段内的运行代价约为 1.618。

对比 2.5.5 节自适应动态规划算法的实验，是否十分相似？

可贵的是，尽管每个滚动优化过程中的控制策略都是只和初始的 k 时刻状态有关的开环控制，然而对于上述完整的模型预测控制算法而言，$u(k;k), k = 0, 1, 2, \ldots$ 可利用实时获取的系统状态，是闭环控制。

模型预测控制事实上扩充了控制问题的解空间，不仅考察控制律，还需在每次决策之前首先确定预测模型。从某种意义上，这与微分博弈非常相似，不同的是，微分博弈选择了“最坏情况”，而模型预测控制选择了最近似的状态方程。如果我们有足够多的数据可以获得足够高精度的预测模型，这将非常有效。然而，对于更为复杂的系统，若无法获得足够近似的模型，我们将使用平行系统扩充解空间。

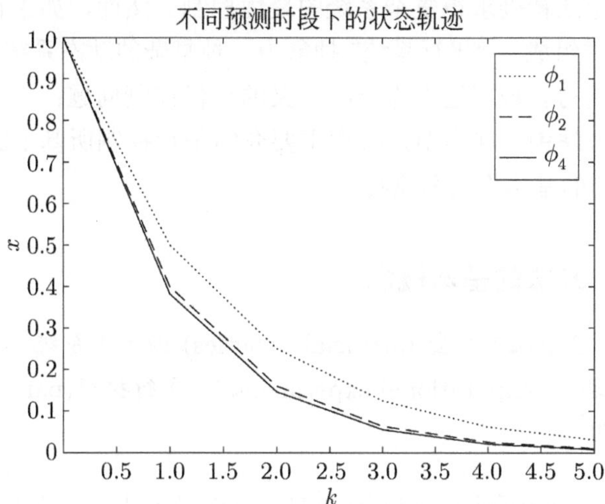

图 2.18 不同预测时段下的状态轨迹

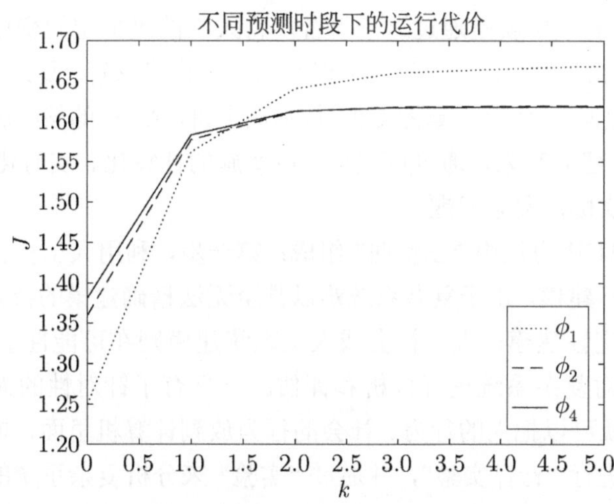

图 2.19 不同预测时段下的运行代价

2.7 平行控制

平行控制是一种用于复杂系统控制与管理的数据驱动计算控制方法（见文献 [114, 111, 156, 157]）。按照我们在第 1 章中给出的复杂系统的特征，严

见1.3.3节，虚实结合的平行控制一段。

格地说，我们无法精确求得复杂系统的最优控制。然而，如果将实际系统与“人工系统”共同组成的“平行系统”抽象为一种复杂的动态系统，我们可以将复杂系统的控制与管理问题看作一种广义的最优控制问题；最优控制也可应用于平行控制方法中。在本节，我们主要介绍平行控制所基于的 ACP 方法，以及平行系统的的基本框架和原则。

2.7.1 ACP 方法的基本概念

所谓 ACP 是指人工社会 (artificial societies) 或人工系统 （artificial systems)、计算实验 (computational experiments)、平行执行(parallel execution) 的有机组合。即

$$ACP = \text{Artificial societies} + \text{Computational experiments} \\ + \text{Parallel execution}.$$

ACP 方法的理念就是通过这一组合，将人工的虚拟空间变成我们解决复杂问题的“新的解空间”，同自然的物理空间一起构成求解“复杂系统方程”的完整的“复杂空间”，如第 1 章图 1.9。从本质上讲，ACP 的核心就是把复杂系统“虚”的部分建立起来，通过可定量、可实施的计算化、实时化，使之“实”化，用于解决实际的复杂问题。

简言之，ACP 方法由“三步曲”组成：第一步，利用人工社会或人工系统对复杂系统进行建模。由于复杂系统难以甚至无法精确建模的特点，相比传统力学系统的确定性建模，人工社会或人工系统建模则在可能性层面。第二步，利用计算实验对复杂系统进行分析和评估。一旦有了针对性的人工社会或人工系统，我们就可以把人的行为、社会的行为放到计算机里面，把计算机变成一个实验室，进行“计算实验”，并通过“实验”来分析复杂系统的性质，评估其可能的后果。第三步，将实际社会与人工社会并举，通过实际与人工之间的虚实互动，以平行执行的方式对复杂系统的运行进行有效控制和管理。

2.7.2 平行控制的基本框架和原则

在 ACP 方法的基础上，平行控制可定义为通过虚实系统互动的执行方式来完成任务的一种控制方法；其特色是以数据为驱动，采用人工系统为建模工

具，利用计算实验对系统行为进行分析和评估。平行控制是一种利用从定性到定量的知识转化，面向数据，以计算为主要手段的控制与管理复杂系统的方法。其核心思想为：针对复杂系统，构造其实际系统与人工系统并行互动的平行系统，目标是使实际系统趋向人工系统，而非人工系统逼近实际系统，进而借助人工系统使复杂问题简单化，以此实现复杂系统的控制与管理。

图 2.20 给出利用平行系统进行平行互动的基本框架。在此框架之下，可有三种主要的工作模式，即：(1) 学习与培训，此时以人工系统为主，且人工系统与实际系统可有很大的差别，而且并不必须平行运作；(2) 实验与评估，此时以计算实验为主，人工系统与实际系统须有相应的交互，以此可以对各种各样的解决方案进行不同程度的测试，对其效果进行评判和预估；(3) 控制与管理，此时以平行执行为主，人工系统与实际系统应当可以实时地平行互动，相互借鉴，以此完成对复杂系统的有效控制与管理。

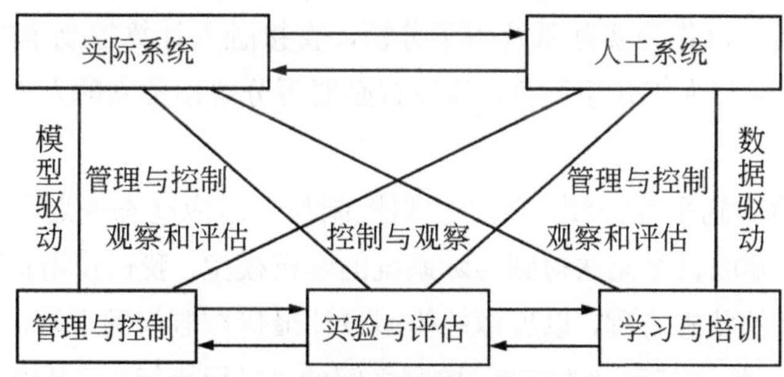

图 2.20 平行系统运行的基本框架与模式

将平行系统之平行互动的框架嵌入如图 2.21 所示的经典控制系统的基本框架，即形成平行控制的基本框架，如图 2.22 所示。

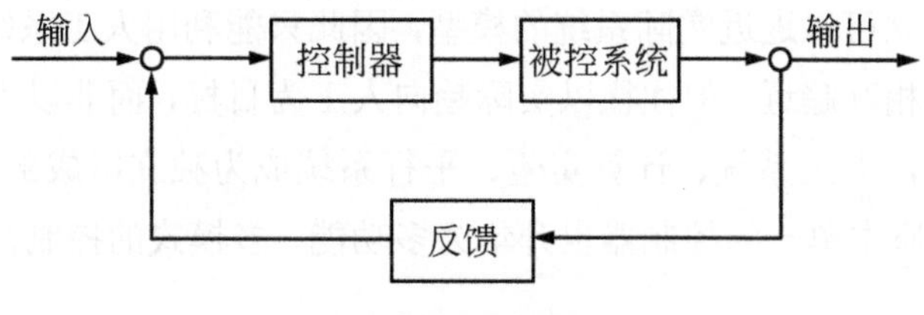

图 2.21 经典控制系统

包括最优控制在内的经典控制方法就隐含着人工系统和平行执行的思想。然而，由于多数情况下其中所涉及的系统没有自主行为的能力，或其行为模式

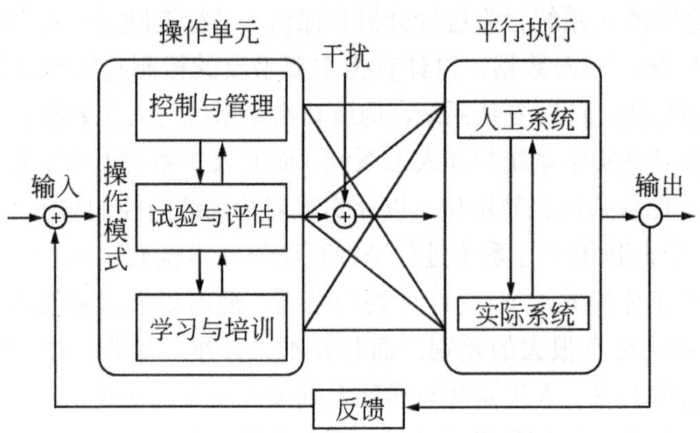

图 2.22 平行控制系统

已知，其所对应的“人工系统”可由微分或差分的解析方程来描述，而且逼近的精度也很高，可作为实际系统用于分析，直接融入计算控制量的公式之中。此时，由于实际与人工几乎等价，故没有必要再分离出独立的人工系统和平行执行部分。

从经典控制到平行控制，模型预测控制与自适应动态规划是中间的自然过渡。由于当难以甚至无法得到实际系统的解析模型，我们使用预测模型或用神经网络近似的状态方程，以近似的模型设计最优控制问题求解，再实施于实际系统中。此时，实际、“人工”、控制之间的“平行执行”已从经典控制时的隐式变成显式，但所处理的仍是没有自主行为的系统。

在控制复杂系统时，特别是包含人类自主行为元素（例如追逃博弈问题中，要追的可能是一位不知何为最优策略的“感性”司机）的复杂系统时，我们几乎无法建立可以逼近实际系统的模型，因此只能利用人工系统，使实际系统与人工系统相互趋近，但往往以实际趋向人工为目标，而非以人工逼近实际为目的；此时，人工系统、计算实验、平行系统成为独立组成部分，ACP 得到充分利用，原本单一的控制器也升华为多功能、多模式的控制甚至管理系统或“管理器”。

自 2004 年起，ACP 理论和平行控制方法不断丰富，已应用到智能交通[158, 159, 160]、社会计算[161, 162, 163]、计算机视觉[164, 165, 166]、机器学习[157, 167]、机制设计[168] 和平行驾驶[169] 等领域，并正在不断发展。

小 结

在本章中，我们进一步分析了第 1 章引言中提及的非常简单的仅能在直线上运动的小车，并使用最优控制的数学理论与智能方法讨论包括能量最优、时间最短、两车追逃在内的多个控制问题。

我们并未深入介绍各个方法的严格证明，也尚未逐一解决第 1 章中所提出的各种不同问题，而是试图通过介绍几种方法的历史来源、核心想法和贡献，以及计算过程向读者展示最优控制的数学理论与智能方法的概貌。至此，我们用两章的篇幅，从小车的控制着手，介绍了最优控制的四个元素是如何组合并形成一个最优控制问题，以及如何完成一些比较简单的最优控制问题的求解。本书其余部分所述各方法之间的关系如图 2.23 所示。

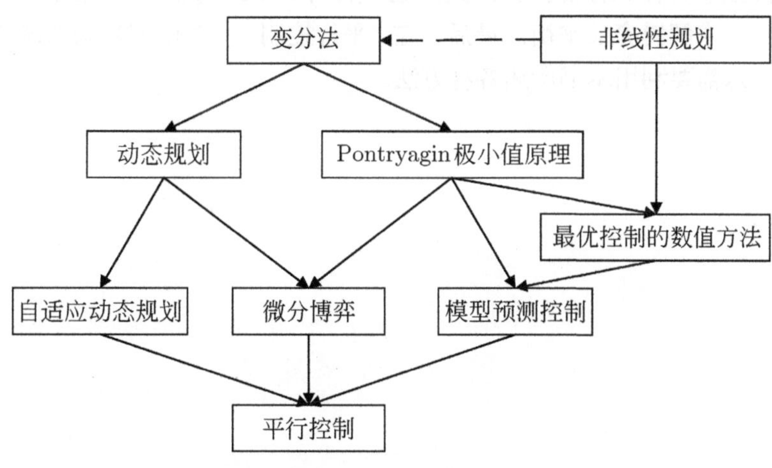

图 2.23 最优控制的数学理论与智能方法

在本书第 2 部分中，我们将着重讨论最优控制问题的数学理论。第 3 章的变分法是泛函求极值的基本方法，也是本书所有控制方法的基础和来源。第 4 章的 Pontryagin 极小值原理是经典变分求解最优控制的扩展，是本书所述各方法中适用范围最为广泛的方法，能将最优控制问题转化为求解常微分方程的两点边值问题，从而得到最优控制的开环解，我们还将在这一章介绍如何使用 Pontryagin 极小值原理求解线性状态方程下的时间最短控制、燃料最省控制和线性二次型控制等常见问题的闭环形式最优控制。第 5 章的动态规划是非常重要的最优控制求解方法，对离散时间最优控制问题和线性二次型控制问题可以得到良好的结果，同时具有非常重要的理论价值。

在第 3 部分最优控制的智能方法中，我们主要针对几种经典方法在应用中遇到的困难，近似地、计算地或启发式地求解最优控制问题。第 6 章“最优控制的数值方法”一方面是经典变分和 Pontryagin 极小值原理的补充，另一方面也是模型预测控制必要的工具，主要介绍如何使用“打靶法”求解 Pontryagin 极小值原理导出的常微分方程两点边值问题或直接求解开环形式的最优控制。随后在第 7 章中介绍“模型预测控制”以弥补 Pontryagin 极小值原理不易利用反馈的缺点。在“强化学习与自适应动态规划”一章，我们针对动态规划方法面临的“维数灾难”，结合神经网络等方法，近似求解最优控制问题的值函数，得到闭环形式的近似最优控制。“微分博弈”针对具有多被控对象的控制目标和性能指标冲突问题，利用 Pontryagin 极小值原理和动态规划方法，求解博弈的平衡。最后，在“平行控制”一章研究复杂系统的控制与管理，这需要利用本书所述各种方法。

第 2 部分

最优控制的数学理论

第 3 章　最优控制的变分方法

> 几何学的公理不是任意的，而是切合实际的陈述。一般来说，是由对空间的知觉归纳出来的。
>
> ——Felix Klein（克莱因），1849—1925

本章提要

本章分为两个部分，前四节介绍变分法和研究最优控制问题所需的一些基本的技巧。第 5 节使用经典变分求解控制变量分段连续可微情况下的最优控制问题。

本章内容组织如下：在 3.1 节中简要回顾最优化理论中的函数极值问题和计算方法，作为性能指标极值求解的参考；在 3.2 节中介绍变分法的相关基础，讨论泛函的数学定义和泛函极值的必要条件，并对 Euler-Lagrange 方程给出严格证明；在随后的 3.3 节和 3.4 节，我们分别讨论了有等式约束的变分问题和有不同目标集的变分问题；利用变分法，我们最终在 3.5 节探讨无约束的最优控制问题和有等式约束的最优控制问题，寻求达到最优控制的必要条件。

3.1 函数极值问题

在讨论泛函的严格定义以及泛函极值之前，我们首先简要回顾函数的极值问题，主要讨论驻点条件、必要条件和充分条件。在随后的章节中，我们将函数极值中的想法和技巧移植到变分问题中。

3.1.1 函数极值与 Taylor 展开

定义 3.1 (函数极值). *函数 $F:\Omega\to\mathbb{R}$ 的定义域 $\Omega\subseteq\mathbb{R}^n$。若 $x\in\Omega$ 满足：存在正实数 $\delta\in\mathbb{R},\delta>0$，在 x 邻域 $\{x'\in\Omega:0<\|x'-x\|<\delta\}$ 内的 x' 都有*

$$F(x)\leq F(x'),\tag{3.1.1}$$

其中 $\|\cdot\|$ 表示 Euclidean 空间中对长度的衡量，

$$\|y\|\overset{\text{def}}{=}\sqrt{\sum_{i=1}^{n}y_i^2},\quad y\in\mathbb{R}^n,$$

则称 x 是函数 F 的极小值点，$F(x)$ 为函数极小值。

若对任意的 $\delta>0$ 不等式(3.1.1)都成立，则称其为*全局极小值点*；若该不等式对某个有限的 δ 成立，则称其为*局部极小值点*。可见，全局极小值点必然是一个局部极小值点。若不等式(3.1.1)中的小于等于号变为严格的小于号，则称其为*严格极小值点*。

若 $F(x):\mathbb{R}^n\to\mathbb{R}$ 是连续可微函数，且在 x 点所有偏导都为零，则称 x 为*驻点*。F 的全局或局部极小值点都一定是驻点。考虑如图 3.1 所示的多项式函数 $F_1(x)=x(x+2)(x-1)(x-2)$，定义域为全体实数 $x\in\mathbb{R}$。图中的 x_1 点是一个局部极小值点，而非全局极小值点；x_2 点是一个局部极小值点，同时也是一个全局极小值点；x_3 点是一个局部极大值点；x_1,x_2,x_3 在各自的局部，例如 $\delta=0.1$ 的邻域内都是严格极值点，且函数导数都为零，都是驻点。

驻点不一定是极值点。如图 3.2 所示的函数 $F_2(x)=x^3,x\in\mathbb{R}$，图中 x_4 点的导数为零。其一侧的局部表现为极大，而另一侧的局部表现为极小，我们称其为拐点。函数 $F_2(x)$ 在整个定义域 $x\in\mathbb{R}$ 中没有极大值点也没有极小值点。然而，若我们改变其定义域，为 $x\in[-1,1]\subset R$，则函数有极大值点

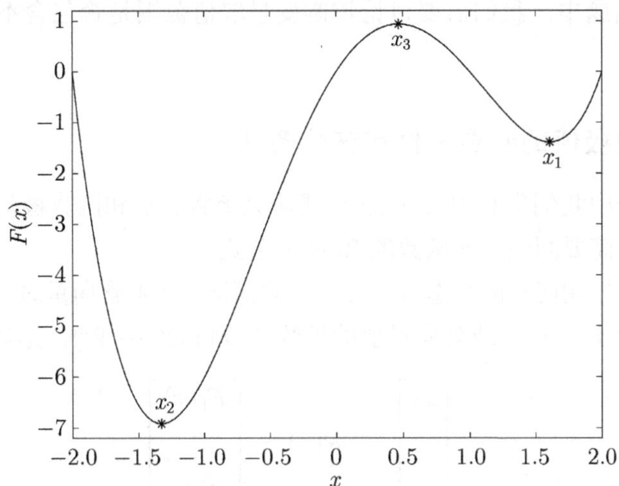

图 3.1 函数的局部极小、全局极小和局部极大值

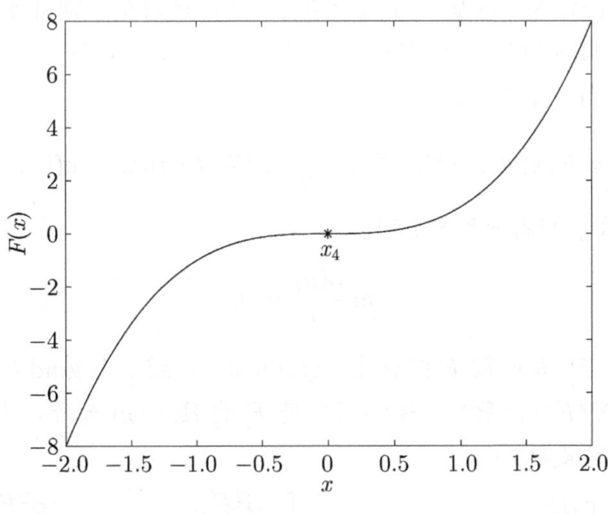

图 3.2 函数的拐点

$x=1$，有极小值点 $x=-1$。若我们进一步放大定义域为 $x\in[-2,2]\subset R$，即图 3.2 中所示全部区域，则极大值点变为 $x=2$，函数的极大值也从 $1^3=1$ 提高到 $2^3=8$。若考察定义域为开区间 $x\in(-2,2)$，则函数在定义域内没有极大值也没有极小值。这说明了定义域的改变对函数极值问题的解是有影响的。

在最优控制问题中，我们需要讨论控制变量取值范围是否包含不连续函数就是同样的原因。

3.1.2 函数极值的必要条件和充分条件

在微积分中我们常利用 Taylor 公式研究函数驻点和函数极值的关系。为此，我们首先简要回顾多元函数的 Taylor 公式。

为了最优控制问题的状态方程形式直观简洁，在考察向量时，我们总将其表示成列向量 $x \in \mathbb{R}^n$，或列向量值的函数 $F(x) : \mathbb{R}^n \to \mathbb{R}^m$，形如

$$x = \begin{bmatrix} x_1 \\ \vdots \\ x_n \end{bmatrix}, \quad F(x) = \begin{bmatrix} F_1(x) \\ \vdots \\ F_m(x) \end{bmatrix}, \tag{3.1.2}$$

其中 $m, n \in \mathbb{N}$ 表示向量维数。

若函数 $F(x) : \mathbb{R}^n \to \mathbb{R}$ 关于 $x \in \mathbb{R}^n$ 二阶连续可微，则可使用 Taylor 公式在 x 点的邻域内得到 F 的多项式近似。即，存在 $\delta \in \mathbb{R}, \delta > 0$，对于任意的 $\Delta x \in \mathbb{R}^n$，当 $\|\Delta x\| < \delta$ 时，

$$F(x + \Delta x) = F(x) + \Delta x^{\mathrm{T}} \nabla F(x) + \frac{1}{2} \Delta x^{\mathrm{T}} \nabla^2 F(x) \Delta x + o(\|\Delta x\|^2), \tag{3.1.3}$$

其中 $o(y)$ 表示 y 的高阶无穷小项：

$$\lim_{y \to 0} \frac{o(y)}{y} = 0,$$

$\nabla F(x) : \mathbb{R}^n \to \mathbb{R}^n$ 是函数 F 的梯度（gradient），或记为 $\operatorname{grad} F(x)$，为 n 维向量值函数，$\nabla^2 F(x) : \mathbb{R}^n \to \mathbb{R}^n \times \mathbb{R}^n$ 是 F 的 Hessian 矩阵，为 $n \times n$ 矩阵值函数，分别定义如下：

$$\nabla F(x) = \begin{bmatrix} \dfrac{\partial F}{\partial x_1}(x) \\ \vdots \\ \dfrac{\partial F}{\partial x_n}(x) \end{bmatrix}, \quad \nabla^2 F(x) = \begin{bmatrix} \dfrac{\partial^2 F}{\partial x_1^2}(x) & \cdots & \dfrac{\partial^2 F}{\partial x_1 \partial x_n}(x) \\ \vdots & \ddots & \vdots \\ \dfrac{\partial^2 F}{\partial x_n \partial x_1}(x) & \cdots & \dfrac{\partial^2 F}{\partial x_n^2}(x) \end{bmatrix}.$$

于是，对于给定的 x，Taylor 公式(3.1.3)的四项分别为：与 Δx 无关的常数，关于 Δx 的线性函数，关于 Δx 的二次函数，以及高阶无穷小项。

对于多元函数 $g(x,u,t):\mathbb{R}^n\times\mathbb{R}^m\times\mathbb{R}\to\mathbb{R}$，对其部分方向，向量 x 或 u 上的导数记为：

$$\frac{\partial g}{\partial x}(x,u,t)=\begin{bmatrix}\dfrac{\partial g}{\partial x_1}(x,u,t)\\ \vdots\\ \dfrac{\partial g}{\partial x_n}(x,u,t)\end{bmatrix},\quad \frac{\partial g}{\partial u}(x,u,t)=\begin{bmatrix}\dfrac{\partial g}{\partial u_1}(x,u,t)\\ \vdots\\ \dfrac{\partial g}{\partial u_m}(x,u,t)\end{bmatrix}. \tag{3.1.4}$$

本书中还会用到多元向量值函数 $f(x,u,t):\mathbb{R}^n\times\mathbb{R}^m\times\mathbb{R}\to\mathbb{R}^l$ 的关于部分方向，向量 x 或 u 上的导数记为：

$$\frac{\partial f}{\partial x}(x,u,t)=\begin{bmatrix}\dfrac{\partial f_1}{\partial x_1}(x,u,t) & \dots & \dfrac{\partial f_1}{\partial x_n}(x,u,t)\\ \vdots & \ddots & \vdots\\ \dfrac{\partial f_l}{\partial x_1}(x,u,t) & \dots & \dfrac{\partial f_l}{\partial x_n}(x,u,t)\end{bmatrix},$$

$$\frac{\partial f}{\partial u}(x,u,t)=\begin{bmatrix}\dfrac{\partial f_1}{\partial u_1}(x,u,t) & \dots & \dfrac{\partial f_1}{\partial u_m}(x,u,t)\\ \vdots & \ddots & \vdots\\ \dfrac{\partial f_l}{\partial u_1}(x,u,t) & \dots & \dfrac{\partial f_l}{\partial u_m}(x,u,t)\end{bmatrix}.$$

根据函数极值的定义 (3.1) 和 Taylor 公式 (3.1.3)，我们可以讨论连续可微函数极值点所满足的性质。

定理 3.1 (函数极值的驻点条件). *设函数 $F(x):\mathbb{R}^n\to\mathbb{R}$ 连续可微，则 F 在 x 点取得局部极值的必要条件是其各偏导数均为零:*

$$\frac{\partial F}{\partial x_i}(x)=0,\quad i=1,\dots,n. \tag{3.1.5}$$

本定理与泛函极值中的结论，定理 3.3 证明思路完全类似。在定理 3.3 中，我们将定义域放松至任意开集，而不限于全空间。

该定理并未区分函数的极大值或极小值，对二者都应成立。也并未强调局部极值或全局极值，而全局极值必然是局部极值，下面将证明局部极值的必要条件是最优解处的梯度必然为零。我们将从定义 (3.1) 出发，假定 x 是最优解，并对其施加 Δx 的扰动，考察函数增量 $\Delta F(x,\Delta x)=F(x+\Delta x)-F(x)$。因为 x 是局部极值，则应该保证对于很小的扰动，$\Delta F(x,\Delta x)\ge 0$ 或 $\Delta F(x,\Delta x)\le 0$。

证明: 用反证法。若存在函数 F 的极值点 $x \in \mathbb{R}^n$，其在某些方向的偏导不为零，即

$$\left[\frac{\partial F}{\partial x_1}(x), \ldots, \frac{\partial F}{\partial x_n}(x)\right] \neq [0, \ldots, 0]. \tag{3.1.6}$$

设 $\epsilon > 0$ 是充分小的正数，取：

$$\Delta x = \epsilon\left[\frac{\partial F}{\partial x_1}(x), \frac{\partial F}{\partial x_2}(x), \ldots, \frac{\partial F}{\partial x_n}(x)\right]^{\mathrm{T}}.$$

则 $x+\Delta x$ 是从 x 出发，沿 $\nabla F(x)$ 方向前进了 ϵ 步长的另外一点。利用 Taylor 公式 (3.1.3) 在 x 点一阶 Taylor 展开，

$$\begin{aligned}
F(x+\Delta x) - F(x) &= [+\Delta x]^{\mathrm{T}} \nabla F(x) + o(\|\Delta x\|) \\
&= +\epsilon \sum_{i=1}^{n} \left[\frac{\partial F}{\partial x_i}(x)\right]^2 + o(\epsilon), \qquad (3.1.7) \\
F(x-\Delta x) - F(x) &= [-\Delta x]^{\mathrm{T}} \nabla F(x) + o(\|\Delta x\|) \\
&= -\epsilon \sum_{i=1}^{n} \left[\frac{\partial F}{\partial x_i}(x)\right]^2 + o(\epsilon). \qquad (3.1.8)
\end{aligned}$$

由反证假设公式 (3.1.6)，必然存在一个或多个指标其偏导不为零，则

$$\sum_{i=1}^{n} \left[\frac{\partial F}{\partial x_i}(x)\right]^2 > 0.$$

于是对于足够小的 ϵ，由公式 (3.1.7) 有 $F(x+\Delta x) > F(x)$；由公式 (3.1.8) 有 $F(x-\Delta x) < F(x)$。即，反正假设的极值点 x 不是极大值点也不是极小值点，推得矛盾，命题得证。 □

对于定义域为全空间的连续可微函数 $F(x): \mathbb{R}^n \to \mathbb{R}$，由定理 3.1，驻点是极大值点或极小值点的必要条件。更进一步，容易得到，对于任意的定义域 $\Omega \subseteq \mathbb{R}^n$ （例如有边界的集合）上的任意函数 $F(x): \Omega \to \mathbb{R}$，其极值点 x 若存在，必符合下列三个条件之一：

变分问题和最优控制问题也应有类似性质。

(1) x 点是驻点；

(2) x 在 Ω 的边界上；

(3) x 不在 Ω 的边界上，且函数 F 在 x 不可微。

从图 3.2 的例子已经看到，驻点并不是函数取得极值的充分条件。仅利用驻点条件，即判断其一阶导数，无法区分其是函数的极大值点、极小值点或拐点。设 x 是驻点，则 $\nabla F(x)=0$。由 Taylor 公式 (3.1.3) 可得

$$F(x+\Delta x)-F(x)=\frac{1}{2}\Delta x^{\mathrm{T}}\nabla^2 F(x)\Delta x+o(\|\Delta x\|^2). \tag{3.1.9}$$

公式 (3.1.9) 最后一项为高阶无穷小项，于是，只要 Hessian 矩阵正定，必然存在 $\delta>0$，只要 $0<\|\Delta x\|<\delta$，就有

$$F(x+\Delta x)-F(x)>0.$$

即，x 是 F 的严格局部极小值点。

另一方面，若 x 是严格局部极小值点，说明在足够小的邻域内，

$$F(x+\Delta x)-F(x)>0.$$

于是，公式 (3.1.9) 中的 Hessian 矩阵一项必然不小于零。否则其与高阶无穷小项的加和也将小于零。通过上述分析我们可得到如下结论：

定理 3.2. *设 $F(x):\mathbb{R}^n\to\mathbb{R}$ 是二阶连续可微函数，x 是驻点。*

(1) *若 F 在 x 点的 Hessian 矩阵正定，则 x 是严格局部极小值点。*

(2) *若 x 是严格局部极小值点，则 F 在 x 点的 Hessian 矩阵半正定。*

至此，我们简要回顾了函数极值的驻点条件，函数取得极小值的必要条件和充分条件。更为 重要的是分析函数极值的思路，是在最优解的邻域之内对其施加扰动，再分析函数增量与零的关系。接下来，我们将按照类似的想法，分析泛函极值。

3.2 变分初步：从函数极值到泛函极值

在本节中，我们的任务是利用和函数极值类似的想法给出无约束情况下泛函极值的必要条件，严格推导 Euler-Lagrange 方程，并利用变分法求解基本的泛函极值问题。

3.2.1 泛函及其范数

首先，我们给出“泛函”的数学定义。

定义 3.2 (泛函, functional). 从任意定义域 Ω 到实数域 $\mathbb{R}$ 或复数域 $\mathbb{C}$ 的映射称为泛函。

在最优控制理论中，性能指标和约束条件都涉及泛函。例如最速降线问题，例 1.1中以下降曲线为输入，以所用时间为输出的性能指标，以及等周问题，例 1.2 中以围城曲线为输入，输出为城墙的周长。最优控制问题中涉及泛函的定义域一般是一类函数的集合，取值总是实数。下面来看几个泛函的例子。

例 3.1 (泛函的例子). 令 Ω 为从闭区间 $[0,1]$ 到 $\mathbb{R}$ 的连续可微函数全体。对于 $x\in\Omega$，定义:

$$I_1(x)=x(t_1),\quad t_1\in[0,1]\text{是常数}.$$

$$I_2(x)=\int_0^1 x^2(t)\,\mathrm{d}t.$$

$$I_3(x)=\max_{t\in[0,1]}|x(t)|.$$

上述 I_1,I_2,I_3 都是以 Ω 为定义域，以 $\mathbb{R}$ 为值域，关于函数 x 的泛函。

泛函 $I_1(x)$ 和 $I_2(x)$ 都是最优控制中重要的性能指标形式。当 $t_1=1$ 时，I_1 可作为性能指标的终端代价；I_2 可表示一种累积的运行代价；$I_3(x)$ 则可作为一种对曲线 $x(t)$ 与横轴接近程度的刻画。

我们在讨论函数极值时，已经多次使用了 Euclidean 距离的概念，以衡量 Euclidean 空间中两点之间的接近程度，并借此定义了空间中一点 $x\in\mathbb{R}^n$ 的邻域为 $\{x'\in\mathbb{R}^n:0<\|x'-x\|<\delta\}$，$d(x,x')=\|x-x'\|$ 即为 x 和 x' 的距离。要从函数极值推广到泛函极值，我们同样需要考察一个函数 $x\in\Omega$ 的邻域，这就需要引入范数的概念。该范数的定义适用于数的空间，同时也适用于函数空间。

定义 3.3 (范数). 范数 $\|\cdot\|$ 是 $\Omega\to\mathbb{R}$ 的映射，满足如下三条性质:

- 正定性: 对于 $x\in\Omega$，$\|x\|\geq 0$，且 $\|x\|=0$ 当且仅当 $x=0$;
- 正齐次性: 对于 $x\in\Omega,a\in\mathbb{R}$，$\|ax\|=|a|\|x\|$;
- 次可加性: 对于 $x_1,x_2\in\Omega$，$\|x_1+x_2\|\leq\|x_1\|+\|x_2\|$。

在函数极值中讨论 Euclidean 空间 $\mathbb{R}^n$ 时，我们通常使用平方和开根号来表示一个向量的长度，即：

定义 3.4 (Euclidean 空间的 2-范数对长度和距离的刻画). 在函数极值的定义 (3.1) 中，我们使用的是 Euclidean 空间中常用的 2-范数，定义为

$$\|x\| = \sqrt{\sum_{i=1}^{n} x_i^2}.$$

我们也可将其理解为向量 x 与原点 O 的距离。而空间中任意两点 x 和 x' 之间的距离则可表示为:

$$d(x, x') = \|x - x'\|.$$

下面我们给出本书中常用的几种函数范数的定义。

定义 3.5 (连续函数的范数). 设 Ω 为 $[a,b]$ 到 $\mathbb{R}$ 的连续函数全体。对 $x \in \Omega$ 可定义范数 $\|\cdot\|_0$:

$$\|x\|_0 = \max_{t\in[a,b]} |x(t)|. \tag{3.2.1}$$

容易验证 $\|\cdot\|_0$ 符合范数定义。结合本节例 3.1，其中的泛函 $I_3(x)$ 就是范数 $\|\cdot\|_0$，是从函数空间 Ω 到 $\mathbb{R}$ 的映射，也是一个泛函。这样，两条曲线 $x(t)$ 和 $x'(t)$ 的距离可以表示为

$$d(x, x') = \|x - x'\|_0 = \max_{t\in[a,b]} |x(t) - x'(t)|. \tag{3.2.2}$$

对于连续可微函数，我们定义如下泛函。

定义 3.6 (连续可微函数的范数). 设 Ω 为 $[a,b]$ 到 $\mathbb{R}$ 连续可微函数全体。对 $x \in \Omega$ 可定义范数 $\|\cdot\|_1$:

$$\|x\|_1 = \max_{t\in[a,b]} |x(t)| + \max_{t\in[a,b]} |\dot{x}(t)|. \tag{3.2.3}$$

在以上两种泛函定义 (3.5) 和定义 (3.6) 中，函数空间内的函数都是一维的，$x(t) : [a,b] \to \mathbb{R}$。对于高维情况，$x(t) : [a,b] \to \mathbb{R}^n$，我们也可类似的给出范数的定义:

$$\|x\|_0 = \max_{t\in[a,b]} \|x(t)\|, \tag{3.2.4}$$

$$\|x\|_1 = \max_{t\in[a,b]} \|x(t)\| + \max_{t\in[a,b]} \|\dot{x}(t)\|. \tag{3.2.5}$$

其中 $\|\cdot\|$ 是 Euclidean 空间 $\mathbb{R}^n$ 中的范数，例如定义 (3.4) 规定的 2-范数。

对于本书中讨论的函数集合或函数空间，其中任意函数的范数必须都是有界的，这个空间在数学上才有意义。事实上，根据微积分中相关结论即可知，闭区间上连续函数有界，于是对于有限区间 $[t_0, t_f]$，连续函数的范数定义 (3.5) 和定义 (3.6)，都可以保证定义域内任意函数的范数有界。

3.2.2 从函数极值到泛函极值

有了泛函的定义，以及范数作为对函数邻域的刻画工具，类比函数极小值的定义 (3.1)，我们可以规定泛函极值的定义。

定义 3.7 (泛函极小值). 泛函 $J(x): \Omega \to \mathbb{R}$ 的定义域 Ω 是一类函数的集合。若函数 $x \in \Omega$ 满足：存在 $\delta \in \mathbb{R}, \delta > 0$，使得在 x 的邻域 $\{x' \in \Omega : 0 < \|x' - x\| < \delta\}$ 内的 x' 有

$$J(x) \leq J(x'), \tag{3.2.6}$$

其中 $\|\cdot\|$ 为函数空间 Ω 中的范数，则称 x 是泛函 J 的极小值点，$J(x)$ 为泛函极小值。

函数变分与泛函增量

从极值的定义出发，在分析函数极值问题时，我们总基于一个基本的事实：若函数 $F(x): \mathbb{R}^n \to \mathbb{R}$ 在 x 点取得极小值，则在该点较小的邻域之内施加一个任意的扰动 $\Delta x \in \mathbb{R}^n$，函数值都应不会变得更小，即

$$\Delta F(x, \Delta x) = F(x + \Delta x) - F(x) \geq 0.$$

我们把这个想法推广到泛函极值问题中。考虑泛函 $J(x): \Omega \to \mathbb{R}$， 考察其定义域中的一点 $x \in \Omega$ 是否为 J 的极值点，可以对其施加 “扰动”，函数的增量 $\delta x \in \Omega$，若 $x + \delta x \in \Omega$，则可判断泛函增量

注意：与 Δx 类似，δx 是一个完整的符号，并非 δ 与 x 的乘积。

$$\Delta J(x, \delta x) = J(x + \delta x) - J(x) \tag{3.2.7}$$

与零的关系。我们称这个函数的增量 δx 为函数变分，或者简称变分（variation）。

由此可见，泛函的增量 ΔJ 是一个关于函数 x 和变分 δx 的泛函。由泛函极小值的定义 (3.7) 可知，在泛函极小值点 x 附近，即，存在 $\delta > 0$，$0 < \|\delta x\| < \delta$ 其泛函增量必非负

$$\Delta J(x, \delta x) = J(x + \delta x) - J(x) \geq 0.$$

在下面的例子中，我们计算两个泛函的增量。

例 3.2 (求泛函增量). *泛函 $J_1(x) : \Omega_1 \to \mathbb{R}$ 的定义域 Ω_1 为 $[t_0, t_f]$ 到 $\mathbb{R}$ 的连续函数全体，*

$$J_1(x) = \int_{t_0}^{t_f} x^2(t)\,\mathrm{d}t.$$

其泛函增量为

$$\begin{aligned}
\Delta J_1(x, \delta x) &= J_1(x + \delta x) - J_1(x) \\
&= \int_{t_0}^{t_f} [x(t) + \delta x(t)]^2\,\mathrm{d}t - \int_{t_0}^{t_f} x^2(t)\,\mathrm{d}t \\
&= \int_{t_0}^{t_f} \left\{2x(t)\delta x(t) + [\delta x(t)]^2\right\}\mathrm{d}t \\
&= \int_{t_0}^{t_f} 2x(t)\delta x(t)\,\mathrm{d}t + \int_{t_0}^{t_f} [\delta x(t)]^2\,\mathrm{d}t. \qquad (3.2.8)
\end{aligned}$$

例 3.3 (求泛函增量). *泛函 $J_2(x) : \Omega_2 \to \mathbb{R}$ 的定义域 Ω_2 为 $[0, 1]$ 到 $\mathbb{R}$ 的连续函数全体，*

$$J_2(x) = \int_0^1 [x^2(t) + 2x(t)]\,\mathrm{d}t.$$

其泛函增量为

$$\begin{aligned}
\Delta J_2(x, \delta x) =& J_2(x + \delta x) - J_2(x) \\
=& \int_0^1 \left\{[x(t) + \delta x(t)]^2 + 2[x(t) + \delta x(t)]\right\}\mathrm{d}t \\
& - \int_0^1 \left\{x^2(t) + 2x(t)\right\}\mathrm{d}t \\
=& \int_0^1 \left\{[2x(t) + 2]\delta x(t) + [\delta x(t)]^2\right\}\mathrm{d}t \\
=& \int_0^1 [2x(t) + 2]\delta x(t)\,\mathrm{d}t + \int_0^1 [\delta x(t)]^2\,\mathrm{d}t. \qquad (3.2.9)
\end{aligned}$$

线性泛函与泛函变分

根据 Taylor 公式 (3.1.3)，我们对连续可微函数 $F(x):\mathbb{R}^n\to\mathbb{R}$ 在 x 点一阶 Taylor 展开即可计算函数增量。

$$F(x+\Delta x)-F(x)=\Delta x^{\mathrm{T}}\nabla F(x)+o(\|\Delta x\|).$$

注意到，函数增量可写成 Δx 的线性函数与高阶无穷小项之加和。定理 3.1 和定理 3.2 的分析过程都依赖上式。

与之类似，在上面这两个泛函的例 3.2 和例 3.3 中，泛函增量是否也可表示成函数变分 $\delta x(t)$ 的“线性”泛函，与 $\|\delta x(t)\|$ 的高阶无穷小项之和？为此，我们需要引入线性泛函的概念。

定义 3.8 (线性泛函). *若泛函 $J(x):\Omega\to\mathbb{R}$ 满足:*

(1) *齐次性条件：对任意的 $a\in\mathbb{R}$，$x,\, ax\in\Omega$，*

$$J(ax)=aJ(x). \tag{3.2.10}$$

(2) *可加性条件：对任意的 $x_1,\, x_2,\, x_1+x_2\in\Omega$，*

$$J(x_1+x_2)=J(x_1)+J(x_2). \tag{3.2.11}$$

则称 J 是关于 x 的线性泛函。

例 3.4 (线性泛函). *可以验证，下列关于 δx 的泛函是线性的:*

$$\int_{t_0}^{t_f}2x(t)\delta x(t)\,\mathrm{d}t.$$

齐次性：

$$\int_{t_0}^{t_f}2x(t)[\alpha\delta x(t)]\,\mathrm{d}t=\alpha\int_{t_0}^{t_f}2x(t)\delta x(t)\,\mathrm{d}t.$$

可加性：

$$\int_{t_0}^{t_f}2x(t)[x_1(t)+x_2(t)]\,\mathrm{d}t=\int_{t_0}^{t_f}2x(t)x_1(t)\,\mathrm{d}t+\int_{t_0}^{t_f}2x(t)x_2(t)\,\mathrm{d}t.$$

例 3.5 (线性泛函). 可以验证，下列关于 δx 的泛函是线性的：

$$\int_0^1 [2x(t)+2]\delta x(t)\,\mathrm{d}t.$$

齐次性:

$$\int_0^1 [2x(t)+2][\alpha\delta x(t)]\,\mathrm{d}t = \alpha\int_0^1 [2x(t)+2]\delta x(t)\,\mathrm{d}t.$$

可加性:

$$\begin{aligned}&\int_0^1 [2x(t)+2][x_1(t)+x_2(t)]\,\mathrm{d}t\\ =&\int_0^1 [2x(t)+2]x_1(t)\,\mathrm{d}t+\int_0^1 [2x(t)+2]x_2(t)\,\mathrm{d}t.\end{aligned}$$

上述两个例子说明，例 3.2 中泛函增量 (3.2.8) 以及例 3.3 中泛函增量 (3.2.9) 的前项都是关于函数变分 δx 的线性泛函。利用线性泛函的概念，我们即可定义泛函变分。

定义 3.9 (泛函变分). 若泛函增量可写为函数变分的线性泛函及其高阶无穷小项两个部分的加和:

$$\Delta J(x,\delta x)=\delta J(x,\delta x)+g(x,\delta x)\|\delta x\|, \tag{3.2.12}$$

则称 δJ 是泛函 J 对于 x 的泛函变分或简称变分，称泛函 J 对函数 x Gâteaux 可微或简称可微。其中 g 取值于实数 $\mathbb{R}$。

前项 $\delta J(x,\delta x)$ 是关于 δx 的线性泛函，满足齐次性条件 (3.2.10) 和可加性条件 (3.2.11)；后项 $g(x,\delta x)\|\delta x\|$ 是 δx 范数 $\|\delta x\|$ 的高阶无穷小，即：

$$\lim_{\|\delta x\|\to 0} g(x,\delta x)=0.$$

根据上述定义，泛函的变分可以与函数的导数类比。

下面，我们来求解例 3.2 和例 3.3 中泛函 J_1 和 J_2 的变分。至此我们只需证明这两个例子中泛函增量的后项都是高阶无穷小项，则其线性部分就是泛函变分。

例 3.6 (求解泛函变分). 求例 3.2 中泛函 J_1 的变分。

$$J_1(x) = \int_{t_0}^{t_f} x^2(t)\,\mathrm{d}t.$$

由例 3.2 结论可知，泛函 J_1 关于 δx 的增量为：

$$\Delta J_1(x,\delta x) = \int_{t_0}^{t_f} 2x(t)\delta x(t)\,\mathrm{d}t + \int_{t_0}^{t_f} [\delta x(t)]^2\,\mathrm{d}t.$$

由例 3.4 结论，可知上述泛函增量的前项为关于函数变分 δx 的线性泛函。依据定义 (3.5) 取函数范数：

$$\|\delta x\|_0 = \max_{t\in[t_0,t_f]}\{|\delta x(t)|\}.$$

接下来将证明泛函增量的后项为 $\|\delta x\|_0$ 的高阶无穷小项。

$$\begin{aligned}
\int_{t_0}^{t_f} [\delta x(t)]^2\,\mathrm{d}t &= \|\delta x\|_0 \cdot \int_{t_0}^{t_f} \frac{[\delta x(t)]^2}{\|\delta x\|_0}\,\mathrm{d}t = \|\delta x\|_0 \cdot \int_{t_0}^{t_f} |\delta x(t)| \cdot \frac{|\delta x(t)|}{\|\delta x\|_0}\,\mathrm{d}t \\
&= \|\delta x\|_0 \cdot \int_{t_0}^{t_f} |\delta x(t)| \cdot \frac{|\delta x(t)|}{\max_{t\in[t_0,t_f]}\{|\delta x(t)|\}}\,\mathrm{d}t \\
&\leq \|\delta x\|_0 \cdot \int_{t_0}^{t_f} |\delta x(t)|\,\mathrm{d}t \\
&\leq \|\delta x\|_0 \cdot \int_{t_0}^{t_f} \max_{t\in[t_0,t_f]}\{|\delta x(t)|\}\,\mathrm{d}t \\
&= \|\delta x\|_0 \cdot \int_{t_0}^{t_f} \|\delta x\|_0\,\mathrm{d}t = \|\delta x\|_0 \cdot [t_f - t_0]\|\delta x\|_0.
\end{aligned}$$

若 $\|\delta x\|_0 \to 0$，则：

$$\lim_{\|\delta x\|_0\to 0} [t_f - t_0]\|\delta x\|_0 = 0.$$

即证明了后项为高阶无穷小，得证。于是求得，泛函 J_1 对 x 的变分为：

$$\delta J_1(x,\delta x) = \int_{t_0}^{t_f} 2x(t)\delta x(t)\,\mathrm{d}t. \tag{3.2.13}$$

例 3.7 (求解泛函的变分). 求例 3.3 中泛函 J_2 的变分。

$$J_2(x) = \int_0^1 [x^2(t) + 2x(t)]\,\mathrm{d}t.$$

由例 3.3 结论可知，泛函 J_2 关于 δx 的增量为

$$\Delta J_2(x,\delta x)=\int_0^1[2x(t)+2]\delta x(t)\,\mathrm{d}t+\int_0^1[\delta x(t)]^2\,\mathrm{d}t.$$

由例 3.5 结论，可知上述泛函增量的前项为关于函数变分 δx 的线性泛函。由例 3.6 的计算，可知后项为高阶无穷小项。于是求得，泛函 J_2 对 x 的变分为：

$$\delta J_2(x,\delta x)=\int_0^1\Big\{[2x(t)+2]\delta x(t)\Big\}\,\mathrm{d}t. \tag{3.2.14}$$

3.2.3 泛函极值的必要条件

至此，我们参考函数导数构造了泛函变分的定义，可以得到类似的泛函极大值和极小值的必要条件。

定理 3.3 (泛函极值的驻点条件). Ω 函数空间中的开集，泛函 $J(x):\Omega\to\mathbb{R}$ 可微。若 $x\in\Omega$ 是 J 的极值点，则对任意容许的函数变分 δx，泛函变分为零:

$$\delta J(x,\delta x)=0. \tag{3.2.15}$$

其中，容许的 δx 指 $x+\delta x\in\Omega$。

本定理是函数极值中的定理 3.1 在泛函中的推广。

与函数极值的驻点条件定理 3.1 的证明过程类似，我们依然可以使用反证法，通过讨论泛函增量寻找泛函极值的必要条件。

证明: 用反证法。若定理不成立，则存在泛函 J 的局部极值点 $x\in\Omega$，在足够小的邻域内，存在容许的 δx，$\delta J(x,\delta x)\neq 0$。其取值或者大于零，或者小于零。我们首先假定:

$$\delta J(x,\delta x)>0.$$

下面我们由此构造矛盾。由于 Ω 是开集，因此存在足够小的 $0<\alpha_0<1$ 使得任意 $0<\alpha\leq\alpha_0$ 都满足 $\alpha x\in\Omega$。即，$x+\alpha\delta x$ 和 $x-\alpha\delta x$ 都容许。泛函变分是线性泛函，满足齐次性条件公式 (3.2.10):

$$\delta J(x,+\alpha\delta x)=+\alpha\delta J(x,\delta x)>0. \tag{3.2.16}$$

$$\delta J(x, -\alpha\delta x) = -\alpha\delta J(x, \delta x) < 0. \tag{3.2.17}$$

再分析泛函增量

$$\Delta J(x, \alpha\delta x) = \delta J(x, \alpha\delta x) + g(x, \alpha\delta x)\|\alpha\delta x\|.$$

由于后项是高阶无穷小项，只要 α 足够小，即可保持泛函增量 $\Delta J(x, \alpha\delta x)$ 与泛函变分 $\delta J(x, \alpha\delta x)$ 符号相同。由公式 (3.2.16) 和公式 (3.2.17)，可知：

$$\Delta J(x, +\alpha\delta x) > 0,$$
$$\Delta J(x, -\alpha\delta x) < 0.$$

这与 x 是泛函 J 的极小值矛盾。对于 $\delta J(x, \delta x) < 0$ 的情况，也可以类似推得矛盾。命题得证。 □

与函数极值的驻点条件定理 3.1 的证明类似，在上述证明过程中，我们同样依赖于一个关键条件：最优解 x 是定义域 Ω 的内点，否则将无法保证当 $x + \alpha\delta x$ 存在于定义域中时，$x - \alpha\delta x$ 也在其中。正因如此，在定理 3.3 中我们要求泛函的定义域 Ω 为开集，以避免最优解处于边界的情况。下面我们来看两个例子。

例 3.8 (泛函极值驻点条件适用的场景). 若任意时刻 t 的控制变量取值 $u(t)$ 可在全空间中随意取值没有约束，将容许控制 $\mathcal{U}$ 定义为从 $[t_0, t_f]$ 到 $\mathbb{R}^m$ 连续函数全体。$\mathcal{U}$ 就是一个开集，以此为定义域的泛函 $J(u) : \mathcal{U} \to \mathbb{R}$ 符合定理 3.3 的适用条件。

例 3.9 (泛函极值驻点条件不适用的场景). 若控制变量或其分量取值于实数空间中的闭区间，容许控制 $\mathcal{U}$ 定义为 $[t_0, t_f]$ 到 $[a, b]$ 连续函数全体，且需满足对任意的 $t \in [t_0, t_f]$ 都需要满足

$$M_1 \le u(t) \le M_2,$$

则 $\mathcal{U}$ 不是开集。此时，选择一个容许控制 $u_1(t) \equiv M_1$，对其施加的任意非零扰动 $\delta u(t)$ 都将使得 $u(t) + \delta u(t)$ 和 $u(t) - \delta u(t)$ 之一不容许。以 $\mathcal{U}$ 为定义域的泛函 $J(u) : \mathcal{U} \to \mathbb{R}$ 不符合定理 3.3 的适用条件。

定理3.3是本书中利用变分法求解泛函极值问题和最优控制问题的基础。下面，我们将利用定理 3.3，通过计算让泛函变分为零的条件，求解例 3.2 和例 3.3 两个泛函的极值点。在此之前，我们需要利用微积分中方法证明一个引理。

引理 3.1. *若连续函数 $f(t):[t_0,t_f]\to\mathbb{R}$，对于任意满足 $h(t_0)=h(t_f)=0$ 的连续函数 $h(t):[t_0,t_f]\to\mathbb{R}$ 都有：*

$$\int_{t_0}^{t_f} f(t)h(t)\,\mathrm{d}t=0,$$

则有 $f(t)=0,\ t\in[t_0,t_f]$。

证明: 用反证法。假设存在 $t_1\in(t_0,t_f)$ 有 $f(t_1)\neq 0$，不妨设 $f(t_1)>0$，令 $c=f(t_1)$。我们由此推导矛盾。

由于 f 连续，于是存在 t_1 的邻域 $[t_1-2d,t_1+2d]\subseteq[t_0,t_f]$，使得在区间 $[t_1-d,t_1+d]$ 内，$f(t)>c/2$。由 h 的任意性，将其取为梯形（如图3.3所示）：

$$h(t)=\begin{cases}1, & t\in[t_1-d,t_1+d],\\ (x-t_1+2d)/d, & t\in[t_1-2d,t_1-d),\\ (t_1+2d-x)/d, & t\in(t_1+d,t_1+2d],\\ 0, & t\notin(t_1-2d,t_1+2d).\end{cases}$$

则，

$$\int_{t_0}^{t_f} f(t)h(t)\,\mathrm{d}t=\int_{t_1-2d}^{t_1+2d} f(t)h(t)\,\mathrm{d}t\geq\int_{t_1-d}^{t_1+d} f(t)h(t)\,\mathrm{d}t>2d\frac{c}{2}=cd>0.$$

推得矛盾。对于 $f(t_1)<0$ 的情况类似可得矛盾。命题得证。 □

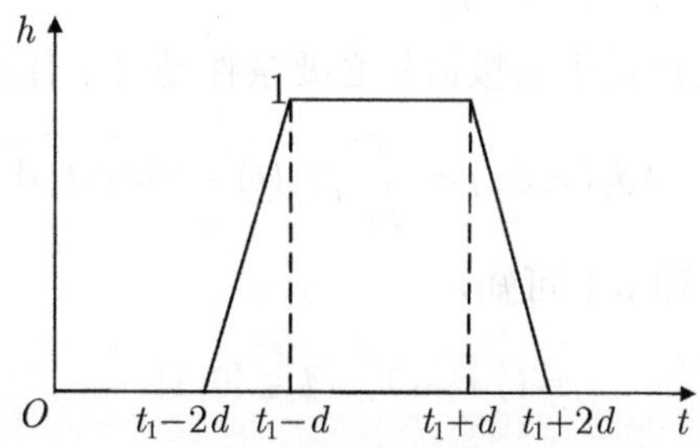

图 3.3 取函数 h 为梯形

例 3.10 (求解泛函极值). 利用定理 3.3 求例 3.2 中泛函 J_1 的极值。

$$J_1(x) = \int_{t_0}^{t_f} x^2(t)\,\mathrm{d}t.$$

对于本例的被积函数 $x^2(t) \geq 0$，因而其积分 $J_1(x) \geq 0$，而 $x(t) = 0$ 恰好可以使得 $J_1(x) = 0$。不使用变分法也可证明使得泛函取极小值的函数是

$$x(t) = 0, \quad t \in [t_0, t_f].$$

下面我们使用变分法计算本例。与此结论印证。泛函 J_1 的定义域 Ω_1 是 $[t_0, t_f]$ 到 $\mathbb{R}$ 连续函数全体，是开集。根据定理 3.3，若 $x \in \Omega_1$ 是泛函 J_1 的极值点，则对于任意容许的函数变分 δx，泛函变分为零：

$$\delta J_1(x, \delta x) = 0.$$

根据例 3.6 结论，泛函变分为

$$\delta J_1(x, \delta x) = \int_{t_0}^{t_f} 2x(t)\delta x(t)\,\mathrm{d}t.$$

于是，对于任意的 δx：

$$0 = \int_{t_0}^{t_f} 2x(t)\delta x(t)\,\mathrm{d}t.$$

再由引理 3.1 即可知，

$$x(t) = 0, \quad t \in [t_0, t_f].$$

这与我们此前直接得到的结论相同。

例 3.11 (求解泛函极值). 利用定理 3.3 求例 3.3 中泛函 J_2 的极值。

$$J_2(x) = \int_0^1 [x^2(t) + 2x(t)]\,\mathrm{d}t.$$

根据定理 3.3，上述泛函取极值的必要条件是对于任意的函数变分 δx，

$$0 = \delta J_2(x, \delta x) = \int_0^1 [2x(t) + 2]\delta x(t)\,\mathrm{d}t.$$

与例 3.10 类似，由引理 3.1 可知，

$$x(t) = -1, \quad t \in [0, 1]$$

是泛函 J_2 的极值点。

Euler-Lagrange 方程的严格推导

与上面两个例子完全类似，对于最简变分问题 1.1，我们同样可以根据定理 3.3 和引理 3.1 得到泛函极值的驻点条件。

定理 3.4 (最简变分问题的 Euler-Lagrange 方程). 状态变量 $x(t):[t_0,t_f]\to\mathbb{R}^n$ 连续可微，在给定的初始时刻 t_0 状态为 $x(t_0)=x_0$，在给定的终端时刻 t_f 状态为 $x(t_f)=x_f$。函数 g 取值于 $\mathbb{R}$，二阶连续可微。则，状态变量 x 最小化性能指标

$$J(x)=\int_{t_0}^{t_f} g(x(t),\dot{x}(t),t)\,\mathrm{d}t, \tag{3.2.18}$$

的必要条件是对任意时刻 $t\in[t_0,t_f]$，

$$\frac{\partial g}{\partial x}(x(t),\dot{x}(t),t)-\frac{\mathrm{d}}{\mathrm{d}t}\Big[\frac{\partial g}{\partial \dot{x}}(x(t),\dot{x}(t),t)\Big]=0.$$

证明: 引入连续可微的函数变分 $\delta x(t):[t_0,t_f]\to\mathbb{R}^n$，以保证施加扰动后的 $x+\delta x$ 依然连续可微。δx 需要同时满足 $\delta x(t_0)=0,\delta x(t_f)=0$，才能保证 $x(t_0)+\delta x(t_0)=x_0$, $x(t_f)+\delta x(t_f)=x_f$。首先计算 J 的泛函增量:

$$\begin{aligned}\Delta J(x,\delta x)&=J(x+\delta x)-J(x)\\&=\int_{t_0}^{t_f} g(x(t)+\delta x(t),\dot{x}(t)+\dot{x}(t),t)\,\mathrm{d}t-\int_{t_0}^{t_f} g(x(t),\dot{x}(t),t)\,\mathrm{d}t\\&=\int_{t_0}^{t_f}\Big\{g(x(t)+\delta x(t),\dot{x}(t)+\dot{x}(t),t)-g(x(t),\dot{x}(t),t)\Big\}\,\mathrm{d}t.\end{aligned}$$

我们注意到，可以利用 Taylor 公式化简上式：

$$\begin{aligned}\Delta J(x,\delta x)=&\int_{t_0}^{t_f}\Big\{\frac{\partial g}{\partial x}(x(t),\dot{x}(t),t)\cdot\delta x(t)+\frac{\partial g}{\partial \dot{x}}(x(t),\dot{x}(t),t)\cdot\delta\dot{x}(t)\Big\}\,\mathrm{d}t\\&+o(\|\delta x\|_1).\end{aligned}$$

其中，取连续可微函数的范数定义(3.6)，符号 “·” 表示实数（$n=1$ 时）相乘或向量内积（$n>1$ 时）。再利用分部积分公式，即可得泛函增量:

$$\begin{aligned}
&\Delta J(x,\delta x)\\
&=\int_{t_0}^{t_f}\left\{\frac{\partial g}{\partial x}(x(t),\dot{x}(t),t)-\frac{\mathrm{d}}{\mathrm{d}t}\left[\frac{\partial g}{\partial \dot{x}}(x(t),\dot{x},t)\right]\right\}\cdot\delta x(t)\,\mathrm{d}t\\
&\quad+\left[\frac{\partial g}{\partial \dot{x}}(x(t),\dot{x}(t),t)\cdot\delta x(t)\right]\Big|_{t_0}^{t_f}+o(\|\delta x\|_1).\\
&=\int_{t_0}^{t_f}\left\{\frac{\partial g}{\partial x}(x(t),\dot{x}(t),t)-\frac{\mathrm{d}}{\mathrm{d}t}\left[\frac{\partial g}{\partial \dot{x}}(x(t),\dot{x},t)\right]\right\}\cdot\delta x(t)\,\mathrm{d}t+o(\|\delta x\|_1).
\end{aligned}$$

容易验证，上式的积分项是 δx 的线性泛函，而后项是其高阶无穷小项。我们得到了泛函变分

$$\delta J(x,\delta x)=\int_{t_0}^{t_f}\left\{\frac{\partial g}{\partial x}(x(t),\dot{x}(t),t)-\frac{\mathrm{d}}{\mathrm{d}t}\left[\frac{\partial g}{\partial \dot{x}}(x(t),\dot{x},t)\right]\right\}\cdot\delta x(t)\,\mathrm{d}t. \quad (3.2.19)$$

和前面两个例子完全类似，根据定理 3.3，对任意函数变分 δx 上述泛函变分$\delta J(x,\delta x)=0$。再由引理 3.1 就到了最简变分问题 1.1 的 Euler-Lagrange 方程：

$$\boxed{\frac{\partial g}{\partial x}(x(t),\dot{x}(t),t)-\frac{\mathrm{d}}{\mathrm{d}t}\left[\frac{\partial g}{\partial \dot{x}}(x(t),\dot{x}(t),t)\right]=0. \quad (3.2.20)}$$

命题得证。 □

泛函变分更简便的计算

上述由定义直接出发，求解泛函变分的过程虽然思路清晰，计算和证明却较为繁琐。事实上，若泛函可微，有如下完全利用微积分的简便计算方法。

我们在 2.1.2 节已经未加证明地分析了该公式的几何意义。至此已经给出严格定义和证明。

引理 3.2 (利用微积分方法计算变分). *若泛函 J 对函数 x 可微，则可计算泛函变分如下：*

$$\delta J(x,\delta x)=\frac{\mathrm{d}}{\mathrm{d}\alpha}J(x+\alpha\delta x)\Big|_{\alpha=0},\quad \alpha\in\mathbb{R}. \quad (3.2.21)$$

证明: 首先考察等式 (3.2.21) 右侧。对于给定的函数 x 和 δx，$J(x+\alpha\delta x)$ 是关于取值于 $\mathbb{R}$ 的自变量 $\alpha\in\mathbb{R}$ 的函数。根据函数导数的定义有

$$\frac{\mathrm{d}}{\mathrm{d}\alpha}J(x+\alpha\delta x)\Big|_{\alpha=0}=\lim_{\alpha\to 0}\frac{J(x+\alpha\delta x)-J(x)}{\alpha}.$$

若泛函 J 对函数 x 可微，则由泛函变分的定义，

$$J(x+\delta x)-J(x)=\delta J(x,\delta x)+g(x,\delta x)\|\delta x\|. \tag{3.2.22}$$

等式 (3.2.22) 右侧前项是泛函变分，$\delta J(x,\delta x)$ 是关于 δx 的线性泛函，有齐次性，

$$\delta J(x,\alpha\delta x)=\alpha\delta J(x,\delta x).$$

等式 (3.2.22) 右侧后项中范数 $\|\delta x\|$ 有正齐次性，

$$\|\alpha\delta x\|=|\alpha|\|\delta x\|.$$

根据上述性质，可进一步计算等式 (3.2.21) 右侧极限项为

$$\begin{aligned}\frac{J(x+\alpha\delta x)-J(x)}{\alpha}&=\frac{\delta J(x,\alpha\delta x)+g(x,\alpha\delta x)\|\alpha\delta x\|}{\alpha}\\&=\frac{\alpha\delta J(x,\delta x)+g(x,\alpha\delta x)|\alpha|\|\delta x\|}{\alpha}\\&=\delta J(x,\delta x)+\frac{g(x,\alpha\delta x)|\alpha|\|\delta x\|}{\alpha}.\end{aligned}$$

等式两端取极限，令 $\alpha\to 0$ 即可得到

$$\begin{aligned}\frac{\mathrm{d}}{\mathrm{d}\alpha}J(x+\alpha\delta x)\Big|_{\alpha=0}&=\lim_{\alpha\to 0}\frac{J(x+\alpha\delta x)-J(x)}{\alpha}\\&=\delta J(x,\delta x)+\lim_{\alpha\to 0}g(x,\alpha\delta x)\frac{|\alpha|\|\delta x\|}{\alpha}\\&=\delta J(x,\delta x).\end{aligned}$$

证毕。 □

下面我们将直接利用引理 3.2 的结论，通过求导的方式直接计算例 3.6 和例 3.7 中泛函变分。

例 3.12 (求泛函变分). 求例 3.2 中泛函 J_1 的变分。

$$J_1(x)=\int_{t_0}^{t_f}x^2(t)\,\mathrm{d}t.$$

求导可得：

$$\begin{aligned}\delta J_1(x,\delta x) &= \frac{\mathrm{d}}{\mathrm{d}\alpha}J_1(x+\alpha\delta x)\Big|_{\alpha=0}\\ &= \frac{\mathrm{d}}{\mathrm{d}\alpha}\int_{t_0}^{t_f}\Big[x(t)+\alpha\delta x(t)\Big]^2\mathrm{d}t\Big|_{\alpha=0}\\ &= \int_{t_0}^{t_f}2\Big[x(t)+\alpha\delta x(t)\Big]\delta x(t)\,\mathrm{d}t\Big|_{\alpha=0}\\ &= \int_{t_0}^{t_f}2x(t)\delta x(t)\,\mathrm{d}t.\end{aligned}$$

例 3.13 (泛函的变分). 求例 3.3 中泛函 J_2 的变分。

$$J_2(x) = \int_0^1\Big[x^2(t)+2x(t)\Big]\,\mathrm{d}t.$$

求导可得：

$$\begin{aligned}\delta J_2(x,\delta x) &= \frac{\mathrm{d}}{\mathrm{d}\alpha}J_2(x+\alpha\delta x)\Big|_{\alpha=0}\\ &= \frac{\mathrm{d}}{\mathrm{d}\alpha}\int_0^1\Big[(x(t)+\alpha\delta x(t))^2+2(x(t)+\alpha\delta x(t))\Big]\,\mathrm{d}t\Big|_{\alpha=0}\\ &= \int_0^1\Big\{2[x(t)+\alpha\delta x(t)]\delta x(t)+2\delta x(t)\Big\}\,\mathrm{d}t\Big|_{\alpha=0}\\ &= \int_0^1\Big[2x(t)+2\Big]\delta x(t)\,\mathrm{d}t.\end{aligned}$$

在上述两个泛函可微的例子中可见，计算的结果与计算泛函增量的方法完全一致。

3.2.4 Euler-Lagrange 方程的求解

Euler-Lagrange 方程 (3.2.20) 是关于状态 x 的二阶常微分方程，如果能求得解析解，结合一定的边界条件即可求解最简变分问题。本小节将结合例子，分析一些特殊情况下的计算方法。观察 Euler-Lagrange 方程：

$$\frac{\partial g}{\partial x}(x(t),\dot{x}(t),t)-\frac{\mathrm{d}}{\mathrm{d}t}\Big[\frac{\partial g}{\partial \dot{x}}(x(t),\dot{x}(t),t)\Big]=0.$$

当 g 二阶连续可微时，我们可以进一步上式的后项展开，得到：

$$\begin{aligned}&\frac{\partial g}{\partial x_i}(x(t),\dot{x}(t),t)-\sum_{j=1}^{n}\frac{\partial^2 g}{\partial \dot{x}_i\partial x_j}(x(t),\dot{x}(t),t)\dot{x}_j(t)\\&\quad-\sum_{j=1}^{n}\frac{\partial^2 g}{\partial \dot{x}_i\partial \dot{x}_j}(x(t),\dot{x}(t),t)\ddot{x}_j(t)\\&\quad-\frac{\partial^2 g}{\partial \dot{x}_i\partial t}(x(t),\dot{x}(t),t)=0,\quad i=1,2,\ldots,n.\end{aligned} \tag{3.2.23}$$

这是一个二阶常微分方程组，一般情况下不易直接求解，下面我们针对一些特殊情况下的 Euler-Lagrange 方程介绍其求解方法。

- 情况 1：g 不显含 $\dot{x}$，即形如 $g(x(t),t)$。
- 情况 2：g 不显含 x，即形如 $g(\dot{x}(t),t)$。
- 情况 3：g 不显含 t，即形如 $g(x(t),\dot{x}(t))$。

情况 1：g 不显含 $\dot{x}$

若 g 不显含 $\dot{x}$，则 Euler-Lagrange 方程 (3.2.20) 的后项为零，立即可得：

推论 3.1 (情况 1：g 不显含 $\dot{x}$). *若定理 3.4 中的 g 形如 $g(x(t),t)$，则 Euler-Lagrange 方程 (3.2.20) 可简化为*

$$\frac{\partial g}{\partial x}(x(t),t)=0. \tag{3.2.24}$$

此时 Euler-Lagrange 方程 (3.2.20) 退化为普通方程，而非常微分方程。在本节中已经讨论过的例 3.10 即为此种情况。下面，我们对此例使用推论 3.1 再次求解例 3.10 中的泛函取极值的条件。

例 3.14 (求解泛函极值). *利用推论 3.1 求例 3.2 中泛函 J_1 的极值。*

$$J_1(x)=\int_{t_0}^{t_f}x^2(t)\,\mathrm{d}t.$$

记运行代价：

$$g(x(t),t)=x^2(t).$$

由推论 3.1 有：

$$0 = \frac{\partial g}{\partial x}(x(t), t) = 2x(t).$$

于是得到了与例 3.10 中相同的结论：

$$x(t) = 0, \quad t \in [t_0, t_f].$$

情况 2：g **不显含** x

若 g 不显含 x，则 Euler-Lagrange 方程 (3.2.20) 的前项为零，可得：

推论 3.2 (情况 2：g 不显含 x). 若定理 3.4 中的 g 形如 $g(\dot{x}(t), t)$，则 Euler-Lagrange 方程 (3.2.20) 可简化为：

$$\frac{\mathrm{d}}{\mathrm{d}t}\left[\frac{\partial g}{\partial \dot{x}}(\dot{x}(t), t)\right] = 0. \tag{3.2.25}$$

上述结论也可写为

$$\frac{\partial g}{\partial \dot{x}}(\dot{x}(t), t) = c_1, \tag{3.2.26}$$

其中 $c_1 \in \mathbb{R}^n$ 为常数，n 维列向量。

例 3.15 (两点之间线段最短). 如图 3.4 所示，起止两点分别为，$t_0 = 0$, $x(t_0) = 1$ 和 $t_f = 1$, $x(t_f) = 0$。求连接这两点的最短曲线。即，求连续函数 $x : [t_0, t_f] \to \mathbb{R}$，满足 $x(t_0) = 1, x(t_f) = 0$，最小化泛函：

$$J(x) = \int_{t_0}^{t_f} \sqrt{1 + \dot{x}^2(t)}\,\mathrm{d}t.$$

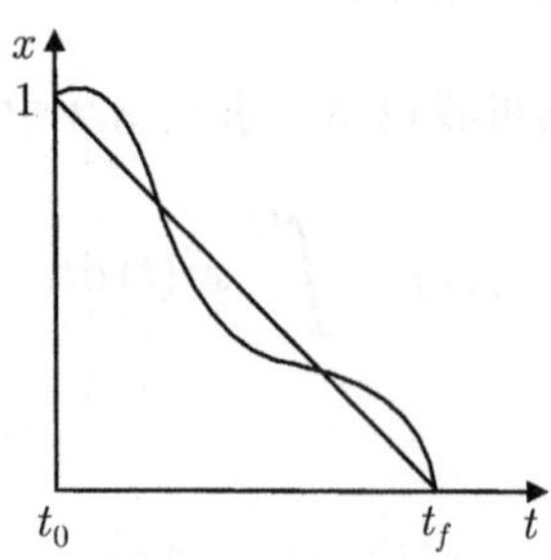

图 3.4 两点之间直线最短

记运行代价

$$g(\dot{x}(t),t)=\sqrt{1+\dot{x}^2(t)}.$$

由推论 3.2 有：

$$c_1=\frac{\partial g}{\partial \dot{x}}(\dot{x}(t),t)=\frac{\dot{x}(t)}{(1+\dot{x}^2(t))^{1/2}},$$

其中 $c_1\in\mathbb{R}$ 为待定系数。整理得：

$$\dot{x}(t)=\pm\sqrt{c_1^2/(1-c_1^2)}.$$

等式两边积分，得

$$x(t)=t\sqrt{c_1^2/(1-c_1^2)}+c_2,$$

其中 $c_2\in\mathbb{R}$ 也是待定系数。再代入边界条件 $x(0)=1,x(1)=0$，解得最优解为连接这两点的线段：

$$x(t)=-t+1,\quad t\in[0,1].$$

情况 3：g 不显含 t

g 不显含 t 的情况非常多见，例如我们在 1.2.1 节介绍的“伯努利兄弟打赌”的最速降线问题——例 1.1。其性能指标是

$$T(y)=\int_0^1\frac{\sqrt{1+(\mathrm{d}y/\mathrm{d}x)^2}}{\sqrt{2gy}}\,\mathrm{d}x.$$

注意在本例中横轴和纵轴并非 $t-x$ 而是 $x-y$，但仅是数学符号上的不同，属于情况 3。其计算相对前两种情况比较繁琐。

推论 3.3 (情况 3：不显含 t). *若定理 3.4 中的 g 形如 $g(x(t),\dot{x}(t))$，则欧拉-拉格朗日方程 (3.2.20) 可简化为*

$$\frac{\mathrm{d}}{\mathrm{d}t}\left[g(x(t),\dot{x}(t))-\frac{\partial g}{\partial \dot{x}}(x(t),\dot{x}(t))\cdot\dot{x}(t)\right]=0. \tag{3.2.27}$$

上述结论也可写为

$$g(x(t),\dot{x}(t))-\frac{\partial g}{\partial \dot{x}}(x(t),\dot{x}(t))\cdot\dot{x}(t)=c_1, \tag{3.2.28}$$

其中 $c_1\in\mathbb{R}$ 为常数。

证明： 由 Euler-Lagrange 方程 (3.2.20) 展开得到的公式 (3.2.23)，

$$
\begin{aligned}
0 = &\frac{\partial g}{\partial x_i}(x(t),\dot{x}(t)) - \sum_{j=1}^{n}\frac{\partial^2 g}{\partial \dot{x}_i \partial x_j}(x(t),\dot{x}(t))\dot{x}_j(t) \\
&- \sum_{j=1}^{n}\frac{\partial^2 g}{\partial \dot{x}_i \partial \dot{x}_j}(x(t),\dot{x}(t))\ddot{x}_j(t), \quad i = 1,2,\ldots,n.
\end{aligned}
$$

上述 n 个等式的右侧作为列向量，与列向量 $\dot{x}(t)$ 作内积，即逐行相乘再加和。我们得到：

$$
\begin{aligned}
0 = &\sum_{i=1}^{n}\dot{x}_i(t)\frac{\partial g}{\partial x_i}(x(t),\dot{x}(t)) - \sum_{i=1}^{n}\dot{x}_i(t)\sum_{j=1}^{n}\frac{\partial^2 g}{\partial \dot{x}_i \partial x_j}(x(t),\dot{x}(t))\dot{x}_j(t) \\
&- \sum_{i=1}^{n}\dot{x}_i(t)\sum_{j=1}^{n}\frac{\partial^2 g}{\partial \dot{x}_i \partial \dot{x}_j}(x(t),\dot{x}(t))\ddot{x}_j(t).
\end{aligned}
$$

容易验证：

$$
\begin{aligned}
&\frac{\mathrm{d}}{\mathrm{d}t}\left[g(x(t),\dot{x}(t)) - \frac{\partial g}{\partial \dot{x}}(x(t),\dot{x}(t))\cdot\dot{x}(t)\right] \\
= &\sum_{i=1}^{n}\dot{x}_i(t)\frac{\partial g}{\partial x_i}(x(t),\dot{x}(t)) - \sum_{i=1}^{n}\dot{x}_i(t)\sum_{j=1}^{n}\frac{\partial^2 g}{\partial \dot{x}_i \partial x_j}(x(t),\dot{x}(t))\dot{x}_j(t) \\
&- \sum_{i=1}^{n}\dot{x}_i(t)\sum_{j=1}^{n}\frac{\partial^2 g}{\partial \dot{x}_i \partial \dot{x}_j}(x(t),\dot{x}(t))\ddot{x}_j(t).
\end{aligned}
$$

证毕。 □

最速降线问题求解

现在，我们延续最速降线问题建模的变分问题，利用推论 3.3 的结论对其求解。将问题严格描述为：求满足边界条件 $y(0)=0$, $y(1)=1$ 的连续可微曲线（函数）$y(x):\mathbb{R}\to\mathbb{R}$，要最小化所耗时间，即关于 y 的性能指标泛函

$$
T(y) = \int_0^1 \frac{\sqrt{1+(\mathrm{d}y/\mathrm{d}x)^2}}{\sqrt{2gy}}\,\mathrm{d}x.
$$

运行代价并不显含 t。由推论 3.3 有：

$$
c_1 = \frac{\sqrt{1+(\mathrm{d}y/\mathrm{d}x)^2}}{\sqrt{2gy}} - \frac{(\mathrm{d}y/\mathrm{d}x)^2}{\sqrt{2gy(1+(\mathrm{d}y/\mathrm{d}x)^2)}},
$$

其中 $c_1 \in \mathbb{R}$ 为待定系数。整理可得：

$$c_1 = \frac{1}{\sqrt{2gy(1 + (\mathrm{d}y/\mathrm{d}x)^2)}}.$$

于是，

$$y = \frac{1}{2gc_1^2(1 + (\mathrm{d}y/\mathrm{d}x)^2)}.$$

使用参数法解上述一阶常微分方程。令 $\mathrm{d}y/\mathrm{d}x = \mathrm{ctg}(\theta)$，对于关于参数 $\theta \in \mathbb{R}$ 的函数 $y(\theta)$ 和 $x(\theta)$：

本书并不侧重常微分方程的相关技巧，感兴趣的读者可参考微积分和常微分方程等资料。

$$y(\theta) = \frac{1}{2gc_1^2(1 + \mathrm{ctg}^2(\theta))} = \frac{\sin^2(\theta)}{2gc_1^2}, \tag{3.2.29}$$

$$\mathrm{d}x = \frac{1}{\mathrm{ctg}(\theta)} \frac{2\sin(\theta)\cos(\theta)}{2gc_1^2}\mathrm{d}\theta = \frac{\sin^2(\theta)}{gc_1^2}\mathrm{d}\theta.$$

由 $\cos(2\theta) = 1 - 2\sin^2(\theta)$，

$$\mathrm{d}x = \frac{1 - \cos(2\theta)}{2gc_1^2}\mathrm{d}\theta.$$

我们得到了：

$$x(\theta) = \frac{2\theta - \sin(2\theta)}{4gc_1^2} + c_2. \tag{3.2.30}$$

其中 $c_2 \in \mathbb{R}$ 也是待定系数。对上述 x, y 的参数方程 (3.2.30) 和 (3.2.29)，代入初值 $(0, 0)$，

$$x(\theta_0) = \frac{2\theta_0 - \sin(2\theta_0)}{4gc_1^2} + c_2 = 0, \quad y(\theta_0) = \frac{\sin^2(\theta_0)}{2gc_1^2} = 0.$$

得到 $c_2 = 0$。为了简洁，再引入 $\alpha = 2\theta$，即可将 x, y 的参数方程写成

$$x(\alpha) = r[\alpha - \sin\alpha], \quad y(\alpha) = r[1 - \cos\alpha]. \tag{3.2.31}$$

其中 r 是待定系数，α 为参数。再利用目标集的要求 $b = (1, 1)$，即可确定待定系数。最速降线问题的解约为：

$$x(\alpha) = 0.573[\alpha - \sin\alpha], \quad y(\alpha) = 0.573[1 - \cos\alpha], \alpha \in [0, 2.412].$$

如第 1 章图 1.1 所示。

3.2.5 Euler-Lagrange 方程与 Hamilton 方程组

在 3.2.4 节的三种特殊情况下，我们都能将 Euler-Lagrange 方程 (3.2.20) 化为一阶常微分方程，在化简的过程中，方程个数不变，即，对于有 n 维状态变量的 n 个 Euler-Lagrange 方程（组），我们依然得到 n 个一阶方程。在 2.1.2 节我们曾经介绍过，物理学家 Hamilton 考察了更为一般的情况，将二阶的 Euler-Lagrange 方程转化为一阶的力学 Hamilton 方程组：

$$\dot{x} = +\frac{\partial H}{\partial p}, \tag{3.2.32}$$

$$\dot{p} = -\frac{\partial H}{\partial p}. \tag{3.2.33}$$

此时，方程的个数将增加为 $2n$。

在本小节中，我们给出简要的计算过程，将 Euler-Lagrange 方程 (3.2.20) 化为一阶常微分方程组，Hamilton 方程组 (3.2.32) 和 (3.2.33)。这种计算方法更接近于分析最优控制问题所用的技巧，而与 Hamilton 的方法并不完全相同。一方面，本小节的工作是对最简变分问题探索的延续；另一方面，我们将讨论一个简单的最优控制问题，并首次推导得到针对这个问题的 Pontryagin 极小值原理的证明。

Pontryagin 极小值原理的简介见1.3.2节和2.2节，并将在第4章详细讨论。

从形式上看，最优控制问题和变分问题最直接的区别在于是否有控制变量和状态方程。事实上，只需在最简变分问题基础上引入连续可微的控制变量 $u(t) : [t_0, t_f] \to \mathbb{R}^n$，令：

$$u(t) = \dot{x}(t), \tag{3.2.34}$$

我们将最简变分问题化为一个以公式 (3.2.34) 为状态方程的最优控制问题，此时控制变量就是状态变量的变化率。Euler-Lagrange 方程 (3.2.20) 立即可以化为关于 $x(t), u(t)$ 的常微分方程组：

$$\begin{cases} \dfrac{\partial g}{\partial x}(x(t), u(t), t) - \dfrac{\mathrm{d}}{\mathrm{d}t}\left[\dfrac{\partial g}{\partial u}(x(t), u(t), t)\right] = 0, \\ u(t) = \dot{x}(t). \end{cases} \tag{3.2.35}$$

为了简洁起见，在上式中我们用符号 $\partial g/\partial u$ 记运行代价 g 关于第二组方

向 $\dot{x}$ 的偏导 $\partial g/\partial\dot{x}$。接下来，我们将考察这个最优控制问题解的必要条件。引入取值于实数 $\mathbb{R}$ 的（控制）Hamiltonian 函数：

$$\mathcal{H}(x,u,p,t)=g(x,u,t)+p\cdot f(x,u,t). \tag{3.2.36}$$

其中 $p\in\mathbb{R}^n$。对于公式 (3.2.34) 规定的状态方程，$f(x,u,t)=u$。通过对 Hamiltonian 函数简单计算，立即可得：

$$\frac{\partial\mathcal{H}}{\partial p}(x(t),u(t),p(t),t)=u(t), \tag{3.2.37}$$

$$\frac{\partial\mathcal{H}}{\partial x}(x(t),u(t),p(t),t)=\frac{\partial g}{\partial x}(x(t),u(t),t), \tag{3.2.38}$$

$$\frac{\partial\mathcal{H}}{\partial u}(x(t),u(t),p(t),t)=p(t)+\frac{\partial g}{\partial u}(x(t),u(t),t). \tag{3.2.39}$$

在上述三式中，取 $x(t),u(t)$ 为常微分方程组 (3.2.35) 的解，我们来考虑应如何构造协态变量 $p(t)$。简单回顾 2.2.3 节中给出的 Pontryagin 极小值原理的结论，若其果然成立，则最优控制 $u(t)$ 及对应的状态 $x(t)$ 和协态 $p(t)$ 应满足 Hamilton 方程组和极值条件。根据极值条件 (2.2.5)，对比上述式 (3.2.39)，我们构造协态变量为：

$$p(t)\overset{\text{def}}{=}-\frac{\partial g}{\partial u}(x(t),u(t),t). \tag{3.2.40}$$

由于我们假定了 g 二阶连续可微，协态变量 $p(t)$ 也是连续可微函数。于是

$$\dot{x}(t)=u(t)=\frac{\partial\mathcal{H}}{\partial p}(x(t),\dot{x}(t),p(t),t), \tag{3.2.41}$$

$$\dot{p}(t)=\frac{\mathrm{d}}{\mathrm{d}t}\Big[-\frac{\partial g}{\partial u}(x(t),u(t),t)\Big], \tag{3.2.42}$$

$$\frac{\partial\mathcal{H}}{\partial u}(x(t),u(t),t)=p(t)+\frac{\partial g}{\partial u}(x(t),u(t),t)=0. \tag{3.2.43}$$

由 Euler-Lagrange 方程 (3.2.35)，协态变量的导数可进一步化简为：

$$\dot{p}(t)=-\frac{\partial g}{\partial x}(x(t),u(t),t)=-\frac{\partial\mathcal{H}}{\partial x}(x(t),u(t),t).$$

至此，我们将 Euler-Lagrange 方程 (3.2.20) 化为了关于 $x(t),p(t)$ 的一阶常微分方程组：

$$0 = \frac{\partial \mathcal{H}}{\partial u}(x(t), u(t), p(t), t), \tag{3.2.44}$$

$$\dot{x}(t) = +\frac{\partial \mathcal{H}}{\partial p}(x(t), u(t), p(t), t), \tag{3.2.45}$$

$$\dot{p}(t) = -\frac{\partial \mathcal{H}}{\partial x}(x(t), u(t), p(t), t). \tag{3.2.46}$$

从形式上看，这一结论与 2.2.3 节中给出的 Pontryagin 极小值原理非常类似。

其中，公式 (3.2.44) 是 Hamiltonian 函数关于 $u(t) \in \mathbb{R}$ 取得极值的必要条件。状态方程 (3.2.45) 和协态方程 (3.2.46) 组成的 Hamilton 方程组由 Euler-Lagrange 方程 (3.2.20) 直接推得，也称为 Hamilton 形式的 Euler-Lagrange 方程。

为了和力学中 Hamilton 方程在形式上保持一致，一些材料将控制 Hamiltonian 函数被定义为符号有所不同的：

$$\mathcal{H}(x, u, p, t) = p \cdot f(x, u, t) - g(x, u, t),$$

只需在本小节的推导过程中将该问题的协态定义为符号相反的：

$$p(t) \stackrel{\text{def}}{=} \frac{\partial g}{\partial u}(x(t), u(t), t),$$

可以得到与公式 (3.2.44) $\sim$ (3.2.46) 完全相同的结论。

练习 3.1. 曲线 $x(t) : [0, 1] \to \mathbb{R}$ 连续可微，且 $x(0) = 0$, $x(1) = 1$。其性能指标泛函为

$$J(x) = \int_0^1 \dot{x}^2(t)\, \mathrm{d}t. \tag{3.2.47}$$

求泛函 J 的极小值，及对应的最优状态轨迹 $x(t)$。

本章至此，类比微积分中利用计算函数导数得到函数极值的必要条件，我们介绍了如何使用变分法分析以开集为定义域的泛函极值必要条件，并将积分形式的泛函极值问题转化为 Euler-Lagrange 方程或 Hamilton 方程组。针对 Euler-Lagrange 方程的三种特殊情况，我们还介绍了其求解化简的方法。

事实上，为了将最简变分问题的二阶 Euler-Lagrange 方程化为一阶形式，在化简过程中，我们已经求解了一类具有固定的终端时刻、固定的终端状态，状态变量和控制变量都连续可微且无约束的最优控制问题。其状态方程

为 (3.2.34)，初始时刻 t_0，初始状态为 $x(t_0)=x_0$，目标集为在固定的终端时刻 t_f 到达固定的终端状态 x_f，且最小化性能指标：

$$J(u)=\int_{t_0}^{t_f} g(x(t),u(t),t)\,\mathrm{d}t.$$

变分问题即可理解为一类以状态变量变化的“方向”为控制变量的最优控制问题。我们证明了达到上述最优控制的必要条件是公式 (3.2.44) ～ (3.2.46)，这已经具有第 1 章未加证明的给出的 Pontryagin 极小值原理相似的形式。主要的区别是极值条件，而公式 (3.2.44) 事实上正是 Pontryagin 极小值原理极值条件在控制变量无约束情况下的驻点条件。

与本书第 1 部分提出的更为一般的最优控制问题对比，上述简化版本的最优控制问题并未讨论一般形式的状态方程，没有讨论控制变量和状态变量的约束条件，仅讨论了一种特殊的目标集，且性能指标中仅包含运行代价未加入终端代价，更没有涉及控制变量不连续的情况。从下节开始，我们针对变分问题与最优控制问题的差别，尝试逐一解决。

3.3 等式约束的处理

在利用变分法研究最优控制问题时，约束条件的处理在数学上至关重要：控制问题的容许控制和目标集可以看作对状态变量或控制变量的约束；状态方程可以看作控制变量、状态变量以及状态变量变化率在每时每刻都需满足的等式约束；在第 1 章中介绍的等周问题则可以建模为关于曲线的泛函（例如周长）等于固定值的约束条件。

本节探讨利用变分问题的驻点条件处理约束条件的处理思路，为最优控制问题的求解作准备，主要讨论 Lagrange 乘子法、微分约束的处理，以及积分约束的处理。对于更复杂的情况，将在第 3 章中使用 Pontryagin 极小值原理解决。

3.3.1 Lagrange 乘子法回顾

对于连续可微的函数 $F(x):\mathbb{R}^n\to\mathbb{R}$ 和 $f(x):\mathbb{R}^n\to\mathbb{R}^m$, $n>m>0$。考虑有等式约束的函数极值问题：

$$\min F(x)$$
$$\text{s.t.} \quad f(x) = 0.$$

对于比较简单的情况，例如 $m = 1, n = 2, x \in \mathbb{R}^2$，且 $f(x) = 0$ 容易得到唯一解，我们可以直接化简约束条件 $f(x) = 0$，用 x_2 表示 x_1，使用“直接代入法”将该问题化为无约束的函数极值问题。

例 3.16 (直接代入法求解有等式约束的函数极值). $x_1, x_2 \in \mathbb{R}$，满足等式约束条件:

$$f(x_1, x_2) = x_1 + x_2 + 2 = 0, \tag{3.3.1}$$

最小化目标函数

$$F(x_1, x_2) = x_1^2 + x_2^2. \tag{3.3.2}$$

由约束条件公式 (3.3.1) 可得 $x_1 = -2 - x_2$。将其直接代入公式 (3.3.2)，即可将原 $n = 2$ 元的目标函数化为 $n - m = 1$ 元的新目标函数：

$$F(-2 - x_2, x_2) = (-2 - x_2)^2 + x_2^2.$$

上述函数极值问题是无约束的，其必要条件是目标函数关于 x_2 的导数为零。即：

$$0 = 2(-2 - x_2)(-1) + 2x_2.$$

我们用直接代入法解得有等式约束的函数极值问题：

$$x_1 = -1, \quad x_2 = -1.$$

上述例子的基本想法是通过消元，将有 m 个约束、n 个自变量的函数极值问题转化为 $n - m$ 个自变量的无约束函数极值问题。然而，在高维或非线性情况下并不总像本例一样容易求解出约束条件成立时各个变量之间的关系。

在 2.1.3 节中，我们已经陈述了 Lagrange 乘子法，通过引入额外的 Lagrange 乘子，将有 m 个等式约束、n 个变量的函数极值问题转化为具有 $m + n$ 个变量的无约束函数极值问题。下面，我们使用 Lagrange 乘子法再次求解例 3.16 中有等式约束的函数极值问题。在本例中，对唯一的等式约束引入 $m=1$ 维 Lagrange 乘子 $\lambda\in\mathbb{R}$，则目标函数变为了含有 $m+n=3$ 个自变量的：

$$\begin{aligned}\bar{F}(x_1,x_2,\lambda)=&F(x_1,x_2)+\lambda f(x_1,x_2)\\=&x_1^2+x_2^2+\lambda(x_1+x_2+2).\end{aligned}$$

利用 Lagrange 乘子法，在给定的等式约束下，函数 $F(x_1,x_2)$ 取得极值的必要条件是：

Lagrange 乘子法的表述见 2.1.3 节。

$$\begin{aligned}0=&\frac{\partial\bar{F}}{\partial x_1}=2x_1+\lambda,\\0=&\frac{\partial\bar{F}}{\partial x_2}=2x_2+\lambda,\\0=&\frac{\partial\bar{F}}{\partial\lambda}=x_1+x_2+2.\end{aligned}$$

求解上述三元方程组，得到 $\lambda=2$，以及最优解 $x_1=-1$, $x_2=-1$。上述 λ 不为零，是 Lagrange 乘子法的正常情况。

这一结论与直接代入法求解的计算结果是一致的。接下来，我们将使用 Lagrange 乘子法处理泛函极值中的约束条件。

3.3.2 微分约束的泛函极值

连续时间最优控制问题 1.2 与变分问题 1.1 最为直观的区别就是状态方程。对于连续时间情形，我们常使用常微分方程进行建模

$$\dot{x}(t)=f(x(t),u(t),t),\quad t\in[t_0,t_f].\tag{3.3.3}$$

为此，我们结合变分法和 Lagrange 乘子法，讨论一种具有常微分方程约束 (3.3.3) 的泛函极值问题。考察更广泛的问题，在最简变分问题 1.1 的基础上，对任意时刻 $t\in[t_0,t_f]$，连续可微的状态变量 $x(t):[t_0,t_f]\to\mathbb{R}^n$ 还需满足等式约束：

$$F(x(t),\dot{x}(t),t)=0,\quad t\in[t_0,t_f].\tag{3.3.4}$$

上式是一个微分代数方程，函数 F 取值于 $\mathbb{R}^l$。形如 (3.3.3) 的常微分方程也是上述等式约束的特例。下面我们考察微分约束的泛函极值问题：

问题 3.1 (微分约束的泛函极值问题). 考虑连续可微的状态变量 $x(t):[t_0,t_f]\to\mathbb{R}^n$，在初始时刻 t_0，状态为 $x(t_0)=x_0$，在终端时刻 t_f，状态为 $x(t_f)=x_f$。同时，满足约束:

$$F(x(t),\dot{x}(t),t)=0,\quad t\in[t_0,t_f], \tag{3.3.5}$$

其中 F 二阶连续可微，取值于 $\mathbb{R}^l$， 要最小化性能指标泛函

$$J(x)=\int_{t_0}^{t_f} g(x(t),\dot{x}(t),t)\,\mathrm{d}t.$$

在此，我们使用 Lagrange 乘子法处理微分约束，将此问题转化为一般的变分问题求解。由于约束条件 (3.3.5) 对任意的时刻 $t\in[t_0,t_f]$ 均需要满足，我们对每个时刻 t 引入 Lagrange 乘子。即，与时间相关的函数 $p(t):[t_0,t_f]\to\mathbb{R}^m$，假定其连续可微。得到新的性能指标:

$$\bar{J}(x,p)=\int_{t_0}^{t_f}\Big[g(x(t),\dot{x}(t),t)+p(t)\cdot F(x(t),\dot{x}(t),t)\Big]\,\mathrm{d}t.$$

令:

$$\bar{g}(x(t),\dot{x}(t),p(t),t)\overset{\text{def}}{=}g(x(t),\dot{x}(t),t)+p(t)\cdot F(x(t),\dot{x}(t),t),$$

则，要最小化性能指标 $\bar{J}(x,p)$，需满足关于 $x(t)$ 和 $p(t)$ 的 Euler-Lagrange 方程:

$$\begin{aligned}
0&=\frac{\partial\bar{g}}{\partial x_1}(x(t),\dot{x}(t),p(t),t)-\frac{\mathrm{d}}{\mathrm{d}t}\Big[\frac{\partial\bar{g}}{\partial\dot{x}_1}(x(t),\dot{x}(t),p(t),t)\Big],\\
&\vdots\\
0&=\frac{\partial\bar{g}}{\partial x_n}(x(t),\dot{x}(t),p(t),t)-\frac{\mathrm{d}}{\mathrm{d}t}\Big[\frac{\partial\bar{g}}{\partial\dot{x}_n}(x(t),\dot{x}(t),p(t),t)\Big],\\
0&=\frac{\partial\bar{g}}{\partial p_1}(x(t),\dot{x}(t),p(t),t)-\frac{\mathrm{d}}{\mathrm{d}t}\Big[\frac{\partial\bar{g}}{\partial\dot{p}_1}(x(t),\dot{x}(t),p(t),t)\Big],\\
&\vdots\\
0&=\frac{\partial\bar{g}}{\partial p_l}(x(t),\dot{x}(t),p(t),t)-\frac{\mathrm{d}}{\mathrm{d}t}\Big[\frac{\partial\bar{g}}{\partial\dot{p}_l}(x(t),\dot{x}(t),p(t),t)\Big].
\end{aligned}$$

前 n 个方程可写成 $\bar{g}$ 关于 x 方向上的导数形式。后 l 个方程中，由于 $\bar{g}$ 中并没有 $\dot{p}$ 项，因而后项都为零，前项为

$$\frac{\partial \bar{g}}{\partial p_j}(x(t), \dot{x}(t), p(t), t) = F_j(x(t), \dot{x}(t), t), \quad j = 1, 2, \ldots, l.$$

于是，我们得到了有微分代数方程约束情况下的泛函极值必要条件，Euler-Lagrange 方程：

$$0 = \frac{\partial \bar{g}}{\partial x}(x(t), \dot{x}(t), p(t), t) - \frac{\mathrm{d}}{\mathrm{d}t}\left[\frac{\partial \bar{g}}{\partial \dot{x}}(x(t), \dot{x}(t), p(t), t)\right], \tag{3.3.6}$$

$$0 = F(x(t), \dot{x}(t), t). \tag{3.3.7}$$

对比最简变分问题的 Euler-Lagrange 方程 (3.2.20)，除问题引入的等式约束外，二者在形式上的区别仅为 Lagrange 乘子。

以及题设中给定的初始时刻状态与终端时刻状态

$$x(t_0) = x_0, \quad x(t_f) = x_f.$$

事实上，即便终端状态可以自由取值，而非固定在 x_f，由于函数变分的任意性，我们依然可以得到与问题 3.1 完全相同的微分约束下的 Euler-Lagrange 方程 (3.3.6)。对于其他可能的目标集，我们将在 3.4 节详细讨论。

练习 3.2. 函数 $x(t) : [0, 1] \to \mathbb{R}$ 二阶连续可微，且 $x(0) = 0, x(1) = \dot{x}(0) = \dot{x}(1) = 1$。其性能指标泛函

$$J(x) = \int_0^1 \ddot{x}^2(t)\,\mathrm{d}t. \tag{3.3.8}$$

求最小化 J 的曲线 x。

提示：引入辅助变量 $y(t) = \dot{x}(t)$，则可转化为关于 x, y 的泛函极值问题，但同时要满足常微分方程约束 $\dot{x}(t) - y(t) = 0$。

利用处理微分约束的技巧，我们已经可以求解一类 "最简" 最优控制问题。即在最简变分问题基础上，还需满足状态方程，最小化 Lagrange 形式性能指标的最优控制问题。

问题 3.2 (最简最优控制问题). 考虑连续时间最优控制问题 1.2 的特殊情况。状态变量 $x(t) : [t_0, t_f] \to \mathbb{R}^n$ 和控制变量 $u(t) : [t_0, t_f] \to \mathbb{R}^m$ 都是无约束的连续可微函数。

(1) 被控对象符合状态方程和初值条件:

$$\dot{x}(t)=f(x(t),u(t),t),\quad t\in[t_0,t_f]. \tag{3.3.9}$$

$$x(t_0)=x_0. \tag{3.3.10}$$

(2) 控制目标为在固定的终端时刻 t_f，达到固定的终端状态 $x(t_f)=x_f$。

(3) 求解最优控制 u，最小化 Lagrange 形式的性能指标，

$$J(u)=\int_{t_0}^{t_f} g(x(t),u(t),t)\,\mathrm{d}t. \tag{3.3.11}$$

我们已经在 2.1.5 节例 2.1 中未加证明的计算过这种类型的问题。下面将简要给出计算的依据。将最简最优控制问题看作变分问题 3.1，以 $x(t),u(t)$ 共同作为变分问题的状态变量，则需满足微分约束

$$0=F(x(t),u(t),\dot{x}(t),t)=f(x(t),u(t),t)-\dot{x}(t). \tag{3.3.12}$$

使用问题 3.1的分析过程，为了处理微分方程约束，引入 Lagrange 乘子，函数 $p(t):[t_0,t_f]\to\mathbb{R}^n$，我们依然假定其连续可微，得到了增广的性能指标:

$$\bar{J}=\int_{t_0}^{t_f}\Big\{g(x(t),u(t),t)+p(t)\cdot[f(x(t),u(t),t)-\dot{x}(t)]\Big\}\,\mathrm{d}t.$$

令:

$$\bar{g}(x(t),\dot{x}(t),u(t),p(t),t)=g(x(t),u(t),t)+p(t)\cdot\Big[f(x(t),u(t),t)-\dot{x}(t)\Big],$$

则，要最小化增广的性能指标 $\bar{J}$，需满足关于 $x(t),u(t),p(t)$ 的 Euler-Lagrange 方程:

$$0=\frac{\partial\bar{g}}{\partial x}(x(t),\dot{x}(t),u(t),p(t),t)-\frac{\mathrm{d}}{\mathrm{d}t}\Big[\frac{\partial\bar{g}}{\partial\dot{x}}(x(t),\dot{x}(t),u(t),p(t),t)\Big], \tag{3.3.13}$$

$$0=\frac{\partial\bar{g}}{\partial u}(x(t),\dot{x}(t),u(t),p(t),t)-\frac{\mathrm{d}}{\mathrm{d}t}\Big[\frac{\partial\bar{g}}{\partial\dot{u}}(x(t),\dot{x}(t),u(t),p(t),t)\Big], \tag{3.3.14}$$

$$0=\frac{\partial\bar{g}}{\partial p}(x(t),\dot{x}(t),u(t),p(t),t)-\frac{\mathrm{d}}{\mathrm{d}t}\Big[\frac{\partial\bar{g}}{\partial\dot{p}}(x(t),\dot{x}(t),u(t),p(t),t)\Big]. \tag{3.3.15}$$

可分别化简为

$$0=\frac{\partial g}{\partial x}(x(t),u(t),t)+p^{\mathrm{T}}(t)\frac{\partial f}{\partial x}(x(t),u(t),t)+\dot{p}(t), \tag{3.3.16}$$

$$0 = \frac{\partial g}{\partial u}(x(t), u(t), t) + p^{\mathrm{T}}(t)\frac{\partial f}{\partial u}(x(t), u(t), t), \tag{3.3.17}$$

$$0 = f(x(t), u(t), t) - \dot{x}(t). \tag{3.3.18}$$

为了表述方便，利用 Hamiltonian 函数 (3.2.36)，可以得到最简最优控制问题 3.2 中最优状态和协态应满足的必要条件：

这一结论除极值条件为驻点条件而非全局最优之外，与 Pontryagin 极小值原理相同。

$$0 = \frac{\partial \mathcal{H}}{\partial u}(x(t), u(t), p(t), t), \tag{3.3.19}$$

$$\dot{x}(t) = +\frac{\partial \mathcal{H}}{\partial p}(x(t), u(t), p(t), t), \tag{3.3.20}$$

$$\dot{p}(t) = -\frac{\partial \mathcal{H}}{\partial x}(x(t), u(t), p(t), t), \tag{3.3.21}$$

以及固定终端状态带来的边界条件：

$$x(t_f) = x_f. \tag{3.3.22}$$

注意到，上述结论与 3.2.5 节中所得最简变分问题的控制 Hamilton 形式 Euler-Lagrange 方程组具有完全相同的表述形式。至此，我们将最简最优控制问题的驻点条件转化为求解最优控制下状态变量和协态变量的一阶常微分方程组。结合初始时刻和终端时刻的状态约束，这是一个常微分方程两点边值问题。

例子：变分直接求解无约束最优控制

使用上述结论可以很容易计算 2.1.4 节已经利用 Euler-Lagrange 方程 (3.2.20) 解决的例 2.1 小车控制能量最优问题。

引入 Hamiltonian 函数

$$\mathcal{H}(x(t), u(t), p(t), t) = \frac{1}{2}u^2(t) + p_1(t)x_2(t) + p_2(t)u(t).$$

应用本节结论，最优控制应满足极值条件 (3.3.19)

$$0 = \frac{\partial \mathcal{H}}{\partial u}(x(t), u(t), p(t)) = u(t) + p_2(t),$$

$$u(t) = -p_2(t).$$

以及状态方程 (3.3.20) 和协态方程 (3.3.21)

$$\begin{aligned}\dot{x}_1(t) &= x_2(t),\\ \dot{x}_2(t) &= u(t),\\ \dot{p}_1(t) &= 0,\\ \dot{p}_2(t) &= -p_1(t),\end{aligned}$$

再结合固定终端状态带来的边界条件以及初值条件，

$$x_1(0) = -2, \quad x_2(0) = 1, \quad x_1(2) = 0, \quad x_2(2) = 0.$$

即可得到与 2.1.4 节例 2.1 完全相同的最优控制，

$$u(t) = -\frac{3}{2}t + 1.$$

练习 3.3. 函数 $x(t):[0,1]\to\mathbb{R}$ 二阶连续可微，且 $x(0)=0$, $x(1)=\dot{x}(0)=\dot{x}(1)=1$。其性能指标泛函

$$J(x) = \int_0^1 \ddot{x}^2(t)\,\mathrm{d}t. \tag{3.3.23}$$

使用本节结论求解最小化 J 的曲线 x。

3.3.3 积分约束的泛函极值

在 1.2.2 节对变分问题的介绍中，我们列举了传说中 Dido 女王建城的等周问题，例 1.2，这是一个有约束条件的泛函极值问题，其约束条件要求曲线使得另外一个泛函取得给定值。我们将引入一个新的状态变量将其转化为有常微分方程约束的泛函极值问题求解，这是一种非常有效的技巧，本书将多次用到这种构造辅助变量的方法。

问题 3.3 (积分约束的泛函极值). 连续可微的状态变量 $x(t):[t_0,t_f]\to\mathbb{R}^n$，在初始时刻 t_0，状态为 $x(t_0)=x_0$，在终端时刻 t_f，状态为 $x(t_f)=x_f$。给定实数 $B\in\mathbb{R}$ 和二阶连续可微，取值于 $\mathbb{R}$ 的函数 b，状态变量需要满足积分约束:

$$\int_{t_0}^{t_f} b(x(t),\dot{x}(t),t)\,\mathrm{d}t = B, \tag{3.3.24}$$

并最小化性能指标:

$$J(x)=\int_{t_0}^{t_f} g(x(t),\dot{x}(t),t)\,\mathrm{d}t.$$

我们首先引入新的状态变量，将积分约束化为微分约束，继而利用问题 3.1 的结论计算。引入一个新的状态变量 $z(t):[t_0,t_f]\to\mathbb{R}$，

我们将在 4.1.3 节利用下面的技巧证明 Pontryagin 极小值原理的一类情况，定理 4.5。

$$z(t)=\int_{t_0}^{t} b(x(\tau),\dot{x}(\tau),\tau)\,\mathrm{d}\tau,\quad t\in[t_0,t_f]. \tag{3.3.25}$$

很显然，新的状态变量连续可微，且满足 $z(t_0)=0$。我们只要令新的状态变量 z 满足终端时刻的边界条件:

$$z(t_f)=B, \tag{3.3.26}$$

即可保证积分约束 (3.3.24) 的成立。等式 (3.3.25) 两端同时对时间 t 求导可得:

$$\dot{z}(t)=b(x(t),\dot{x}(t),t). \tag{3.3.27}$$

这是一个关于新的状态变量 $z(t),x(t)$ 的微分方程。

至此，我们将积分约束的泛函极值问题 3.3 增加了一维状态变量 $z(t)$，转化为微分约束的泛函极值问题 3.1。再引入拉格朗日乘子 $p(t):[t_0,t_f]\to\mathbb{R}$，得到新的运行代价:

$$\bar{g}(x(t),\dot{x}(t),\dot{z}(t),p(t),t)=g(x(t),\dot{x}(t),t)+p(t)[b(x(t),\dot{x}(t),t)-\dot{z}(t)].$$

根据有微分约束的泛函极值问题 3.1 的分析过程和相关结论，我们得到泛函极值的必要条件为:

$$0=\frac{\partial\bar{g}}{\partial x}(x(t),\dot{x}(t),\dot{z}(t),p(t),t)-\frac{\mathrm{d}}{\mathrm{d}t}\Big[\frac{\partial\bar{g}}{\partial\dot{x}}(x(t),\dot{x}(t),\dot{z}(t),p(t),t)\Big], \tag{3.3.28}$$

$$0=\frac{\partial\bar{g}}{\partial z}(x(t),\dot{x}(t),\dot{z}(t),p(t),t)-\frac{\mathrm{d}}{\mathrm{d}t}\Big[\frac{\partial\bar{g}}{\partial\dot{z}}(x(t),\dot{x}(t),\dot{z}(t),p(t),t)\Big], \tag{3.3.29}$$

$$0=b(x(t),\dot{x}(t),t)-\dot{z}(t). \tag{3.3.30}$$

注意到，$\bar{g}$ 中并不显含变量 $z(t)$，可知方程 (3.3.29) 可继续化为

$$
\begin{aligned}
0 &= \frac{\partial \bar{g}}{\partial z}(x(t),\dot{x}(t),\dot{z}(t),p(t),t) - \frac{\mathrm{d}}{\mathrm{d}t}\left[\frac{\partial \bar{g}}{\partial \dot{z}}(x(t),\dot{x}(t),\dot{z}(t),p(t),t)\right] \\
&= 0 - \frac{\mathrm{d}}{\mathrm{d}t}[-p(t)].
\end{aligned}
$$

可得：

$$
p(t) = \lambda,
$$

其中，$\lambda \in \mathbb{R}$ 为待定常数。这说明，该问题的 Lagrange 乘子退化为一个随时间不变的实数而非一般函数。由此，我们得到了有积分约束泛函极值的必要条件：

$$
0 = \frac{\partial \bar{g}}{\partial x}(x(t),\dot{x}(t),\dot{z}(t),\lambda,t) - \frac{\mathrm{d}}{\mathrm{d}t}\left[\frac{\partial \bar{g}}{\partial \dot{x}}(x(t),\dot{x}(t),\dot{z}(t),\lambda,t)\right], \tag{3.3.31}
$$

$$
0 = b(x(t),\dot{x}(t),t) - \dot{z}(t), \tag{3.3.32}
$$

还需满足题设中给定的初始时刻状态与终端时刻状态

$$
x(t_0) = x_0, \quad x(t_f) = x_f,
$$

以及引入状态的边界条件

$$
z(t_0) = 0, \quad z(t_f) = B.
$$

在本问题中仅包含一维的积分约束而没有其他约束条件，对于多个积分等式约束，或同时具有积分约束和微分约束的问题，同样可以使用上述方法处理，转化为微分约束的情况。尽管本书第 1 章的 Dido 问题也是关于积分等式约束的泛函极值问题，然而与问题 3.3 不同，其终端时刻 t_f 并不固定，我们将其留在 3.4.3 节解决。下面我们先通过一个简单的例子，来看如何求解有积分约束的泛函极值问题。

例 3.17 (积分约束的泛函极值). *连续可微的状态变量 $x(t): \mathbb{R} \to \mathbb{R}$，$x(0) = 0$, $x(1) = 2$。要最小化泛函:*

$$
J(x) = \int_0^1 \dot{x}^2(t)\,\mathrm{d}t,
$$

且满足积分约束:

$$
\int_0^1 x(t)\,\mathrm{d}t = 2.
$$

首先根据积分约束引入新的状态变量：

$$z(t)=\int_0^t x(\tau)d\tau,\quad t\in[0,1].\tag{3.3.33}$$

令其满足边界条件 $z(0)=0$, $z(1)=2$，就将原问题转化为有常微分方程约束：

$$\dot{z}(t)=x(t),\quad t\in[t_0,t_f]$$

的泛函极值问题。通过问题 3.3 的分析过程和结论，可知对该常微分方程约束的 Lagrange 乘子为常数 $\lambda\in\mathbb{R}$。令

$$\bar{g}(x(t),\dot{x}(t),\dot{z}(t),\lambda)=\dot{x}(t)^2+\lambda[x(t)-\dot{z}(t)].\tag{3.3.34}$$

得到有积分约束的泛函极值的必要条件：

$$\begin{aligned}
&0=\frac{\partial\bar{g}}{\partial x}(x(t),\dot{x}(t),\dot{z}(t),\lambda)-\frac{\mathrm{d}}{\mathrm{d}t}\left[\frac{\partial\bar{g}}{\partial\dot{x}}(x(t),\dot{x}(t),\dot{z}(t),\lambda)\right]=\lambda-2\ddot{x}(t),\\
&0=x(t)-\dot{z}(t).
\end{aligned}$$

解上述常微分方程，得到：

$$\dot{x}(t)=\frac{1}{2}\lambda t+c_1,\tag{3.3.35}$$

$$x(t)=\frac{1}{4}\lambda t^2+c_1t+c_2,\tag{3.3.36}$$

其中 $c_1,c_2\in\mathbb{R}$ 为待定系数。由：

$$\dot{z}(t)=x(t),$$

得到：

$$z(t)=\frac{1}{12}\lambda t^3+\frac{1}{2}c_1t^2+c_2t+c_3,$$

其中 $c_3\in\mathbb{R}$ 为待定系数。再由原问题给定的边界条件：

$$x(0)=0,\quad x(1)=2,$$

以及引入变量的边界条件：

$$z(0)=0,\quad z(1)=2,$$

解得：

$$c_1 = 8, \quad c_2 = 0, \quad c_3 = 0, \quad \lambda = -24.$$

得到，

$$x(t) = -6t^2 + 8t.$$

3.4 目标集的处理

3.4.1 兄弟打赌：具有可变端点的变分问题

事实上，就在 Jakob Bernoulli 提出等周问题挑战的同一年 1697 年，他还在《教师学报》上提出了另外一类问题：如何决定曲线的形状，让质点从给定初始点最速滑行至一条给定的直线。更一般地，我们可以将这条竖线抽象为一类更广泛的目标集，如图 3.5 所示，终端状态需位于曲线

$$m(y, x) = 0,$$

就得到了具有可变端点的变分问题。

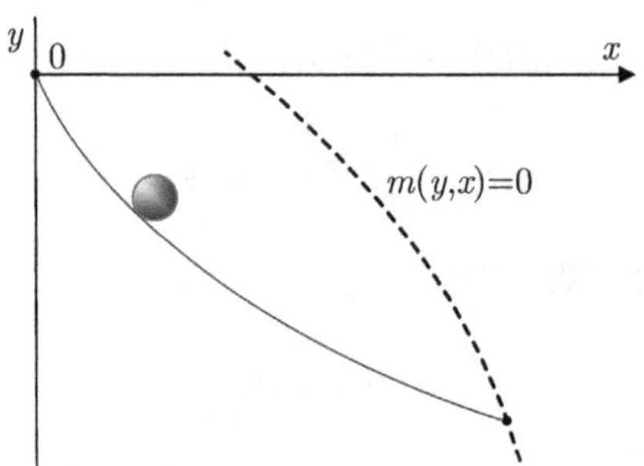

图 3.5 具有可变端点的变分问题

我们在此改用最优控制中的记号，将图 3.5 中的横轴改写为时间轴，将纵轴看作状态。将终端时刻 t_f 与此时的状态变量取值 $x(t_f)$ 所需满足的等式约束记作目标集

$$\mathcal{S} = [t_0, \infty) \times \{x(t_f) : m(x(t_f), t_f) = 0\}. \tag{3.4.1}$$

其中函数 m 取值于 $\mathbb{R}^k$。

与最简变分问题 1.1 不同，如图 3.5 所示，终端时刻并非预先“固定”，可以“自由”取值。若目标集中的终端时刻 t_f 固定，而终端状态需要满足等式约束 $m(x(t_f),t_f)=0$，我们也可将目标集记为

$$\mathcal{S}=\{x(t_f):m(x(t_f),t_f)=0\}. \tag{3.4.2}$$

对于目标集中的终端状态，我们常会遇到更为特殊的两种情况，即：(1) 目标是终端状态（或终端状态的分量）取值于预先固定值，如 2.1 节的例 2.1 中要将小车停下，则终端状态需要满足的约束形如 $x(t_f)=x_f$。(2) 目标对终端状态并无要求。我们称前者具有“固定的终端状态”，后者具有“自由的终端状态”。本节的任务就是研究具有可变端点的变分问题最优解所需满足的必要条件，也称**横截条件**（transversality condition）。

在本节中，我们首先讨论终端时刻自由或固定、终端状态自由或固定四种特殊终端条件下的泛函极值如何利用变分法计算。随后讨论终端时刻固定或自由情况下，一般的目标集。尽管形如公式 (3.4.1) 和公式 (3.4.2) 的目标集涵盖了上述四种特殊情况，但计算所用技巧与这四种特例所需相同，考虑到其相对复杂，我们将其最后处理。由于终端时刻固定、终端状态固定的情况已在最简变分问题的 Euler-Lagrange 方程，定理 3.4 中讨论，我们从其他三种情况开始。

3.4.2 目标集终端时刻固定，终端状态自由

如图 3.6 所示，在本小节中我们考察具有固定的终端时刻和自由的终端状态的变分问题。系统从给定的 t_0 时刻开始运行，至给定的时刻 t_f 即停止考察性能指标，与最速降线问题中终端状态需要达到固定值不同，自由的终端状态

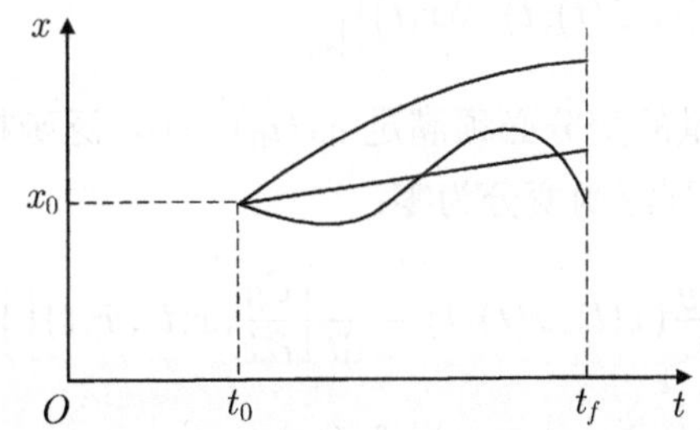

图 3.6 终端时刻固定、终端状态自由的变分问题

表示终端时刻状态变量的取值不需满足任何约束。这同样是一类非常常见的情况。例如，期末考试，到了规定时间交卷即停止记录“性能指标”。

与最简变分问题得到定理 3.4 的驻值条件 Euler-Lagrange 方程 (3.2.20) 类似，我们有如下变分问题的驻值条件。

定理 3.5 (终端时刻固定、终端状态自由的变分问题). *状态变量 $x(t):[t_0,t_f]\to\mathbb{R}^n$ 连续可微。在给定的初始时刻 t_0 状态为 $x(t_0)=x_0$，终端时刻固定为 t_f，终端状态自由。函数 g 取值于 $\mathbb{R}$，且二阶连续可微。则，状态变量 x 最小化性能指标*

$$J(x)=\int_{t_0}^{t_f} g(x(t),\dot{x}(t),t)\,\mathrm{d}t$$

的必要条件是对任意时刻 $t\in[t_0,t_f]$，

$$0=\frac{\partial g}{\partial x}(x(t),\dot{x}(t),t)-\frac{\mathrm{d}}{\mathrm{d}t}\Big[\frac{\partial g}{\partial \dot{x}}(x(t),\dot{x}(t),t)\Big],$$

以及在终端时刻满足

$$0=\frac{\partial g}{\partial \dot{x}}(x(t_f),\dot{x}(t_f),t_f).$$

证明: 与固定终端时刻和固定终端状态变分问题的定理 3.4 推导类似，首先求性能指标的泛函变分，并通过分部积分公式消去 δx 和 $\delta\dot{x}$ 之间的依赖，得到性能指标的泛函变分为

$$\begin{aligned}\delta J&=\int_{t_0}^{t_f}\Big\{\frac{\partial g}{\partial x}(x(t),\dot{x}(t),t)\cdot\delta x(t)+\frac{\partial g}{\partial \dot{x}}(x(t),\dot{x}(t),t)\cdot\delta\dot{x}(t)\Big\}\,\mathrm{d}t\\&=\int_{t_0}^{t_f}\Big\{\frac{\partial g}{\partial x}(x(t),\dot{x}(t),t)-\frac{\mathrm{d}}{\mathrm{d}t}\Big[\frac{\partial g}{\partial \dot{x}}(x(t),\dot{x},t)\Big]\Big\}\cdot\delta x(t)\,\mathrm{d}t\\&\quad+\Big[\frac{\partial g}{\partial \dot{x}}(x(t),\dot{x}(t),t)\cdot\delta x(t)\Big]\Big|_{t_0}^{t_f}.\end{aligned}$$

由于初始时刻状态变量的变分必须满足 $\delta x(t_0)=0$，泛函极值的必要条件是对于任意容许的 δx，下列泛函变分为零:

$$\begin{aligned}0=&\int_{t_0}^{t_f}\Big\{\frac{\partial g}{\partial x}(x(t),\dot{x}(t),t)-\frac{\mathrm{d}}{\mathrm{d}t}\Big[\frac{\partial g}{\partial \dot{x}}(x(t),\dot{x},t)\Big]\Big\}\cdot\delta x(t)\,\mathrm{d}t\\&+\frac{\partial g}{\partial \dot{x}}(x(t_f),\dot{x}(t_f),t_f)\cdot\delta x(t_f).\end{aligned}\tag{3.4.3}$$

由于状态变量在终端状态的取值 $x(t_f)$ 自由，函数变分要满足 $x+\delta x$ 连续可微且 $x(t_0)=x_0$ 对终端时刻函数变分的取值 $\delta x(t_f)$ 没有约束。我们令 $\delta x(t_f)=0$，公式 (3.4.3) 就退化为与最简变分问题相同的公式

$$\delta J(x,\delta x)=\int_{t_0}^{t_f}\left\{\frac{\partial g}{\partial x}(x(t),\dot{x}(t),t)-\frac{\mathrm{d}}{\mathrm{d}t}\left[\frac{\partial g}{\partial \dot{x}}(x(t),\dot{x},t)\right]\right\}\cdot\delta x(t)\,\mathrm{d}t.$$

进而得到 Euler-Lagrange 方程

$$\frac{\partial g}{\partial x}(x(t),\dot{x}(t),t)-\frac{\mathrm{d}}{\mathrm{d}t}\left[\frac{\partial g}{\partial \dot{x}}(x(t),\dot{x}(t),t)\right]=0.$$

另一方面，由于 Euler-Lagrange 方程 (3.2.20) 成立，公式 (3.4.3) 中的积分项为零。于是对任意的 $\delta x(t_f)$ 都应该有：

$$0=\frac{\partial g}{\partial \dot{x}}(x(t_f),\dot{x}(t_f),t_f)\cdot\delta x(t_f),$$

即得到终端时刻状态变量需要满足的边界条件

$$0=\frac{\partial g}{\partial \dot{x}}(x(t_f),\dot{x}(t_f),t_f).$$

该定理与最简变分问题的 Euler-Lagrange 方程 (3.2.20) 主要的区别在于泛函变分 (3.4.3) 的 $\delta x(t_f)$ 一项。

综上，我们得到了目标集为终端时刻固定、终端状态自由的变分问题最优解的必要条件为

$$0=\frac{\partial g}{\partial x}(x(t),\dot{x}(t),t)-\frac{\mathrm{d}}{\mathrm{d}t}\left[\frac{\partial g}{\partial \dot{x}}(x(t),\dot{x}(t),t)\right], \tag{3.4.4}$$

$$0=\frac{\partial g}{\partial \dot{x}}(x(t_f),\dot{x}(t_f),t_f). \tag{3.4.5}$$

证毕。 □

下面我们看一个终端时刻固定、终端状态自由变分问题的例子。

例 3.18 (终端时刻固定、终端状态自由). $t_0=0,\ t_f=2$，状态变量的初值 $x(t_0)=1$，终端状态 $x(t_f)$ 自由。最小化性能指标:

$$J(x)=\int_0^2\sqrt{1+\dot{x}(t)^2}\,\mathrm{d}t.$$

该变分问题的目标集属于终端时刻固定、终端状态自由的情况。同时，运行代价并不显含 $x(t)$ 或 t，我们记：

$$g(\dot{x}(t)) = [1 + \dot{x}(t)^2]^{1/2}.$$

计算得：

$$\begin{aligned}
&\frac{\partial g}{\partial x}(\dot{x}(t)) = 0, \\
&\frac{\partial g}{\partial \dot{x}}(\dot{x}(t)) = \frac{\dot{x}(t)}{[1 + \dot{x}(t)^2]^{1/2}}.
\end{aligned}$$

由定理 3.5 的结论可知，性能指标取极值的必要条件是状态变量 $x(t)$ 在 $t \in [0, 2]$ 满足 Euler-Lagrange 方程，公式 (3.4.4)：

$$-\frac{\mathrm{d}}{\mathrm{d}t}\left[\frac{\partial g}{\partial \dot{x}}(\dot{x}(t))\right] = 0, \tag{3.4.6}$$

边界条件，公式 (3.4.5)：

$$\frac{\dot{x}(2)}{[1 + \dot{x}(2)^2]^{1/2}} = 0, \tag{3.4.7}$$

以及初始状态 $x(0) = 1$。

由公式 (3.4.6) 可整理得：

$$\begin{aligned}
0 &= \frac{\partial^2 g}{\partial \dot{x}^2}(\dot{x}(t))\ddot{x}(t) = \frac{\ddot{x}^2(t)}{(1 + \dot{x}^2(t))^{3/2}}, \\
0 &= \ddot{x}(t).
\end{aligned}$$

于是：

$$x(t) = c_1 t + c_2, \quad t \in [0, 2],$$

其中 $c_1, c_2 \in \mathbb{R}$ 是待定系数。再利用边界条件 (3.4.7)，以及给定的初值条件 $x(0) = 1$，可解得：

$$c_1 = 0, \quad c_2 = 1.$$

即最优解为：

$$x(t) = 1, \quad t \in [0, 2].$$

3.4.3 目标集终端时刻自由，终端状态固定

如图 3.7 所示，在本小节中我们考察具有自由的终端时刻和固定的终端状态的变分问题。系统从给定的 t_0 时刻开始运行，直到状态变量达到 x_f 即停止考察性能指标，与前两类情况不同，终端时刻不需满足任何约束。例如，在百米赛跑中，到达终点即停止计算性能指标，并不对何时结束作出约束。

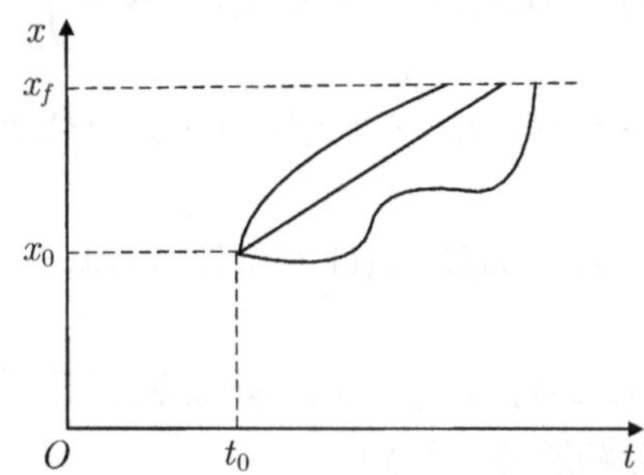

图 3.7 终端时刻自由，终端状态固定的变分问题

定理 3.6 (终端时刻自由、终端状态固定的变分问题). 状态变量 $x(t):[t_0,t_f]\to\mathbb{R}^n$ 连续可微。在给定的初始时刻 t_0 状态为 $x(t_0)=x_0$，具有自由的终端时刻 t_f，终端状态固定为 $x(t_f)=x_f$。函数 g 取值于 $\mathbb{R}$，且二阶连续可微。则，状态变量 x 最小化性能指标

$$J(x)=\int_{t_0}^{t_f} g(x(t),\dot{x}(t),t)\,\mathrm{d}t$$

的必要条件是对任意时刻 $t\in[t_0,t_f]$，

$$0=\frac{\partial g}{\partial x}(x(t),\dot{x}(t),t)-\frac{\mathrm{d}}{\mathrm{d}t}\Big[\frac{\partial g}{\partial \dot{x}}(x(t),\dot{x}(t),t)\Big],$$

以及在终端时刻满足

$$0=g(x(t_f),\dot{x}(t_f),t_f)-\frac{\partial g}{\partial \dot{x}}(x(t_f),\dot{x}(t_f),t_f)\cdot\dot{x}(t_f).$$

与之前讨论的问题有所不同，在这个问题中，因为终端时刻 t_f 自由，我们不但要处理函数变分 δx，还要处理终端时刻可能的扰动 δt_f。与之前的分析类似，我们依然希望分离有依赖关系的各个变分分量。在本例的证明中，我们

使用泛函增量的方式计算泛函变分，以更清晰地展示引入的函数变分对性能指标存在的影响。

我们将在 4.1.2 节利用下面的技巧证明稳态 Mayer 形最优控制的极小值原理，定理 4.4。

证明: 我们计算泛函增量，并根据定义计算性能指标的变分。对于容许的函数增量 $\delta t_f, \delta x$，泛函增量为

$$\begin{aligned}\Delta J &= \int_{t_0}^{t_f+\delta t_f} g(x(t)+\delta x(t), \dot{x}(t)+\delta \dot{x}(t), t)\,\mathrm{d}t - \int_{t_0}^{t_f} g(x(t), \dot{x}(t), t)\,\mathrm{d}t \\ &= \int_{t_0}^{t_f} \Big\{ g(x(t)+\delta x(t), \dot{x}(t)+\delta \dot{x}(t), t) - g(x(t), \dot{x}(t), t) \Big\}\,\mathrm{d}t \\ &\quad + \int_{t_f}^{t_f+\delta t_f} g(x(t)+\delta x(t), \dot{x}(t)+\delta \dot{x}(t), t)\,\mathrm{d}t.\end{aligned}$$

对上述第一个被积函数在 $x(t), \dot{x}(t), t$ 点一阶泰勒展开，第二个积分的上下限很接近，也可在 t_f 点泰勒展开。得到:

$$\begin{aligned}\Delta J = &\int_{t_0}^{t_f} \left\{ \frac{\partial g}{\partial x}(x(t), \dot{x}(t), t) \cdot \delta x(t) + \frac{\partial g}{\partial \dot{x}}(x(t), \dot{x}(t), t) \cdot \delta \dot{x}(t) \right\} \mathrm{d}t \\ &+ o(\|\delta x\|_1) \\ &+ g(x(t_f)+\delta x(t_f), \dot{x}(t_f)+\delta \dot{x}(t_f), t_f)\delta t_f + o(\|\delta t_f\|_0).\end{aligned}$$

下面我们考察在上式函数增量中，终端时刻的扰动 δt_f 带来的直接影响。将其在 $x(t_f), \dot{x}(t_f), t_f$ 点一阶泰勒展开，得到:

$$\begin{aligned}&g(x(t_f)+\delta x(t_f), \dot{x}(t_f)+\delta \dot{x}(t_f), t_f)\delta t_f \\ =\,& g(x(t_f), \dot{x}(t_f), t_f)\delta t_f + \frac{\partial g}{\partial x}(x(t_f), \dot{x}(t_f), t_f) \cdot \delta x(t_f)\delta t_f \\ &+ \frac{\partial g}{\partial \dot{x}}(x(t_f), \dot{x}(t_f), t_f) \cdot \delta \dot{x}(t_f)\delta t_f + o(\|\cdot\|) \\ =\,& g(x(t_f), \dot{x}(t_f), t_f)\delta t_f + o(\|\cdot\|).\end{aligned}$$

上式中我们将 $\delta x, \delta t_f$ 的高阶无穷小项简写为 $o(\|\cdot\|)$。整理得泛函增量为:

$$\begin{aligned}\Delta J = &\int_{t_0}^{t_f} \left\{ \frac{\partial g}{\partial x}(x(t), \dot{x}(t), t) \cdot \delta x(t) + \frac{\partial g}{\partial \dot{x}}(x(t), \dot{x}(t), t) \cdot \delta \dot{x}(t) \right\} \mathrm{d}t \\ &+ g(x(t_f), \dot{x}(t_f), t_f)\delta t_f + o(\|\cdot\|).\end{aligned}$$

等式两端分别取极限，就得到了性能指标的泛函变分：

$$\delta J = \int_{t_0}^{t_f} \left\{ \frac{\partial g}{\partial x}(x(t), \dot{x}(t), t) \cdot \delta x(t) + \frac{\partial g}{\partial \dot{x}}(x(t), \dot{x}(t), t) \cdot \delta \dot{x}(t) \right\} \mathrm{d}t \\ + g(x(t_f), \dot{x}(t_f), t_f)\delta t_f. \tag{3.4.8}$$

再使用分部积分公式消去 δx 和 $\delta \dot{x}$ 之间的依赖关系，得到：

$$\delta J = \int_{t_0}^{t_f} \left\{ \frac{\partial g}{\partial x}(x(t), \dot{x}(t), t) - \frac{\mathrm{d}}{\mathrm{d}t}\left[\frac{\partial g}{\partial \dot{x}}(x(t), \dot{x}(t), t)\right] \right\} \cdot \delta x(t) \, \mathrm{d}t \\ + \frac{\partial g}{\partial \dot{x}}(x(t_f), \dot{x}(t_f), t_f) \cdot \delta x(t_f) \\ + g(x(t_f), \dot{x}(t_f), t_f)\delta t_f.$$

在上式中我们利用了条件 $\delta x(t_0) = 0$。

下面我们处理 $\delta x(t_f)$ 一项。$\delta x(t_f)$ 是 x 的变分在最优的 t_f 时刻的取值。从图 3.8 可见，终端状态的变分，即对所有自变量都施加了“扰动”之后的状态变量与最优解在最优终端时刻的取值之差 δx_f 由两部分组成：由函数变分 δx 带来的变化，和由终端时刻变分 δt_f 带来的变化。后者不但和 δt_f 有关，还和 t_f 附近状态的变化率（如图 3.8 中斜率）有关。

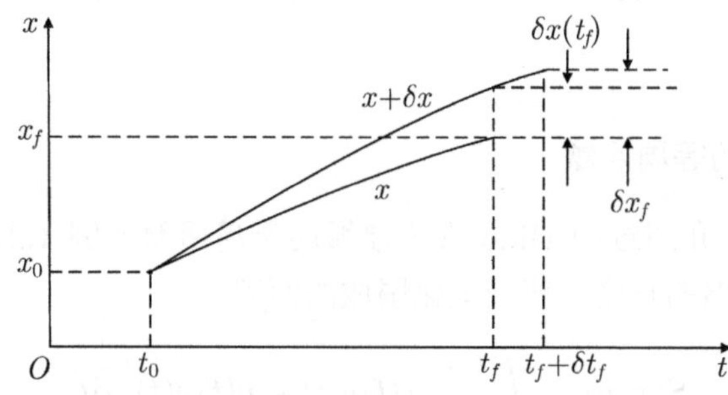

图 3.8　变分之间的依赖关系

忽略了 δx 和 δt_f 范数的高阶无穷小项，我们可采用下式近似：

$$\delta x_f \approx \delta x(t_f) + \dot{x}(t_f)\delta t_f. \tag{3.4.9}$$

由于本问题终端状态固定，即 $\delta x_f = 0$，上式可得到：

$$\delta x(t_f) \approx -\dot{x}(t_f)\delta t_f.$$

将其代入性能指标泛函的变分，化简得：

$$\delta J = \left\{ g(x(t_f), \dot{x}(t_f), t_f) - \frac{\partial g}{\partial \dot{x}}(x(t_f), \dot{x}(t_f), t_f) \cdot \dot{x}(t_f) \right\} \delta t_f + \int_{t_0}^{t_f} \left\{ \frac{\partial g}{\partial x}(x(t), \dot{x}(t), t) - \frac{\mathrm{d}}{\mathrm{d}t}\left[\frac{\partial g}{\partial \dot{x}}(x(t), \dot{x}(t), t) \right] \right\} \cdot \delta x(t)\, \mathrm{d}t. \tag{3.4.10}$$

该定理与最简变分问题的 Euler-Lagrange 方程 (3.2.20) 主要的区别在于泛函变分 (3.4.10) 的 δt_f 一项。

至此，我们得到了目标集为终端时刻自由、终端状态固定的变分问题最优解的必要条件：

$$0 = \frac{\partial g}{\partial x}(x(t), \dot{x}(t), t) - \frac{\mathrm{d}}{\mathrm{d}t}\left[\frac{\partial g}{\partial \dot{x}}(x(t), \dot{x}(t), t) \right], \tag{3.4.11}$$

$$0 = g(x(t_f), \dot{x}(t_f), t_f) - \frac{\partial g}{\partial \dot{x}}(x(t_f), \dot{x}(t_f), t_f) \cdot \dot{x}(t_f). \tag{3.4.12}$$

除此之外，还应满足状态变量在终端时刻的约束：

$$x(t_f) = x_f. \tag{3.4.13}$$

证毕。 □

练习 3.4. 利用引理 3.2，对于 $n = 1$ 的情况计算定理 3.6 中的泛函变分，证明公式 (3.4.10)。

Dido 女王建城的等周问题

回忆在第2章介绍过的 Dido 女王建城的等周问题（例 1.2），我们固定了起、止两点和城墙的长度，要最大化围成的面积：

$$S(x, y) = \int_{t_0}^{t_f} \frac{1}{2}\left[x(t)\dot{y}(t) - y(t)\dot{x}(t) \right] \mathrm{d}t, \tag{3.4.14}$$

$$\text{s.t.} \quad \int_{t_0}^{t_f} \sqrt{\dot{x}^2(t) + \dot{y}^2(t)}\, \mathrm{d}t = L, \tag{3.4.15}$$

$$x(t_0) = -1, \quad y(t_0) = 0, \tag{3.4.16}$$

$$x(t_f) = +1, \quad y(t_f) = 0. \tag{3.4.17}$$

现在我们不难发现，该问题同样具有固定终端状态和自由的终端“时刻” t_f。有所不同的是，该问题同时还有积分形式的等周约束。我们用积分约束的泛函极值问题 3.3 中的技巧处理长度的约束，再利用定理 3.6 类似的手段处理终端时刻。引入新的状态变量：

$$z(t)=\int_{t_0}^{t}\sqrt{\dot{x}^2(\tau)+\dot{y}^2(\tau)}\,\mathrm{d}\tau,\quad t\in[t_0,t_f],$$

令其满足边界条件 $z(t_0)=0, z(t_f)=L$，就将原问题转化为有常微分方程约束：

$$\dot{z}(t)=\sqrt{\dot{x}^2(t)+\dot{y}^2(t)},\quad t\in[t_0,t_f],$$

有固定的终端状态 x_f 和自由的终端时刻 t_f 的泛函极大值问题。

尽管定理 3.6 讨论的是泛函最小化问题，然而我们在证明过程中讨论的是其驻点，因而得到的同时也是极大值问题的必要条件。引入 Lagrange 乘子 $\lambda\in\mathbb{R}$，令：

$$\begin{aligned}&\bar{g}(x(t),y(t),\dot{x}(t),\dot{y}(t),\dot{z}(t),\lambda)\\&=\frac{1}{2}\Big[x(t)\dot{y}(t)-y(t)\dot{x}(t)\Big]+\lambda\Big[\sqrt{\dot{x}^2(t)+\dot{y}^2(t)}-\dot{z}(t)\Big].\end{aligned}$$

得到 Euler-Lagrange 方程：

$$\begin{aligned}0&=\frac{\partial\bar{g}}{\partial x}(x(t),y(t),\dot{x}(t),\dot{y}(t),\dot{z}(t),\lambda)-\frac{\mathrm{d}}{\mathrm{d}t}\Big[\frac{\partial\bar{g}}{\partial\dot{x}}(x(t),y(t),\dot{x}(t),\dot{y}(t),\dot{z}(t),\lambda)\Big],\\0&=\frac{\partial\bar{g}}{\partial y}(x(t),y(t),\dot{x}(t),\dot{y}(t),\dot{z}(t),\lambda)-\frac{\mathrm{d}}{\mathrm{d}t}\Big[\frac{\partial\bar{g}}{\partial\dot{y}}(x(t),y(t),\dot{x}(t),\dot{y}(t),\dot{z}(t),\lambda)\Big],\\0&=\sqrt{\dot{x}^2(t)+\dot{y}^2(t)}-\dot{z}(t).\end{aligned}$$

将前两式整理，

$$\begin{aligned}0&=+\dot{y}(t)-\lambda\frac{\mathrm{d}}{\mathrm{d}t}\Big[\frac{\dot{x}(t)}{\sqrt{\dot{x}^2(t)+\dot{y}^2(t)}}\Big],\\0&=-\dot{x}(t)-\lambda\frac{\mathrm{d}}{\mathrm{d}t}\Big[\frac{\dot{y}(t)}{\sqrt{\dot{x}^2(t)+\dot{y}^2(t)}}\Big].\end{aligned}$$

等式两边积分，即可得到：

$$y(t)-c_2=+\lambda\frac{\dot{x}(t)}{\sqrt{\dot{x}^2(t)+\dot{y}^2(t)}},$$

$$x(t) - c_1 = -\lambda \frac{\dot{y}(t)}{\sqrt{\dot{x}^2(t) + \dot{y}^2(t)}},$$

其中 $c_1, c_2 \in \mathbb{R}$ 为待定系数。我们暂时不直接求解，将以上两式两边平方并加和，得到：

$$[x(t) - c_1]^2 + [y(t) - c_2]^2 = \lambda^2.$$

即，得到了“最优”的城墙应由以 $(c_1, c_2) \in \mathbb{R} \times \mathbb{R}$ 为圆心，以 $|\lambda|$ 为半径的圆与横轴围成。再加入边界条件即可求得 c_1, c_2, λ，在此略过。

例 3.19 (终端时刻自由、终端状态固定). *初始时刻 $t_0 = 1$，连续可微的状态变量有初值 $x(t_0) = 4$, 固定的终端状态 $x_f = 4$，终端时刻 t_f 自由。要最小化性能指标*

$$J(x) = \int_1^{t_f} \left[2x(t) + \frac{1}{2}\dot{x}(t)^2 \right] \mathrm{d}t.$$

该问题的目标集属于终端时刻自由、终端状态固定的情况。对于

$$g(x(t), \dot{x}(t)) = 2x(t) + \frac{1}{2}\dot{x}(t)^2,$$

由定理 3.6 的结论可知，性能指标取极值的必要条件是 Euler-Lagrange 方程 (3.4.11)，即：

$$0 = 2 - \frac{\mathrm{d}}{\mathrm{d}t}\left[\dot{x}(t)\right], \tag{3.4.18}$$

及边界条件 (3.4.12)：

$$\begin{aligned} 0 &= g(x(t_f), \dot{x}(t_f)) - \frac{\partial g}{\partial \dot{x}}(x(t_f), \dot{x}(t_f))\dot{x}(t_f) \\ &= 2x(t_f) + \frac{1}{2}\dot{x}(t_f)^2 - \dot{x}(t_f)^2. \end{aligned} \tag{3.4.19}$$

由方程 (3.4.18) 可解得：

$$x(t) = t^2 + c_1 t + c_2,$$

其中 $c_1, c_2 \in \mathbb{R}$ 为待定系数。利用边界条件 (3.4.19)，初值条件 $x(1) = 4$，和给定的固定终值 $x(t_f) = 4$，联立可得边界条件：

$$2 \times 4 - \frac{1}{2}(2t_f + c_1)^2 = 0,$$

$$
\begin{aligned}
&1+c_1+c_2=4,\\
&t_f^2+c_1t_f+c_2=4.
\end{aligned}
$$

解得：

$$t_f=5,\quad c_1=-6,\quad c_2=9,$$

即，

$$x(t)=t^2-6t+9,\quad t\in[1,5].$$

3.4.4 目标集终端时刻和状态自由且无关

如图 3.9 所示，在本小节中我们考察具有自由终端时刻和自由终端状态的变分问题，且终端时刻和终端状态无关。与前三种情况不同，在这种情况下，我们仅需考虑性能指标的最小化问题，而无需考虑系统状态或终止时刻的取值。换言之，对系统状态无一般意义上的“目标”，只需最小化性能指标即可。

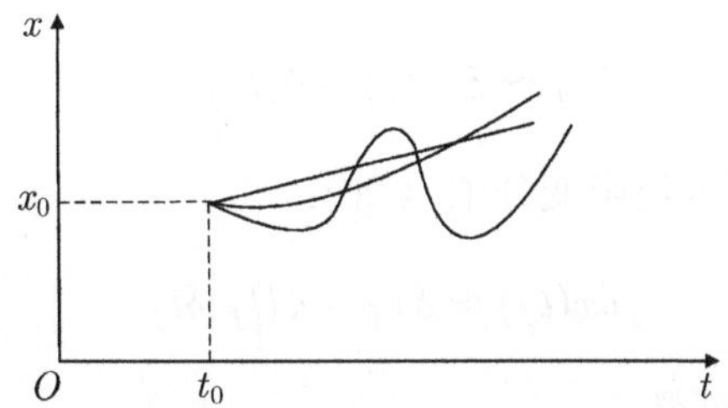

图 3.9 终端时刻和状态自由且无关的变分问题

定理 3.7 (终端时刻和状态自由且无关的变分问题). 状态变量 $x(t):[t_0,t_f]\to\mathbb{R}^n$ 连续可微。在给定的初始时刻 t_0 状态为 $x(t_0)=x_0$，具有自由的终端时刻 t_f 和自由的终端状态 x_f。函数 g 取值于 $\mathbb{R}$，且二阶连续可微。则，状态变量 x 最小化性能指标

$$J(x)=\int_{t_0}^{t_f}g(x(t),\dot{x}(t),t)\,\mathrm{d}t$$

的必要条件是对任意时刻 $t\in[t_0,t_f]$，

$$0=\frac{\partial g}{\partial x}(x(t),\dot{x}(t),t)-\frac{\mathrm{d}}{\mathrm{d}t}\Big[\frac{\partial g}{\partial \dot{x}}(x(t),\dot{x}(t),t)\Big],$$

以及在终端时刻满足

$$
\begin{aligned}
0 &= \frac{\partial g}{\partial \dot{x}}(x(t_f), \dot{x}(t_f), t_f), \\
0 &= g(x(t_f), \dot{x}(t_f), t_f).
\end{aligned}
$$

终端时刻和终端状态自由的变分问题驻点条件的证明过程可以认为是前几种情况的综合，同样通过计算性能指标泛函的变分进行分析。

证明：首先求泛函变分，与定理 3.6 证明过程完全相同即可得到：

$$
\begin{aligned}
\delta J = & \frac{\partial g}{\partial \dot{x}}(x(t_f), \dot{x}(t_f), t_f) \cdot \delta x(t_f) \\
& + \int_{t_0}^{t_f} \left\{ \frac{\partial g}{\partial x}(x(t), \dot{x}(t), t) - \frac{\mathrm{d}}{\mathrm{d}t}\left[\frac{\partial g}{\partial \dot{x}}(x(t), \dot{x}(t), t)\right] \right\} \cdot \delta x(t)\, \mathrm{d}t \\
& + g(x(t_f), \dot{x}(t_f), t_f)\delta t_f.
\end{aligned} \tag{3.4.20}
$$

与定理 3.6 类似的，如图 3.8 所示，δx_f 可分为由函数变分 δx 带来的变化与由终端时刻变分 δt_f 带来的变化两部分：

$$
\delta x_f \approx \delta x(t_f) + \dot{x}(t_f)\delta t_f.
$$

我们将 $\delta x(t_f)$ 代入泛函变分 (3.4.20)：

$$
\delta x(t_f) \approx \delta x_f - \dot{x}(t_f)\delta t_f.
$$

整理性能指标的变分可得：

$$
\begin{aligned}
\delta J = & \frac{\partial g}{\partial \dot{x}}(x(t_f), \dot{x}(t_f), t_f) \cdot [\delta x_f - \dot{x}(t_f)\delta t_f] \\
& + \int_{t_0}^{t_f} \left\{ \frac{\partial g}{\partial x}(x(t), \dot{x}(t), t) - \frac{\mathrm{d}}{\mathrm{d}t}\left[\frac{\partial g}{\partial \dot{x}}(x(t), \dot{x}(t), t)\right] \right\} \cdot \delta x(t)\, \mathrm{d}t \\
& + g(x(t_f), \dot{x}(t_f), t_f)\delta t_f \\
= & \frac{\partial g}{\partial \dot{x}}(x(t_f), \dot{x}(t_f), t_f) \cdot \delta x_f \\
& + \left[g(x(t_f), \dot{x}(t_f), t_f) - \frac{\partial g}{\partial \dot{x}}(x(t_f), \dot{x}(t_f), t_f) \cdot \dot{x}(t_f) \right] \delta t_f \\
& + \int_{t_0}^{t_f} \left\{ \frac{\partial g}{\partial x}(x(t), \dot{x}(t), t) - \frac{\mathrm{d}}{\mathrm{d}t}\left[\frac{\partial g}{\partial \dot{x}}(x(t), \dot{x}(t), t)\right] \right\} \cdot \delta x(t)\, \mathrm{d}t
\end{aligned} \tag{3.4.21}
$$

至此，我们得到了目标集为终端时刻和状态自由且无关的变分问题最优解的必要条件：

$$0=\frac{\partial g}{\partial x}(x(t),\dot{x}(t),t)-\frac{\mathrm{d}}{\mathrm{d}t}\left[\frac{\partial g}{\partial \dot{x}}(x(t),\dot{x}(t),t)\right] \tag{3.4.22}$$

$$0=\frac{\partial g}{\partial \dot{x}}(x(t_f),\dot{x}(t_f),t_f) \tag{3.4.23}$$

$$0=g(x(t_f),\dot{x}(t_f),t_f). \tag{3.4.24}$$

该定理与最简变分问题的 Euler-Lagrange 方程 (3.2.20) 主要的区别在于泛函变分 (3.4.10) 的 δx_f 和 δt_f 两项。

证毕。 □

3.4.5 性能指标的转化与一般目标集的处理

如图 3.10 所示，经过此前四种边界条件的分析，我们将在本小节考察一般的目标集，状态变量满足 $m(x(t_f),t_f)=0$ 即达成目标。或为固定终端时刻的

$$\mathcal{S}=\{x(t_f):m(x(t_f),t_f)=0\},$$

或为自由终端时刻的

$$\mathcal{S}=[t_0,\infty)\times\{x(t_f):m(x(t_f),t_f)=0\},$$

其中函数 m 取值于 $\mathbb{R}^k$，是关于终端状态$x(t_f)$ 与终端时刻t_f 的函数。与上述四种特殊情况不同，当系统状态满足等式约束 $m(x(t_f),t_f)=0$，即达到目标集，终端时刻和终端状态虽然都是自由的，却需满足一定的约束条件。

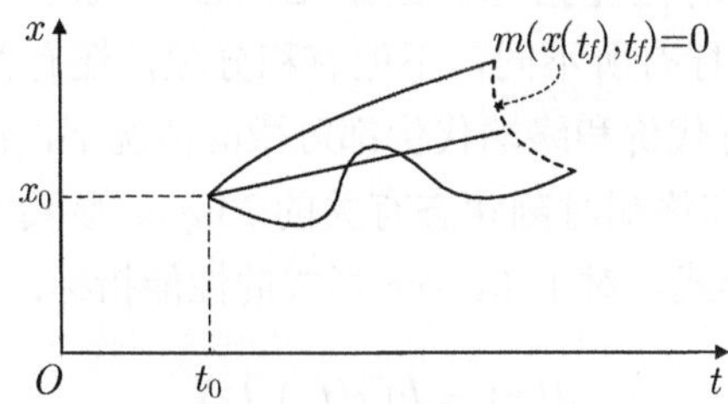

图 3.10 一般的目标集，等式约束 $m(x(t_f),t_f)=0$

只需取不同的 m 即可化作上述四类目标集。然而，一般情况的目标集也可认为是固定或自由终端时刻，而终端状态自由的两种情况再加上一个等式

约束。这使得我们可以利用 Lagrange 乘子法，在定理 3.5 和定理 3.7 的基础上推导。

问题 3.4 (具有一般目标集 $\mathcal{S}$ 的变分问题). *状态变量 $x(t):[t_0,t_f]\to\mathbb{R}^n$ 连续可微，在固定的初始时刻 t_0 状态为 $x(t_0)=x_0$。目标集为固定终端时刻的*

$$\mathcal{S}=\{x(t_f):m(x(t_f),t_f)=0\}, \tag{3.4.25}$$

或为自由终端时刻的

$$\mathcal{S}=[t_0,\infty)\times\{x(t_f):m(x(t_f),t_f)=0\}, \tag{3.4.26}$$

最小化性能指标:

$$J(x)=\int_{t_0}^{t_f} g(x(t),\dot{x}(t),t)\,\mathrm{d}t.$$

其中函数 g 取值于 $\mathbb{R}$，函数m 取值于 $\mathbb{R}^k$，都二阶连续可微。

性能指标的转化

依然使用 Lagrange 乘子法处理该问题中关于终端时刻 t_f 的等式约束条件。引入 Lagrange 乘子 $\lambda\in\mathbb{R}^k$。得到增广的性能指标：

$$\bar{J}(x,\lambda)=\lambda\cdot m(x(t_f),t_f)+\int_{t_0}^{t_f} g(x(t),\dot{x}(t),t)\,\mathrm{d}t.$$

下面的任务与之前类似，即，寻找这一性能指标的变分为零的驻值条件。注意到这一问题的性能指标泛函是 Bolza 形式的，与本章此前讨论的 Lagrange 形式性能指标有所不同，不但有积分项，还有关于终端状态的性能指标。事实上，当运行代价和终端代价都可微的情况下，我们可以把 Bolza 形式的性能指标以及仅和终端时刻状态有关的 Mayer 形式性能指标转化为我们所熟悉的 Lagrange 形式。对于 Mayer 形式的性能指标：

三种性能指标见1.3.1节。

$$J(x)=h(x(t_f),t_f),$$

其中函数 h 取值于 $\mathbb{R}$，二阶连续可微，可记作从 t_0 时刻积分的结果：

$$J(x)=h(x(t_0),t_0)+\int_{t_0}^{t_f}\frac{\mathrm{d}}{\mathrm{d}t}[h(x(t),t)]\,\mathrm{d}t.$$

其中 $h(x(t_0),t_0)$ 在初始时刻的取值已经确定，并不受 x 取值的影响。于是我们将 Mayer 形式的性能指标转化为了 Lagrange 形式。Bolza 形式的性能指标是 Mayer 形式和 Lagrange 形式性能指标的加和，自然有类似的结论。下面我们考察 Mayer 形式性能指标的变分。令：

$$\begin{aligned}\bar{g}(x(t),\dot{x}(t),t) &= \frac{\mathrm{d}}{\mathrm{d}t}[h(x(t),t)] \\ &= \frac{\partial h}{\partial x}(x(t),t)\cdot\dot{x}(t)+\frac{\partial h}{\partial t}(x(t),t).\end{aligned}$$

于是：

$$h(x(t_f),t_f)=h(x(t_0),t_0)+\int_{t_0}^{t_f}\bar{g}(x(t),\dot{x}(t),t)\,\mathrm{d}t.$$

对 Lagrange 形式的性能指标泛函计算变分可得：

$$\begin{aligned}\delta h =& \frac{\partial \bar{g}}{\partial \dot{x}}(x(t_f),\dot{x}(t_f),t_f)\cdot\delta x_f \\ &+\left[\bar{g}(x(t_f),\dot{x}(t_f),t_f)-\frac{\partial \bar{g}}{\partial \dot{x}}(x(t_f),\dot{x}(t_f),t_f)\cdot\dot{x}(t_f)\right]\delta t_f \\ &+\int_{t_0}^{t_f}\left\{\frac{\partial \bar{g}}{\partial x}(x(t),\dot{x}(t),t)-\frac{\mathrm{d}}{\mathrm{d}t}\left[\frac{\partial \bar{g}}{\partial \dot{x}}(x(t),\dot{x}(t),t)\right]\right\}\cdot\delta x(t)\,\mathrm{d}t.\end{aligned}$$

将上式中的 $\bar{g}$ 展开：

$$\begin{aligned}\frac{\partial \bar{g}}{\partial x}(x(t),\dot{x}(t),t) &= \frac{\partial^2 h}{\partial x^2}(x(t),t)\dot{x}(t)+\frac{\partial^2 h}{\partial x\partial t}(x(t),t), \\ \frac{\partial \bar{g}}{\partial \dot{x}}(x(t),\dot{x}(t),t) &= \frac{\partial h}{\partial x}(x(t),t), \\ \frac{\mathrm{d}}{\mathrm{d}t}\left[\frac{\partial \bar{g}}{\partial \dot{x}}(x(t),\dot{x}(t),t)\right] &= \frac{\partial^2 h}{\partial x^2}(x(t),t)\dot{x}(t)+\frac{\partial^2 h}{\partial x\partial t}(x(t),t).\end{aligned}$$

整理得到：

$$\boxed{\delta h(x(t_f),t_f)=\frac{\partial h}{\partial x}(x(t_f),t_f)\cdot\delta x_f+\frac{\partial h}{\partial t}(x(t_f),t_f)\delta t_f.}$$

接下来，我们将利用这一结论处理终端时刻的约束条件。

一般目标集的变分问题

下面我们可以利用上述结论对更一般的情况计算有自由终端时刻或固定终端时刻的一般目标集，即满足 $m(x(t_f),t_f)=0$ 情况下的泛函极值。最小化 Bolza 形式的性能指标：

$$J(x)=h(x(t_f),t_f)+\int_{t_0}^{t_f} g(x(t),\dot{x}(t),t)\,\mathrm{d}t. \tag{3.4.27}$$

只需在接下来的证明结束后令 $h(x(t_f),t_f)=0$ 时即退化为本小节之初提出的问题。对一般的 h，给性能指标 (3.4.27) 引入 Lagrange 乘子 $\lambda\in\mathbb{R}^k$，

$$\bar{J}=h(x(t_f),t_f)+\lambda\cdot m(x(t_f),t_f)+\int_{t_0}^{t_f} g(x(t),\dot{x}(t),t)\,\mathrm{d}t.$$

求泛函变分并分部积分对其化简：

$$\begin{aligned}
\delta\bar{J}=&\frac{\partial h}{\partial x}(x(t_f),t_f)\cdot\delta x_f+\frac{\partial h}{\partial t}(x(t_f),t_f)\delta t_f\\
&+m(x(t_f),t_f)\cdot\delta\lambda+\lambda\cdot\left[\frac{\partial m}{\partial x}(x(t_f),t_f)\delta x_f+\frac{\partial m}{\partial t}(x(t_f),t_f)\delta t_f\right]\\
&+\int_{t_0}^{t_f}\left[\frac{\partial g}{\partial x}(x(t),\dot{x}(t),t)\cdot\delta x(t)+\frac{\partial g}{\partial \dot{x}}(x(t),\dot{x}(t),t)\cdot\delta\dot{x}(t)\right]\mathrm{d}t\\
&+g(x(t_f),\dot{x}(t_f),t_f)\delta t_f\\
=&\left[\frac{\partial h}{\partial t}(x(t_f),t_f)+\lambda\cdot\frac{\partial m}{\partial t}(x(t_f),t_f)+g(x(t_f),\dot{x}(t_f),t_f)\right]\delta t_f\\
&+\left\{\frac{\partial h}{\partial x}(x(t_f),t_f)+\left[\frac{\partial m}{\partial x}(x(t_f),t_f)\right]^{\mathrm{T}}\lambda\right\}\cdot\delta x_f+m(x(t_f),t_f)\cdot\delta\lambda\\
&+\int_{t_0}^{t_f}\left\{\frac{\partial g}{\partial x}(x(t),\dot{x}(t),t)-\frac{\mathrm{d}}{\mathrm{d}t}\left[\frac{\partial g}{\partial \dot{x}}(x(t),\dot{x}(t),t)\right]\right\}\cdot\delta x(t)\,\mathrm{d}t\\
&+\left[\frac{\partial g}{\partial \dot{x}}(x(t_f),\dot{x}(t_f),t_f)\right]\cdot\delta x(t_f).
\end{aligned}$$

依然利用 $\delta x_f\approx\delta x(t_f)+\dot{x}(t_f)\delta t_f$，处理边界条件：

$$\begin{aligned}
\delta\bar{J}=&\left[\frac{\partial h}{\partial t}(x(t_f),t_f)+\lambda\cdot\frac{\partial m}{\partial t}(x(t_f),t_f)+g(x(t_f),\dot{x}(t_f),t_f)\right.\\
&\left.-\frac{\partial g}{\partial \dot{x}}(x(t_f),\dot{x}(t_f),t_f)\cdot\dot{x}(t_f)\right]\delta t_f\\
&+\left\{\frac{\partial h}{\partial x}(x(t_f),t_f)+\left[\frac{\partial m}{\partial x}(x(t_f),t_f)\right]^{\mathrm{T}}\lambda+\frac{\partial g}{\partial \dot{x}}(x(t_f),\dot{x}(t_f),t_f)\right\}\cdot\delta x_f
\end{aligned}$$

$$+ m(x(t_f), t_f) \cdot \delta\lambda$$
$$+ \int_{t_0}^{t_f} \left\{ \frac{\partial g}{\partial x}(x(t), \dot{x}(t), t) - \frac{\mathrm{d}}{\mathrm{d}t}\left[\frac{\partial g}{\partial \dot{x}}(x(t), \dot{x}(t), t)\right] \right\} \cdot \delta x(t)\, \mathrm{d}t$$

为了形式简洁，令：

$$\bar{h}(x(t_f), t_f, \lambda) = h(x(t_f), t_f) + \lambda \cdot m(x(t_f), t_f).$$

得到增广的性能指标泛函的变分：

$$\begin{aligned}
\delta \bar{J} = &\left[\frac{\partial \bar{h}}{\partial t}(x(t_f), t_f) + g(x(t_f), \dot{x}(t_f), t_f) - \frac{\partial g}{\partial \dot{x}}(x(t_f), \dot{x}(t_f), t_f) \cdot \dot{x}(t_f)\right]\delta t_f \\
&+ \left[\frac{\partial \bar{h}}{\partial x}(x(t_f), t_f) + \frac{\partial g}{\partial \dot{x}}(x(t_f), \dot{x}(t_f), t_f)\right] \cdot \delta x_f \\
&+ m(x(t_f), t_f) \cdot \delta\lambda \\
&+ \int_{t_0}^{t_f} \left\{ \frac{\partial g}{\partial x}(x(t), \dot{x}(t), t) - \frac{\mathrm{d}}{\mathrm{d}t}\left[\frac{\partial g}{\partial \dot{x}}(x(t), \dot{x}(t), t)\right] \right\} \cdot \delta x(t)\, \mathrm{d}t.
\end{aligned} \tag{3.4.28}$$

得到了终端时刻自由的目标集 $\mathcal{S} = [t_0, \infty) \times \{x(t_f) : m(x(t_f), t_f) = 0\}$ 下性能指标取极值的必要条件：

$$0 = \frac{\partial g}{\partial x}(x(t), \dot{x}(t), t) - \frac{\mathrm{d}}{\mathrm{d}t}\left[\frac{\partial g}{\partial \dot{x}}(x(t), \dot{x}(t), t)\right], \tag{3.4.29}$$

$$0 = \frac{\partial \bar{h}}{\partial t}(x(t_f), t_f, \lambda) + g(x(t_f), \dot{x}(t_f), t_f) - \frac{\partial g}{\partial \dot{x}}(x(t_f), \dot{x}(t_f), t_f) \cdot \dot{x}(t_f), \tag{3.4.30}$$

$$0 = \frac{\partial \bar{h}}{\partial x}(x(t_f), t_f, \lambda) + \frac{\partial g}{\partial \dot{x}}(x(t_f), \dot{x}(t_f), t_f). \tag{3.4.31}$$

对于终端时刻固定为 t_f 的目标集 $\mathcal{S} = \{x(t_f) : m(x(t_f), t_f) = 0\}$，其性能指标取极值的必要条件为

$$0 = \frac{\partial g}{\partial x}(x(t), \dot{x}(t), t) - \frac{\mathrm{d}}{\mathrm{d}t}\left[\frac{\partial g}{\partial \dot{x}}(x(t), \dot{x}(t), t)\right], \tag{3.4.32}$$

$$0 = \frac{\partial \bar{h}}{\partial x}(x(t_f), t_f, \lambda) + \frac{\partial g}{\partial \dot{x}}(x(t_f), \dot{x}(t_f), t_f). \tag{3.4.33}$$

除此之外，上述两种情况下都必须满足终端时刻的等式约束：

$$m(x(t_f), t_f) = 0.$$

以及初始时刻状态变量取值 $x(t_0) = x_0$。

我们解决一般目标集的变分问题的关键在于，综合利用本章介绍的变分法、约束条件的处理，以及各种目标集的处理等技巧，得到了一般情况下性能指标泛函的变分——公式 (3.4.28)，并由此得到了性能指标泛函极值的驻点条件。

反之，观察泛函变分，即公式 (3.4.28)。其四行公式分别是在终端时刻、终端状态、目标集以及运行时状态变量存在“扰动”时性能指标受到的影响。由本节分析过程可知，泛函取得极值，则这四项都应为零。我们可以得到，t_f 自由取值时，泛函极值必然需要与 δt_f 相乘项为零：

$$\frac{\partial \bar{h}}{\partial t}(x(t_f), t_f) + g(x(t_f), t_f) - \frac{\partial g}{\partial \dot{x}}(x(t_f), t_f) \cdot \dot{x}(t_f) = 0,$$

x_f 自由取值时，泛函极值必然需要与 δx_f 相乘项为零：

$$\frac{\partial \bar{h}}{\partial x}(x(t_f), t_f) + \frac{\partial g}{\partial \dot{x}}(x(t_f), t_f) = 0.$$

换言之，本节此前所述的四种特殊情况均可由此泛函变分直接得到。下面以一个例子结束本节。

例 3.20 (t_f 自由, $\mathcal{S} = [t_0, \infty) \times \{x(t_f) : m(x(t_f), t_f) = 0\}$). 状态变量 $x(t) : [t_0, t_f] \to \mathbb{R}$ 连续可微。初值 $x(t_0) = 0$, $t_0 = 0$。终端时刻 t_f 自由，目标集为 $\mathcal{S} = [t_0, \infty) \times \{x(t_f) : m(x(t_f), t_f) = 0\}$，其中

$$m(x(t_f), t_f) = x(t_f) + 5t_f - 15.$$

最小化性能指标:

$$J(x) = \int_{t_0}^{t_f} \sqrt{1 + \dot{x}(t)^2}\, \mathrm{d}t.$$

构造针对目标集的 Lagrange 乘子，令：

$$\bar{h}(x(t_f), t_f, \lambda) = \lambda(x(t_f) + 5t_f - 15). \tag{3.4.34}$$

由问题 3.4 结论可知本例应满足 Euler-Lagrange 方程。本例的 Euler-Lagrange 方程已在例 3.18 中计算过，可推得：

$$x(t) = c_1 t + c_2,$$

其中 $c_1, c_2 \in \mathbb{R}$ 为待定系数。处理边界条件：

$$\begin{aligned}
0 &= \left[5\lambda + g(\dot{x}(t)) - \frac{\partial g}{\partial \dot{x}}(\dot{x}(t))\dot{x}(t)\right]\Big|_{t_f}, \\
0 &= \left[\lambda + \frac{\partial g}{\partial \dot{x}}(\dot{x}(t))\right]\Big|_{t_f}.
\end{aligned}$$

代入

$$\begin{aligned}
&\frac{\partial g}{\partial x}(\dot{x}(t)) = 0, \\
&\frac{\partial g}{\partial \dot{x}}(\dot{x}(t)) = \frac{\dot{x}(t)}{[1+\dot{x}(t)^2]^{1/2}}.
\end{aligned}$$

消去上面两个式子中的 λ，得到：

$$\begin{aligned}
&0 = \left[g(\dot{x}(t)) - (5+\dot{x}(t))\frac{\partial g}{\partial \dot{x}}(\dot{x}(t))\right]\Big|_{t_f}, \\
&0 = [1+\dot{x}(t_f)^2]^{1/2} - \frac{\dot{x}(t_f)}{[1+\dot{x}(t_f)^2]^{1/2}}[5+\dot{x}(t_f)], \\
&\dot{x}(t_f) = \frac{1}{5}.
\end{aligned}$$

再代入初值条件，得到最优解：

$$x(t) = \frac{1}{5}t, \quad t_f = \frac{75}{26}.$$

3.5 从变分法到最优控制

在前几节中，我们回顾了函数极值问题的驻点条件、函数极小值的必要条件和充分条件的推导，并介绍了如何用变分法计算泛函极值问题的驻点条件。在本节，我们利用变分法推导最优控制问题的驻点条件。

3.5.1 变分法求解最优控制问题：极小值原理初探

Pontryagin 极小值原理是最优控制理论的奠基工作之一，也是变分法发展中里程碑式的工作。在本节中，针对状态变量和控制变量都连续可微且无约束条件的最优控制问题，我们利用经典变分讨论其驻点条件，这也是最优控制问题最优解的必要条件。

问题 3.5 (连续可微的最优控制问题). 考虑连续时间最优控制问题 1.2 的特殊情况。状态变量 $x(t):[t_0,t_f]\to\mathbb{R}^n$ 和控制变量 $u(t):[t_0,t_f]\to\mathbb{R}^m$ 都是无约束的连续可微函数。

(1) 被控对象符合状态方程和初值条件:

$$\dot{x}(t)=f(x(t),u(t),t),\quad t\in[t_0,t_f]. \tag{3.5.1}$$

$$x(t_0)=x_0. \tag{3.5.2}$$

(2) 求解最优控制 u，最小化 Lagrange 形式的性能指标，

$$J(u)=h(x(t_f),t_f)+\int_{t_0}^{t_f}g(x(t),u(t),t)\,\mathrm{d}t. \tag{3.5.3}$$

其中，函数 f,g,h 分别取值于 $\mathbb{R}^n,\mathbb{R},\mathbb{R}$，且二阶连续可微。

引入 Lagrange 乘子，函数 $p(t):[t_0,t_f]\to\mathbb{R}^n$，假定其连续可微。考察增广的性能指标：

$$\bar{J}=h(x(t_f),t_f)+\int_{t_0}^{t_f}\Big\{g(x(t),u(t),t)+p(t)\cdot[f(x(t),u(t),t)-\dot{x}(t)]\Big\}\,\mathrm{d}t.$$

使用 Hamiltonian 函数表示，则

$$\bar{J}=h(x(t_f),t_f)+\int_{t_0}^{t_f}\Big\{\mathcal{H}(x(t),u(t),p(t),t)-p(t)\cdot\dot{x}(t)\Big\}\,\mathrm{d}t.$$

计算泛函变分：

$$\begin{aligned}\delta\bar{J}=&\frac{\partial h}{\partial x}(x(t_f),t_f)\cdot\delta x_f+\frac{\partial h}{\partial t}(x(t_f),t_f)\delta t_f\\&+\int_{t_0}^{t_f}\Big\{\frac{\partial\mathcal{H}}{\partial x}(x(t),u(t),p(t),t)\cdot\delta x(t)+\frac{\partial\mathcal{H}}{\partial u}(x(t),u(t),p(t),t)\cdot\delta u(t)\end{aligned}$$

$$
\begin{aligned}
&+\frac{\partial \mathcal{H}}{\partial p}(x(t),u(t),p(t),t)\cdot\delta p(t)-\dot{x}(t)\cdot\delta p(t)-p(t)\cdot\delta\dot{x}(t)\Big\}\,\mathrm{d}t\\
&+\Big[\mathcal{H}(x(t),u(t),p(t),t)-p(t)\cdot\dot{x}(t)\Big]\Big|_{t_0}^{t_f}\delta t_f\\
=&\frac{\partial h}{\partial x}(x(t_f),t_f)\cdot\delta x_f\\
&+\Big[\frac{\partial h}{\partial t}(x(t_f),t_f)+\mathcal{H}(x(t_f),u(t_f),p(t_f),t_f)-p(t_f)\cdot\dot{x}(t_f)\Big]\delta t_f\\
&+\int_{t_0}^{t_f}\Big\{\frac{\partial \mathcal{H}}{\partial x}(x(t),u(t),p(t),t)\cdot\delta x(t)+\frac{\partial \mathcal{H}}{\partial u}(x(t),u(t),p(t),t)\cdot\delta u(t)\\
&+\Big[\frac{\partial \mathcal{H}}{\partial p}(x(t),u(t),p(t),t)-\dot{x}(t)\Big]\cdot\delta p(t)\\
&-p(t)\cdot\delta\dot{x}(t)\Big\}\,\mathrm{d}t.
\end{aligned}\tag{3.5.4}
$$

下面我们依然利用变分法中使用过的技巧去掉变分之间的依赖。由：

$$
\delta x_f\approx\delta x(t_f)+\dot{x}(t_f)\delta t_f,
$$

再结合分部积分公式，我们可将以上泛函变分(3.5.4)的最后一行导数项化简为关于 δx_f, δt_f, $\delta x(t)$ 的：

$$
\begin{aligned}
\int_{t_0}^{t_f}-p(t)\cdot\delta\dot{x}(t)\,\mathrm{d}t&=-p(t_f)\cdot\delta x(t_f)+\int_{t_0}^{t_f}\dot{p}(t)\cdot\delta x(t)\,\mathrm{d}t\\
&=-p(t_f)\cdot\Big[\delta x_f-\dot{x}(t_f)\delta t_f\Big]+\int_{t_0}^{t_f}\dot{p}(t)\cdot\delta x(t)\,\mathrm{d}t.
\end{aligned}
$$

将上式代入泛函变分得到：

$$
\begin{aligned}
\delta\bar{J}=&\Big[\frac{\partial h}{\partial x}(x(t_f),t_f)-p(t_f)\Big]\cdot\delta x_f\\
&+\Big[\frac{\partial h}{\partial t}(x(t_f),t_f)+\mathcal{H}(x(t_f),u(t_f),p(t_f),t_f)\Big]\delta t_f\\
&+\int_{t_0}^{t_f}\Big\{\Big[\frac{\partial \mathcal{H}}{\partial x}(x(t),u(t),p(t),t)+\dot{p}(t)\Big]\cdot\delta x(t)+\frac{\partial \mathcal{H}}{\partial u}(x(t),u(t),p(t),t)\cdot\delta u(t)\\
&+\Big[\frac{\partial \mathcal{H}}{\partial p}(x(t),u(t),p(t),t)-\dot{x}(t)\Big]\cdot\delta p(t)\Big\}\,\mathrm{d}t.
\end{aligned}
$$

这一结论除极值条件为驻点条件而非全局最优之外，与 Pontryagin 极小值原理相同。

至此，我们解得了状态变量和控制变量都连续可微且无约束情况下最优控制的驻点条件：

$$\text{极值条件}: 0=\frac{\partial \mathcal{H}}{\partial u}(x(t),u(t),p(t),t). \tag{3.5.5}$$

$$\text{状态方程}: \dot{x}(t)=+\frac{\partial \mathcal{H}}{\partial p}(x(t),u(t),p(t),t). \tag{3.5.6}$$

$$\text{协态方程}: \dot{p}(t)=-\frac{\partial \mathcal{H}}{\partial x}(x(t),u(t),p(t),t). \tag{3.5.7}$$

以及边界条件：

$$0=\left[\frac{\partial h}{\partial x}(x(t_f),t_f)-p(t_f)\right]\cdot\delta x_f. \tag{3.5.8}$$

$$0=\left[\frac{\partial h}{\partial t}(x(t_f),t_f)+\mathcal{H}(x(t_f),u(t_f),p(t_f),t_f)\right]\delta t_f. \tag{3.5.9}$$

上述边界条件表示，若终端时刻固定，δt_f 恒为零，则公式 (3.5.9) 自然满足。否则，

$$0=\frac{\partial h}{\partial t}(x(t_f),t_f)+\mathcal{H}(x(t_f),u(t_f),p(t_f),t_f).$$

若目标集中某个状态 $x_i(1\le i\le n)$ 固定取值为 x_{fi}，则终端状态变分的分量 δx_{fi} 恒为零，否则

$$0=\frac{\partial h}{\partial x_i}(x(t_f),t_f)-p_i(t_f).$$

该问题中我们假定最优控制连续可微，这是对最简变分问题及其驻点条件定理 3.4 的延续。事实上，在本小节的分析中可以看出，我们并未利用控制变量可微的条件，上述结论对状态变量连续可微、控制变量连续的最优控制问题依然成立。我们将控制变量不可微的最优控制问题留在下一章 Pontryagin 极小值原理中与控制变量有界，即不满足开集条件的情况一起处理。

下面，对状态变量为一维 $x(t):[t_0,t_f]\to\mathbb{R}$ 的情况，我们按照终端时刻和终端状态固定或自由排列组合，分为下列四种最基本的情况讨论最优控制问题的边界条件。

情况 1：终端时刻固定，终端状态固定

- 由于 $x(t_f)$ 和 t_f 都被确定，于是边界条件方程 (3.5.8) 和 (3.5.9) 自然成立。
- 除极值条件 (3.5.5) 状态方程 (3.5.6)、协态方程 (3.5.7) 之外，最优控制尚需满足状态的边界条件：

$$x(t_0) = x_0, \tag{3.5.10}$$

$$x(t_f) = x_f. \tag{3.5.11}$$

情况 2：终端时刻固定，终端状态自由

- 由于 t_f 被确定，于是边界条件方程 (3.5.9) 自然成立。最优控制尚需满足方程 (3.5.8)，于是：

$$\frac{\partial h}{\partial x}(x(t_f), t_f) - p(t_f) = 0. \tag{3.5.12}$$

- 除极值条件 (3.5.5)、状态方程 (3.5.6)、协态方程 (3.5.7)，及上述边界条件之外尚需满足状态的初值：

$$x(t_0) = x_0. \tag{3.5.13}$$

情况 3：终端时刻自由，终端状态固定

- 由于 x_f 被确定，于是边界条件方程 (3.5.8) 自然成立。最优控制尚需满足方程 (3.5.9)，于是：

$$\frac{\partial h}{\partial t}(x(t_f), t_f) + \mathcal{H}(x(t_f), u(t_f), p(t_f), t_f) = 0. \tag{3.5.14}$$

- 除极值条件 (3.5.5)、状态方程 (3.5.6)、协态方程 (3.5.7)，及上述边界条件之外尚需满足状态的边界条件：

$$x(t_0) = x_0, \tag{3.5.15}$$

$$x(t_f) = x_f. \tag{3.5.16}$$

情况 4：终端时刻和状态自由且无关

- 需满足方程 (3.5.8) 和 (3.5.9)，于是：

$$\frac{\partial h}{\partial x}(x(t_f),t_f)-p(t_f)=0, \tag{3.5.17}$$

$$\frac{\partial h}{\partial t}(x(t_f),t_f)+\mathcal{H}(x(t_f),u(t_f),p(t_f),t_f)=0. \tag{3.5.18}$$

- 除极值条件 (3.5.5)、状态方程 (3.5.6)、协态方程 (3.5.7)，及上述边界条件之外尚需满足状态的初值：

$$x(t_0)=x_0. \tag{3.5.19}$$

对于具有高维状态变量的情况，我们还会遇到若干维的状态变量固定、而其余状态变量自由的情况，则每一维状态变量依然需要满足边界条件 (3.5.8)。

练习 3.5. 若最优控制问题 3.5 有状态 $x(t):[t_0,t_f]\to\mathbb{R}^2$，终端时刻 t_f 固定，终端时刻状态 $x_1(t_f)$ 自由，$x_2(t_f)$ 固定。列出该最优控制问题的边界条件。

练习 3.6. 若最优控制问题 3.5 有状态 $x(t):[t_0,t_f]\to\mathbb{R}^2$，终端时刻 t_f 自由，终端时刻状态 $x_1(t_f)$ 自由，$x_2(t_f)$ 固定。列出该最优控制问题的边界条件。

3.5.2 有一般目标集的最优控制问题

在上述工作基础上，我们很容易将一般目标集的最优控制问题作为终端时刻的等式约束使用 Lagrange 乘子法求解。

问题 3.6 (有一般目标集 $\mathcal{S}$ 的最优控制问题). 考虑连续时间最优控制问题 1.2 的特殊情况。状态变量 $x(t):[t_0,t_f]\to\mathbb{R}^n$ 和控制变量 $u(t):[t_0,t_f]\to\mathbb{R}^m$ 都是无约束的连续可微函数。

(1) 被控对象符合状态方程和初值条件：

$$\dot{x}(t)=f(x(t),u(t),t),\quad t\in[t_0,t_f]. \tag{3.5.20}$$

$$x(t_0)=x_0. \tag{3.5.21}$$

(2) 目标集为固定终端时刻的

$$\mathcal{S}=\{x(t_f):m(x(t_f),t_f)=0\}, \tag{3.5.22}$$

或为自由终端时刻的

$$\mathcal{S} = [t_0, \infty) \times \{x(t_f) : m(x(t_f), t_f) = 0\}. \tag{3.5.23}$$

(3) 求解最优控制 u，最小化 Lagrange 形式的性能指标，

$$J(u) = h(x(t_f), t_f) + \int_{t_0}^{t_f} g(x(t), u(t), t)\,\mathrm{d}t. \tag{3.5.24}$$

其中，函数 f, g, h, m 分别取值于 $\mathbb{R}^n, \mathbb{R}, \mathbb{R}, \mathbb{R}^k$，且二阶连续可微。

对终端代价引入 Lagrange 乘子 $\lambda \in \mathbb{R}^k$：

$$\bar{h}(x(t_f), t_f, \lambda) = h(x(t_f), t_f) + \lambda \cdot m(x(t_f), t_f).$$

我们得到了新的有自由终端时刻或固定终端时刻，有自由终端状态的最优控制问题。根据问题 3.5 的结论容易推得，最优控制问题 3.6 的解除了应满足极值条件 (3.5.5)、状态方程 (3.5.6)、协态方程 (3.5.7) 之外，还需满足边界条件：

$$0 = \left[\frac{\partial \bar{h}}{\partial t}(x(t_f), t_f, \lambda) + \mathcal{H}(x(t_f), u(t_f), p(t_f), t_f)\right]\delta t_f, \tag{3.5.25}$$

$$0 = \left[\frac{\partial \bar{h}}{\partial x}(x(t_f), t_f, \lambda) - p(t_f)\right] \cdot \delta x_f, \tag{3.5.26}$$

$$0 = m(x(t_f), t_f), \tag{3.5.27}$$

以及状态初值：

$$x(t_0) = x_0. \tag{3.5.28}$$

对于自由终端时刻的情形，由公式 (3.5.25)~(3.5.26)，除了要满足状态初值外，还需要满足边界条件：

$$0 = \frac{\partial \bar{h}}{\partial t}(x(t_f), t_f, \lambda) + \mathcal{H}(x(t_f), u(t_f), p(t_f), t_f), \tag{3.5.29}$$

$$0 = \frac{\partial \bar{h}}{\partial x}(x(t_f), t_f, \lambda) - p(t_f), \tag{3.5.30}$$

以及目标集

$$0 = m(x(t_f), t_f).$$

对于固定终端时刻的情形，$\delta t_f = 0$，公式 (3.5.25) 自然满足，除了要满足状态初值外，还需满足如下边界条件：

$$\boxed{0 = \frac{\partial \bar{h}}{\partial x}(x(t_f), t_f, \lambda) - p(t_f),} \tag{3.5.31}$$

以及目标集

$$0 = m(x(t_f), t_f).$$

综合上述结论，对于控制变量和状态变量于开集中的最优控制问题，无论形如 $m(x(t_f), t_f) = 0$ 的目标集如何选取，终端时刻 t_f 固定或自由，最优控制在任意时刻总要满足极值条件 (3.5.5)、状态方程 (3.5.6) 以及协态方程 (3.5.7)。

练习 3.7. 本章 3.5.1 节，情况 3 讨论了终端时刻自由、终端状态固定的最优控制问题，状态 $x(t) : [t_0, t_f] \to \mathbb{R}$，且 $x(t_f) = x_f$。将其视作目标集为

$$m(x(t_f), t_f) = x(t_f) - x_f.$$

利用本小节结论计算最优控制的必要条件，并与情况 3 结论对比。

至此，我们讨论了状态变量和控制变量无约束且连续可微的最优控制问题如何使用变分法求解驻点条件。状态变量和控制变量连续可微且取于开集的假设无疑会让上述结论在实际应用中受到一定的制约。在第 2 章中我们曾介绍过 Weierstrass 研究的状态变量分段连续可微的变分问题，在接下来的 3.5.3 节中，我们将以一类状态变量“有内点约束”的最优控制问题为例，初步介绍如何利用变分法研究状态变量与控制变量分段连续可微的最优控制问题。尽管控制变量分段连续但无约束的最优控制问题也可以使用变分法处理，我们暂时将这类问题与控制变量有界的情况一起留在下一章的 Pontryagin 极小值原理中解决。

3.5.3 分段连续可微的最优控制

所谓状态变量“有内点约束”，指除了到达终端时刻的目标集外，在非终端状态的某个时间点，状态变量也需要满足一个等式约束条件。延续从第 1 章引言开始的小车的例子，假如我们要参加一个折返急停的比赛，从原点出发，需要途经一个给定点，之后再停止在原点。这就需要在终端时刻满足状态为零之外，中间某个自由时刻的位置（状态变量）满足一个等式约束。

在本节，我们先以在某时刻需要满足内点等式约束的情况为例，讨论如何使用变分法求解开集中状态变量和控制变量分段连续可微的问题，并在随后考察其退化的无约束场景。

内点等式约束的最优控制问题

问题 3.7 (内点等式约束的最优控制). *考虑最优控制问题 3.5 或问题 3.6，控制变量和状态变量分段连续可微。在自由或固定的内点 $t_1 \in (t_0, t_f)$，满足关于该时刻状态的等式约束条件:*

$$\psi(x(t_1), t_1) = 0, \tag{3.5.32}$$

其中函数 ψ 取值于 $\mathbb{R}^l$，且二阶连续可微。

我们考察问题 3.5，具有一般目标集的问题 3.6 与此计算完全相同。引入关于状态方程约束的 Lagrange 乘子，分段连续函数 $p(t) : [t_0, t_f] \to \mathbb{R}^n$ 和关于内点约束的 Lagrange 乘子 $\lambda \in \mathbb{R}^l$，得到增广的性能指标泛函：

$$\begin{aligned}
\bar{J} =& h(x(t_f), t_f) + \lambda \cdot \psi(x(t_1), t_1) \\
&+ \int_{t_0}^{t_f} \Big\{ g(x(t), u(t), t) + p(t) \cdot [f(x(t), u(t), t) - \dot{x}(t)] \Big\} \mathrm{d}t \\
=& h(x(t_f), t_f) + \lambda \cdot \psi(x(t_1), t_1) \\
&+ \int_{t_0}^{t_f} \Big\{ \mathcal{H}(x(t), u(t), p(t), t) - p(t) \cdot \dot{x}(t) \Big\} \mathrm{d}t.
\end{aligned}$$

利用 2.2.1 节 Weierstrass 的技巧，如图 2.7 所示，我们将上述积分从 t_1 点分割为两部分。若状态变量和控制变量在两个区间内部都是连续可微的，在计算泛函 $\bar{J}$ 的变分时可以将该问题化作前半区间 $[t_0, t_1]$ 的自由终端时刻和自由终端状态的问题，以及后半区间 $[t_1, t_f]$ 的自由初始时刻和自由初始状态的问题。我们将泛函 $\bar{J}$ 分别计算：

$$\begin{aligned}\bar{J} = & h(x(t_f), t_f) + \lambda \cdot \psi(x(t_1), t_1) \\ & + \int_{t_0}^{t_1} \Big\{ \mathcal{H}(x(t), u(t), p(t), t) - p(t) \cdot \dot{x}(t) \Big\} \mathrm{d}t \\ & + \int_{t_1}^{t_f} \Big\{ \mathcal{H}(x(t), u(t), p(t), t) - p(t) \cdot \dot{x}(t) \Big\} \mathrm{d}t.\end{aligned}$$

下面我们计算泛函变分。对终端 t_f 时刻状态或时间的扰动并不会影响 t_1 时刻变分的计算，为了强调对可能的角点 t_1 处内点约束的处理过程，我们省略了关于 δx_f 和 δt_f 的线性变分项的计算过程，将其分别简记为 $\delta J_1(\delta x_f)$ 和 $\delta J_2(\delta t_f)$。得到：

$$\begin{aligned}\delta \bar{J} = & \delta J_1(\delta x_f) + \delta J_2(\delta t_f) \\ & + \psi(x(t_1), t_1) \cdot \delta\lambda + \lambda \cdot \left\{ \frac{\partial \psi}{\partial x}(x(t_1), t_1)\delta x(t_1) + \frac{\partial \psi}{\partial t}(x(t_1), t_1)\delta t_1 \right\} \\ & + \int_{t_0}^{t_1} \left\{ \frac{\partial \mathcal{H}}{\partial x} \cdot \delta x + \frac{\partial \mathcal{H}}{\partial u} \cdot \delta u + \left[\frac{\partial \mathcal{H}}{\partial p} - \dot{x} \right] \cdot \delta p - p \cdot \delta \dot{x} \right\} \mathrm{d}t \\ & + \Big[\mathcal{H}(x(t), u(t), p(t), t) - p(t) \cdot \dot{x}(t) \Big] \Big|_{t_1-} \delta t_1 \\ & + \int_{t_1}^{t_f} \left\{ \frac{\partial \mathcal{H}}{\partial x} \cdot \delta x + \frac{\partial \mathcal{H}}{\partial u} \cdot \delta u + \left[\frac{\partial \mathcal{H}}{\partial p} - \dot{x} \right] \cdot \delta p - p \cdot \delta \dot{x} \right\} \mathrm{d}t \\ & - \Big[\mathcal{H}(x(t), u(t), p(t), t) - p(t) \cdot \dot{x}(t) \Big] \Big|_{t_1+} \delta t_1.\end{aligned}$$

在上式中，我们省略了被积函数中不会造成误会的自变量 $x(t), u(t), t$，并使用了 2.2.1 节的左右极限符号。

我们将 3.4 节中终端变分的技巧应用在内点 t_1。在图 3.8 中，我们将终端状态变分化为因状态扰动带来的变化和因终端时刻扰动带来的变化两部分之和。本例 $[t_0, t_1]$ 一段的变分与之完全相同，本例 $[t_1, t_f]$ 一段的变分则分为初始时刻 t_1 带来的变化与状态扰动带来的变化两部分。由于状态变量分段连续可微，因此在 t_1 时刻状态变量连续，左右侧极限相同，我们以 $\delta\xi$ 记录状态变量在 t_1 时刻的总变分。则与终端状态变分类似，我们在 t_1 时刻的左侧和右侧取极限，有：

$$\delta\xi = \delta x(t) + \dot{x}(t)\delta t_1\Big|_{t_1-},$$
$$\delta\xi = \delta x(t) + \dot{x}(t)\delta t_1\Big|_{t_1+}.$$

消去变分之间的依赖，可得到：

$$\int_{t_0}^{t_1} -p(t)\cdot\delta\dot{x}(t)\,\mathrm{d}t = -p(t)\cdot\Big[\delta\xi - \dot{x}(t)\delta t_1\Big]\Big|_{t_1-} + \int_{t_0}^{t_1}\dot{p}(t)\cdot\delta x(t)\,\mathrm{d}t,$$
$$\int_{t_1}^{t_f} -p(t)\cdot\delta\dot{x}(t)\,\mathrm{d}t = +p(t)\cdot\Big[\delta\xi - \dot{x}(t)\delta t_1\Big]\Big|_{t_1+} + \int_{t_1}^{t_f}\dot{p}(t)\cdot\delta x(t)\,\mathrm{d}t.$$

于是：

$$\begin{aligned}\delta\bar{J} =& \delta J_1(\delta x_f) + \delta J_2(\delta t_f)\\ &+ \psi(x(t_1),t_1)\cdot\delta\lambda + \lambda\cdot\Big\{\frac{\partial\psi}{\partial x}(x(t_1),t_1)\delta x(t_1) + \frac{\partial\psi}{\partial t}(x(t_1),t_1)\delta t_1\Big\}\\ &+ \int_{t_0}^{t_f}\Big\{\Big[\frac{\partial\mathcal{H}}{\partial x}+\dot{p}\Big]\cdot\delta x + \Big[\frac{\partial\mathcal{H}}{\partial u}\Big]\cdot\delta u + \Big[f-\dot{x}\Big]\cdot\delta p\Big\}\mathrm{d}t\\ &+ [\mathcal{H} - p\cdot\dot{x}]\Big|_{t_1-}\delta t_1 - [\mathcal{H} - p\cdot\dot{x}]\Big|_{t_1+}\delta t_1\\ &- p(t)\cdot\Big[\delta\xi - \dot{x}(t)\delta t_1\Big]\Big|_{t_1-} + p(t)\cdot\Big[\delta\xi - \dot{x}(t)\delta t_1\Big]\Big|_{t_1+}.\end{aligned}$$

再由状态分段连续可微分的题设，$x(t)$ 在 t_1 的左极限$x(t_1-)$ 与右极限$x(t_1+)$ 相等，化简即可得到泛函变分：

$$\begin{aligned}\delta\bar{J} =& \delta J_1(\delta x_f) + \delta J_2(\delta t_f)\\ &+ \int_{t_0}^{t_f}\Big\{\Big[\frac{\partial\mathcal{H}}{\partial x}+\dot{p}\Big]\cdot\delta x + \Big[\frac{\partial\mathcal{H}}{\partial u}\Big]\cdot\delta u + \Big[f-\dot{x}\Big]\cdot\delta p\Big\}\mathrm{d}t\\ &+ \Big[p(t_1+) - p(t_1-) + \Big[\frac{\partial\psi}{\partial x}(x(t_1),t_1)\Big]^{\mathrm{T}}\lambda\Big]\cdot\delta\xi\\ &+ \Big[\mathcal{H}\Big|_{t_1-} - \mathcal{H}\Big|_{t_1+} + \lambda\cdot\frac{\partial\psi}{\partial t}(x(t_1),t_1)\Big]\delta t_1\\ &+ \psi(x(t_1),t_1)\cdot\delta\lambda.\end{aligned}\tag{3.5.33}$$

其中

$$\frac{\partial \psi}{\partial x}=\begin{bmatrix}\frac{\partial \psi_1}{\partial x_1} & \cdots & \frac{\partial \psi_1}{\partial x_n}\\ \vdots & \ddots & \vdots\\ \frac{\partial \psi_l}{\partial x_1} & \cdots & \frac{\partial \psi_l}{\partial x_n}\end{bmatrix}.$$

于是，最优控制下的状态和协态除了需要满足极值条件 (3.5.5)、状态方程 (3.5.6)、协态方程 (3.5.7)，和关于终端时刻的边界条件之外，还需要满足关于内点约束的条件：

$$0=\left[\mathcal{H}\Big|_{t_1-}-\mathcal{H}\Big|_{t_1+}+\lambda\cdot\frac{\partial \psi}{\partial t}(x(t_1),t_1)\right]\delta t_1, \tag{3.5.34}$$

$$0=\left[p(t_1+)-p(t_1-)+\left[\frac{\partial \psi}{\partial x}(x(t_1),t_1)\right]^{\mathrm{T}}\lambda\right]\cdot\delta\xi, \tag{3.5.35}$$

$$0=\psi(x(t_1),t_1). \tag{3.5.36}$$

我们可针对上述内点约束发生的时刻 t_1 是否自由继续讨论。若 t_1 给定，则条件 (3.5.34) 自然满足。在 t_1 点需满足：

$$0=p(t_1+)-p(t_1-)+\left[\frac{\partial \psi}{\partial x}(x(t_1),t_1)\right]^{\mathrm{T}}\lambda. \tag{3.5.37}$$

$$0=\psi(x(t_1),t_1). \tag{3.5.38}$$

若 t_1 自由，则在 t_1 点需要满足：

$$0=\mathcal{H}\Big|_{t_1-}-\mathcal{H}\Big|_{t_1+}+\lambda\cdot\frac{\partial \psi}{\partial t}(x(t_1),t_1). \tag{3.5.39}$$

$$0=p(t_1+)-p(t_1-)+\left[\frac{\partial \psi}{\partial x}(x(t_1),t_1)\right]^{\mathrm{T}}\lambda. \tag{3.5.40}$$

$$0=\psi(x(t_1),t_1). \tag{3.5.41}$$

与本章此前的最优控制问题中总假定的协态变量连续可微的情况有所不同，根据上述最优控制的必要条件 (3.5.35) 可以看到，当我们为了处理内点约束，而将状态变量和控制变量的空间从连续可微拓展至分段连续可微时，问题 3.7 的协态变量在角点处可能并不连续。如果最优控制问题没有内点约束，而允许状态变量和控制变量分段连续可微，在角点处协态变量是否连续？我们将这个疑问留在本小节末尾。

与终端时刻的约束条件不同，内点约束所发生的时刻一方面是上一个时间段的终点，同时又是下一个时间段的初始。然而，与目标集类似，内点约束同样不会破坏最优控制所需满足的极值条件 (3.5.5)、状态方程 (3.5.6) 以及协态方程 (3.5.7)。

练习 3.8. 对一般的目标集

$$\mathcal{S} = \{x(t_f) : m(x(t_f), t_f) = 0\},$$

补全问题 3.7 最优控制的必要条件（包括状态方程、协态方程、极值条件，以及 t_0, t_1, t_f 时刻需满足的条件）。

小车折返急停的例子

在例 2.1 的基础上，我们让小车以最小的控制能量经过某固定位置之后再返回。例如，$x_1(t_1) = 2$，经过该点的时刻 t_1 自然是内点 $t_1 \in (t_0, t_f)$，并随后在固定时刻 $t_f = 2$ 停于原点。在这个问题中，我们有自由的内点约束时刻、固定的终端时刻和固定的终端状态。

我们曾在 3.4.1 节分析，四种终端时刻终端状态的最优控制问题是有一般目标集的最优控制问题 3.6 的特殊情况。在这个小车折返急停的例子中，我们也可以认为是一种固定终端时刻，却具有自由的终端状态，而终端状态需要满足等式约束条件 $x_1(t_f) = 0, x_2(t_f) = 0$ 的问题 3.6 特例。在下面的例子中我们就以此计算最优控制，以展示各个矩阵或向量在实际计算中的具体形式。

例 3.21 (最优控制分段连续可微的例子)**.** 小车状态方程

$$\dot{x}_1(t) = x_2(t), \quad x_1(0) = 0. \tag{3.5.42}$$

$$\dot{x}_2(t) = u(t), \quad x_2(0) = 0. \tag{3.5.43}$$

需要在某 $t_1 \in (0, 2)$ 时刻经过 $x_1(t_1) = 2$，$t_f = 2$ 时刻停车于 $x_f = 0$。

$$x_1(t_1) = 2, \quad x_1(2) = 0, \quad x_2(2) = 0. \tag{3.5.44}$$

最小化性能指标

$$J(u) = \int_{t_0}^{t_f} \frac{1}{2} u^2(t)\, \mathrm{d}t. \tag{3.5.45}$$

考察控制变量、状态变量分段连续可微的最优控制。我们首先简要分析该问题的条件，并进行一些基本运算。

(1) 固定的 $t_f = 2$ 时刻达到目标集需满足约束：

$$m_1(x(t_f), t_f) = x_1(t_f),$$

$$m_2(x(t_f), t_f) = x_2(t_f).$$

我们将此问题看做问题 3.4 的终端状态自由，终端时刻固定，但达到目标集的情况。为了处理目标集，我们引入 Lagrange 乘子：$\lambda_1, \lambda_2 \in \mathbb{R}$。增广的终端代价变为：

$$\bar{h}(x(t_f), t_f, \lambda_1, \lambda_2) = \lambda_1 m_1(x(t_f), t_f) + \lambda_2 m_2(x(t_f), t_f).$$

计算并化简 $\bar{h}$ 的各个偏导可得：

$$\frac{\partial \bar{h}}{\partial x_1}(x(t_f), t_f, \lambda_1, \lambda_2) = \lambda_1,$$

$$\frac{\partial \bar{h}}{\partial x_2}(x(t_f), t_f, \lambda_1, \lambda_2) = \lambda_2,$$

$$\frac{\partial \bar{h}}{\partial t}(x(t_f), t_f, \lambda_1, \lambda_2) = 0.$$

(2) 自由的 t_1 时刻满足内点约束：

$$\psi(x(t_1), t_1) = x_1(t_1) - 2.$$

可得：

$$\frac{\partial \psi}{\partial x_1}(x(t_1), t_1) = 1,$$

$$\frac{\partial \psi}{\partial x_2}(x(t_1), t_1) = 0,$$

$$\frac{\partial \psi}{\partial t}(x(t_1), t_1) = 0.$$

为了处理上述内点约束，我们再引入 Lagrange 乘子 $\lambda_3 \in \mathbb{R}$。根据问题 3.7 结果，讨论增广的性能指标：

$$\bar{J}(u, \lambda) = \lambda_1 x_1(t_f) + \lambda_2 x_2(t_f) + \lambda_3[x_1(t_1) - 2] + \int_{t_0}^{t_f} \frac{1}{2} u^2(t)\,\mathrm{d}t.$$

Lagrange 乘子为 $\lambda = [\lambda_1, \lambda_2, \lambda_3]^{\mathrm{T}}$。

该问题的 Hamiltonian 函数为：

$$\mathcal{H}(x(t), u(t), p(t), t) = \frac{1}{2} u(t)^2 + p_1(t) x_2(t) + p_2(t) u(t).$$

协态变量 $p(t)$ 在 $t \in [t_0, t_1]$ 和 $t \in [t_1, t_f]$ 两个区间都满足协态方程 (3.5.7)：

$$\dot{p}_1(t) = 0, \tag{3.5.46}$$

$$\dot{p}_2(t) = -p_1(t). \tag{3.5.47}$$

由一般目标集最优控制问题的边界条件 (3.5.26) 又有：

$$p_1(2) = \lambda_1, \tag{3.5.48}$$

$$p_2(2) = \lambda_2. \tag{3.5.49}$$

由内点等式约束的最优控制问题的内点约束 (3.5.35) 和 (3.5.34) 可知，在角点 t_1 时刻：

$$0 = p_1(t_1+) - p_1(t_1-) + \lambda_3 \tag{3.5.50}$$

$$0 = p_2(t_1+) - p_2(t_1-) \tag{3.5.51}$$

$$0 = \mathcal{H}\Big|_{t_1+} - \mathcal{H}\Big|_{t_1-}. \tag{3.5.52}$$

由协态方程 (3.5.46) 和 (3.5.47)，以及边界条件 (3.5.48) 和 (3.5.49) 可得：

$$p_1(t) = \begin{cases} \lambda_1 + \lambda_3, & t \in [0, t_1), \\ \lambda_1, & t \in [t_1, 2]. \end{cases}$$

$$p_2(t) = \begin{cases} -(\lambda_1 + \lambda_3)t + \lambda_3 t_1 + 2\lambda_1 + \lambda_2, & t \in [0, t_1), \\ -\lambda_1(t - 2) + \lambda_2, & t \in [t_1, 2]. \end{cases}$$

可见，由于存在状态变量的内点约束，协态变量也引入了不连续点。由 Hamiltonian 函数的驻点条件可知，最优控制应满足

$$u(t) = -p_2(t).$$

将协态变量取值代入极值条件，可得到最优控制在两个区间内部都连续可微：

$$u(t) = -p_2(t) = \begin{cases} (\lambda_1+\lambda_3)t - \lambda_3 t_1 - 2\lambda_1 - \lambda_2, & t \in [0, t_1), \\ \lambda_1(t-2) - \lambda_2, & t \in [t_1, 2]. \end{cases}$$

将其代入状态方程，结合状态变量的初值 $x_1(0)=0$, $x_2(0)=0$，以及状态变量连续的条件 $x_1(t+)=x_1(t-)$ 和 $x_2(t+)=x_2(t-)$，可解得：

$$x_2(t) = \begin{cases} (\lambda_1+\lambda_3)t^2/2 - (\lambda_3 t_1 + 2\lambda_1 + \lambda_2)t, & t \in [0, t_1), \\ \lambda_1(t-2)^2/2 - \lambda_2 t - \lambda_3 t_1^2/2 - 2\lambda_1, & t \in [t_1, 2] \end{cases}$$

$$x_1(t) = \begin{cases} (\lambda_1+\lambda_3)t^3/6 - (\lambda_3 t_1 + 2\lambda_1 + \lambda_2)t^2/2, & t \in [0, t_1), \\ \lambda_1(t-2)^3/6 - \lambda_2 t^2/2 - (\lambda_3 t_1^2/2 + 2\lambda_1)t & \\ \qquad + \lambda_3 t_1^3/6 + 4\lambda_1/3, & t \in [t_1, 2]. \end{cases}$$

由关于内点约束的条件 (3.5.52)：

$$\begin{aligned} &\frac{1}{2}u(t_1+)^2 + p_1(t_1+)x_2(t_1+) + p_2(t_1+)u(t_1+) \\ =&\frac{1}{2}u(t_1-)^2 + p_1(t_1-)x_2(t_1-) + p_2(t_1-)u(t_1-). \end{aligned}$$

结合题设中的状态变量和控制变量分段连续可微的条件，

$$x_2(t_1+) = x_2(t_1-) = x(t_1), \quad u(t_1+) = u(t_1-),$$

以及角点满足的公式 (3.5.51)，$p_2(t_1+) = p_2(t_1-)$，有

$$\lambda_1 x_2(t_1) = (\lambda_1+\lambda_3)x_2(t_1).$$

整理得，

$$\lambda_3 x_2(t_1) = 0,$$

$$x_2(t_1) = 0.$$

再利用已有的三个边界条件

$$x_1(t_1) = 2, \quad x_1(2) = 0, \quad x_2(2) = 0,$$

代入待定系数表示的状态，可得：

$$\lambda_1 = 24, \quad \lambda_2 = -12, \quad \lambda_3 = -48, \quad t_1 = 1. \tag{3.5.53}$$

我们解得的最优控制如图 3.11 所示，达到内点约束的 $t_1 = 1$ 时刻恰好把整个时间轴分为两段：在 $[t_0, t_1]$ 和 $[t_1, t_f]$ 两段之内，控制变量，即加速度都是连续可微的；在 t_1 点左右则表现出不同的变化率，控制变量连续而不可微，却是分段连续可微的。

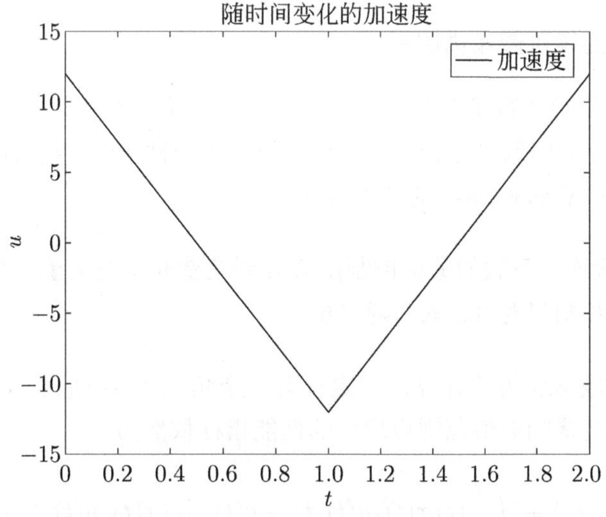

图 3.11 内点约束的最优控制示例：控制 -时间

最优控制下的状态曲线则如图 3.12 所示，在分段连续的最优控制作用下状态变量变化的模式同样可以分为两段：小车在区间 $[t_0, t_1]$ 到达有状态等式约束的内点 $x_1(t_1) = 2$，而在区间 $[t_1, t_f]$ 返回原点。在达到 t_1 时刻之前，小车速度表现为先增加再减少，从内点返回后，则表现为先增后减，方向却恰好相反。

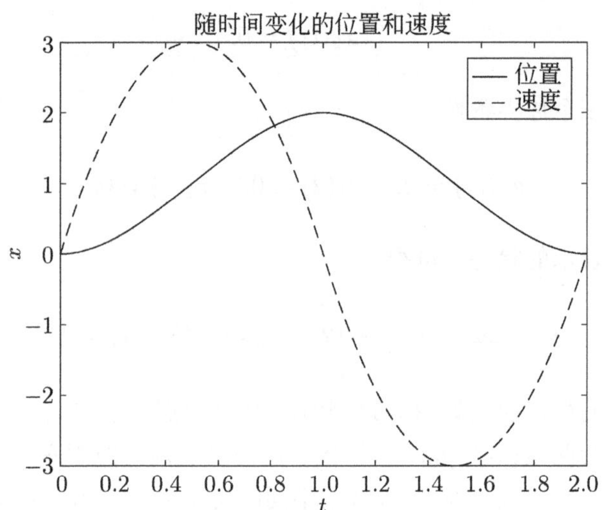

图 3.12　内点约束的最优控制示例：状态 -时间

无约束的分段连续可微最优控制

接下来，我们考察状态变量和控制变量无约束且分段连续可微的最优控制问题。由于变分问题可以看做最优控制问题的一种特例，我们得以在此基础上证明 2.2.1 节 Weierstrass 的角点条件。

问题 3.8 (分段连续可微的最优控制). *在控制变量和状态变量分段连续可微情况下考察最优控制问题 3.5 或问题 3.6。*

我们以问题 3.5 为例计算，假定仅有一个角点 $t_1 \in (t_0, t_f)$，则扩大了状态变量和控制变量的取值范围后增广的性能指标依然为

$$\bar{J} = h(x(t_f), t_f) + \int_{t_0}^{t_f} \{g(x(t), u(t), t) + p(t) \cdot [f(x(t), u(t), t) - \dot{x}(t)]\} \, \mathrm{d}t.$$

其中 $p(t)$ 为协态变量。我们的主要任务就是计算上述性能指标的泛函变分。在问题 3.7 中，我们要求状态变量在 t_1 时刻满足等式约束 (3.5.32)，并引入 Lagrange 乘子 $\lambda \in \mathbb{R}^l$，得到增广性能指标泛函的变分。

对于状态变量无内点约束、状态变量和控制变量分段连续可微的最优控制问题 3.8，我们只需在上述泛函变分 $\delta\bar{J}$ 中令 $\lambda = 0$ 即可得到问题 3.8 的增

广性能指标变分

$$
\begin{aligned}
\delta\bar{J} = &\left[\frac{\partial h}{\partial x}(x(t_f),t_f) - p(t_f)\right]\cdot\delta x_f \\
&+ \left[\frac{\partial h}{\partial t}(x(t_f),t_f) + \mathcal{H}(x(t_f),u(t_f),t_f)\right]\delta t_f \\
&+ \int_{t_0}^{t_f}\left\{\left[\frac{\partial \mathcal{H}}{\partial x}(x(t),u(t),t) + \dot{p}(t)\right]\cdot\delta x(t) + \left[\frac{\partial \mathcal{H}}{\partial u}(x(t),u(t),t)\right]\cdot\delta u(t)\right. \\
&\qquad\left. + \left[\frac{\partial \mathcal{H}}{\partial p}(x(t),u(t),t) - \dot{x}(t)\right]\cdot\delta p(t)\right\}\mathrm{d}t \\
&+ \Big[p(t_1+) - p(t_1-)\Big]\cdot\delta\xi \\
&+ \left[\mathcal{H}\Big|_{t_1-} - \mathcal{H}\Big|_{t_1+}\right]\delta t_1.
\end{aligned}
\tag{3.5.54}
$$

于是，我们得到状态变量和控制变量分段连续可微情况下最优控制的必要条件。除问题 3.5 的必要条件外，还需在角点 t_1 处满足：

$$
p(t_1+) = p(t_1-), \tag{3.5.55}
$$

$$
\mathcal{H}\Big|_{t_1-} = \mathcal{H}\Big|_{t_1+}. \tag{3.5.56}
$$

这说明，若没有状态变量的内点约束，则最优控制问题 3.8 分段连续可微的最优控制下，协态变量和 Hamiltonian 函数在角点处连续。若存在多个状态变量或控制变量连续而不可微的角点，则每个角点处都需满足上述两个条件。至此，我们回答了问题 3.7 分析过程中提出的若无状态变量内点约束，角点处协态变量是否连续的疑问。

3.5.4 Weierstrass-Erdmann 条件与 Weierstrass 条件

我们暂时回到 2.2 节中 Weierstrass 的工作，他在 Weierstrass-Erdmann 条件与 Weierstrass 条件中分别考察了两种不同的函数变分，得到了泛函极值问题的驻点条件和必要条件。在本节，我们将利用本章的结论给出简要分析。

Weierstrass-Erdmann 条件

接下来，我们利用上述结果证明 2.2.1 节给出的 Weierstrass-Erdmann 条件。即，若最简变分问题 1.1 中，曲线 $x(t):[t_0,t_f]\to\mathbb{R}$ 分段连续可微，则在

角点处应满足

$$\left.\frac{\partial g}{\partial \dot{x}}\right|_{t_1-} = \left.\frac{\partial g}{\partial \dot{x}}\right|_{t_1+}, \tag{3.5.57}$$

$$\left(g - \dot{x}\frac{\partial g}{\partial \dot{x}}\right)\Big|_{t_1-} = \left(g - \dot{x}\frac{\partial g}{\partial \dot{x}}\right)\Big|_{t_1+}. \tag{3.5.58}$$

回忆我们在 3.2.5 节中的工作，只需令 $u(t) = \dot{x}(t)$ 就可以将最优控制问题 3.8 化作变分问题。我们现在就利用其结论，证明若将最简变分问题 1.1 的解空间扩大至分段连续可微函数时变分问题的最优解在角点处需要满足的必要条件。

利用 3.2.5 节的结论，我们知道最简变分问题的协态变量在所有非角点处都满足公式 (3.2.40)，即

$$p(t) = -\frac{\partial g}{\partial \dot{x}}(x(t), \dot{x}(t), t). \tag{3.5.59}$$

将其代入式 (3.5.55)，就得到了最优解在角点 t_1 处，

$$-\frac{\partial g}{\partial \dot{x}}(x(t_1-), \dot{x}(t_1-), t_1-) = -\frac{\partial g}{\partial \dot{x}}(x(t_1+), \dot{x}(t_1+), t_1+).$$

即 Weierstrass-Erdmann 条件的公式 (3.5.57)。

由式 (3.5.59)，Hamiltonian 函数为

$$\mathcal{H}(x(t), \dot{x}(t), p(t), t) = g(x(t), \dot{x}(t), t) - \dot{x}(t)\frac{\partial g}{\partial \dot{x}}(x(t), \dot{x}(t), t).$$

将其代入式 (3.5.56)，就得到了最优解在角点 t_1 处，

$$\left(g - \dot{x}\frac{\partial g}{\partial \dot{x}}\right)\Big|_{t_1-} = \left(g - \dot{x}\frac{\partial g}{\partial \dot{x}}\right)\Big|_{t_1+}.$$

至此，我们证明了 Weierstrass-Erdmann 条件是分段连续可微曲线为自变量的最简变分问题的驻点条件。

Weierstrass 条件：Weierstrass 函数与 Hamiltonian 函数

回顾 2.2.2 节分析 Weierstrass 条件时定义的 Weierstrass 函数：

$$E(x, \dot{x}, \omega, t) \stackrel{\text{def}}{=} g(x, \omega, t) - g(x, \dot{x}, t) - (\omega - \dot{x})\frac{\partial g}{\partial \dot{x}}(x, \dot{x}, t). \tag{3.5.60}$$

ϵ 和 ω 是最优轨迹 $x(t)$ 变分的参数，分别调整 x 和 $\dot{x}$ 的扰动。在 $[t_2,t_3]$ 区间之内，$\dot{x}'(t;\epsilon,\omega)=\omega$。

我们依然引入 $u(t)=\dot{x}(t)$，将变分问题转化为最优控制问题。于是，在区间 $[t_2,t_3]$ 内，扰动后的控制变量 $u'(t)=\omega$。和 Weierstrass-Erdmann 条件的分析过程类似，我们将 Hamiltonian 函数和协态变量 (3.5.59) 代入 Weierstrass 函数 (3.5.60)，得到：

$$\begin{aligned}E(x(t),\dot{x}(t),u'(t),t)&=g(x(t),u'(t),t)-g(x(t),u(t),t)+[u'(t)-u(t)]p(t)\\&=g(x(t),u'(t),t)+u'(t)p(t)-g(x(t),u(t),t)-u(t)p(t)\\&=\mathcal{H}(x(t),u'(t),p(t),t)-\mathcal{H}(x(t),u(t),p(t),t).\end{aligned}$$

再考察 Weierstrass 条件，对任意的 $u'(t)$，最优的 $u(t)$ 满足

$$\mathcal{H}(x(t),u(t),p(t),t)\le\mathcal{H}(x(t),u'(t),p(t),t).$$

这正是 Pontryagin 极小值原理的极值条件。与本章截至目前的分析不同的是，这是一个最优解的必要条件而不仅是驻点条件。对此，我们将在第 4 章详细考察。

3.5.5 稳态系统的 Hamiltonian 函数

所谓稳态系统是指状态方程和代价函数都不显含时间 t 的系统。此时 Hamiltonian 函数，或称稳态 Hamiltonian 函数可记作：

$$\mathcal{H}(x(t),u(t),p(t))=g(x(t),u(t))+p(t)\cdot f(x(t),u(t)).\tag{3.5.61}$$

稳态系统是一类非常常见的系统，本书第 1 章介绍的最速降线问题就是一例。事实上，对于时变系统，我们只需引入一维新的变量：

$$z(t)=t,\tag{3.5.62}$$

即可将其转化为稳态系统。我们在本小节中将讨论 Pontryagin 极小值原理在稳态系统中的有趣性质，这些性质将在第 4 章（定义域非开集的）Pontryagin 极小值原理的证明中起到重要的作用。

在第 4 章中，我们将利用这一技巧证明 Pontryagin 极小值原理。

推论 3.4 (稳态系统的 Pontryagin 极小值原理)**.** 考虑问题 3.5 的稳态情形，其状态方程和代价函数都不显含时间 t。状态方程为

$$\dot{x}(t) = f(x(t), u(t)), \quad x(t_0) = x_0.$$

要最小化的性能指标为:

$$J(u) = h(x(t_f)) + \int_{t_0}^{t_f} g(x(t), u(t))\,\mathrm{d}t.$$

则最优控制下的 Hamiltonian 函数满足:

$$\mathcal{H}(x(t), u(t), p(t)) = c_1, \quad \forall t \in [t_0, t_f].$$

其中 $c_1 \in \mathbb{R}$ 为常数。

证明: 由极值条件、 状态方程以及协态方程，有

$$0 = \frac{\partial \mathcal{H}}{\partial u}(x(t), u(t)),$$

$$\dot{x}(t) = +\frac{\partial \mathcal{H}}{\partial p}(x(t), u(t)),$$

$$\dot{p}(t) = -\frac{\partial \mathcal{H}}{\partial x}(x(t), u(t)).$$

要证明 Hamiltonian 函数沿着最优控制总为常数，只需证明其对时间 t 求导为零。我们假定 $u(t)$ 是最优控制，$x(t)$ 和 $p(t)$ 分别为最优控制下的状态和协态，对 Hamiltonian 函数求导，有:

$$\begin{aligned}
&\frac{\mathrm{d}}{\mathrm{d}t}\Big[\mathcal{H}(x(t), u(t), p(t))\Big] \\
&= \frac{\partial \mathcal{H}}{\partial x}(x(t), u(t), p(t)) \cdot \dot{x}(t) + \frac{\partial \mathcal{H}}{\partial p}(x(t), u(t), p(t)) \cdot \dot{p}(t) \\
&\quad + \frac{\partial \mathcal{H}}{\partial u}(x(t), u(t), p(t)) \cdot \dot{u}(t) \\
&= -\dot{p}(t) \cdot \dot{x}(t) + \dot{x}(t) \cdot \dot{p}(t) + 0 \cdot \dot{u}(t) = 0.
\end{aligned}$$

函数导数为零，就得到了:

$$\mathcal{H}(x(t), u(t), p(t)) = c_1, \quad \forall t \in [t_0, t_f].$$

其中 $c_1 \in \mathbb{R}$ 为常数。证毕。 □

我们发现，在上述证明中并未利用终端时刻固定或自由的条件，就得到了最优控制下 Hamiltonian 函数总是常数的结论。事实上，若终端时刻自由，我们还可更进一步得到如下有趣的结果。

推论 3.5 (终端时刻自由时稳态系统的 Pontryagin 极小值原理). 考虑问题 3.5 的稳态情形，其状态方程和代价函数都不显含时间 t。状态方程为:

$$\dot{x}(t) = f(x(t), u(t)), \quad x(t_0) = x_0.$$

要最小化的性能指标为:

$$J(u) = h(x(t_f)) + \int_{t_0}^{t_f} g(x(t), u(t))\,\mathrm{d}t.$$

若终端时刻 t_f 自由，则最优控制下的 Hamiltonian 函数满足:

$$\mathcal{H}(x(t), u(t), p(t)) = 0, \quad \forall t \in [t_0, t_f].$$

证明: 继续推论 3.4 的证明。若 t_f 自由，由边界条件 (3.5.9)，有

$$\frac{\partial h}{\partial t}(x(t_f)) + \mathcal{H}(x(t_f), u(t_f), p(t_f)) = 0.$$

而终端代价 h 并不显含 t，因此，

$$\mathcal{H}(x(t_f), u(t_f), p(t_f)) = 0.$$

而由推论 3.4 我们已知 Hamiltonian 函数沿着最优控制总是常数，于是当终端时刻 t_f 自由时，这个常数 $c_1 = 0$，即

$$\mathcal{H}(x(t), u(t), p(t)) = 0, \quad \forall t \in [t_0, t_f].$$

证毕。 □

推论 3.6 (状态和控制分段连续可微的稳态 Hamiltonian 函数). 当状态变量和控制变量分段连续可微时，推论 3.4 和推论 3.5 依然成立。

证明: 首先，由问题 3.8 的结论，公式 (3.5.55) 可知，问题 3.5 的稳态情形下，协态变量依然连续。于是，由推论 3.4 的证明过程可知，在状态变量或协态变

量的连续可微的区间内，Hamiltonian 函数都是常数。我们如同 2.2.1 节，将区间 $[t_0, t_f]$ 依角点有限划分为 $t_0 < t_1 < \ldots < t_{N-1} < t_N = t_f$，则在任意一个区间 $t \in [t_k, t_{k+1}]$ 内，

$$\mathcal{H}(x(t), u(t), p(t)) = c_k. \tag{3.5.63}$$

由公式 (3.5.56) 即可得到，$c_0 = c_1 = \ldots = c_{N-1}$，于是当状态变量和控制变量分段连续可微时，推论 3.4 依然成立。

若终端时刻自由，则在最后一个不包含角点的区间 $[t_{N-1}, t_N]$ 上有

$$\mathcal{H}(x(t_f), u(t_f), p(t_f)) = 0.$$

于是，状态变量和控制变量分段连续可微时，推论 3.5 也成立。证毕。 □

在状态变量和控制变量分段连续可微的情况下上述两个推论只需求导即可得证。在第 4 章中，我们将首先从稳态系统的上述推论入手，证明状态变量和控制变量有约束或控制变量不连续情况下的 Pontryagin 极小值原理。

小　　结

根据在第 2 章中介绍的 Lagrange 和 Weierstrass 的思路，本章从函数极值的驻点条件入手，推导了开集上最简变分问题在各类等式约束条件、各类目标集情况下的驻点条件，并将结果推广至状态变量和控制变量都连续可微的最优控制问题。在讨论了有状态内点约束的最优控制问题后，我们又将最优控制问题的解空间扩大至分段连续可微函数。这与 2.2 节中介绍的控制变量分段连续的情况仅有一步之遥。然而，不等式约束和不连续的控制变量，难以直接使用经典变分处理。在第 4 章，我们将讨论最优控制两大奠基理论之一的 Pontryagin 极小值原理。本章微积分部分参考了文献 [8, 9]，变分法基础参考了文献 [122, 170]，变分法求解最优控制部分主要参考了文献 [6, 25, 171, 172]。

第 4 章　Pontryagin 极小值原理

> 如果牛顿和莱布尼茨想到过连续函数不一定有导数，那么微积分就绝不会被创造出来。
>
> ——Charles Émile Picard（皮卡），1856—1941

本章提要

Pontryagin 极小值原理以经典变分为基础，与动态规划共同构成最优控制理论两大奠基理论，应用场景极为广泛，对于控制变量和状态变量有等式或不等式约束的一般非线性最优控制问题都可适用。

在第 3 章中，我们已经用变分法推导得到了状态变量和控制变量连续可微或分段连续可微情况下的极小值原理。在 4.1 节中，我们将针对更为一般的控制变量分段连续，且有不等式约束的情况，证明 Pontryagin 极小值原理；针对不同的容许控制约束，我们在 4.2 节中示范如何利用 Pontryagin 极小值原理求解最优控制；在接下来的两节中，我们将介绍时间最短控制、燃料最省控制、时间和燃料加权最优控制，以及线性二次型最优控制四类典型应用。

4.1 Pontryagin 极小值原理基础

在第 3 章变分法中，我们利用变分法求解性能指标泛函极值的驻点条件，推得了状态变量和控制变量无约束且分段连续可微情况下的 Pontryagin 极小值原理。然而，变分法中仅考察了 “驻点”“连续”“开集” 的情况。(1) 基于定理 3.3，得到的是泛函变分为零的必要条件，并不能确定所得性能指标是极大、极小或拐点；(2) 我们在变分法中总是假定状态变量和控制变量都是连续甚至连续可微函数，2.2 节的 Bang-Bang 控制中，控制变量却并不连续；(3) 我们在变分法中总假定状态变量和控制变量在开集中，在例 2.1 中，若控制变量有界 $|u(t)| < 1.5$，如图 4.1 所示，利用变分法在开集中解得的最优控制 (2.1.15) 并不满足约束条件。为此，我们将在本章中在控制变量分段连续且有界的情况下证明 Pontryagin 极小值原理。

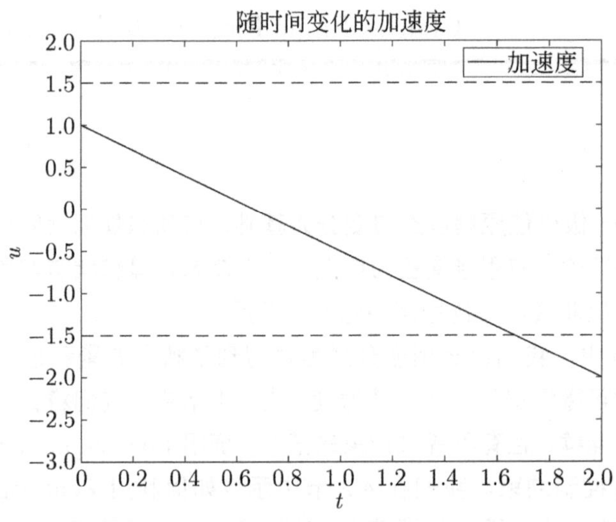

图 4.1 控制变量的约束

4.1.1 Pontryagin 极小值原理的表述

首先对连续时间最优控制问题 1.2 中状态方程和性能指标提出一些假定。函数f, g, h 在每个状态的方向 $x_i(i = 1, 2, \ldots, n)$ 以及时间 t 方向有连续偏导，且与其偏导都关于 x, u, t 连续。

为了保证状态方程的解具有存在唯一性，我们还需要假定函数 f 和 g 满足 Lipschitz 条件：对于状态空间和容许控制空间的有界子集 $\bar{X}$ 和 $\bar{U}$，存在常数 $\gamma_f > 0, \gamma_g > 0$，对任意的容许状态 $x(t), x'(t) \in \bar{X}$，容许控制 $u(t) \in \bar{U}$，

$$\|f(x'(t), u(t), t) - f(x(t), u(t), t)\| \leq \gamma_f \|x'(t) - x(t)\|,$$
$$\|g(x'(t), u(t), t) - g(x(t), u(t), t)\| \leq \gamma_g \|x'(t) - x(t)\|.$$

在 Pontryagin 极小值原理的证明中，我们需要利用 Lipschitz 条件和各个函数满足的连续性条件。

同时，存在常数 $\rho_f > 0, \rho_g > 0$，对任意的容许控制 $u(t), u'(t) \in \bar{U}$，容许状态 $x(t) \in \bar{X}$，

$$\|f(x(t), u'(t), t) - f(x(t), u(t), t)\| \leq \rho_f \|u'(t) - u(t)\|,$$
$$\|g(x(t), u'(t), t) - g(x(t), u(t), t)\| \leq \rho_g \|u'(t) - u(t)\|.$$

在本章中，我们总考察满足上述条件，且状态变量连续可微、控制变量分段连续可微的最优控制问题。Pontryagin 极小值原理表述如下。

定理 4.1 (Pontryagin 极小值原理). 状态变量 $x(t) : [t_0, t_f] \to \mathbb{R}^n$ 分段连续可微，控制变量 $u(t) : [t_0, t_f] \to \mathbb{R}^m$ 分段连续。

(1) 被控对象符合状态方程和初值条件

$$\dot{x}(t) = f(x(t), u(t), t),\ x(t_0) = x_0. \tag{4.1.1}$$

(2) 符合容许控制，对任意时刻 $t \in [t_0, t_f]$，

$$u(t) \in U \subseteq \mathbb{R}^m. \tag{4.1.2}$$

其中 U 的每一维是 $\mathbb{R}$ 中的区间[1]。

(3) 终端时刻自由或固定，终端状态自由或固定。

(4) 要最小化性能指标

$$J(u) = h(x(t_f), t_f) + \int_{t_0}^{t_f} g(x(t), u(t), t)\,\mathrm{d}t. \tag{4.1.3}$$

则性能指标取得全局极小值的必要条件是最优控制 $u(t)$ 和最优控制下的状态变量 $x(t)$ 满足如下条件：

[1] 需要注意，本章讨论容许控制并未使用 $u \in \mathcal{U}$ 的函数空间形式。3.5.3 节讨论的单点约束并不在形如 $u(t) \in U$ 的容许控制范畴。

- 极值条件：最优控制 $u(t) \in U$，对任意容许的控制变量 $u'(t) \in U$，在几乎任意时刻[2] $t \in [t_0, t_f]$，

$$\mathcal{H}(x(t), u(t), p(t), t) \leq \mathcal{H}(x(t), u'(t), p(t), t). \tag{4.1.4}$$

其中，$\mathcal{H}$ 为 Hamiltonian 函数：

$$\mathcal{H}(x, u, p, t) = g(x, u, t) + p \cdot f(x, u, t).$$

- Hamilton 方程组：

$$\text{状态方程：} \quad \dot{x}(t) = +\frac{\partial \mathcal{H}}{\partial p}(x(t), u(t), p(t), t), \tag{4.1.5}$$

$$\text{协态方程：} \quad \dot{p}(t) = -\frac{\partial \mathcal{H}}{\partial x}(x(t), u(t), p(t), t). \tag{4.1.6}$$

- 边界条件（用于处理不同的目标集）：

$$\begin{aligned} &\left[\frac{\partial h}{\partial x}(x(t_f), t_f) - p(t_f)\right] \cdot \delta x_f \\ &\quad + \left[\mathcal{H}(x(t_f), u(t_f), p(t_f), t_f) + \frac{\partial h}{\partial t}(x(t_f), t_f)\right] \delta t_f = 0. \end{aligned} \tag{4.1.7}$$

很显然，当集合 U 是闭集时，容许控制所在的函数空间 $\mathcal{U}$ 也是闭集，这并不符合泛函极值驻点条件定理 3.3 的条件。同时，上述定理得到的是性能指标达到全局极小值的必要条件，我们对 Pontryagin 极小值原理的推导思路也将从驻点条件转移至必要条件。

Pontryagin 极小值原理主要涉及三个重要元素：极值条件、Hamilton 方程组和边界条件。其中，Hamilton 方程组和边界条件与经典变分中的结论完全一致，极值条件则有所不同。

Pontryagin 极小值原理的极值条件

Pontryagin 极小值原理的极值条件将关于控制变量的性能指标泛函全局极小值问题

$$J(u) \leq J(u'),$$

[2] 仅在可数个时刻改变控制变量的取值并不会影响性能指标的积分取值，而 Pontryagin 极小值原理并不要求控制变量逐点连续，因此在本章中，将不再区别两个函数在零测集上的不同。

其中 $u \in \mathcal{U}$ 为最优控制，$u' \in \mathcal{U}$ 为任意容许控制，转化为依赖于最优状态变量 $x(t)$ 和对应的协态变量 $p(t)$ 的函数极值问题：对任意的 $u'(t) \in U$，最优控制 $u(t) \in U$ 满足，

$$\mathcal{H}(x(t), u(t), p(t), t) \leq \mathcal{H}(x(t), u'(t), p(t), t).$$

若容许控制所在的函数空间 $\mathcal{U}$ 是开集合，例如，$U = \mathbb{R}^m$ 的情况，由 Pontryagin 极小值原理的极值条件立即可以得到与经典变分中相同的必要条件

$$0 = \frac{\partial \mathcal{H}}{\partial u}(x(t), u(t), p(t), t). \tag{4.1.8}$$

同时，Pontryagin 极小值原理中的容许控制所在函数空间不再必须是开集，能处理更为广泛的问题。例如，著名的时间最短控制问题中控制变量有界的情况即可适用。

此外，经典变分中得到的极值条件 (4.1.8) 需要在 Hamiltonian 函数对控制变量分量都可导的情况下方可成立，而 Pontryagin 极小值原理则避开这一要求，仅需其对状态变量与独立的时间分量可导、对控制变量连续即可，这使形如

“燃料最优控制”将在 4.3 节讨论。

$$J(u) = \int_{t_0}^{t_f} |u(t)| \, \mathrm{d}t$$

的“燃料最优控制”问题的求解成为可能。

稳态系统的 Pontryagin 极小值原理

与连续控制变量情况类似，对于稳态系统，在 Pontryagin 极小值原理 4.1 的题设条件下也具有如下性质。

定理 4.2 (稳态系统的 Pontryagin 极小值原理). Pontryagin 极小值原理 4.1 中，若考察稳态系统，则最优控制下的 Hamiltonian 函数在几乎任意时刻 $t \in [t_0, t_f]$ 都有

$$\mathcal{H}(x(t), u(t), p(t)) = c_1.$$

其中 $c_1 \in \mathbb{R}$ 为常数。

定理 4.3 (终端时刻自由稳态系统的 Pontryagin 极小值原理). Pontryagin 极小值原理 4.1 中，若考察稳态系统，且终端时刻 t_f 自由，则最优控制下的 Hamiltonian 函数在几乎任意时刻 $t \in [t_0, t_f]$ 都有

$$\mathcal{H}(x(t), u(t), p(t)) = 0.$$

对于状态变量和控制变量连续可微或分段连续可微且无约束条件的情况，我们曾经利用经典变分证明过与上述结论表述相同的推论 3.4、推论 3.5 以及从连续可微推广至分段连续可微情况的推论 3.6。

在使用经典变分证明开集情况下的上述结论时，我们利用的是性能指标的变分为零的驻点条件。最优控制 u 应满足对任意容许的函数变分 δu，其性能指标的泛函变分为零，

$$\delta J(u, \delta u) = 0.$$

在本章中，由于开集条件不再满足，我们将回归泛函极小值的定义 (3.7)。最优控制 u 应满足：对任意容许的函数变分 δu，其性能指标的泛函增量非负，

$$\Delta J(u, \delta u) \geq 0.$$

注意到，变分法中的“推论”（推论 3.4 和推论 3.5）在本小节中改写为了两个“定理”（定理 4.2 和定理 4.3）。这是因为，在本章中我们将不再从一般的时变系统着手推广至稳态系统得出上述结论，而是采用和变分法中相反的证明顺序。

对于状态变量与控制变量分段连续可微，且无约束情况下的最优控制问题，我们在第 3 章中利用变分法推得了其最优控制的驻点条件，并最终得到上述两个推论，其思路如图 4.2 所示。在状态变量和控制变量无约束的情况下，我们从最简变分问题的 δ 方法（定理 3.4）出发，利用 Lagrange 乘子法处理状态方程（问题 3.1 的分析技巧），首先证明固定终端状态、固定终端时刻的情况下，时变系统 Lagrange 形式性能指标的极小值原理（问题 3.2），之后将其拓展到多种终端约束的 Mayer 形式和 Bolza 形式性能指标的情况（问题 3.5），再推广到稳态系统（推论 3.4），以及自由终端时刻的稳态系统（推论 3.5），即定理 4.2 和定理 4.3。

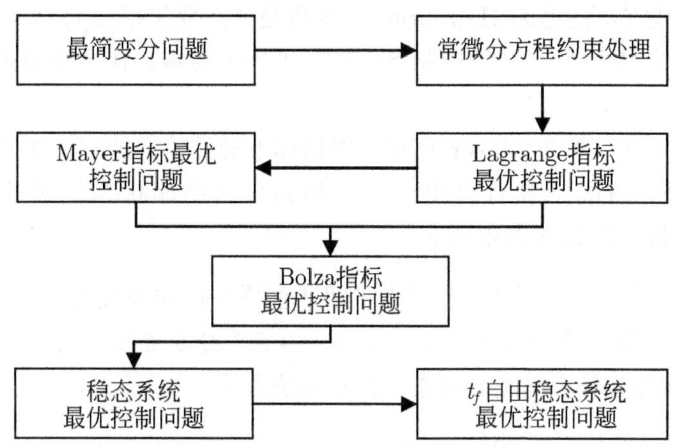

图 4.2 变分法研究最优控制的思路

而在本章中，我们将按照从 Mayer 形式性能指标到 Bolza 形式性能指标，从稳态系统到时变系统，从自由终端状态到固定终端状态的思路，以自由终端时刻、自由终端状态的定理 4.3 为起点，最终证明各种终端状态、终端时刻情况下的 Pontryagin 极小值原理（定理 4.1），见示意图 4.3。

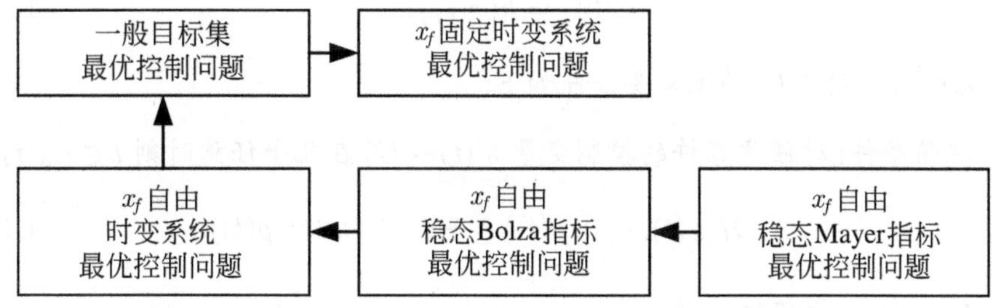

图 4.3 Pontryagin 极小值原理的证明思路

4.1.2 稳态 Mayer 形式极小值原理的证明

Mayer 形式性能指标中没有运行代价，其对应的稳态 Hamiltonian 函数形如

$$\mathcal{H}(x(t),u(t),p(t)) = p(t)\cdot f(x(t),u(t)). \tag{4.1.9}$$

若定理 4.3 成立，则稳态 Hamiltonian 函数是状态变化率 $\dot{x}(t) = f(x(t), u(t))$ 与协态 $p(t)$ 的内积，在最优控制下应该几乎处处为零。在本小节内就将构造性地证明这一结论。

我们将定理 4.3 在 Mayer 形式性能指标下的结论，即稳态系统在 Mayer 形式性能指标情况下具有自由终端时刻和自由终端状态最优控制问题的 Pontryagin 极小值原理表述如下。

定理 4.4 (稳态 Mayer 形式最优控制的极小值原理). 状态变量 $x(t) : [t_0, t_f] \to \mathbb{R}^n$ 分段连续可微，控制变量 $u(t) : [t_0, t_f] \to \mathbb{R}^m$ 分段连续。

(1) 被控对象符合稳态的状态方程和初值条件

$$\dot{x}(t) = f(x(t), u(t)),\ x(t_0) = x_0. \tag{4.1.10}$$

(2) 符合容许控制，对任意时刻 $t \in [t_0, t_f]$，

$$u(t) \in U \subseteq \mathbb{R}^m. \tag{4.1.11}$$

(3) 终端时刻自由，终端状态自由。

(4) 最小化性能指标

$$J(u) = h(x(t_f)). \tag{4.1.12}$$

则最优控制 $u(t) \in U$ 满足必要条件如下:

- 极值条件: 对任意容许的控制变量 $u'(t) \in U$，在几乎任意时刻 $t \in [t_0, t_f]$，

$$\mathcal{H}(x(t), u(t), p(t)) \le \mathcal{H}(x(t), u'(t), p(t)). \tag{4.1.13}$$

- Hamilton 方程组:

$$\text{状态方程:}\quad \dot{x}(t) = +\frac{\partial \mathcal{H}}{\partial p}(x(t), u(t), p(t)), \tag{4.1.14}$$

$$\text{协态方程:}\quad \dot{p}(t) = -\frac{\partial \mathcal{H}}{\partial x}(x(t), u(t), p(t)). \tag{4.1.15}$$

- 边界条件:

$$\frac{\partial h}{\partial x}(x(t_f)) - p(t_f) = 0. \tag{4.1.16}$$

$$\mathcal{H}(x(t_f), u(t_f), p(t_f)) = 0. \tag{4.1.17}$$

- 此外，稳态 Hamiltonian 函数还需满足，$t\in[t_0,t_f]$，

$$\mathcal{H}(x(t),u(t),p(t))=0. \tag{4.1.18}$$

在处理终端状态自由，终端时刻自由的变分问题（定理 3.7）时，我们将性能指标变分 δJ 写成状态变量的变分 δx 、终端时刻的变分 δt_f 以及终端状态的变分 δx_f 的函数，进而推得变分问题的驻点条件。稳态 Mayer 形式最优控制的极小值原理同样考察自由的终端状态和自由的终端时刻。我们也尝试类似的思路，但不计算泛函变分，而计算泛函增量 ΔJ。在下面的证明中，我们考察 $m=n=1$ 的情况，高维情况类似可证。

证明： 设最优控制为 $u(t)$，其对应的状态变量为 $x(t)$，终端时刻为 t_f。记在最优控制基础上施加函数变分 $\delta u(t)$。与我们此前所用的变分法技巧不同，暂时不确定函数变分的具体形式，首先简要考察状态变量、协态变量、终端时刻等受此扰动的影响。

记实施控制变量 $u'(t)=u(t)+\delta u(t)$ 后，状态变量为 $x'(t)$，由于我们考察的是自由终端时刻的最优控制问题，再记控制律 u' 下的终端时刻为 t'_f。即，

$$\begin{aligned} x'(t)&=x(t)+\delta x(t),\\ t'_f&=t_f+\delta t_f. \end{aligned}$$

则状态变量 $x'(t)$ 和 $x(t)$ 分别满足各自控制律 $u'(t)$ 和 $u(t)$ 下的状态方程(4.1.10)：

$$\begin{aligned} \dot{x}'(t)&=f(x'(t),u'(t)),\ \ t\in[t_0,t'_f],\\ \dot{x}(t)&=f(x(t),u(t)),\quad\ t\in[t_0,t_f]. \end{aligned}$$

在初始时刻 t_0，状态变量取值不受控制律影响，因此有$x'(t_0)=x(t_0)=x_0$。$\dot{x}(t)$ 受到的扰动为

$$\delta\dot{x}(t)=f(x'(t),u'(t))-f(x(t),u(t)). \tag{4.1.19}$$

我们希望计算控制变量的变分 δu 和终端时刻变分 δt_f 带来的性能指标泛函增量 ΔJ，以获得 $\Delta J\geq 0$ 的必要条件。计算泛函增量：

在此我们将利用变分法中 3.4.3 节定理 3.6 的证明技巧。

$$\begin{aligned} \Delta J=J(u')-J(u)&=h(x'(t'_f))-h(x(t_f))\\ &=\Big[h(x'(t'_f))-h(x(t'_f))\Big]+\Big[h(x(t'_f))-h(x(t_f))\Big]. \end{aligned}$$

注意到，h 关于 x 连续可微，在 x 连续可微处[3]，上式前项可在 $x(t'_f)$ 处对 $h(\cdot)$ Taylor 展开，后项可以在 t_f 处对 $h(x(\cdot))$ Taylor 展开，

$$\begin{aligned}\Delta J &= \frac{\partial h}{\partial x}(x(t'_f))\Big[x'(t'_f) - x(t'_f)\Big] + o(\|\delta x(t'_f)\|)\\&\quad + \frac{\partial h}{\partial x}(x(t_f))\dot{x}(t_f)[t'_f - t_f] + o(|\delta t|)\\&= \frac{\partial h}{\partial x}(x(t'_f))\delta x(t'_f)\\&\quad + \frac{\partial h}{\partial x}(x(t_f))f(x(t_f), u(t_f))\delta t_f + o(\|\delta x(t'_f)\|) + o(|\delta t_f|).\end{aligned}$$

上述 $\|\cdot\|$ 取 2-范数。再处理前项，继续利用 $\delta h/\delta x$ 连续的性质，可进一步化简为

$$\begin{aligned}\Delta J &= \Big[\frac{\partial h}{\partial x}(x(t'_f)) - \frac{\partial h}{\partial x}(x(t_f))\Big]\delta x(t'_f) + \frac{\partial h}{\partial x}(x(t_f))\delta x(t'_f)\\&\quad + \frac{\partial h}{\partial x}(x(t_f))f(x(t_f), u(t_f))\delta t_f + o(\|\delta x(t'_f)\|) + o(|\delta t_f|)\\&= \frac{\partial h}{\partial x}(x(t_f))\delta x(t'_f)\delta t_f + \|\delta x(t'_f)\|o(|\delta t_f|) + \frac{\partial h}{\partial x}(x(t_f))\delta x(t'_f)\\&\quad + \frac{\partial h}{\partial x}(x(t_f))f(x(t_f), u(t_f))\delta t_f + o(\|\delta x(t'_f)\|) + o(|\delta t_f|)\\&= \frac{\partial h}{\partial x}(x(t_f))\delta x(t_f + \delta t_f) + \frac{\partial h}{\partial x}(x(t_f))f(x(t_f), u(t_f))\delta t_f\\&\quad + \frac{\partial h}{\partial x}(x(t_f))\delta x(t'_f)\delta t_f + \|\delta x(t'_f)\|o(|\delta t_f|) + o(\|\delta x(t'_f)\|) + o(|\delta t_f|).\end{aligned} \tag{4.1.20}$$

下面我们在终端时刻自由的情况下，从公式(4.1.20)出发分析 δu 和 δt_f 对泛函增量 ΔJ 的影响。首先分为两种情况讨论：$\delta u = 0$ 和 $\delta t_f = 0$，并随后构造协态变量，证明极值条件以及最优控制下 Hamiltonian 函数为零的性质。

(1) 若取 $\delta u = 0$ 考察 ΔJ

若$\delta u = 0$，说明 $u' = u$ 为最优控制，仅允许终端时刻存在扰动 δt_f。由于状态方程满足 Lipschitz 条件，根据常微分方程初值问题相关结果，可知给定状态初值为 x_0，关于状态变量的状态方程 (4.1.10) 的解唯一。于是在任意时

常微分方程初值问题不在本书研究范围，可参考文献 [173] 或其他教材。

[3] Pontryagin 极小值原理的结论几乎处处成立，因此我们在此可仅考察状态变量非角点处的性质。

刻，状态变量相对于最优状态轨迹受到的扰动也为零 $\delta x = 0$。性能指标的泛函增量 (4.1.20) 可化简为

$$\Delta J = \frac{\partial h}{\partial x}(x(t_f))f(x(t_f), u(t_f))\delta t_f + o(|t_f|).$$

我们得到了$\delta u = 0$ 时最优控制的必要条件是，对终端时刻任意扰动 δt_f，上述 $\Delta J \geq 0$。即，对 $\delta t_f \in \mathbb{R}$，

$$\frac{\partial h}{\partial x}(x(t_f))f(x(t_f), u(t_f))\delta t_f \geq 0,$$

于是得到该问题最优控制的必要条件，最优控制 u 和最优状态轨迹 x 在最优的终端时刻 t_f 应满足：

$$\frac{\partial h}{\partial x}(x(t_f))f(x(t_f), u(t_f)) = 0. \tag{4.1.21}$$

(2) 若取 $\delta t_f = 0$ 考察 ΔJ

若 $\delta t_f = 0$，则只对最优控制施加扰动 δu。性能指标的泛函增量 (4.1.20) 可化简为

$$\Delta J = \frac{\partial h}{\partial x}(x(t_f))\delta x(t_f) + o(\|\delta x(t_f)\|). \tag{4.1.22}$$

和 (1) 中的分析类似，我们得到了$\delta t_f = 0$ 时最优控制的必要条件，对控制变量的任意函数变分 δu，上述 $\Delta J \geq 0$。接下来，我们需要考察控制变量变分 δu 对状态变量在终端时刻的扰动 $\delta x(t_f)$ 的影响。

$$\delta x(t_f) = \delta x(t_0) + \int_{t_0}^{t_f} \delta \dot{x}(t)\,\mathrm{d}t = \int_{t_0}^{t_f} \delta \dot{x}(t)\,\mathrm{d}t. \tag{4.1.23}$$

根据公式 (4.1.19) 将其展开，并采用计算 ΔJ 类似的技巧计算。

$$\begin{aligned}
\delta \dot{x}(t) &= f(x'(t), u'(t)) - f(x(t), u(t)) \\
&= f(x(t) + \delta x(t), u(t) + \delta u(t)) - f(x(t), u(t)) \\
&= \Big[f(x(t) + \delta x(t), u(t) + \delta u(t)) - f(x(t), u(t) + \delta u(t))\Big] \\
&\quad + \Big[f(x(t), u(t) + \delta u(t)) - f(x(t), u(t))\Big].
\end{aligned} \tag{4.1.24}$$

由于 $f(x,u)$ 满足 Lipschitz 条件，可知存在 $\gamma_f>0$ 和 $\rho_f>0$，

$$\|f(x(t)+\delta x(t),u(t)+\delta u(t))-f(x(t),u(t)+\delta u(t))\|\leq\gamma_f\|\delta x(t)\|,$$
$$\|f(x(t),u(t)+\delta u(t))-f(x(t),u(t))\|\leq\rho_f\|\delta u(t)\|.$$

利用三角不等式，并将上述两式代入公式 (4.1.24)，状态变量变分的变化率满足不等式：

$$\begin{aligned}\|\delta\dot{x}(t)\|=&\Big\|\Big[f(x(t)+\delta x(t),u(t)+\delta u(t))-f(x(t),u(t)+\delta u(t))\Big]\\&+\Big[f(x(t),u(t)+\delta u(t))-f(x(t),u(t))\Big]\Big\|\\\leq&\Big\|f(x(t)+\delta x(t),u(t)+\delta u(t))-f(x(t),u(t)+\delta u(t))\Big\|\\&+\Big\|f(x(t),u(t)+\delta u(t))-f(x(t),u(t))\Big\|\\\leq&\gamma_f\|\delta x(t)\|+\rho_f\|\delta u(t)\|.\end{aligned}\tag{4.1.25}$$

另一方面，对于 $x(t)\in\mathbb{R}^n$（对 $n=1$ 的情况当然也成立），在$\|\delta x(t)\|\neq 0$ 的时刻，

$$\frac{\mathrm{d}}{\mathrm{d}t}\|\delta x(t)\|=\frac{\delta x(t)\cdot\delta\dot{x}(t)}{\|\delta x(t)\|}\leq\frac{\|\delta x(t)\|\cdot\|\delta\dot{x}(t)\|}{\|\delta x(t)\|}=\|\delta\dot{x}(t)\|.$$

于是，

$$\frac{\mathrm{d}}{\mathrm{d}t}\|\delta x(t)\|\leq\gamma_f\|\delta x(t)\|+\rho_f\|\delta u(t)\|.$$

不等式两边同时乘以 $\mathrm{e}^{-\gamma_f t}$，可得

$$\frac{\mathrm{d}}{\mathrm{d}t}\Big[\mathrm{e}^{-\gamma_f t}\|\delta x(t)\|\Big]\leq\mathrm{e}^{-\gamma_f t}\rho_f\|\delta u(t)\|.$$

不等式两边在区间 $[t_0,t_f]$ 上积分，就可整理得控制变量变分对 $\|\delta x(t_f)\|$ 的影响，

$$\|\delta x(t_f)\|\leq\mathrm{e}^{\gamma_f t_f}\int_{t_0}^{t_f}\mathrm{e}^{-\gamma_f t}\rho_f\|\delta u(t)\|\,\mathrm{d}t.\tag{4.1.26}$$

接下来，我们将通过规定控制变量变分δu 的形式进一步化简上述不等式以及性能指标的泛函增量。由于 Pontryagin 极小值原理中考察的控制变量分段连续，设 $t_2\in(t_0,t_f)$ 是控制变量 $u(t)$ 的任意连续点。如图 4.4 所示，我们

对控制变量引入 Pontryagin-McShane 变分，只在 t_2 点附近很小的区间之内存在扰动

$$\delta u(t) \stackrel{\text{def}}{=} \begin{cases} \omega - u(t), & t \in [t_2, t_3], \\ 0, & \text{其他时刻}. \end{cases} \tag{4.1.27}$$

其中 $t_3 = t_2 + \Delta t$。则受到扰动的控制变量 $u'(t) = u(t) + \delta u(t)$ 将只在一个很小的区间 $[t_2, t_3]$ 之内与最优控制 $u(t)$ 不同，且等于常数 $\omega \in U \subseteq \mathbb{R}^m$。由于最优控制 $u(t) \in U$ 分段连续为容许控制，于是 $u'(t)$ 依然分段连续，且 $u'(t) \in U$，是容许控制。

类比 2.2.2 节和 3.5.4节中在分段连续可微情况下分析 Weierstrass 条件时定义的函数变分，状态变量变分的变化率在很小的区间上为常数。

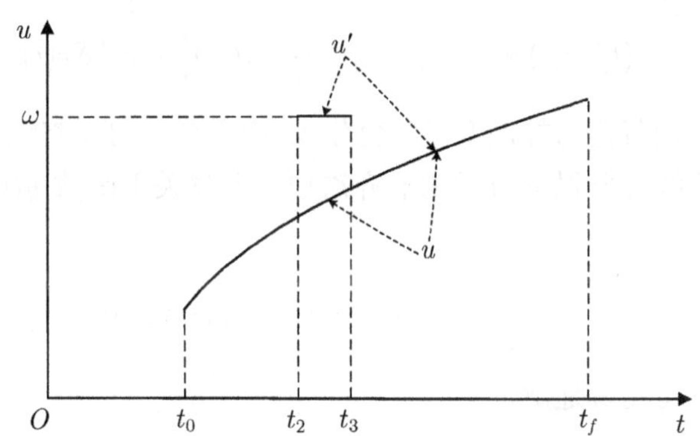

图 4.4 Pontryagin-McShane 变分

在 Pontryagin-McShane 变分下，$\delta u(t)$ 仅在区间 $[t_2, t_3]$ 上非零，于是不等式 (4.1.26) 可进一步化简为

$$\|\delta x(t_f)\| \leq \mathrm{e}^{\gamma_f t_f} \int_{t_2}^{t_2+\Delta t} \mathrm{e}^{-\gamma_f t} \rho_f \|\delta u(t)\| \, \mathrm{d}t.$$

只需让 Pontryagin-McShane 变分的参数 Δt 足够小，即可保证 $\|x(t_f)\|$ 很小。于是，由性能指标的泛函增量需满足的必要条件 (4.1.22)，在 δt_f 情况下，可以推得最优控制的必要条件：

$$\frac{\partial h}{\partial x}(x(t_f))\delta x(t_f) \geq 0. \tag{4.1.28}$$

对于“连续”“开集”的最简变分问题，我们曾在 3.2.5 节通过构造协态变量得到简化版本的极小值原理。

(3) 构造协态变量，证明极值条件

下面，我们将在第 (2) 部分得到的最优控制必要条件，不等式 (4.1.28) 的基础上，构造适当的协态变量，证明 Pontryagin 极小值原理中的各个必要条件。

首先考察 $\delta x(t)$。注意到已有的结论公式 (4.1.23) 和公式 (4.1.24)，我们从计算 $\delta\dot{x}(t)$ 着手。由于 f 对 x 有连续偏导，将公式 (4.1.24) 前项在 $x(t)$, $u(t)+\delta u(t)$ Taylor 展开，即可化简得到，

$$\begin{aligned}\delta\dot{x}(t) &= \frac{\partial f}{\partial x}(x(t),u(t)+\delta u(t))\delta x(t)+o(\|\delta x(t)\|)\\ &\quad+\Big[f(x(t),u(t)+\delta u(t))-f(x(t),u(t))\Big]\\ &=\frac{\partial f}{\partial x}(x(t),u(t))\delta x(t)\\ &\quad+\Big[\frac{\partial f}{\partial x}(x(t),u(t)+\delta u(t))-\frac{\partial f}{\partial x}(x(t),u(t))\Big]\delta x(t)\\ &\quad+\Big[f(x(t),u(t)+\delta u(t))-f(x(t),u(t))\Big]+o(\|\delta x(t)\|).\end{aligned} \tag{4.1.29}$$

注意到，上式后两行是与控制变量的变分 δu 有关的，可以将这一部分看作关于 $\delta\dot{x}(t)$ 的一阶线性常微分方程的非齐次项。考察关于函数 $y(t)$ 的线性齐次微分方程

$$\dot{y}(t)=\frac{\partial f}{\partial x}(x(t),u(t))y(t),\quad y(t_0)=0.$$

利用分离变量法可得其通解，

$$y(t)=c_1\mathrm{e}^{\left[\int_{t_0}^{t}\frac{\partial f}{\partial x}(x(\tau),u(\tau))\mathrm{d}\tau\right]},$$

分段连续可微函数的定义和简要分析见 2.2.1 节。

其中 c_1 是常数。构造分段连续可微的函数，协态变量 $p(t):[t_0,t_f]\to\mathbb{R}^n$，使其满足**定理 4.4 的结论：协态方程** (4.1.15)：

$$\dot{p}(t)=-\frac{\partial\mathcal{H}}{\partial x}(x(t),u(t),p(t))$$

对于 $n=1$ 的情况，

$$\dot{p}(t)=-\frac{\partial f}{\partial x}(x(t),u(t))p(t).$$

再令其在终端时刻满足**定理 4.4 的结论：边界条件** (4.1.16)：

$$p(t_f)=\frac{\partial h}{\partial x}(x(t_f)).$$

由公式(4.1.21)，立即可得最优控制下的稳态 Hamiltonian 函数在终端时刻满足**定理 4.4 的结论：边界条件**(4.1.17)：

$$\mathcal{H}(x(t_f),u(t_f),p(t_f)) = p(t_f)\cdot f(x(t_f),u(t_f)).$$

注意到上式中“$\cdot$”表示数乘或向量内积，对于 $n=1$ 的情况，

$$\mathcal{H}(x(t_f),u(t_f),p(t_f)) = \frac{\partial h}{\partial x}(x(t_f))f(x(t_f),u(t_f)) = 0.$$

另一方面，引入协态变量后，最优控制的必要条件 (4.1.28) 可写作

$$p(t_f)\delta x(t_f) \geq 0. \tag{4.1.30}$$

同样利用分离变量法可得协态变量的通解，

$$p(t) = c_1 \mathrm{e}^{\left[-\int_{t_0}^{t}\frac{\partial f}{\partial x}(x(\tau),u(\tau))\mathrm{d}\tau\right]},$$

其中 c_1 是常数。利用一阶线性常微分方程中的技巧，

$$\begin{aligned}\frac{\mathrm{d}}{\mathrm{d}t}\Big[p(t)\cdot y(t)\Big] &= \dot{p}(t)\cdot y(t) + p(t)\cdot\dot{y}(t)\\ &= \Big[-\frac{\partial f}{\partial x}(x(t),u(t))p(t)\Big]\cdot y(t) + p(t)\cdot\Big[\frac{\partial f}{\partial x}(x(t),u(t))y(t)\Big] = 0.\end{aligned}$$

于是，结合公式 (4.1.29)，即可得到

在 $n>1$ 情况下计算过程和结论相同。

$$\begin{aligned}p(t)\delta\dot{x}(t) = {}& p(t)\frac{\partial f}{\partial x}(x(t),u(t))\delta x(t)\\ &+ p(t)\Big[\frac{\partial f}{\partial x}(x(t),u(t)+\delta u(t)) - \frac{\partial f}{\partial x}(x(t),u(t))\Big]\delta x(t)\\ &+ p(t)\Big[f(x(t),u(t)+\delta u(t)) - f(x(t),u(t))\Big] + o(\|\delta x(t)\|).\end{aligned}$$

将等式右侧第一行移项即可得到，

$$\begin{aligned}\frac{\mathrm{d}}{\mathrm{d}t}\Big[p(t)\delta x(t)\Big] = {}& p(t)\Big[\frac{\partial f}{\partial x}(x(t),u(t)+\delta u(t)) - \frac{\partial f}{\partial x}(x(t),u(t))\Big]\delta x(t)\\ &+ p(t)\Big[f(x(t),u(t)+\delta u(t)) - f(x(t),u(t))\Big] + p(t)o(\|\delta x(t)\|).\end{aligned}$$

等式两端积分，

$$\begin{aligned}p(t_f)\delta x(t_f) = {}& \int_{t_0}^{t_f}\Big\{p(t)\Big[\frac{\partial f}{\partial x}(x(t),u(t)+\delta u(t)) - \frac{\partial f}{\partial x}(x(t),u(t))\Big]\delta x(t)\\ &+ p(t)\Big[f(x(t),u(t)+\delta u(t)) - f(x(t),u(t))\Big] + p(t)o(\|\delta x(t)\|)\Big\}\,\mathrm{d}t\end{aligned}$$

$$
\begin{aligned}
&= \int_{t_0}^{t_f} \Big\{ p(t) \Big[\frac{\partial f}{\partial x}(x(t), u(t) + \delta u(t)) - \frac{\partial f}{\partial x}(x(t), u(t)) \Big] \delta x(t) + p(t) o(\|\delta x(t)\|) \\
&\quad + \Big[\mathcal{H}(x(t), u(t) + \delta u(t), p(t)) - \mathcal{H}(x(t), u(t), p(t)) \Big] \Big\} \mathrm{d}t \\
&= \int_{t_2}^{t_3} \Big\{ p(t) \Big[\frac{\partial f}{\partial x}(x(t), u(t) + \delta u(t)) - \frac{\partial f}{\partial x}(x(t), u(t)) \Big] \delta x(t) + p(t) o(\|\delta x(t)\|) \\
&\quad + \Big[\mathcal{H}(x(t), u(t) + \delta u(t), p(t)) - \mathcal{H}(x(t), u(t), p(t)) \Big] \Big\} \mathrm{d}t. \qquad (4.1.31)
\end{aligned}
$$

结合公式 (4.1.31) 和不等式 (4.1.30) 可知，若 t_2 是控制变量$u(t)$ 的连续点，则对于控制变量的任意 Pontryagin-McShane 变分（即公式 (4.1.27) 中任取容许的 Δt 和 ω），

$$
\begin{aligned}
&\int_{t_2}^{t_2+\Delta t} \Big\{ p(t) \Big[\frac{\partial f}{\partial x}(x(t), u(t) + \delta u(t)) - \frac{\partial f}{\partial x}(x(t), u(t)) \Big] \delta x(t) \\
&+ p(t) o(\|\delta x(t)\|) \\
&+ \Big[\mathcal{H}(x(t), u(t) + \delta u(t), p(t)) - \mathcal{H}(x(t), u(t), p(t)) \Big] \Big\} \mathrm{d}t \geq 0. \qquad (4.1.32)
\end{aligned}
$$

由 $\partial f/\partial x$ 对 u 连续可知上述第一行积分是 Δt 的高阶无穷小项。于是，最优控制 $u(t)$ 在任意连续点 t_2 都应满足：

$$
\int_{t_2}^{t_2+\Delta t} \Big\{ \mathcal{H}(x(t), u'(t), p(t)) - \mathcal{H}(x(t), u(t), p(t)) \Big\} \mathrm{d}t \geq 0,
$$

$$
\int_{t_2}^{t_2+\Delta t} \Big\{ \mathcal{H}(x(t), \omega, p(t)) - \mathcal{H}(x(t), u(t), p(t)) \Big\} \mathrm{d}t \geq 0.
$$

由积分中值定理，存在 $\tau \in [t_2, t_2 + \Delta t]$，

$$
\begin{aligned}
&\int_{t_2}^{t_2+\Delta t} \Big\{ \mathcal{H}(x(t), \omega, p(t)) - \mathcal{H}(x(t), u(t), p(t)) \Big\} \mathrm{d}t \\
=& \Big[\mathcal{H}(x(\tau), \omega, p(\tau)) - \mathcal{H}(x(\tau), u(\tau), p(\tau)) \Big] \Delta t \geq 0.
\end{aligned}
$$

令 $\Delta t \to 0$，得到**定理 4.4 的结论：极值条件** (4.1.13)，最优控制在几乎任意连续时刻满足，对任意的 $\omega \in U$：

$$
\mathcal{H}(x(t), u(t), p(t)) \leq \mathcal{H}(x(t), \omega, p(t)).
$$

由于**定理 4.4 的结论：状态方程**(4.1.14)已由题设保证成立，至此，我们已经证明了该定理除了稳态 Hamiltonian 函数恒为零之外的全部结论。

(4) 证明最优控制下稳态 Hamiltonian 函数恒为零

为此我们首先需要证明：最优控制下，稳态 Hamiltonian 函数随时间连续，之后再完成其恒为零的证明。

考虑到 $\mathcal{H}(x,u,p)=p\cdot f(x,u)$ 关于 x,p 的任意分量都有偏导，而 $u(t)$ 分段连续，可知在 $u(t)$ 的连续点处，$\mathcal{H}(x(t),u(t),p(t))$ 连续。接下来只需证明在 $u(t)$ 的不连续点 t_1，$\mathcal{H}(x(t),u(t),p(t))$ 关于时间 t 依然连续。由此前已经证明的极值条件(4.1.13)，在控制变量的不连续点 t_1 左侧的任意一个连续点 $t_1-\epsilon$, $\epsilon>0$，对任意容许的 $u'(t_1-\epsilon)$ 都满足

$$\mathcal{H}(x(t_1-\epsilon),u(t_1-\epsilon),p(t_1-\epsilon))\leq\mathcal{H}(x(t_1-\epsilon),u'(t_1-\epsilon),p(t_1-\epsilon)).$$

取 Pontryagin-McShane 变分中的 $u'(t_1-\epsilon)$ 为最优控制在 t_1 右极限 $u(t_1+)$，再令 $\epsilon\to 0$，由 $x(t),p(t)$ 在 t_1 点连续，有：

$$\mathcal{H}(x(t_1),u(t_1-),p(t_1))\leq\mathcal{H}(x(t_1),u(t_1+),p(t_1)). \tag{4.1.33}$$

类似地，在 t_1 点右侧令 $u'(t_1+\epsilon)=u(t_1-)$ 可得

$$\mathcal{H}(x(t_1),u(t_1+),p(t_1))\leq\mathcal{H}(x(t_1),u(t_1-),p(t_1)). \tag{4.1.34}$$

综合公式 (4.1.33) 和公式 (4.1.34)，我们得到最优控制下 Hamiltonian 函数在控制变量的任意不连续点 t_1 依然连续：

$$\mathcal{H}(x(t_1),u(t_1+),p(t_1))=\mathcal{H}(x(t_1),u(t_1-),p(t_1)).$$

下面我们即可证明最优控制下稳态 Hamiltonian 函数恒等于 0。引入辅助函数

$$\mathcal{G}(x(t),p(t))\stackrel{\text{def}}{=}\min_{u'(t)\in U}\mathcal{H}(x(t),u'(t),p(t)),$$

换言之，若 u 是最优控制，则

$$\mathcal{G}(x(t),p(t))=\mathcal{H}(x(t),u(t),p(t)).$$

由于最优控制分段连续，而 $\mathcal{H}$ 是连续的，我们只需证明在最优控制的每个连续区间之内，$\mathcal{G}$ 关于 t 的导数为零即可完成本定理的证明。对最优控制连续的区间 $[t_2,t_3]\subseteq[t_0,t_f]$，应用极值条件，可得：

$$\mathcal{H}(x(t_2),u(t_3),p(t_2))\geq\mathcal{H}(x(t_2),u(t_2),p(t_2))=\mathcal{G}(x(t_2),p(t_2)),$$

$$\mathcal{H}(x(t_3),u(t_2),p(t_3)) \geq \mathcal{H}(x(t_3),u(t_3),p(t_3)) = \mathcal{G}(x(t_3),p(t_3)).$$

于是，

$$\begin{aligned}&\mathcal{H}(x(t_3),u(t_3),p(t_3)) - \mathcal{H}(x(t_2),u(t_3),p(t_2))\\ \leq&\mathcal{G}(x(t_3),p(t_3)) - \mathcal{G}(x(t_2),p(t_2))\\ \leq&\mathcal{H}(x(t_3),u(t_2),p(t_3)) - \mathcal{H}(x(t_2),u(t_2),p(t_2)).\end{aligned} \tag{4.1.35}$$

在公式 (4.1.35) 中，同时除以 $\Delta t = t_3 - t_2$，并令 $\Delta t \to 0$。我们将证明，不等式左右两边均趋近于 0。将不等式(4.1.35)第一行在 $x(t_3),u(t_3),p(t_3)$ Taylor 展开

$$\begin{aligned}&\lim_{\Delta t\to 0}\frac{1}{\Delta t}\Big\{\mathcal{H}(x(t_3),u(t_3),p(t_3)) - \mathcal{H}(x(t_2),u(t_3),p(t_2))\Big\}\\ =&\lim_{\Delta t\to 0}\frac{1}{\Delta t}\Big\{-[x(t_2)-x(t_3)]\cdot\frac{\partial\mathcal{H}}{\partial x}(x(t_3),u(t_3),p(t_3))\\ &\qquad -[p(t_2)-p(t_3)]\cdot\frac{\partial\mathcal{H}}{\partial p}(x(t_3),u(t_3),p(t_3)) + o(\|\cdot\|)]\Big\}\\ =&\dot{x}(t_3)\cdot\frac{\partial\mathcal{H}}{\partial x}(x(t_3),u(t_3),p(t_3)) + \dot{p}(t_3)\cdot\frac{\partial\mathcal{H}}{\partial p}(x(t_3),u(t_3),p(t_3)).\end{aligned}$$

而根据此前已经得到的状态方程 (4.1.14) 和协态方程 (4.1.15)，可得：

$$\lim_{\Delta t\to 0}\frac{1}{\Delta t}\Big\{\mathcal{H}(x(t_3),u(t_3),p(t_3)) - \mathcal{H}(x(t_2),u(t_3),p(t_2))\Big\} = 0.$$

类似地，将不等式 (4.1.35) 最后一行在 $x(t_2),u(t_2),p(t_2)$ Taylor 展开，可得：

$$\lim_{\Delta t\to 0}\frac{1}{\Delta t}\Big\{\mathcal{H}(x(t_3),u(t_2),p(t_3)) - \mathcal{H}(x(t_2),u(t_2),p(t_2))\Big\} = 0.$$

于是，

$$\lim_{\Delta t\to 0}\frac{\mathcal{G}(x(t_3),p(t_3)) - \mathcal{G}(x(t_2),p(t_2))}{t_3 - t_2} = 0.$$

而最优控制 $u(t)$ 是分段连续的，在每个控制变量连续的区间内，$\mathcal{G}$ 都是常数。再结合已经证明的，稳态 Hamiltonian 函数连续，我们证明了**定理 4.4 的结论：最优控制下稳态 Hamiltonian 函数为零 (4.1.18)**

$$\mathcal{H}(x(t),u(t),p(t)) = 0.$$

证毕。 □

尽管上述证明过程仅讨论了 $n = m = 1$ 的情况，对于 $n \geq 1, m \geq 1$ 的一般情况也可以完全类似地证明。此外，本定理考察的终端条件是终端时刻自由、终端状态自由，然而从证明过程可见，若终端时刻固定、终端状态自由，则从公式 (4.1.20) 立即可化为

$$\Delta J = \frac{\partial h}{\partial x}(x(t_f))\delta x(t_f) + o(\|\delta x(t_f)\|). \tag{4.1.36}$$

这与上述证明中的第 (2) 部分起点相同。由此出发，可以由与本定理完全相同的过程得到对应的最优控制必要条件。读者可以完成下列练习。

练习 4.1. 对于稳态 Mayer 形式最优控制问题，定理 4.4 讨论了终端时刻自由、终端状态自由的情况。若终端时刻固定、终端状态自由，给出最优控制的必要条件。

4.1.3 稳态 Bolza 形式极小值原理的证明

在 4.1.2 节的定理 4.4 中，我们讨论的最优控制问题终端时间和终端状态自由，具有稳态系统和 Mayer 形式性能指标

$$J(u) = h(x(t_f)).$$

在本小节，我们将基于该结论，证明该系统在 Bolza 形式性能指标下的极小值原理。由于性能指标包含运行代价为

$$J(u) = h(x(t_f)) + \int_{t_0}^{t_f} g(x(t), u(t))\mathrm{d}t,$$

Hamiltonian 函数为稳态的

$$\mathcal{H}(x(t), u(t), p(t)) = g(x(t), u(t)) + p(t) \cdot f(x(t), u(t)). \tag{4.1.37}$$

我们将证明定理 4.3 的题设下，对一般的 Bolza 形式性能指标，自由终端状态与自由终端时刻，有如下结论。

定理 4.5 (稳态 Bolza 形式最优控制的极小值原理). 与定理 4.4 条件相同，在终端时刻自由，终端状态自由的情况下最小化 Bolza 形式性能指标

$$J(u) = h(x(t_f)) + \int_{t_0}^{t_f} g(x(t), u(t))\mathrm{d}t,$$

则最优控制 $u(t) \in U$ 满足必要条件如下:

- 极值条件:对任意容许的控制变量 $u'(t)\in U$,在几乎任意时刻 $t\in[t_0,t_f]$,

$$\mathcal{H}(x(t),u(t),p(t))\leq\mathcal{H}(x(t),u'(t),p(t)). \tag{4.1.38}$$

- Hamilton 方程组:

$$\text{状态方程:}\quad \dot{x}(t)=+\frac{\partial\mathcal{H}}{\partial p}(x(t),u(t),p(t)), \tag{4.1.39}$$

$$\text{协态方程:}\quad \dot{p}(t)=-\frac{\partial\mathcal{H}}{\partial x}(x(t),u(t),p(t)). \tag{4.1.40}$$

- 边界条件:

$$\frac{\partial h}{\partial x}(x(t_f))-p(t_f)=0, \tag{4.1.41}$$

$$\mathcal{H}(x(t_f),u(t_f),p(t_f))=0. \tag{4.1.42}$$

- 此外,稳态 Hamiltonian 函数还满足,$t\in[t_0,t_f]$,

$$\mathcal{H}(x(t),u(t),p(t))=0. \tag{4.1.43}$$

我们已经在 3.4.5 节介绍过 Bolza 形式性能指标、Mayer 形式性能指标和 Lagrange 形式性能指标可以相互转化。在此,我们将该定理转化为定理 4.4 的情况即可得证。

证明: 考虑到 Bolza 形式性能指标、Mayer 形式性能指标只相差运行代价,我们只需将运行代价 $g(x(t),u(t))$ 消去。引入一个新的状态变量 $x_{n+1}(t):[t_0,t_f]\to\mathbb{R}$,将有运行代价的最优控制问题转化为定理 4.4 的 Mayer 形式。由于 g 也满足 Lipschitz 条件,可以令

在此,我们将采用 3.3.3 节变分法中等周问题 3.3 使用的技巧新增状态变量。

$$\dot{x}_{n+1}(t)=g(x(t),u(t)),\quad x_{n+1}(t_0)=0. \tag{4.1.44}$$

于是 Bolza 形式性能指标可化作

$$\begin{aligned}J(u)&=h(x(t_f))+\int_{t_0}^{t_f}g(x(t),u(t))\mathrm{d}t\\&=h(x(t_f))+\int_{t_0}^{t_f}\dot{x}_{n+1}(t)\mathrm{d}t\end{aligned}$$

$$
\begin{aligned}
&= h(x(t_f)) + x_{n+1}(t_f) - x_{n+1}(t_0) \\
&= h(x(t_f)) + x_{n+1}(t_f).
\end{aligned}
$$

我们将该定理的问题转化为一个新的最优控制问题。状态变量增加一维，为 $\bar{x}(t) = [x_1(t), x_2(t), \ldots, x_n(t), x_{n+1}(t)]^{\mathrm{T}}$。控制变量保持不变，为 $u(t) = [u_1(t), u_2(t), \ldots, u_m(t)]^{\mathrm{T}}$，状态方程由公式 (4.1.10) 和公式 (4.1.44) 构成。性能指标是 Mayer 形式的

$$
J(u) = h(x(t_f)) + x_{n+1}(t_f),
$$

终端状态自由，终端时刻也自由。我们可以利用定理 4.4 获得最优控制的必要条件。

引入协态变量为 $\bar{p}(t) = [p_1(t), p_2(t), \ldots, p_n(t), p_{n+1}(t)]^{\mathrm{T}}$，则构造的 Mayer 形式最优控制 问题的稳态 Hamiltonian 函数为

$$
\mathcal{H}(\bar{x}(t), u(t), \bar{p}(t)) = p(t) \cdot f(x(t), u(t)) + p_{n+1}(t) g(x(t), u(t)). \tag{4.1.45}
$$

则由定理 4.4 的极值条件 (4.1.13)，有：

$$
\begin{aligned}
& p(t) \cdot f(x(t), u(t)) + p_{n+1}(t) g(x(t), u(t)) \\
\leq & p(t) \cdot f(x(t), u'(t)) + p_{n+1}(t) g(x(t), u'(t)).
\end{aligned} \tag{4.1.46}
$$

由定理 4.4 的协态方程 (4.1.15)，有：

$$
\dot{p}(t) = -\left[\frac{\partial f}{\partial x}(x(t), u(t))\right]^{\mathrm{T}} p(t) - p_{n+1}(t) \frac{\partial g}{\partial x}(x(t), u(t)), \tag{4.1.47}
$$

$$
\dot{p}_{n+1}(t) = 0. \tag{4.1.48}
$$

由定理 4.4 的边界条件 (4.1.16) 和 (4.1.17)，有：

$$
\frac{\partial h}{\partial x}(x(t_f)) - p(t_f) = 0, \tag{4.1.49}
$$

$$
1 - p_{n+1}(t_f) = 0, \tag{4.1.50}
$$

$$
p(t_f) \cdot f(\bar{x}(t_f), u(t_f)) + p_{n+1}(t_f) g(x(t_f), u(t_f)) = 0. \tag{4.1.51}
$$

上述公式 (4.1.49) 即为**定理 4.5 的结论：边界条件** (4.1.41)。再由关于新引入的协态 p_{n+1} 的两个方程 (4.1.48) 和 (4.1.50)，可以得到：

$$
p_{n+1}(t) = 1. \tag{4.1.52}
$$

将公式 (4.1.52) 代入公式 (4.1.46) 有

$$\begin{aligned}&p(t)\cdot f(x(t),u(t))+g(x(t),u(t))\\ \leqslant&p(t)\cdot f(x(t),u'(t))+g(x(t),u'(t)).\end{aligned}$$

注意到稳态 Bolza 形式最优控制问题的 Hamiltonian 函数 (4.1.37)，上式就是**定理** 4.5 **的结论：极值条件** (4.1.38)：

$$\mathcal{H}(x(t),u(t),p(t))\leqslant\mathcal{H}(x(t),u'(t),p(t)).$$

将式 (4.1.52) 代入式 (4.1.47)，得到**定理** 4.5 **的结论：协态方程** (4.1.40)：

$$\begin{aligned}\dot{p}(t)&=-p(t)\cdot\frac{\partial f}{\partial x}(x(t),u(t))-\frac{\partial g}{\partial x}(x(t),u(t))\\&=-\frac{\partial\mathcal{H}}{\partial x}(x(t),u(t),p(t)).\end{aligned}$$

将式 (4.1.52) 代入式 (4.1.51) 得到**定理** 4.5 **的结论：边界条件** (4.1.42)：

$$\mathcal{H}(x(t_f),u(t_f),p(t_f))=0.$$

利用与定理 4.4 完全相同的过程，我们可以证明，在最优控制下，Bolza 形式性能指标稳态系统的 Hamiltonian 函数随时间连续，且在最优控制 $u(t)$ 的连续点处，关于时间的导数为零，即得到**定理** 4.4 **的结论：公式** (4.1.43)。连同自然成立的状态方程 (4.1.39)，我们完成了稳态 Bolza 形式最优控制问题在终端时刻自由、终端状态自由情况下的极小值原理的证明。 □

练习 4.2. 对于稳态 Bolza 形式最优控制问题，定理 4.5 讨论了终端时刻自由、终端状态自由的情况。若终端时刻固定、终端状态自由，根据练习 4.1 的结论，参考定理 4.5 给出这种情况下最优控制的必要条件。

在本节的证明过程中，我们可以发现一个有趣的事实，Bolza 形式和 Lagrange 形式最优控制问题的 Hamiltonian 函数为

$$\mathcal{H}=p(t)\cdot f(x(t),u(t))+p_{n+1}(t)g(x(t),u(t)),$$

Mayer 形式最优控制问题的 Hamiltonian 函数为

$$\mathcal{H}=p(t)\cdot f(x(t),u(t)),$$

其相差恰为新增变量 $x_{n+1}(t)$ 的变化率及其协态的乘积。一些文献（如文献 [6] 等）中将 Pontryagin 极小值原理的协态变量定义为 $n+1$ 维函数 $\bar{p}=[p_1,\ldots,p_n,p_{n+1}]^{\mathrm{T}}$，Hamiltonian 函数依公式 (4.1.45)定义，则有增广的协态方程：

$$\dot{\bar{p}}(t)=-\frac{\partial\mathcal{H}}{\partial\bar{x}}.$$

与此同时，协态变量的分量 $p_{n+1}(t)$ 为非负常数。若解得 $p_{n+1}(t)=0$，则称为反常（abnormal）情况。

4.1.4 时变系统极小值原理的证明

时变系统的状态方程为

$$\dot{x}(t)=f(x(t),u(t),t),$$

Bolza 形式性能指标为

$$J(u)=h(x(t_f),t_f)+\int_{t_0}^{t_f}g(x(t),u(t),t)\,\mathrm{d}t.$$

其 Hamiltonian 函数为与时间有关的

$$\mathcal{H}(x(t),u(t),p(t),t)=g(x(t),u(t),t)+p(t)\cdot f(x(t),u(t),t). \tag{4.1.53}$$

下面，我们将 4.1.3 节的结论，定理 4.5 推广至一般的时变系统，证明终端时刻自由、终端状态自由的情况下的 Pontryagin 极小值原理。

定理 4.6 (时变系统的极小值原理). *与定理 4.1 条件完全相同，限定目标集为终端时刻自由、终端状态自由。则最优控制 $u(t)\in U$ 满足必要条件如下：*

注意，本定理是定理 4.1 的一种特殊目标集情况。

- *极值条件：对任意容许的控制变量 $u'(t)\in U$，在几乎任意时刻 $t\in[t_0,t_f]$，*

$$\mathcal{H}(x(t),u(t),p(t),t)\leq\mathcal{H}(x(t),u'(t),p(t),t). \tag{4.1.54}$$

- *Hamilton 方程组：*

状态方程： $$\dot{x}(t)=+\frac{\partial\mathcal{H}}{\partial p}(x(t),u(t),p(t),t), \tag{4.1.55}$$

协态方程： $$\dot{p}(t)=-\frac{\partial\mathcal{H}}{\partial x}(x(t),u(t),p(t),t). \tag{4.1.56}$$

- 边界条件：

$$\frac{\partial h}{\partial x}(x(t_f),t_f)-p(t_f)=0, \tag{4.1.57}$$

$$\mathcal{H}(x(t_f),u(t_f),p(t_f),t_f)+\frac{\partial h}{\partial t}(x(t_f),t_f)=0. \tag{4.1.58}$$

我们曾在 3.5.5 节简要介绍这一技巧。

我们的证明中利用一个有趣的技巧，将“时间”看作一个特殊的状态变量，将时变系统转化为稳态系统，继而使用定理 4.5 的结论。

证明： 在定理 4.5 稳态系统的基础上，再引入一个新的状态变量 $x_{n+1}(t):[t_0,t_f]\to\mathbb{R}$，令其满足

$$\dot{x}_{n+1}(t)=1,\quad x_{n+1}(t_0)=t_0. \tag{4.1.59}$$

求解该常微分方程，可知，$x_{n+1}(t)=t$。

我们将本定理的问题转化为一个新的稳态系统最优控制问题。状态变量增加一维时间变量，为 $\bar{x}(t)=[x_1(t),x_2(t),\dots,x_n(t),x_{n+1}(t)]^{\mathrm{T}}$。控制变量保持不变，为 $u(t)=[u_1(t),u_2(t),\dots,u_m(t)]^{\mathrm{T}}$。我们把该问题中的时间用 $x_{n+1}(t)$ 代替，定义分别取值于 $\mathbb{R}^{n+1}$, $\mathbb{R}$, $\mathbb{R}$ 的函数 $\bar{f}$, $\bar{g}$, $\bar{h}$：

$$\begin{aligned}
&\bar{f}_i(\bar{x}(t),u(t))=f_i(x(t),u(t),x_{n+1}(t))=f_i(x(t),u(t),t),\quad i=1,2,\dots,n,\\
&\bar{f}_{n+1}(\bar{x}(t),u(t))=1,\\
&\bar{g}(\bar{x}(t),u(t))=g(x(t),u(t),x_{n+1}(t))=g(x(t),u(t),t),\\
&\bar{h}(\bar{x}(t_f))=h(x(t_f),x_{n+1}(t_f))=h(x(t_f),t_f).
\end{aligned}$$

于是得到了新的状态方程：

$$\dot{\bar{x}}(t)=\bar{f}(\bar{x}(t),u(t)),\quad x(t_0)=x_0,\quad x_{n+1}(t_0)=t_0.$$

性能指标为：

$$\begin{aligned}
J(u)&=h(x(t_f),t_f)+\int_{t_0}^{t_f}g(x(t),u(t),t)\,\mathrm{d}t\\
&=\bar{h}(\bar{x}(t_f))+\int_{t_0}^{t_f}\bar{g}(\bar{x}(t),u(t))\,\mathrm{d}t.
\end{aligned}$$

终端状态自由、终端时刻自由。我们可以利用定理 4.5 获得新的稳态问题最优控制的必要条件。

引入协态变量为 $\bar{p}(t) = [p_1(t), p_2(t), \ldots, p_n(t), p_{n+1}(t)]^{\mathrm{T}}$，则新的稳态问题的 Hamiltonian 函数为

$$\begin{aligned}\bar{\mathcal{H}}(\bar{x}(t), u(t), \bar{p}(t)) &= \bar{g}(\bar{x}(t), u(t)) + p(t) \cdot \bar{f}(\bar{x}(t), u(t)) + p_{n+1}(t) \\ &= g(x(t), u(t), t) + p(t) \cdot f(x(t), u(t), t) + p_{n+1}(t) \\ &= \mathcal{H}(x(t), u(t), p(t), t) + p_{n+1}(t).\end{aligned}$$

最优控制应满足定理 4.5 的极值条件 (4.1.38)：

$$\begin{aligned}&\bar{g}(\bar{x}(t), u(t)) + p(t) \cdot \bar{f}(\bar{x}(t), u(t)) + p_{n+1}(t) \\ \leqslant &\bar{g}(\bar{x}(t), u'(t)) + p(t) \cdot \bar{f}(\bar{x}(t), u'(t)) + p_{n+1}(t).\end{aligned}$$

消掉等式两边的 $p_{n+1}(t)$ 一项，直接得到**定理 4.6 的结论：极值条件** (4.1.54)。再由定理 4.5 的协态方程 (4.1.40)：

$$\begin{aligned}\dot{p}_i(t) &= -\frac{\partial \bar{g}}{\partial x_i}(\bar{x}(t), u(t)) - \sum_{j=1}^{n+1} p_j(t) \frac{\partial \bar{f}_j}{\partial x_i}(\bar{x}(t), u(t)) \\ &= -\frac{\partial g}{\partial x_i}(x(t), u(t), t) - \sum_{j=1}^{n} p_j(t) \frac{\partial f_j}{\partial x_i}(x(t), u(t), t) \\ &\quad - p_{n+1}(t) \frac{\partial \bar{f}_{n+1}}{\partial x_i}(x(t), u(t)) \\ &= -\frac{\partial g}{\partial x_i}(x(t), u(t), t) - \sum_{j=1}^{n} p_j(t) \frac{\partial f_j}{\partial x_i}(x(t), u(t), t), \quad i = 1, 2, \ldots, n.\end{aligned} \tag{4.1.60}$$

上式 (4.1.60) 即为**定理 4.6 的结论：协态方程** (4.1.6)。

由定理 4.5 的边界条件 (4.1.41) 有：

$$0 = \frac{\partial \bar{h}}{\partial x}(\bar{x}(t_f)) - p(t_f) = \frac{\partial h}{\partial x}(x(t_f), t_f) - p(t_f), \tag{4.1.61}$$

$$0 = \frac{\partial \bar{h}}{\partial x_{n+1}}(\bar{x}(t_f)) - p_{n+1}(t_f) = \frac{\partial h}{\partial t}(x(t_f), t_f) - p_{n+1}(t_f). \tag{4.1.62}$$

上式 (4.1.61) 即为**定理 4.6 的结论：边界条件** (4.1.57)。

再由定理 4.5 的边界条件 (4.1.42)，

$$
\begin{aligned}
0 &= \bar{\mathcal{H}}(\bar{x}(t_f), u(t_f), \bar{p}(t_f)) \\
&= g(x(t_f), u(t_f), t_f) + p(t_f) \cdot f(x(t_f), u(t_f), t_f) + p_{n+1}(t_f).
\end{aligned} \tag{4.1.63}
$$

把式 (4.1.62) 代入式 (4.1.63)，

$$
0 = \mathcal{H}(x(t_f), u(t_f), p(t_f), t_f) + \frac{\partial h}{\partial t}(x(t_f), t_f).
$$

得到了**定理 4.6 的结论：边界条件** (4.1.58)。

至此，我们已经证明了终端时刻自由、终端状态自由情况下一般时变系统的 Pontryagin 极小值原理。 □

对于定理 4.1 在终端时刻固定，终端状态自由的情况，与上述证明类似，作为练习。

练习 4.3. *对于时变系统 Bolza 形式最优控制问题，定理 4.6 讨论了终端时刻自由、终端状态自由的情况。若终端时刻固定、终端状态自由，给出最优控制的必要条件。*

至此，我们已经得到了终端时刻自由或固定，终端状态自由情况下的 Pontryagin 极小值原理 4.1。接下来，我们首先证明一般目标集的 Pontryagin 极小值原理，再利用第 3 章练习 3.7 提及的技巧完成定理 4.1 的证明。

4.1.5 一般目标集的处理

在本小节，我们将利用第 3 章中使用过的 Lagrange 乘子法，在定理 4.6 的基础上加上一般的目标集约束。若最优控制问题的目标集为具有自由终端时刻的

$$
\mathcal{S} = [t_0, \infty) \times \{x(t_f) : m(x(t_f), t_f) = 0\},
$$

则引入关于目标集的 Lagrange 乘子 $\lambda \in \mathbb{R}^k$，终端代价变为

$$
\bar{h}(x(t_f), t_f, \lambda) = h(x(t_f), t_f) + \lambda \cdot m(x(t_f), t_f).
$$

得到增广的性能指标

$$\bar{J}(u,\lambda)=\bar{h}(x(t_f),t_f)+\int_{t_0}^{t_f} g(x(t),u(t),t)\,\mathrm{d}t. \tag{4.1.64}$$

与 3.5.2 节类似，根据定理 4.6，除了 Lagrange 乘子法的非正常情况外，可得这个新问题最优控制的必要条件，同样需要满足极值条件 (4.1.54)、状态方程 (4.1.55) 和协态方程 (4.1.56)。此外，还需要满足边界条件

$$\frac{\partial \bar{h}}{\partial x}(x(t_f),t_f,\lambda)-p(t_f)=0, \tag{4.1.65}$$

$$m(x(t_f),t_f)=0. \tag{4.1.66}$$

以及，

$$\mathcal{H}(x(t_f),u(t_f),p(t_f),t_f)+\frac{\partial \bar{h}}{\partial t}(x(t_f),t_f,\lambda)=0. \tag{4.1.67}$$

若最优控制问题的目标集为具有固定的终端时刻 t_f，

$$\mathcal{S}=\{x(t_f):m(x(t_f),t_f)=0\},$$

引入关于目标集的 Lagrange 乘子 $\lambda\in\mathbb{R}^k$，终端代价变为

$$\bar{h}(x(t_f),t_f,\lambda)=h(x(t_f),t_f)+\lambda\cdot m(x(t_f),t_f).$$

最优控制的必要条件，同样需要满足极值条件 (4.1.54)、状态方程 (4.1.55) 和协态方程 (4.1.56)。此外，还需要满足边界条件

$$\frac{\partial \bar{h}}{\partial x}(x(t_f),t_f,\lambda)-p(t_f)=0, \tag{4.1.68}$$

$$m(x(t_f),t_f)=0. \tag{4.1.69}$$

完成定理 4.1 的证明

终端时刻自由，终端状态 $x(t_f)$ 固定于 x_f 可以看作目标集为

$$\mathcal{S}=[t_0,t_f)\times\{x(t_f):x(t_f)-x_f=0\}.$$

于是，可得不同终端状态下定理 4.1 的边界条件。

终端时刻自由，全部终端状态固定 设终端状态 $x_i(t_f)$, $i=1,2,\ldots,n$ 分别固定在 $x_{fi}\in\mathbb{R}$, $i=1,2,\ldots,n$，构造

$$m_i(x(t_f),t_f)=x_i(t_f)-x_{fi},\quad i=1,2,\ldots,n.$$

则对于 $m(x(t_f),t_f)=[m_1(x(t_f),t_f),\ldots,m_n(x(t_f),t_f)]^{\mathrm{T}}$, 构造终端时刻自由的目标集

$$\mathcal{S}=[t_0,\infty)\times\{x(t_f):m(x(t_f),t_f)=0\},$$

则引入 Lagrange 乘子为 $\lambda\in\mathbb{R}^n$，

$$\bar{h}(x(t_f),t_f)=h(x(t_f),t_f)+\lambda\cdot[x(t_f)-x_f].$$

则公式 (4.1.65), (4.1.66), (4.1.67) 为最优控制的必要条件，

$$\frac{\partial h}{\partial x}(x(t_f),t_f,\lambda)+\lambda-p(t_f)=0, \tag{4.1.70}$$

$$x(t_f)=x_f, \tag{4.1.71}$$

$$\mathcal{H}(x(t_f),u(t_f),p(t_f),t_f)+\frac{\partial h}{\partial t}(x(t_f),t_f,\lambda)=0. \tag{4.1.72}$$

上述后两式即得到定理 4.1 的边界条件 (4.1.7)。公式 (4.1.70) 则得到 Lagrange 乘子的取值为

$$\lambda=p(t_f)-\frac{\partial h}{\partial x}(x(t_f),t_f,\lambda).$$

终端时刻自由，存在自由终端状态 不妨设终端状态 $x_1,\ldots,x_k$ 固定在 $x_{f1},\ldots,x_{fk}\in\mathbb{R}$, $k<n$，构造

$$m_i(x(t_f),t_f)=x_i(t_f)-x_{fi},\quad i=1,2,\ldots,k.$$

则对于 $m(x(t_f),t_f)=[m_1(x(t_f),t_f),\ldots,m_k(x(t_f),t_f)]^{\mathrm{T}}$，构造终端时刻自由的目标集

$$\mathcal{S}=[t_0,\infty)\times\{x(t_f):m(x(t_f),t_f)=0\},$$

则引入 Lagrange 乘子为 $\lambda\in\mathbb{R}^k$，

$$\bar{h}(x(t_f),t_f)=h(x(t_f),t_f)+\sum_{i=1}^{k}\lambda_i[x_i(t_f)-x_{fi}].$$

则公式 (4.1.65), (4.1.66), (4.1.67) 为最优控制的必要条件。其中，公式 (4.1.67) 可化为

$$
\begin{aligned}
0 &= \mathcal{H}(x(t_f), u(t_f), p(t_f), t_f) + \frac{\partial \bar{h}}{\partial t}(x(t_f), t_f, \lambda) \\
&= \mathcal{H}(x(t_f), u(t_f), p(t_f), t_f) + \frac{\partial h}{\partial t}(x(t_f), t_f, \lambda).
\end{aligned}
$$

公式 (4.1.65)，对自由的状态 $i = k+1, \ldots, n$ 可得，

$$
\begin{aligned}
0 &= \frac{\partial \bar{h}}{\partial x_i}(x(t_f), t_f, \lambda) - p_i(t_f) \\
&= \frac{\partial h}{\partial x_i}(x(t_f), t_f) - p_i(t_f).
\end{aligned}
$$

得到定理 4.1 的边界条件 (4.1.7)。

对于终端时刻固定的情况，可以完全类似的方式证明定理 4.1 的边界条件成立。

练习 4.4. 对终端时刻固定为 t_f，终端状态固定为 $x(t_f) = x_f$ 的情况，补全定理 4.1 的证明。

练习 4.5. 对终端时刻固定为 t_f，终端状态 $x_i(t_f) = x_{fi}, i = 1, 2, \ldots, k$，$k < n$ 的情况，补全定理 4.1 的证明。

至此，我们完成了 Pontryagin 极小值原理——定理 4.1、定理 4.2 和定理 4.3 的证明，以及一般目标集的处理方法。

4.2 极小值原理求解最优控制的例子

在本小节中，我们介绍如何利用 Pontryagin 极小值原理将最优控制问题转化为其必要条件——最优控制下关于状态变量和协态变量的常微分方程两点边值问题。对于较为简单的问题，两点边值问题可以先解析求解常微分方程的通解，再代入边值求解待定系数。若问题比较复杂，我们将在本书第 3 部分“最优控制的数值方法”一章介绍其数值解法。

4.2.1 极小值原理求解无约束最优控制

例 4.1 (极小值原理求解无约束最优控制). 状态变量 $x(t):[t_0,t_f]\to\mathbb{R}^2$ 分段连续可微，控制变量 $u(t):[t_0,t_f]\to\mathbb{R}$ 分段连续。状态初值 $x(t_0)=x_0$，状态方程为

$$\begin{aligned}\dot{x}_1(t)&=x_2(t),\\ \dot{x}_2(t)&=-x_2(t)+u(t).\end{aligned}$$

最小化性能指标

$$J(u)=\int_{t_0}^{t_f}\frac{1}{2}[x_1^2(t)+u^2(t)]\mathrm{d}t.$$

终端时刻自由、终端状态自由。

(1) 考察极值条件

引入协态变量 $p(t):[t_0,t_f]\to\mathbb{R}^2$，则 Hamiltonian 函数为

$$\mathcal{H}(x(t),u(t),p(t),t)=\frac{1}{2}\Big[x_1^2(t)+u^2(t)\Big]+p_1(t)x_2(t)+p_2(t)\Big[-x_2(t)+u(t)\Big].$$

根据 Pontryagin 极小值原理，最优控制 $u(t)$ 需满足极值条件。即求该 Hamiltonian 函数关于控制变量 $u(t)$ 的极小值，本问题中对任意时刻 $t\in[t_0,t_f]$，控制变量 $u(t)$ 取值于 $\mathbb{R}$ 无约束，则极值条件必满足驻点条件

$$0=\frac{\partial\mathcal{H}}{\partial u}=u(t)+p_2(t).$$

即，

$$u(t)=-p_2(t).\tag{4.2.1}$$

此时 Hamiltonian 函数关于控制变量 $u(t)$ 的二阶导大于零，

$$\frac{\partial^2\mathcal{H}}{\partial u^2}=1>0.$$

于是，得到用协态轨迹 $p(t)$ 表示的最优控制$u(t)$ 应满足公式(4.2.1)。

(2) 得到关于状态和协态的微分方程组

将极值条件 (4.2.1) 代入 Pontryagin 极小值原理的状态方程 (4.1.5) 和协态方程 (4.1.6)，得到 Hamilton 方程组

$$\dot{x}_1(t) = +\frac{\partial \mathcal{H}}{\partial p_1} = x_2(t) \tag{4.2.2}$$

$$\dot{x}_2(t) = +\frac{\partial \mathcal{H}}{\partial p_2} = -x_2(t) + u(t) = -x_2(t) - p_2(t) \tag{4.2.3}$$

$$\dot{p}_1(t) = -\frac{\partial \mathcal{H}}{\partial x_1} = -x_1(t) \tag{4.2.4}$$

$$\dot{p}_2(t) = -\frac{\partial \mathcal{H}}{\partial x_2} = -p_1(t) + p_2(t). \tag{4.2.5}$$

(3) 确定边界条件

考察 Pontryagin 极小值原理的边界条件

$$\left[\frac{\partial h}{\partial x}(x(t_f), t_f) - p(t_f)\right] \cdot \delta x_f + \left[\mathcal{H}(x(t_f), u(t_f), p(t_f), t_f) + \frac{\partial h}{\partial t}(x(t_f), t_f)\right] \delta t_f = 0.$$

终端时刻自由、所有终端状态都自由。于是上式中 δt_f 和 δx_f 都可变。得到边界条件

$$0 = \frac{\partial h}{\partial x}(x(t_f), t_f) - p(t_f) = -p(t_f). \tag{4.2.6}$$

$$0 = \mathcal{H}(x(t_f), u(t_f), p(t_f), t_f) + \frac{\partial h}{\partial t}(x(t_f), t_f) = \mathcal{H}(x(t_f), u(t_f), p(t_f), t_f) \tag{4.2.7}$$

其中式 (4.2.6) 是两个方程，式 (4.2.7) 是一个方程。此外，状态变量还应满足初值

$$x(t_0) = x_0. \tag{4.2.8}$$

(4) 得到两点边值问题

根据 Pontryagin 极小值原理，最优控制的必要条件为状态变量和协态变量是由方程 (4.2.2)~(4.2.5) 及边界条件 (4.2.6)~(4.2.8) 组成的两点边值问题的解。求解可得开环形式最优控制。

例 4.2 (极小值原理求解无约束最优控制). 依然考察例 4.1，假定终端时刻固定、终端状态都自由。

根据 Pontryagin 极小值原理，可得与上例完全相同的关于状态变量和协态变量的常微分方程 (4.2.2)~(4.2.5)。由于终端时刻固定、终端状态自由，可知 $\delta t_f = 0$，而 δx_f 可变。得到边界条件，

$$0 = \frac{\partial h}{\partial x}(x(t_f), t_f) - p(t_f) = -p(t_f). \tag{4.2.9}$$

此外，状态变量应满足初值

$$x(t_0) = x_0. \tag{4.2.10}$$

例 4.3 (极小值原理求解无约束最优控制). 依然考察例 4.1，假定终端时刻固定、终端时刻的状态 x_1 自由，$x_2(t_f) = b$。

类似地，根据 Pontryagin 极小值原理，可得与上例完全相同的关于状态变量和协态变量的常微分方程 (4.2.2)~(4.2.5)。由于终端时刻固定、终端时刻的状态 x_1 自由，$x_2(t_f) = b$，可得边界条件，

$$0 = \frac{\partial h}{\partial x_1}(x(t_f), t_f) - p_1(t_f) = -p_1(t_f). \tag{4.2.11}$$

此外，状态变量应满足初值

$$x(t_0) = x_0, \tag{4.2.12}$$

和目标集的约束

$$x_2(t_f) = b. \tag{4.2.13}$$

下面是曾经在 2.3 节利用动态规划方法解决的“简化的拦截问题”。我们用 Pontryagin 极小值原理分析。这将是求解追逃博弈的基础。

例 4.4 (简化的拦截问题，Pontryagin 极小值原理). 不记外界摩擦力和空气阻力等因素，质量为 1 的追逃二者的状态为位置 $x_1^{(i)}(t) : [t_0, t_f] \to \mathbb{R}$ 和速度 $x_2^{(i)}(t) : [t_0, t_f] \to \mathbb{R}, i = 1, 2$，以 $x_1(t) = x_1^{(1)}(t) - x_1^{(2)}(t)$ 和 $x_2(t) = x_2^{(1)}(t) - x_2^{(2)}(t)$ 分别表示二者的相对位置和相对速度。假定逃者匀速运动，追者的加速度作为控制变量 $u(t) : [t_0, t_f] \to \mathbb{R}$，$t_0 = 0, t_f = 2$。则状态方程为

$$\dot{x}_1(t) = x_2(t),$$

$$\dot{x}_2(t) = u(t).$$

被控对象为追逐者，求最优控制最小化性能指标

$$J(u) = \frac{b}{2}x_1^2(t_f) + \frac{1}{2}\int_{t_0}^{t_f} u(t)\mathrm{d}t. \tag{4.2.14}$$

这是一个固定终端时刻、自由终端状态的最优控制问题。当终端代价的权重 b 很大时，尽管我们在 $t_f = 2$ 时刻并未约束终端状态取值，然而若 $x_1(t_f)$ 较大，则将导致其与 b 的乘积很大，无法成为最优控制。

(1) 考察极值条件

引入协态变量 $p(t) : [t_0, t_f] \to \mathbb{R}^2$，则 Hamiltonian 函数为

$$\mathcal{H}(x(t), u(t), p(t)) = \frac{1}{2}u^2(t) + p_1(t)x_2(t) + p_2(t)u(t).$$

控制变量无约束，Hamiltonian 函数的极值条件可化为

$$u(t) = -p_2(t).$$

(2) 得到关于状态和协态的微分方程组

我们将最优控制代入状态方程和协态方程，

$$\dot{x}_1(t) = \frac{\partial \mathcal{H}}{\partial p_1} = x_2(t), \tag{4.2.15}$$

$$\dot{x}_2(t) = \frac{\partial \mathcal{H}}{\partial p_2} = u(t) = -p_2(t), \tag{4.2.16}$$

$$\dot{p}_1(t) = -\frac{\partial \mathcal{H}}{\partial x_1} = 0, \tag{4.2.17}$$

$$\dot{p}_2(t) = -\frac{\partial \mathcal{H}}{\partial x_2} = -p_1(t). \tag{4.2.18}$$

(3) 确定边界条件

考察 Pontryagin 极小值原理的边界条件

$$\left[\frac{\partial h}{\partial x}(x(t_f),t_f)-p(t_f)\right]\cdot\delta x_f$$
$$+\left[\mathcal{H}(x(t_f),u(t_f),p(t_f),t_f)+\frac{\partial h}{\partial t}(x(t_f),t_f)\right]\delta t_f=0.$$

终端时刻固定，全部终端状态自由。于是上式中 $\delta t_f=0$，δx_f 可变。得到边界条件

$$0=\frac{\partial h}{\partial x_1}(x(t_f),t_f)-p_1(t_f)=bx_1(t_f)-p_1(t_f), \tag{4.2.19}$$

$$0=\frac{\partial h}{\partial x_2}(x(t_f),t_f)-p_2(t_f)=-p_2(t_f). \tag{4.2.20}$$

此外，状态变量应满足初值

$$x(t_0)=x_0. \tag{4.2.21}$$

(4) 得到两点边值问题

根据 Pontryagin 极小值原理，最优控制的必要条件为状态变量和协态变量是由方程 (4.2.15)~(4.2.18) 及边界条件 (4.2.19)~(4.2.21) 组成的两点边值问题的解。求解可得开环形式最优控制。

4.2.2 极小值原理求解有约束的最优控制

对于控制变量有不等式约束的最优控制问题，我们将同样得到最优控制的必要条件是：状态变量和协态变量是两点边值问题的解。

例 4.5 (极小值原理求解控制有约束的最优控制). *状态变量* $x(t):[t_0,t_f]\to\mathbb{R}^2$ *分段连续可微，控制变量* $u(t):[t_0,t_f]\to\mathbb{R}$ *分段连续。状态初值* $x(t_0)=x_0$，*状态方程为*

$$\dot{x}_1(t)=x_2(t),$$
$$\dot{x}_2(t)=-x_2(t)+u(t).$$

容许控制需满足不等式约束

$$-1\le u(t)\le 1.$$

最小化性能指标

$$J(u)=\int_{t_0}^{t_f}\frac{1}{2}[x_1^2(t)+u^2(t)]\mathrm{d}t.$$

终端时刻固定，终端状态自由。

(1) 考察极值条件

有约束的情况下，Hamiltonian 函数依然不变。

$$\mathcal{H}(x(t),u(t),p(t))=\frac{1}{2}\Big[x_1^2(t)+u^2(t)\Big]+p_1(t)x_2(t)+p_2(t)\Big[-x_2(t)+u(t)\Big].$$

求 Hamiltonian 函数在不等式约束 $-1\leq u(t)\leq 1$ 下关于控制变量的极小值。这是一个关于 $u(t)$ 的二次函数，其最小值需要分三种情况讨论。即，无约束情况下的极小值点（即导数为零处）位于约束 $[-1,1]$ 右侧、左侧或处于区间之中。得到：

函数的极值条件分析见 3.1 节。

$$u(t)=\begin{cases}+1, & p_2(t)<-1,\\ -1, & p_2(t)>+1,\\ -p_2(t), & \text{其余情况}.\end{cases}\tag{4.2.22}$$

(2) 得到关于状态和协态的微分方程组

将极值条件方程 (4.2.22) 代入 Pontryagin 极小值原理的状态方程 (4.1.5) 和协态方程 (4.1.6)，得到 Hamilton 方程组

$$\dot{x}_1(t)=x_2(t),\tag{4.2.23}$$

$$\dot{x}_2(t)=-x_2(t)+u(t)=\begin{cases}-x_2(t)-1, & p_2(t)>+1,\\ -x_2(t)+1, & p_2(t)<-1,\\ -x_2(t)-p_2(t), & \text{其余情况}.\end{cases}\tag{4.2.24}$$

$$\dot{p}_1(t)=-\frac{\partial\mathcal{H}}{\partial x_1}=-x_1(t),\tag{4.2.25}$$

$$\dot{p}_2(t)=-\frac{\partial\mathcal{H}}{\partial x_2}=-p_1(t)+p_2(t).\tag{4.2.26}$$

(3) 确定边界条件

考察 Pontryagin 极小值原理的边界条件

$$\left[\frac{\partial h}{\partial x}(x(t_f),t_f)-p(t_f)\right]\cdot\delta x_f$$

$$+\left[\mathcal{H}(x(t_f),u(t_f),p(t_f),t_f)+\frac{\partial h}{\partial t}(x(t_f),t_f)\right]\delta t_f=0.$$

终端时刻固定，终端状态自由。于是上式中 $\delta t_f=0$，δx_f 可变，得到边界条件为：

$$0=\frac{\partial h}{\partial x}(x(t_f),t_f)-p(t_f)=p(t_f). \tag{4.2.27}$$

此外，状态变量应满足初值

$$x(t_0)=x_0. \tag{4.2.28}$$

(4) 得到两点边值问题

求解由方程 (4.2.23)~(4.2.26) 及边界条件 (4.2.27) 和 (4.2.28) 组成的两点边值问题即可解得最优控制。

我们再次回顾小车停车的例子，此次，我们对于固定终端时刻和终端状态的能量最优控制问题加上对控制变量的约束条件。在第 3 章的变分法中，我们总假定控制变量连续可微或分段连续可微，这类函数随时间连续变化，而 Pontryagin 极小值原理扩充了问题的定义域，允许分段连续的最优控制。正如即便将解空间从实数空间扩充到复数空间，$x^2=1$ 的解依然是实数，在接下来的例子中，我们将看到，在扩充的定义域中求解得到的最优控制可能依然是连续函数。

例 4.6 (有约束的能量最优控制). *状态变量 $x(t):[0,2]\to\mathbb{R}^2$ 分段连续可微，$x_1(t),x_2(t)$ 分别为车辆的位置和速度。控制变量 $u(t):[0,2]\to\mathbb{R}$ 分段连续，为加速度。初始时刻 $t_0=0$ 车辆位置为 $x_1(0)=-2$，速度为 $x_2(0)=1$。状态方程为*

$$\dot{x}_1(t)=x_2(t),$$
$$\dot{x}_2(t)=u(t).$$

容许控制为

$$-M_1\le u(t)\le M_1,\quad t\in[0,2],\quad M_1=1.5.$$

最小化控制能量

$$J(u)=\frac{1}{2}\int_0^2 u^2(t)\mathrm{d}t.$$

有固定的终端时刻 $t_f=2$ 和固定的终端状态

$$x_1(t_f)=0,\quad x_2(t_f)=0.$$

我们依然使用 Pontryagin 极小值原理分析这个例子，转化为两点边值问题之后，我们将解出最优控制。

(1) 考察极值条件

引入协态变量 $p(t):[0,2]\to\mathbb{R}^2$，则 Hamiltonian 函数为

$$\mathcal{H}(x(t),u(t),p(t))=\frac{1}{2}u^2(t)+p_1(t)x_2(t)+p_2(t)u(t).$$

求该 Hamiltonian 函数在不等式约束下关于控制变量的极小值。这是关于 $u(t)$ 的二次函数，分为三种情况分析。最优控制满足：

$$u(t)=\underset{|u(t)|\le M_1}{\operatorname{argmin}}\ \mathcal{H}(x(t),u(t),p(t),t)=\begin{cases}+M_1, & p_2(t)<-M_1,\\ -M_1, & p_2(t)>+M_1,\\ -p_2(t), & \text{其余情况}.\end{cases}\tag{4.2.29}$$

(2) 得到关于状态和协态的微分方程组

将极值条件方程 (4.2.29) 代入 Pontryagin 极小值原理的状态方程 (4.1.5) 和协态方程 (4.1.6)，得到 Hamilton 方程组

$$\dot{x}_1(t)=\frac{\partial\mathcal{H}}{\partial p_1}=x_2(t),\tag{4.2.30}$$

$$\dot{x}_2(t)=\frac{\partial\mathcal{H}}{\partial p_2}=u(t)=\begin{cases}+M_1, & p_2(t)<-M_1,\\ -M_1, & p_2(t)>+M_1,\\ -p_2(t), & \text{其余情况}.\end{cases}\tag{4.2.31}$$

$$\dot{p}_1(t)=-\frac{\partial\mathcal{H}}{\partial x_1}=0,\tag{4.2.32}$$

$$\dot{p}_2(t)=-\frac{\partial\mathcal{H}}{\partial x_2}=-p_1(t).\tag{4.2.33}$$

(3) 确定边界条件

考察极小值原理得到的边界条件

$$\left[\frac{\partial h}{\partial x}(x(t_f),t_f)-p(t_f)\right]\cdot\delta x_f + \left[\mathcal{H}(x(t_f),u(t_f),p(t_f),t_f)+\frac{\partial h}{\partial t}(x(t_f),t_f)\right]\delta t_f=0$$

终端时刻固定，终端状态也固定。于是 $\delta x_f=0$, $\delta t_f=0$。需满足初始时刻 $t_0=0$ 和终端时刻 $t_f=2$ 状态的约束条件

$$\begin{cases} x_1(t_0)=-2, \\ x_2(t_0)=1, \\ x_1(t_f)=0, \\ x_2(t_f)=0. \end{cases} \tag{4.2.34}$$

(4) 求解两点边值问题

下面，我们综合 Hamilton 方程组 (4.2.30)∼ (4.2.33) 和边界条件 (4.2.34)，求解两点边值问题。

注意到最优控制 $u(t)$ 仅与 $p_2(t)$ 有关，我们从协态变量$p(t)$ 入手，由协态方程 (4.2.32) 和 (4.2.33) 可知，在控制变量的连续区间之内，

$$p_1(t)=c_1, \tag{4.2.35}$$

$$p_2(t)=-c_1t+c_2. \tag{4.2.36}$$

其中 $c_1,c_2\in\mathbb{R}$ 是待定系数。由于协态变量 $p(t)$ 是分段连续可微函数，$p_2(t)$ 必然是一条直线，总随 t 单调。随着时间增加，无论 $p_2(t)$ 单调增加、单调减少或保持不变，能分别 “经过” 水平线 $-M_1$ 和 $+M_1$ 至多各一次。如图 4.5 示意，我们使用符号 $\{a,b,c\}$ 表示函数值随时间增加依次取值 a,b,c，则最优控制必形如图中的 $\{-M_1,-p_2(t),M_1\}$ 或$\{M_1,-p_2(t),-M_1\}$，或因有限的时间区间 $[t_0,t_f]$ 造成的上述两种形状的限制。即，$\{-M_1,-p_2(t)\}$、$\{-p_2(t),M_1\}$、$\{M_1,-p_2(t)\}$、$\{-p_2(t),-M_1\}$、$\{M_1\}$、$\{-p_2(t)\}$ 或 $\{-M_1\}$ 的形式。只需确定最优控制角点的发生时间，即可获得分段的多个普通常微分方程组。

分情况讨论小车最优控制的几种可能形状。在此我们仅记录了求得最优控制的 $\{-p_2(t),-M_1\}$ 形式，省略其他推出矛盾的情况。假定最优控制 $u(t)$

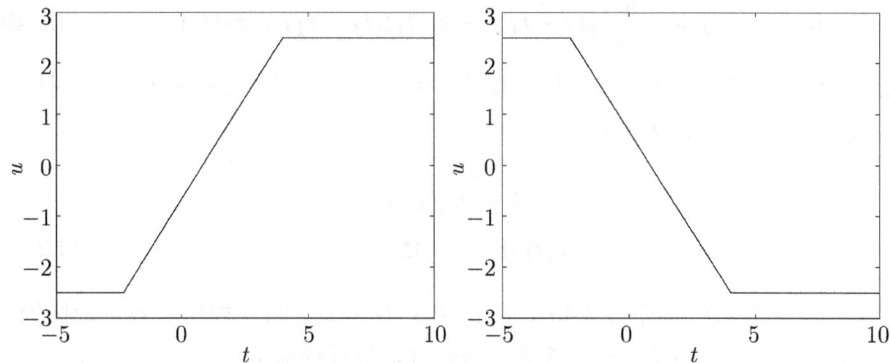

图 4.5 控制变量有约束时的最优控制（两种可能形式）

在角点时刻 $t_1 \in (t_0, t_f)$ 由 $-p_2(t)$ 切换为 $-M_1$，

$$u(t) = \begin{cases} -p_2(t), & t_0 \leq t \leq t_1, \\ -M_1, & t_1 < t \leq t_f. \end{cases}$$

当 $t \in [t_0, t_1]$ 时，将最优控制 $u(t) = -p_2(t)$ 代入状态方程，得到：

$$\begin{aligned} \dot{x}_1(t) &= x_2(t), \\ \dot{x}_2(t) &= -p_2(t). \end{aligned}$$

根据上述状态方程、状态变量的初值 $x_1(t_0) = -2$, $x_2(t_0) = 1$ 以及协态方程的解 (4.2.35) 和 (4.2.36)，有：

$$x_2(t_1) = \frac{1}{2}c_1 t_1^2 - c_2 t_1 + 1, \tag{4.2.37}$$

$$x_1(t_1) = \frac{1}{6}c_1 t_1^3 - \frac{c_2}{2}t_1^2 + t_1 - 2. \tag{4.2.38}$$

类似地，当 $t \in [t_1, t_f]$ 时，将最优控制 $u(t) = -M_1$ 代入状态方程，得到：

$$\begin{aligned} \dot{x}_1(t) &= x_2(t), \\ \dot{x}_2(t) &= -M_1. \end{aligned}$$

根据上述状态方程、状态变量在 $[t_1, t_f]$ 区间内的初值式 (4.2.38) 和式 (4.2.37)，可得：

$$0 = x_2(t_f) = -M_1(t_f - t_1) + x_2(t_1), \tag{4.2.39}$$

$$0 = x_1(t_f) = -\frac{M_1}{2}(t_f - t_1)^2 + x_2(t_1)(t_f - t_1) + x_1(t_1). \tag{4.2.40}$$

此外，我们知道 t_1 时刻最优控制切换，这是由于协态变量 $p_2(t)$ 在此时恰好“经过”水平线 M_1，因此：

$$\begin{aligned} &p_2(t_1-) = p_2(t_1+) = M_1, \\ &-c_1t_1 + c_2 = M_1. \end{aligned} \tag{4.2.41}$$

再结合式 (4.2.40) 和式 (4.2.40)，可得关于 t_1, c_1, c_2 的方程组。解得最优控制的切换时间为 $t_1 = 1.5$，$c_1 = 5/3$, $c_2 = -1$。最优控制为

$$u(t) = \begin{cases} -5/3\,t + 1, & t_0 \le t \le 1.5, \\ -1.5, & 1.5 < t \le t_f. \end{cases}$$

最优控制如图 4.6 所示，即为本章之初的控制变量有界的示意图。其中实线所绘为 2.1.5 节例 2.1中利用经典变分求解的无约束情况的最优控制，虚线则为本例中控制变量有约束情况下的最优控制。图中实线已超过容许控制要求的下界。可以看到，最优控制在 $t_1 = 1.5$ 时刻切换了模式，此前，最优控制 $u(t) = -p_2(t) = -5/3t + 1$ 是关于时间的线性函数，此后，最优控制为常数 $u(t) = -M_1 = -1.5$。

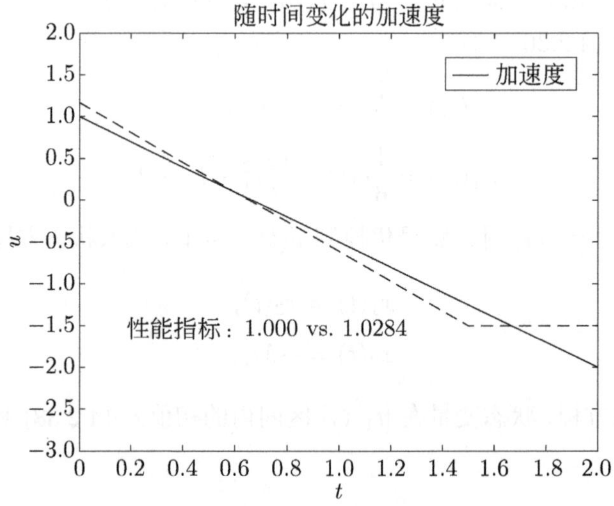

图 4.6 极小值原理求解有约束最优控制：控制 -时间. $t_1 = 1.5$

我们在计算过程中仅利用了状态变量和协态变量的连续条件，并未假定控制变量连续，然而求得的最优控制却是连续函数，扩充了考察的解空间并不意味着最优解就一定在新增的范围内。在接下来的 4.3.1 节中，我们将在时间最短控制与燃料最省控制问题中看到不连续的最优控制。

练习 4.6. 状态变量 $x(t):[0,1]\to\mathbb{R}$ 分段连续可微，控制变量 $u(t):[0,1]\to\mathbb{R}$ 分段连续。状态初值 $x(0)=2$，状态方程为

$$\dot{x}(t)=x(t)-u(t).$$

容许控制需满足约束

$$1\leq u(t)\leq 2,\ t\in[0,1].$$

终端时刻 $t_f=1$ 固定、终端状态自由。求最优控制最小化性能指标

$$J(u)=\int_0^1[x(t)+u(t)]\mathrm{d}t.$$

4.3 时间最短控制与燃料最省控制

4.3.1 时间最短控制的 Bang-Bang 控制原理

时间最短控制问题希望达成控制目标所用的时间最少，是一类最早出现的最优控制问题，如促成了变分法和最优控制诞生的 Johann Bernoulli 提出的最速降线问题，以及近代 LaSalle 和 Bellman 开始研究的 Bang-Bang 控制问题。

很自然，时间最短控制一定具有自由终端时刻。一般的时间最短控制以状态达到目标集

$$\mathcal{S}=[t_0,\infty)\times\{x(t_f):m(x(t_f),t_f)=0\}$$

为终止条件。其性能指标为从初始时刻起达到目标集所用时间 t_f-t_0，可以写成运行代价积分的 Lagrange 形性能指标

$$J(u)=\int_{t_0}^{t_f}\mathrm{d}t=t_f-t_0.$$

本节中，我们主要考察一类非线性系统的时间最短控制。其状态方程形如：

$$\dot{x}(t) = A(x(t), t) + B(x(t), t)u(t),$$

其中 $A(x,t) : \mathbb{R}^n \times [t_0, t_f] \to \mathbb{R}^n$ 是 n 维向量值函数，$B(x,t) : \mathbb{R}^n \times [t_0, t_f] \to \mathbb{R}^n \times \mathbb{R}^m$ 为 $n \times m$ 矩阵值函数。$A(x,t)$ 和 $B(x,t)$ 连续可微。

一般地，时间最短控制问题还需考虑控制变量约束。例如，对任意的 $t \in [t_0, t_f]$，

$$\underline{M}_i \leq u_i(t) \leq \overline{M}_i, \quad i = 1, 2, \ldots, m.$$

其中，$\underline{M}_i, \overline{M}_i \in \mathbb{R}$。我们常对控制变量进行线性变换，将其约束的上下界归一化为 $|\bar{u}_i(t)| \leq 1$。于是得到时间最短控制的一般形式：

问题 4.1 (时间最短控制). 状态变量 $x(t) : [t_0, t_f] \to \mathbb{R}^n$ 分段连续可微，控制变量 $u(t) : [t_0, t_f] \to \mathbb{R}^m$ 分段连续。状态初值 $x(t_0) = x_0$。状态方程为

$$\dot{x}(t) = A(x(t), t) + B(x(t), t)u(t). \tag{4.3.1}$$

容许控制对任意的 $t \in [t_0, t_f]$，

$$|u_i(t)| \leq 1, \quad i = 1, 2, \ldots, m. \tag{4.3.2}$$

具有自由终端时刻的目标集

$$\mathcal{S} = [t_0, \infty) \times \{x(t_f) : m(x(t_f), t_f) = 0\}. \tag{4.3.3}$$

要最小化的性能指标为达到目标集所用时间

$$J(u) = \int_{t_0}^{t_f} \mathrm{d}t = t_f - t_0. \tag{4.3.4}$$

接下来，我们利用 Pontryagin 极小值原理初步分析时间最短控制问题，希望得到最优控制满足的一些性质。

(1) 考察极值条件

引入协态变量 $p(t) : [t_0, t_f] \to \mathbb{R}^n$，则时间最短控制问题的 Hamiltonian 函数为

$$\mathcal{H}(x(t), u(t), p(t), t) = 1 + p(t) \cdot \Big[A(x(t), t) + B(x(t), t)u(t)\Big].$$

Hamiltonian 函数在不等式约束下的极值条件为，对任意的容许控制 u'，

$$\begin{aligned} &1 + p(t) \cdot \Big[A(x(t), t) + B(x(t), t)u(t)\Big] \\ \leqslant &1 + p(t) \cdot \Big[A(x(t), t) + B(x(t), t)u'(t)\Big]. \end{aligned}$$

化简为

$$p(t) \cdot B(x(t), t)u(t) \leqslant p(t) \cdot B(x(t), t)u'(t).$$

我们把 n 行 m 列矩阵函数 $B(x, t)$ 分块，记为 m 个列向量函数 $b_i(x, t)$: $\mathbb{R}^n \times [t_0, t_f] \to \mathbb{R}^n, i = 1, 2, \ldots, m$。

$$B(x, t) = \Big[b_1(x, t) \;\Big|\; b_2(x, t) \;\Big|\; \ldots \;\Big|\; b_m(x, t)\Big]. \tag{4.3.5}$$

则极值条件可进一步化简。由

$$\begin{aligned} p(t) \cdot B(x(t), t)u(t) &= p^{\mathrm{T}}(t) \sum_{i=1}^{m} b_i(x(t), t)u_i(t) \\ &= \sum_{i=1}^{m} p^{\mathrm{T}}(t) b_i(x(t), t)u_i(t), \\ p^{\mathrm{T}}(t) B(x(t), t)u'(t) &= p^{\mathrm{T}}(t) \sum_{i=1}^{m} b_i(x(t), t)u'_i(t) \\ &= \sum_{i=1}^{m} p^{\mathrm{T}}(t) b_i(x(t), t)u'_i(t), \end{aligned}$$

极值条件可写作

$$\sum_{i=1}^{m} p^{\mathrm{T}}(t) b_i(x(t), t)u_i(t) \leqslant \sum_{i=1}^{m} p^{\mathrm{T}}(t) b_i(x(t), t)u'_i(t).$$

上式中控制变量各个分量无关，于是时间最短控制的极值条件化作对每个 $i = 1, 2, \ldots, m$ 都有

$$p^{\mathrm{T}}(t) b_i(x(t), t)u_i(t) \leqslant p^{\mathrm{T}}(t) b_i(x(t), t)u'_i(t).$$

即求 $\eta_i(u_i(t),t) \overset{\text{def}}{=} p^{\mathrm{T}}(t)b_i(x(t),t)u_i(t)$ 关于 $u_i(t)$ 的极小值条件，得

$$u_i(t) = \begin{cases} +1, & p^{\mathrm{T}}(t)b_i(x(t),t) < 0, \\ -1, & p^{\mathrm{T}}(t)b_i(x(t),t) > 0, \\ \text{待定}, & p^{\mathrm{T}}(t)b_i(x(t),t) = 0. \end{cases} \tag{4.3.6}$$

其中，若 $p^{\mathrm{T}}(t)b_i(x(t),t) \neq 0$，则最优控制的取值可以由 Pontryagin 极小值原理的极值条件推得，必取值于容许控制的上界或下界。

若 $p^{\mathrm{T}}(t)b_i(x(t),t) = 0$，则无法由 Pontryagin 极小值原理的极值条件直接推得最优控制与最优状态轨迹和协态变量的关系，我们称其为时间最短控制问题的奇异点(singular)。若在连续的区间上都满足 $p^{\mathrm{T}}(t)b_i(x(t),t) = 0$，我们称其为奇异区间，其上最优控制也无法通过极值条件直接获得，如图 4.7 所示。事实上，对于控制变量为分段连续函数的最优控制问题，由于在有限或可数个时刻控制变量的取值并不会影响系统状态的变化或性能指标，因此存在独立的奇异点并不影响最优控制的计算，而奇异区间则需进一步分析[4]。

由于我们考察的状态变量分段连续可微，通过上述分析，可知对于一个时间最短控制问题 4.1，若仅有可数个奇异点满足

$$p^{\mathrm{T}}(t)b_i(x(t),t) = 0,$$

[4] 存在一类最优控制问题，无法通过 Pontryagin 极小值原理的极值条件求得最优控制需满足的必要条件。例如，状态方程为:

$$\begin{aligned} \dot{x}_1(t) &= x_2(t) + u(t), \\ \dot{x}_2(t) &= -u(t). \end{aligned}$$

容许控制为 $|u(t)| \leq M$，性能指标为

$$J(u) = \frac{1}{2}\int_{t_0}^{t_f} x_1^2(t)\,\mathrm{d}t.$$

则其 Hamiltonian 为

$$\mathcal{H} = \frac{1}{2}x_1^2(t) + p_1(t)\Big[x_2(t) + u(t)\Big] - p_2(t)u(t).$$

若 $p_1(t) = p_2(t)$，则无法通过最小化 Hamiltonian 函数确定最优控制。此时，我们需要考察更高阶的微分或泛函变分，感兴趣的读者可参考文献 [174] 等材料。

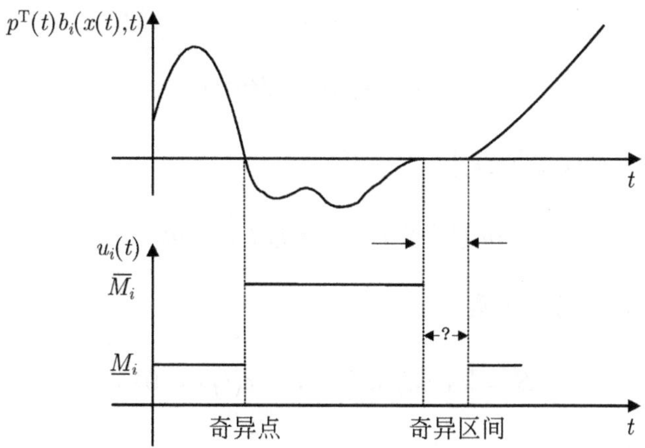

图 4.7　时间最短控制的 Bang-Bang 控制原理

则除了这些点之外，最优控制的每个分量都取值于最大值或最小值。我们称该时间最短控制问题是正常的（normal）。对于这类问题，上述分析可以得到著名的时间最短控制问题的 Bang-Bang 控制原理。

定理 4.7 (Bang-Bang 控制原理). 若时间最短控制问题 4.1 是正常的，则最优控制的每个分量 $u_i(t) \in \mathbb{R}, i = 1, 2, \ldots, n$，在最大值 $+1$ 和最小值 -1 之间切换：

$$u_i(t) = -\operatorname{sign}\{p^{\mathrm{T}}(t)b_i(x(t), t)\}.$$

其中 $\operatorname{sign}(y)$ 为符号函数 $\mathbb{R} \to \mathbb{R}$，取值为 y 的正负号，即

$$\operatorname{sign}(y) \stackrel{\text{def}}{=} \begin{cases} +1, & y \geq 0, \\ -1, & y < 0. \end{cases}$$

我们在 2.2.3 节等多次遇到需要处理边界的问题，控制变量在有限点的取值并不影响性能指标，因此我们在符号函数定义中简单规定 $y = 0$ 的符号为 $+1$ 或 -1 对控制问题而言并无影响。

尽管 Bang-Bang 控制原理尚未解得时间最短控制问题的最优控制，我们已经对解的形式有了一定的了解。在接下来的工作中，我们将对一类线性定常系统的时间最短控制问题进行分析和求解，这类问题中，矩阵函数 $b_i(x(t), t)$ 退化为常向量 $b_i \in \mathbb{R}^n$，这使得 $p^{\mathrm{T}}(t)b_i$ 是协态变量 $p(t)$ 的线性函数，使得最优控制更容易分析和求解。

问题 4.2 (线性定常系统的时间最短控制). 状态变量 $x(t) : [t_0, t_f] \to \mathbb{R}^n$ 分段连续可微，控制变量 $u(t) : [t_0, t_f] \to \mathbb{R}^m$ 分段连续。状态初值 $x(t_0) = x_0$。状

态方程为

$$\dot{x}(t) = Ax(t) + Bu(t). \tag{4.3.7}$$

容许控制对任意的 $t \in [t_0, t_f]$,

$$|u_i(t)| \le 1, \quad i = 1, 2, \ldots, m. \tag{4.3.8}$$

具有自由终端时刻的目标集

$$\mathcal{S} = [t_0, \infty) \times \{x(t_f) : x(t_f) = 0\}. \tag{4.3.9}$$

最小化性能指标

$$J(u) = \int_{t_0}^{t_f} \mathrm{d}t = t_f - t_0. \tag{4.3.10}$$

线性定常系统是一类简单而常见的系统，希望在最短的时间内让状态变量回归原点。在此，我们不加证明地给出线性定常系统时间最短控制的如下三个良好性质。

定理 4.8 (存在性). 若线性定常系统的时间最短控制问题是正常的，且 A 的特征值实部总非正，则对任意初始状态 $x(t_0)$，时间最短控制问题的最优控制存在。

定理 4.9 (唯一性). 若线性定常系统的时间最短控制问题是正常的，且解存在，则解在如下意义下是唯一的：即不同的时间最短控制仅在有限个切换时刻取值相异。

定理 4.10 (切换次数上限). 若线性定常系统的时间最短控制问题是正常的，解存在，且 A 的所有特征值均为实数，则最短时间控制的各个分量的切换次数不大于 $n-1$ (n 为状态维数)。

4.3.2 线性定常系统的时间最短控制示例

此前我们多次讨论小车控制的例子。现在，考虑在对控制变量，即加速度施加上下界约束的情况下，要将小车从任意给定的初始位置和初始速度恰好停止到目标位置所需的最短时间。这将回答我们在第 1 章例 1.3 提出，在 2.2.4 节中简要分析但尚未完全解决的例子。此外，与此前本书中讨论的最优控制连续的例子不同，本例的最优控制并不连续，因此我们使用 Pontryagin 极小值原理分析。

这是一个有控制变量不等式约束、有自由终端时刻和固定终端状态的稳态系统最优控制问题。4.2.2 节的多个例子利用 Pontryagin 极小值原理解得了开环形式的最优控制。在本节中，我们将求解线性定常系统时间最短控制问题的闭环形式最优控制。简单回顾，闭环形式的控制律只和当前时刻及当前时刻的系统状态（或系统观测）有关，形如

$$u(t) = \phi(x(t), t). \tag{4.3.11}$$

例 4.7 (线性定常系统的时间最短控制). 状态变量 $x(t) : [t_0, t_f] \to \mathbb{R}^2$ 分段连续可微，控制变量 $u(t) : [t_0, t_f] \to \mathbb{R}$ 分段连续。初始时刻 $t_0 = 0$。状态方程为

$$\begin{aligned}\dot{x}_1(t) &= x_2(t),\\ \dot{x}_2(t) &= u(t).\end{aligned}$$

容许控制

$$|u(t)| \leq 1.$$

自由终端时刻的目标集为一个单点（位置和速度均为零的原点）

$$\mathcal{S} = [t_0, \infty) \times \{x(t_f) : x_1(t_f) = 0, x_2(t_f) = 0\}.$$

最小化达到目标集所需时间

$$J(u) = \int_{t_0}^{t_f} \mathrm{d}t = t_f - t_0.$$

需要特别指出的是，本例并未给出最优控制问题状态变量的初值，这是为了强调在接下来的工作中我们将给出这一问题的闭环形式最优控制。只要将给定的闭环解代入状态方程，即可得到：

$$\begin{aligned}\dot{x}(t) &= f(x(t), u(t), t)\\ &= f(x(t), \phi(x(t), t), t).\end{aligned}$$

配合给定的状态初值 $x(t_0)=x_0$，就得到了最优控制下的状态轨迹 $x(t)$, $t\in[t_0,t_f]$，再代回闭环解 $u(t)=\phi(x(t),t)$，就可得到不依赖于当前状态的开环形式最优控制。

下面，我们首先利用 4.3.1 节的定理 4.8、定理 4.9 和定理 4.10 简要分析线性定常系统的时间最短控制问题，随后利用基于 Pontryagin 极小值原理的定理 4.7 解得其闭环形式最优控制。

将状态方程写成矩阵形式

$$\dot{x}(t)=Ax(t)+Bu(t),$$

其中，

$$A=\begin{bmatrix}0 & 1\\ 0 & 0\end{bmatrix},\quad B=\begin{bmatrix}0\\ 1\end{bmatrix}.$$

可见矩阵 A 的特征值均为 0，满足定理 4.8 所需的实部非正的条件，也满足定理 4.10 所需的特征值为实数的条件。因此，线性定常系统的时间最短控制存在且唯一，同时，最优控制 $u(t)$ 取值在上下界之间切换次数不大于 $2-1=1$ 次。

接下来，我们利用 Pontryagin 极小值原理进行分析。首先考察极值条件。引入协态变量 $p(t):[t_0,t_f]\to\mathbb{R}^2$，得到 Hamiltonian 函数

$$\mathcal{H}(x(t),u(t),p(t))=1+p_1(t)x_2(t)+p_2(t)u(t).$$

在对控制变量有不等式约束 $|u(t)|\leq 1$ 的情况下，极值条件为对任意的容许控制 $|u'(t)|\leq 1$，

$$p_2(t)u(t)\leq p_2(t)u'(t).$$

于是，除了 $p_2(t)=0$ 的奇异时刻之外，最优控制与协态变量有关，为

$$u(t)=-\operatorname{sign}[p_2(t)]. \tag{4.3.12}$$

接下来，我们将从分析 $p_2(t)$ 的符号入手，将上式化为如公式 (4.3.11) 的闭环控制。可得最优控制下的协态方程

$$\begin{aligned}\dot{p}_1(t)&=0,\\ \dot{p}_2(t)&=-p_1(t).\end{aligned}$$

可解得

$$p_1(t) = c_1, \tag{4.3.13}$$

$$p_2(t) = -c_1 t + c_2. \tag{4.3.14}$$

其中 $c_1, c_2 \in \mathbb{R}$ 为待定系数。

可知，最优控制下，$p_2(t)$ 是一条直线，随时间 t 单调。考察该时间最短问题的奇异点，则 $p_2(t)$ 切换正负号恰好一次，或者恒为零。前者情况，该问题只有一个奇异点，是正常的。对于后者非正常情况，必存在某个区间，其上 $p_2(t) = 0$，换言之，在此区间上 $c_2 = c_1 = 0$, $p_1(t) = p_2(t) = 0$，则最优控制下 Hamiltonian 函数满足

$$\mathcal{H}(x(t), u(t), p(t)) = 1 + p_1(t)x_2(t) + p_2(t)u(t) = 1.$$

这与定理 4.3 结论，终端时间自由稳态系统的最优控制下 Hamiltonian 函数恒为零矛盾，需要舍去。即该问题不存在奇异区间。于是，最优控制的形式必须符合下列四种情况之一：

$$u(t) = +1, \quad \forall t \in [t_0, t_f].$$

$$u(t) = -1, \quad \forall t \in [t_0, t_f].$$

$$u(t) = \begin{cases} +1, & t \in [t_0, t_1), \\ -1, & t \in [t_1, t_f]. \end{cases}$$

$$u(t) = \begin{cases} -1, & t \in [t_0, t_1), \\ +1, & t \in [t_1, t_f]. \end{cases}$$

或简记为

$$\{+1\}, \quad \{-1\}, \quad \{+1, -1\}, \quad \{-1, +1\}.$$

下面，我们从最优控制的上述四种形式出发，分情况考察使用这四类控制律时的动态系统。

(1) $u(t) = \{1\}$

将 $u(t) = 1, \forall t \in [t_0, t_f]$ 代入状态方程可解得

$$x_2(t) = t + c_3,$$

$$x_1(t) = \frac{1}{2}t^2 + c_3t + c_4,$$

其中 $c_3, c_4 \in \mathbb{R}$ 为待定系数。由上述两式可得

$$x_1(t) = \frac{1}{2}x_2^2(t) + c_5, \tag{4.3.15}$$

其中 $c_5 \in \mathbb{R}$ 为待定系数。于是，情况 (1) 中，最优控制下 $x_1(t)$ 和 $x_2(t)$ 的关系如图 4.8 所示。

经过简要分析可知，若存在某一时刻 $t_1 \in [t_0, t_f]$，使得该时刻的状态满足 $x_1(t_1) = \frac{1}{2}x_2^2(t_1)$，落在图 4.8 中通过原点的 $c_5 = 0$ 的曲线上，则在该时刻之后只要实施控制 $u(t) = \{+1\}, t \geq t_1$，即可令系统状态以时间最短控制达到目标集 $\{x(t_f) : x(t_f) = 0\}$。反之，若存在某一时刻 t_1，状态所在曲线满足 $x_1(t_1) = \frac{1}{2}x_2^2(t_1) + c_5$，其中 $c_5 < 0$ 或 $c_5 > 0$，则从 t_1 时刻起使用形如 $u(t) = \{+1\}$ 的控制律无法达到目标集。

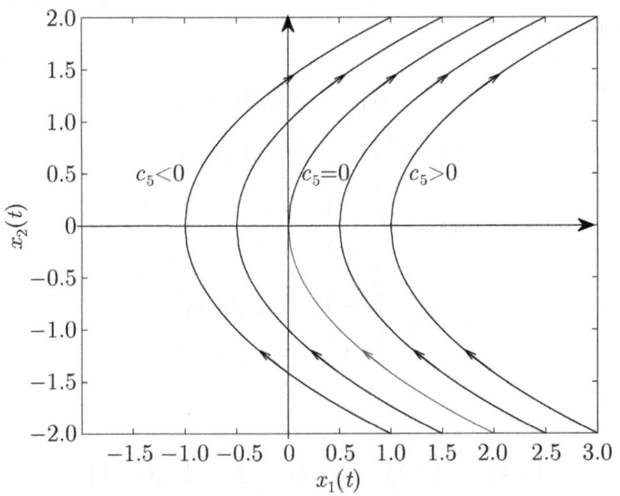

图 4.8　$u(t) = \{1\}$ 情况下最优状态轨迹

总之，若最优控制在 $[t_1, t_f]$ 时段内满足 $u(t) = +1$，以最短时间达到目标集，则 $t \in [t_1, t_f]$ 时段之内的状态变量必满足

$$x_1(t) - \frac{1}{2}x_2^2(t) = 0. \tag{4.3.16}$$

(2) $u(t) = \{-1\}$

将 $u(t) = -1, \forall t \in [t_0, t_f]$ 代入状态方程可解得

$$
\begin{aligned}
x_2(t) &= -t + c_3, \\
x_1(t) &= -\frac{1}{2}t^2 + c_3 t + c_4,
\end{aligned}
$$

其中 $c_3, c_4 \in \mathbb{R}$ 为待定系数。由上述两式可得

$$
x_1(t) = -\frac{1}{2}x_2^2(t) + c_6,
$$

其中 $c_6 \in \mathbb{R}$ 为待定系数。于是，情况 (2) 中，最优控制下 $x_1(t)$ 和 $x_2(t)$ 的关系如图 4.9 所示。

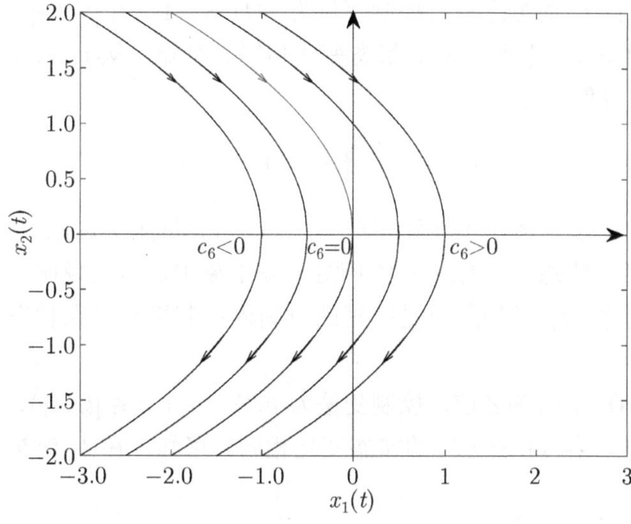

图 4.9 $u(t) = \{-1\}$ 情况下最优状态轨迹

与情况 (1) $u(t) = \{+1\}$ 情况完全类似。若存在某一时刻 $t_1 \in [t_0, t_f]$，使得该时刻的状态满足 $x_1(t_1) = -\frac{1}{2}x_2^2(t_1)$，落在图 4.9 中通过原点的 $c_6 = 0$ 的曲线上，则在该时刻之后只要实施控制 $u(t) = \{-1\}, t \geq t_1$，即可令系统状态以时间最短控制达到目标集 $\{x(t_f) : x(t_f) = 0\}$。反之，若存在某一时刻 t_1，状态所在曲线满足 $x_1(t_1) = -\frac{1}{2}x_2^2(t_1) + c_6$，其中 $c_6 < 0$ 或 $c_6 > 0$，则从 t_1 时刻起使用形如 $u(t) = \{-1\}$ 的控制律无法达到目标集。

总之，若最优控制在 $[t_1, t_f]$ 时段内满足 $u(t) = -1$，以最短时间达到目标集，则 $t \in [t_1, t_f]$ 时段之内状态变量必满足

$$x_1(t) + \frac{1}{2}x_2^2(t) = 0. \tag{4.3.17}$$

接下来的情况 (3)、(4) 则可理解为，应如何选择控制律，才能让系统状态达到使用 (2)、(1) 控制律所需的条件 (4.3.17)、(4.3.16)，再利用 (2)(1) 控制。

(3) $u(t) = \{+1, -1\}$

下面考察第三种可能的最优控制形式

$$u(t) = \begin{cases} +1, & t \in [t_0, t_1), \\ -1, & t \in [t_1, t_f]. \end{cases}$$

注意到，在 t_1 时刻之后，控制变量为 $u(t) = -1, t \in [t_1, t_f]$，这恰好与情况 (2) 的 $u(t) = \{-1\}$ 所分析的状态变化相同。可知，从 t_1 时刻开始，状态变量应该满足条件 (4.3.17)

$$x_1(t) = -\frac{1}{2}x_2^2(t), \quad t \in [t_1, t_f],$$

否则以 t_1 为切换时间的控制律 $u(t) = \{+1, -1\}$ 将无法达成目标集。于是，t_1 时刻及之后，状态 $(x_1(t), x_2(t))$ 应处于左上象限。这也说明，若要实施情况 (3) 的控制律，t_1 时刻之前足够短的时间内控制律应导致状态变量处于左上象限。

情况 (3) 在 t_1 时刻之前，控制变量为 $u(t) = +1, t \in [t_0, t_1)$，这恰好与情况 (1) 的 $u(t) = \{+1\}$ 所分析的状态变化相同。可知，在 t_1 时刻之前，状态变量满足

$$x_1(t) = \frac{1}{2}x_2^2(t) + c_7, \quad t \in [t_0, t_1).$$

其中 $c_7 \in \mathbb{R}$ 为待定系数。如图 4.8 所示，若 $c_7 = 0$ 则无需实施第二阶段 $\{-1\}$ 的控制变量即达到了目标集，而若 $c_7 > 0$ 则将导致 $(x_1(t), x_2(t))$ 总处于右半平面。

因而，若要实施情况 (3) $u(t) = \{+1, -1\}$ 的控制律而达到目标集，则初始时刻状态变量必满足

$$x_1(t) - \frac{1}{2}x_2^2(t) < 0. \tag{4.3.18}$$

(4) $u(t) = \{-1, +1\}$

对于第四种可能的最优控制形式

$$u(t) = \begin{cases} -1, & t \in [t_0, t_1), \\ +1, & t \in [t_1, t_f]. \end{cases}$$

与 (3) 中的分析过程完全类似。可知，在 t_1 时刻之后，控制变量为 $u(t) = 1$，状态变量应该满足条件 (4.3.16)

$$x_1(t) = \frac{1}{2}x_2^2(t), \quad t \in [t_1, t_f].$$

否则以 t_1 为切换时间的控制律 $u(t) = \{-1, +1\}$ 将无法达成目标集。于是，如图 4.8 所示，在 t_1 之后 $(x_1(t), x_2(t))$ 应处于右下象限。t_1 时刻之前的控制律应以此为终端状态。

而情况 (4) 在t_1时刻之前，控制变量为$u(t)=-1, t \in [t_0, t_1)$，状态变量满足

$$x_1(t) = -\frac{1}{2}x_2^2(t) + c_8, \quad t \in [t_0, t_1).$$

其中 $c_8 \in \mathbb{R}$ 为待定系数。如图 4.9 所示，只有 $c_8 < 0$ 的情况将导致 t_1 时刻状态处于右半平面。即，

$$x_1(t) - \frac{1}{2}x_2^2(t) > 0. \tag{4.3.19}$$

下面我们针对不同的状态变量取值从上述四种可能的控制律中作出选择，并确定控制变量应在什么情况下在最大值和最小值之间切换。综合情况 (1)、(2)、(3)、(4) 中的分析，我们发现，如图 4.10 所示，在纵轴右侧的曲线 AO 就是情况 (1) 中能够最终达到目标集 $\mathcal{S}$ 的初始状态全体；在纵轴左侧的曲线 BO，则是情况 (2) 中能达到目标集的初始状态全体。换言之，若要以不切换的 $u(t) = \{+1\}$ 或 $\{-1\}$ 为控制律，则时间最短控制问题的初始状态必位于图 4.10 中 AOB。为此，综合公式 (4.3.16) 和 (4.3.17)，我们引入切换函数和切换曲线辅助分析。

定义该问题的切换函数

$$s(x(t)) \overset{\text{def}}{=} x_1(t) + \frac{1}{2}x_2(t)|x_2(t)|.$$

以时间最短控制达到目标集之前，最优的状态必满足切换函数等于零，即位于切换曲线 $s(x(t)) = 0$，AOB。

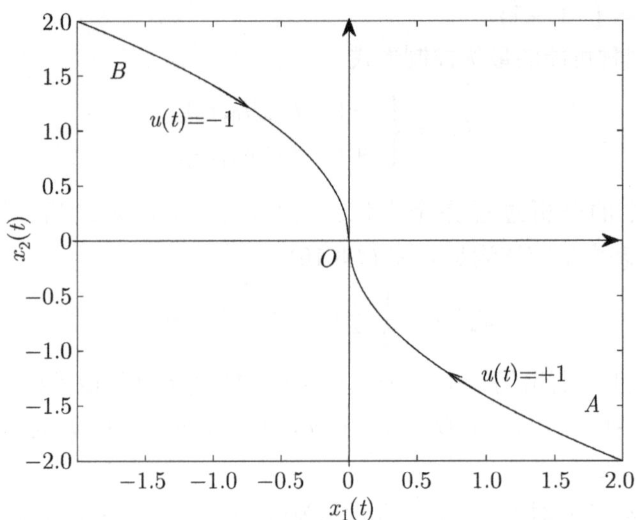

图 4.10 时间最短控制的切换曲线

如图 4.11 所示。若状态变量位于切换曲线的下段 AO，则根据情况 (1) 的分析，时间最短控制为使用 $u(t) = \{+1\}$，状态即可沿切换曲线以最短时间移动至原点。若状态变量位于切换曲线的上段 BO，则根据情况 (2) 的分析，时间最短控制为使用 $u(t) = -1$，状态即可沿切换曲线以最短时间移动至原点。

若状态变量位于切换曲线 AOB 下方，则根据情况 (3) 的分析，时间最短控制形如 $u(t) = \{+1, -1\}$。自初始时刻起以 $u(t) = +1$ 施加于被控对象，符合图 4.8 中 $c_5 \neq 0$ 的情况，实施 $u(t) = +1$ 直到状态到达切换曲线 $s(x(t)) = 0$，即图 4.10 中的 BO 段，随后切换至 $u(t) = -1$，状态即可沿切换曲线 BO 段以最短时间移动至原点。

若状态变量位于切换曲线 AOB 上方，则根据情况 (4) 的分析，时间最短控制形如 $u(t) = \{-1, +1\}$。自初始时刻起以 $u(t) = -1$ 施加于被控对象，符合图 4.9 中 $c_6 \neq 0$ 的情况，实施 $u(t) = -1$ 直到状态到达切换曲线 $s(x(t)) = 0$，即图 4.10 中的 AO 段，随后切换至 $u(t) = +1$，状态即可沿切换曲线 AO 段以最短时间移动至原点。

综上，整个平面除了原点为目标集外，以任意一点为初始状态都恰好有情况 (1)、(2)、(3)、(4) 中一种控制律可以时间最短控制达到目标集。至此，我们

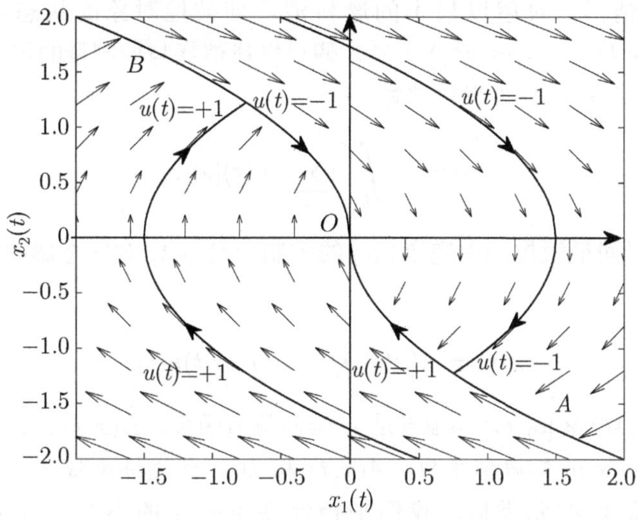

图 4.11 时间最短控制

使用 Pontryagin 极小值原理得到了该时间最短控制问题的闭环形式最优控制

$$u(t) = \begin{cases} -\operatorname{sign}[s(x(t))], & s(x(t)) \neq 0, \\ -\operatorname{sign}[x_2(t)], & s(x(t)) = 0. \end{cases} \tag{4.3.20}$$

考虑本例的物理含义，x_1 是小车位置，x_2 是小车的速度，要从初始状态将小车控制到状态速度同时为零的原点。以初始位置为 $x_1(t_0) = -2$，速度为 $x_2(t_0) = 0$，位于图 4.11 中纵轴下方位置的时间最短控制为例。根据闭环形式最优控制 (4.3.20)，首先可见状态满足 $s(x(t)) \neq 0$，不在切换曲线上，于是时间最短控制取最大值 $u(t) = -\operatorname{sign}[s(x(t))] = +1$。加速度取最大使得速度 $x_2(t)$ 增加，但在速度增加至 $x_2(t) = 0$ 之前因为速度为负，小车的位置始终远离原点，直到速度提升至 $x_2(t) \geq 0$ 后，小车开始逐渐接近原点。到达切换曲线后，采用控制变量 $u(t) = -\operatorname{sign}[x_2(t)] = -1$，此时速度 $x_2(t) \geq 0$，施加负的加速度将逐渐减速，直到状态速度同时达到零，以最短时间完成控制任务。

4.3.3 燃料最省控制与 Bang-off-Bang 控制原理

如果以时间最短控制代表高“性能”，燃料最省控制则寻求以最“节约”的方式达成控制目标。为了与时间最短控制形成对比，我们依然讨论终端时刻自由的情形，希望以最小的燃料消耗使被控对象的状态达到目标集 $\mathcal{S}=[t_0,\infty)\times\{x(t_f):m(x(t_f),t_f)\}$，假设燃料消耗与控制量的绝对值成正比，可采用如下性能指标代表燃料消耗

$$J(u)=\int_{t_0}^{t_f}[\sum_{i=1}^{m}|u_i(t)|]\mathrm{d}t.$$

考察与时间最短控制中完全相同的控制变量 $u(t)$ 对状态影响成线性关系的状态方程

$$\dot{x}(t)=A(x(t),t)+B(x(t),t)u(t),$$

其中 $A(x,t):\mathbb{R}^n\times[t_0,t_f]\to\mathbb{R}^n$ 是 n 维向量值函数，$B(x,t):\mathbb{R}^n\times[t_0,t_f]\to\mathbb{R}^n\times\mathbb{R}^m$ 为 $n\times m$ 矩阵值函数。$A(x,t)$ 和 $B(x,t)$ 连续可微。

与时间最短控制类似，我们把控制变量受到的不等式约束归一化为 $|u_i(t)|\leq 1$，得到了燃料最省控制的一般形式：

问题 4.3 (燃料最省控制). 状态变量 $x(t):[t_0,t_f]\to\mathbb{R}^n$ 分段连续可微，控制变量 $u(t):[t_0,t_f]\to\mathbb{R}^m$ 分段连续。状态初值 $x(t_0)=x_0$。状态方程为

$$\dot{x}(t)=A(x(t),t)+B(x(t),t)u(t). \tag{4.3.21}$$

容许控制为对任意的 $t\in[t_0,t_f]$，

$$|u_i(t)|\leq 1,\quad i=1,2,\ldots,m. \tag{4.3.22}$$

具有自由终端时刻的目标集

$$\mathcal{S}=[t_0,\infty)\times\{x(t_f):m(x(t_f),t_f)=0\}. \tag{4.3.23}$$

最小化性能指标

$$J(u)=\int_{t_0}^{t_f}[\sum_{i=1}^{m}|u_i(t)|]\mathrm{d}t. \tag{4.3.24}$$

首先考察极值条件。引入协态变量 $p(t):[t_0,t_f]\to\mathbb{R}^n$，则燃料最省控制问题的 Hamiltonian 函数为

$$\mathcal{H}(x(t),u(t),p(t),t)=\sum_{i=1}^{m}|u_i(t)|+p^{\mathrm{T}}(t)[A(x(t),t)+B(x(t),t)u(t)].$$

Hamiltonian 函数在不等式约束下取极小值的条件为，对任意的容许控制 $|u'(t)| \le 1$，

$$
\begin{aligned}
&\sum_{i=1}^{m}|u_i(t)| + p^{\mathrm{T}}A(x(t),t) + p^{\mathrm{T}}(t)B(x(t),t)u(t)\\
\le &\sum_{i=1}^{m}|u_i'(t)| + p^{\mathrm{T}}A(x(t),t) + p^{\mathrm{T}}(t)B(x(t),t)u'(t).
\end{aligned}
$$

化简为

$$
\sum_{i=1}^{m}|u_i(t)| + p^{\mathrm{T}}(t)B(x(t),t)u(t) \le \sum_{i=1}^{m}|u_i'(t)| + p^{\mathrm{T}}(t)B(x(t),t)u'(t).
$$

依然把 n 行 m 列矩阵函数 $B(x,t)$ 分块，记为 m 个列向量函数 $b_i(x,t): \mathbb{R}^n \times [t_0, t_f] \to \mathbb{R}^n$, $i=1,2,\ldots,m$。

$$
B(x,t) = \Big[b_1(x,t)\ \Big|\ b_2(x,t)\ \Big|\ \ldots\ \Big|\ b_m(x,t)\Big]. \tag{4.3.25}
$$

则对 u 和 u'，

$$
\begin{aligned}
\sum_{i=1}^{m}|u_i(t)| + p^{\mathrm{T}}(t)B(x(t),t)u(t) &= \sum_{i=1}^{m}\Big\{|u_i(t)| + p^{\mathrm{T}}(t)b_i(x(t),t)u(t)\Big\},\\
\sum_{i=1}^{m}|u_i'(t)| + p^{\mathrm{T}}(t)B(x(t),t)u'(t) &= \sum_{i=1}^{m}\Big\{|u_i'(t)| + p^{\mathrm{T}}(t)b_i(x(t),t)u'(t)\Big\}.
\end{aligned}
$$

极值条件可写作

$$
\sum_{i=1}^{m}\Big\{|u_i(t)| + p^{\mathrm{T}}(t)b_i(x(t),t)u(t)\Big\} \le \sum_{i=1}^{m}\Big\{|u_i'(t)| + p^{\mathrm{T}}(t)b_i(x(t),t)u'(t)\Big\}.
$$

于是燃料最优控制的极值条件化作对每个 $i=1,2,\ldots,m$ 都有

$$
|u_i(t)| + p^{\mathrm{T}}(t)b_i(x(t),t)u_i(t) \le |u_i'(t)| + p^{\mathrm{T}}(t)b_i(x(t),t)u_i'(t).
$$

即求

$$
\eta_i(u_i(t),t) \overset{\mathrm{def}}{=} |u_i(t)| + p^{\mathrm{T}}(t)b_i(x(t),t)u_i(t)
$$

的极小值条件。首先考察 $u_i(t)$ 的符号，以化简上式中的绝对值。

$$\eta_i(u_i(t),t)=\begin{cases} u_i(t)\Big[+1+p^{\mathrm{T}}(t)b_i(x(t),t)\Big], & u_i(t)\geq 0,\\ u_i(t)\Big[-1+p^{\mathrm{T}}(t)b_i(x(t),t)\Big], & u_i(t)<0.\end{cases} \tag{4.3.26}$$

讨论极值条件，只需考察与 $u_i(t)$ 相乘部分 $+1+p^{\mathrm{T}}(t)b_i(x(t),t)$ 和 $-1+p^{\mathrm{T}}(t)b_i(x(t),t)$ 的符号。我们选择 $p^{\mathrm{T}}(t)b_i(x(t),t))$ 的两个关键取值 $+1$ 和 -1，分五种情况讨论。即，$p^{\mathrm{T}}(t)b_i(x(t),t)>1$, $p^{\mathrm{T}}(t)b_i(x(t),t)=1$, $-1<p^{\mathrm{T}}(t)b_i(x(t),t)<1$, $p^{\mathrm{T}}(t)b_i(x(t),t)=-1$ 或 $p^{\mathrm{T}}(t)b_i(x(t),t)<-1$。

(1) $p^{\mathrm{T}}(t)b_i(x(t),t)>1$

按照 $u_i(t)$ 的符号分为两种可能，根据公式 (4.3.26) 分析情况 (1) 下的 $\eta_i(u_i(t),t)$ 极小值和取得极值的条件。

若 $u_i(t)\geq 0$，则

$$\eta_i(u_i(t),t)=u_i(t)\Big[+1+p^{\mathrm{T}}(t)b_i(x(t),t)\Big]\geq 0.$$

$\eta_i(u_i(t),t)$ 的极小值为 0，在 $u_i(t)=0$ 时取得。若 $u_i(t)<0$，则

$$\eta_i(u_i(t),t)=u_i(t)\Big[-1+p^{\mathrm{T}}(t)b_i(x(t),t)\Big]<0.$$

情况 (1) 下 $-1+p^{\mathrm{T}}(t)b_i(x(t),t)>0$，$\eta_i(u_i(t),t)$ 的极小值在 $u_i(t)=-1$ 时取得，且一定小于 0，即小于 $u_i(t)\geq 0$ 情形下的极小值。

综合得到情况 (1) $p^{\mathrm{T}}(t)b_i(x(t),t)>1$ 时的最优控制为 $u_i(t)=-1$。

(2) $p^{\mathrm{T}}(t)b_i(x(t),t)=1$

类似地，依然按 $u_i(t)$ 的符号分为两种可能。若 $u_i(t)\geq 0$，则

$$\eta_i(u_i(t),t)=u_i(t)\Big[+1+p^{\mathrm{T}}(t)b_i(x(t),t)\Big]=2u_i(t)\geq 0.$$

$\eta_i(u_i(t),t)$ 的极小值为 0，在 $u_i(t)=0$ 时取得。若 $u_i(t)<0$，则

$$\eta_i(u_i(t),t)=u_i(t)\Big[-1+p^{\mathrm{T}}(t)b_i(x(t),t)\Big]=0.$$

$\eta_i(u_i(t),t)$ 恒为 0。即在任意 $u_i(t)<0$ 都能取得极小值 0。

得到情况 (2) $p^{\mathrm{T}}(t)b_i(x(t),t)=1$ 时的最优控制为 $u_i(t)=0$ 或任意 $u_i(t)<0$。即，最优控制为 $u_i(t)\leq 0$。

(3) $-1 < p^{\mathrm{T}}(t)b_i(x(t),t) < 1$

若 $u_i(t) \geq 0$，则

$$\eta_i(u_i(t),t) = u_i(t)\Big[+1 + p^{\mathrm{T}}(t)b_i(x(t),t)\Big] \geq 0.$$

$\eta_i(u_i(t),t)$ 的极小值为 0，在 $u_i(t) = 0$ 时取得。若 $u_i(t) \leq 0$，则

$$\eta_i(u_i(t),t) = u_i(t)\Big[-1 + p^{\mathrm{T}}(t)b_i(x(t),t)\Big] \geq 0.$$

$\eta_i(u_i(t),t)$ 的极小值为 0，也在 $u_i(t) = 0$ 时取得。

得到情况 (3) $-1 < p^{\mathrm{T}}(t)b_i(x(t),t) < 1$ 时的最优控制为 $u_i(t) = 0$。

(4) $p^{\mathrm{T}}(t)b_i(x(t),t) = -1$

若 $u_i(t) \geq 0$，则

$$\eta_i(u_i(t),t) = u_i(t)\Big[+1 + p^{\mathrm{T}}(t)b_i(x(t),t)\Big] = 0.$$

$\eta_i(u_i(t),t)$ 在任意 $u_i(t) \geq 0$ 取得极小值 0。若 $u_i(t) < 0$，则

$$\eta_i(u_i(t),t) = u_i(t)\Big[-1 + p^{\mathrm{T}}(t)b_i(x(t),t)\Big] = -2u_i(t) > 0.$$

$\eta_i(u_i(t),t)$ 取值总大于 0，即，总大于 $u_i(t) \geq 0$ 时的取值，不是情况 (4) 的极小值。

得到情况 (4) $p^{\mathrm{T}}(t)b_i(x(t),t) = -1$ 时的最优控制为 $u_i(t) \geq 0$。

(5) $p^{\mathrm{T}}(t)b_i(x(t),t) < -1$

若 $u_i(t) \geq 0$，则

$$\eta_i(u_i(t),t) = u_i(t)\Big[+1 + p^{\mathrm{T}}(t)b_i(x(t),t)\Big] \leq 0.$$

$\eta_i(u_i(t),t)$ 的极小值为 0，在 $u_i(t) = 1$ 时取得。若 $u_i(t) < 0$，则

$$\eta_i(u_i(t),t) = u_i(t)\Big[-1 + p^{\mathrm{T}}(t)b_i(x(t),t)\Big] > 0.$$

$\eta_i(u_i(t),t)$ 总大于 0，即，总大于 $u_i(t) \geq 0$ 时的取值，不是情况 (5) 的极小值。

得到情况 (5) $p^{\mathrm{T}}(t)b_i(x(t),t) < -1$ 时的最优控制为 $u_i(t) = 1$。

总结上述五种情况，得到燃料最省控制的最优控制的必要条件为，对 $i = 1, 2, \ldots, m$，

$$u_i(t) = \begin{cases} +1, & p^{\mathrm{T}}(t)b_i(x(t),t) < -1, \\ 0, & -1 < p^{\mathrm{T}}(t)b_i(x(t),t) < +1, \\ -1, & p^{\mathrm{T}}(t)b_i(x(t),t) > +1, \\ \text{非负待定}, & p^{\mathrm{T}}(t)b_i(x(t),t) = -1, \\ \text{非正待定}, & p^{\mathrm{T}}(t)b_i(x(t),t) = +1. \end{cases}$$

与时间最短控制类似，燃料最省控制的奇异点处也无法断定最优控制取值，即，$p^{\mathrm{T}}(t)b_i(x(t),t) = \pm 1$。如图 4.12 所示，若仅有单点奇异，并不影响最优控制问题的求解。若有连续的区间上都为奇异点，则其上最优控制无法确定。对于任意的非奇异部分，最优控制的每个分量取值都恰好在控制约束闭区间上界、零和区间下界三点之间切换。

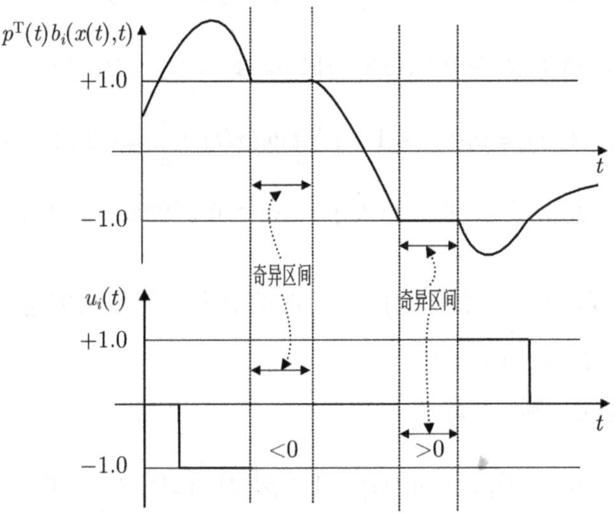

图 4.12 燃料最省控制的 Bang-off-Bang 控制原理

与时间最短控制问题类似，对于一个燃料最省控制问题 4.3，状态变量同样需要满足分段连续可微。若仅在可数个时刻满足

$$p^{\mathrm{T}}(t)b_i(x(t),t) = \pm 1,$$

则除了这些点之外，最优控制的每个分量都取值于最大值、最小值或零。我们称该燃料最省问题是正常的。对于这类问题，我们得到下列 Bang-off-Bang 控制原理。

定理 4.11 (Bang-off-bang 控制原理). 若燃料最省控制问题 4.3 是正常的，则最优控制的每个分量 $u_i(t), i=1,2,\ldots,m$，在最大值、最小值和零之间切换。

$$u_i(t) = \begin{cases} +1, & p^{\mathrm{T}}(t)b_i(x(t),t) < -1, \\ 0, & -1 < p^{\mathrm{T}}(t)b_i(x(t),t) < +1, \\ -1, & p^{\mathrm{T}}(t)b_i(x(t),t) > +1. \end{cases} \tag{4.3.27}$$

4.3.4 时间和燃料加权的最优控制示例

我们并不直接计算燃料最省控制的例子，而考察时间和燃料这两个性能指标的加权，使得时间消耗和燃料消耗各占一定比例，就得到了时间和燃料加权的最优控制问题。

问题 4.4 (时间和燃料加权的最优控制). 状态变量 $x(t):[t_0,t_f]\to\mathbb{R}^n$ 分段连续可微，控制变量 $u(t):[t_0,t_f]\to\mathbb{R}^m$ 分段连续。状态初值为 $x(t_0)=x_0$。状态方程为

$$\dot{x}(t) = A(x(t),t) + B(x(t),t)u(t). \tag{4.3.28}$$

容许控制为对任意的 $t\in[t_0,t_f]$，

$$|u_i(t)| \leq 1, \quad i=1,2,\ldots,m. \tag{4.3.29}$$

具有自由终端时刻的目标集

$$\mathcal{S} = [t_0,\infty) \times \{x(t_f) : m(x(t_f),t_f) = 0\}. \tag{4.3.30}$$

对于给定的权重 $\lambda\in\mathbb{R}, \lambda>0$，最小化时间和燃料加权的性能指标

$$J(u) = \int_{t_0}^{t_f} [\lambda + \sum_{i=1}^{m} |u_i(t)|]\mathrm{d}t. \tag{4.3.31}$$

简要分析时间和燃料加权的最优控制问题的设定，可知当 $\lambda\to 0$ 非常小时，即忽略时间因素最小化燃料消耗；当 $\lambda\to+\infty$ 非常大时，即化为时间最

短控制问题。在实际应用或分析中，我们可以选取适当的 $\lambda \in \mathbb{R}$, $\lambda > 0$，获得时间和燃料二者的折中。下面，延续小车的时间最短控制问题，例 4.7，我们在完全相同的假定条件下，以时间和燃料加权的性能指标控制小车到达原点。在本例中，将依然寻求闭环形式的最优控制。

例 4.8 (时间和燃料加权的最优控制). 状态变量 $x(t):[t_0,t_f]\to\mathbb{R}^2$ 分段连续可微，控制变量 $u(t):[t_0,t_f]\to\mathbb{R}$ 分段连续。初始时刻 $t_0=0$。状态方程为

$$\begin{aligned}\dot{x}_1(t)&=x_2(t)\\ \dot{x}_2(t)&=u(t).\end{aligned}$$

容许控制为对任意的 $t\in[t_0,t_f]$，

$$|u(t)|\le 1,\quad t\in[t_0,t_f]. \tag{4.3.32}$$

自由终端时刻的目标集为一个单点

$$\mathcal{S}=[t_0,\infty)\times\{x(t_f):x_1(t_f)=0,x_2(t_f)=0\}.$$

对于给定常数 $\lambda\in\mathbb{R}$, $\lambda>0$，最小化时间和燃料加权的性能指标

$$J(u)=\int_{t_0}^{t_f}[\lambda+|u(t)|]\mathrm{d}t.$$

将状态方程写成矩阵形式

$$\dot{x}(t)=Ax(t)+Bu(t),$$

其中

$$A=\begin{bmatrix}0&1\\0&0\end{bmatrix},\quad B=\begin{bmatrix}0\\1\end{bmatrix}.$$

引入协态变量 $p(t):[t_0,t_f]\to\mathbb{R}^2$，有 Hamiltonian 函数

$$\mathcal{H}(x(t),u(t),p(t))=\lambda+|u(t)|+p_1(t)x_2(t)+p_2(t)u(t).$$

可知，

$$p^{\mathrm{T}}(t)B(x(t),t)=p_2(t).$$

与燃料最优控制问题的计算完全类似，在对控制变量有不等式约束的情况下的极值条件为

$$u(t)=\begin{cases}+1, & p_2(t)<-1,\\ 0, & -1<p_2(t)<+1,\\ -1, & p_2(t)>+1,\\ \text{非负待定}, & p_2(t)=-1,\\ \text{非正待定}, & p_2(t)=+1.\end{cases}$$

由 Pontryagin 极小值原理可得协态方程

$$\begin{aligned}\dot{p}_1(t)&=0,\\ \dot{p}_2(t)&=-p_1(t).\end{aligned}$$

解得，

$$p_1(t)=c_1, \tag{4.3.33}$$

$$p_2(t)=-c_1t+c_2. \tag{4.3.34}$$

其中 $c_1, c_2\in\mathbb{R}$ 为待定系数。

于是最优控制下，协态变量的分量 $p_2(t)$ 是一条直线。经过 1 和 -1 都恰好一次，或恒等于某个常数。该问题的奇异情况共有两种可能，即满足 $p_2(t)=1$ 或 $p_2(t)=-1$。

若 $p_2(t)=-c_1t+c_2=-1$，可得 $c_1=0, c_2=-1, p_1(t)=0$。此时最优控制下的稳态 Hamiltonian 函数取值为

$$\begin{aligned}\mathcal{H}(x(t),u(t),p(t))&=\lambda+|u(t)|+p_1(t)x_2(t)+p_2(t)u(t)\\ &=\lambda+u(t)+0\cdot x_2(t)+(-1)\cdot u(t)\\ &=\lambda>0.\end{aligned}$$

这与定理 4.3 矛盾。

对于另外一种奇异情况，若 $p_2(t)=-c_1t+c_2=1$，可得 $c_1=0, c_2=1$, $p_1(t)=0$。此时最优控制下的稳态 Hamiltonian 函数取值为

$$\begin{aligned}\mathcal{H}(x(t),u(t),p(t))&=\lambda+|u(t)|+p_1(t)x_2(t)+p_2(t)u(t)\\ &=\lambda-u(t)+0\cdot x_2(t)+u(t)\\ &=\lambda>0.\end{aligned}$$

也与定理 4.3 矛盾。因此，该问题非奇异。

与例 4.7 的时间最短控制类似，燃料和时间加权最优问题可能的非奇异最优控制形式为

$$\begin{aligned}&\{0\},\{+1\},\{-1\},\\&\{0,+1\},\{0,-1\},\{+1,0\},\{-1,0\},\\&\{+1,0,-1\},\{-1,0,+1\}.\end{aligned}$$

与时间最短控制类似，我们首先讨论三种单值形式的最优控制下最优状态轨迹的情形，以此分析能达到目标集的最优控制“末段”控制律所需的状态。之后再讨论其他几种情况下如何切换。

(1) $u(t)=\{0\}$

将最优控制代入状态方程得到

$$\begin{aligned}x_2(t)&=c_3,\\x_1(t)&=c_3t+c_4.\end{aligned}$$

其中 c_3, $c_4\in\mathbb{R}$ 为待定系数。如图 4.13 所示，当采用控制律 $u(t)=\{0\}$ 时，速度分量 $x_2(t)$ 总为常数不变，位置分量 $x_1(t)$ 则会随时间推进。

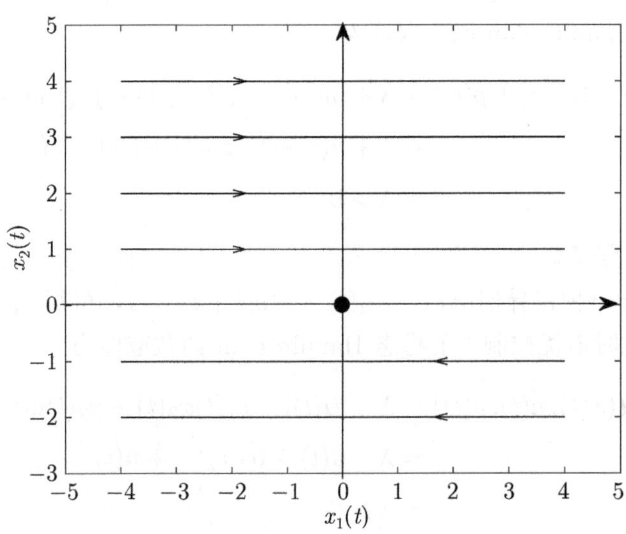

图 4.13 $u(t)=\{0\}$ 情况下最优状态轨迹

当实施 $u(t)=0$，即加速度为零时，如图 4.13 所示，最优状态轨迹总沿一条水平直线运行。若 $c_3>0$，状态处于 $x_2(t)=0$ 上方，即速度 $x_2(t)>0$，则位置 $x_1(t)$ 取值由小变大严格单调增加；若 $c_3<0$，状态处于 $x_2(t)=0$ 下方，即速度 $x_2(t)<0$，则位置 x_1 取值由大变小严格单调减小。若 $c_3=0$，则 $x_2(t)$ 总等于零，$x_1(t)$ 总等于常数 c_4，即停止于 c_4 位置。于是，除非初始状态恰好为 $(0,0)$，否则最优控制必然不会以 $u(t)=0$ 为末段。

(2) $u(t)=\{+1\}$

将最优控制 $u(t)=\{1\}$ 代入状态方程，与时间最短控制的例 4.7 相同，

$$\begin{aligned}x_2(t)&=t+c_3,\\x_1(t)&=\frac{1}{2}t^2+c_3t+c_4.\end{aligned}$$

其中 $c_3,\,c_4\in\mathbb{R}$ 为待定系数。以及

$$x_1(t)=\frac{1}{2}x_2^2(t)+c_5.$$

其中 $c_5\in\mathbb{R}$ 为待定系数。与时间最短控制的例 4.7 相同，如图 4.14 所示，若要实施情况 (2) $u(t)=\{+1\}$ 的控制律达到目标集，则初始时刻状态必有

$$x_1(t)-\frac{1}{2}x_2^2(t)=0. \tag{4.3.35}$$

(3) $u(t)=\{-1\}$

类似地，将最优控制代入状态方程得到

$$\begin{aligned}x_2(t)&=-t+c_3,\\x_1(t)&=-\frac{1}{2}t^2+c_3t+c_4.\end{aligned}$$

其中 $c_3,\,c_4\in\mathbb{R}$ 为待定系数。

$$x_1(t)=-\frac{1}{2}x_2^2(t)+c_6.$$

其中 $c_6\in\mathbb{R}$ 为待定系数。如图 4.15 所示，若要实施情况 (3) $u(t)=\{+1\}$ 的控制律达到目标集，则初始时刻状态变量必满足

$$x_1(t)+\frac{1}{2}x_2^2(t)=0. \tag{4.3.36}$$

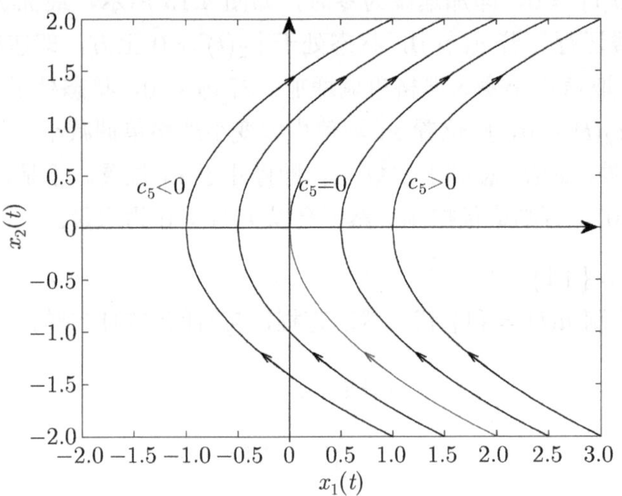

图 4.14 $u(t) = \{1\}$ 情况下最优状态轨迹

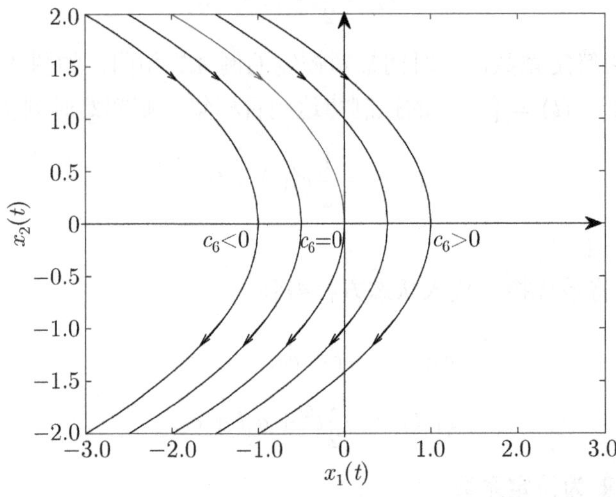

图 4.15 $u(t) = \{-1\}$ 情况下最优状态轨迹

(4) 最优控制为 $\{+1, 0, -1\}, \{0, -1\}, \{-1\}$ 的情况

下面我们考察最优控制末段为 $u(t) = -1$ 的三种情形。即 $\{+1, 0, -1\}$，$\{0, -1\}$，$\{-1\}$。先考察 $\{+1, 0, -1\}$，设最优控制在 t_1 时刻由 $u(t) = +1, t \in [t_0, t_1]$ 切换至 $u(t) = 0, t \in (t_1, t_2]$，在 t_2 时刻由 $u(t) = 0, t \in (t_1, t_2]$ 切换至

$u(t)=-1,\, t\in(t_2,t_f]$。如图 4.16所示，可知最优状态轨迹在第一阶段按照情况 (2) 中 $c_5<0$ 的轨迹运行；随后在第二阶段按照情况 (1) 中 $c_3>0$ 的轨迹运行；最后在第三阶段按照情况 (3) 中 $c_6=0$ 的轨迹运行。

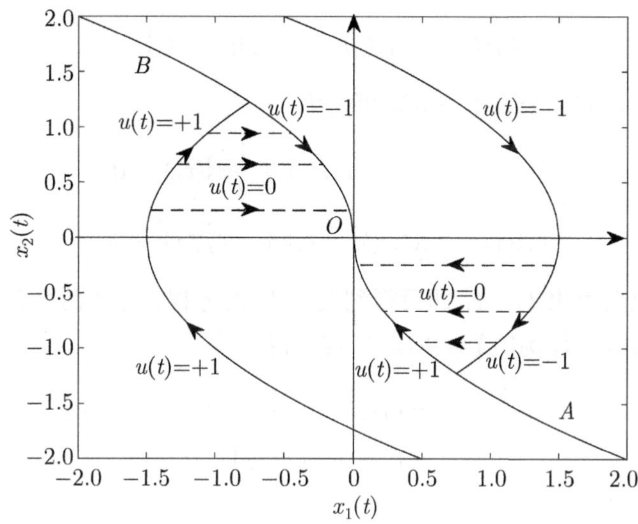

图 4.16 $\{+1,0,-1\}$ 或 $\{+1,0,-1\}$ 的最优状态轨迹

待定的切换时刻有 t_1,t_2 两个。对于 t_2 的切换时机，和例 4.7 类似，引入切换函数

$$s_2(x(t))\overset{\text{def}}{=}x_1(t)+\frac{1}{2}x_2(t)|x_2(t)|, \tag{4.3.37}$$

则最优控制应选择达到切换曲线 $s_2(x(t))=0$ 的时刻为最佳的 t_2，切换至 $u(t)=-1$。

下面从 t_2 时刻向前回溯。和时间最短控制类似，我们希望通过利用状态变量 $x_1(t)$ 和 $x_2(t)$ 在 t_1 时刻所满足的方程来确定从 $u(t)=+1$ 切换至 $u(t)=0$ 的时刻 t_1。首先，$[t_1,t_2]$ 时段的终点，状态变量应满足 $s_2(x_2(t))=0$，

$$x_1(t_2)=-\frac{1}{2}x_2^2(t_2)=0. \tag{4.3.38}$$

考察 $t\in[t_1,t_2]$ 部分的状态方程，在这一时段 $u(t)=0$，于是

$$\dot{x}_1(t)=x_2(t),$$

$$\dot{x}_2(t) = 0.$$

分别积分，即得到关于 t_1 与 t_2 时刻状态变量的关系

$$x_2(t_2) = x_2(t_1), \tag{4.3.39}$$

$$x_1(t_2) = x_1(t_1) + x_2(t_1)[t_2 - t_1]. \tag{4.3.40}$$

依次利用以上两式，公式 (4.3.38) 可化为

$$x_1(t_2) + \frac{1}{2}x_2^2(t_1) = 0,$$

$$x_1(t_1) + x_2(t_1)[t_2 - t_1] + \frac{1}{2}x_2^2(t_1) = 0. \tag{4.3.41}$$

至此，我们只要解出 $t_2 - t_1$ 即可得到关于 t_1 的方程。考察两个奇异点处的协态取值 $p_2(t_1) = -1$, $p_2(t_2) = +1$，分别可得

$$-c_1 t_1 + c_2 = -1,$$

$$-c_1 t_2 + c_2 = +1.$$

整理两式得到

$$[t_2 - t_1] = -2/c_1. \tag{4.3.42}$$

注意到，由公式 (4.3.33)，协态变量 $p_1(t) = c_1$。再由定理 4.3，最优控制下稳态 Hamiltonian 函数为零，

$$0 = \lambda + p_1(t)x_2(t) + p_2(t)u(t) = \lambda + c_1 x_2(t_1).$$

于是，只要 $x_2(t_1) \neq 0$，

$$[t_2 - t_1] = \frac{2x_2(t_1)}{\lambda}. \tag{4.3.43}$$

将其代回公式 (4.3.41)，整理得

$$x_1(t_1) = -\frac{\lambda + 4}{2\lambda}x_2^2(t_1). \tag{4.3.44}$$

即，达到上述曲线时，最优控制应从 $u(t) = +1$ 切换到 $u(t) = 0$。对比时间最短控制的切换曲线

$$x_1(t) = -\frac{1}{2}x_2^2(t). \tag{4.3.45}$$

可知，对任意有限的 $\lambda > 0$ 都有

$$-\frac{\lambda+4}{2\lambda}x_2^2(t) < -\frac{1}{2}x_2^2(t).$$

更进一步，容易验证上述不等式左侧随 λ 严格单调增加，且当增至无穷时，

$$\lim_{\lambda\to+\infty} -\frac{\lambda+4}{2\lambda}x_2^2(t) = -\frac{1}{2}x_2^2(t).$$

如图 4.17 左半平面所示，曲线 (4.3.44) 总在曲线 (4.3.45) 下方。随着时间权重 λ 的增大，切换曲线 (4.3.44) 越向上，就意味着需要以 $u(t) = +1$ 加速到更大速度才停止加速。

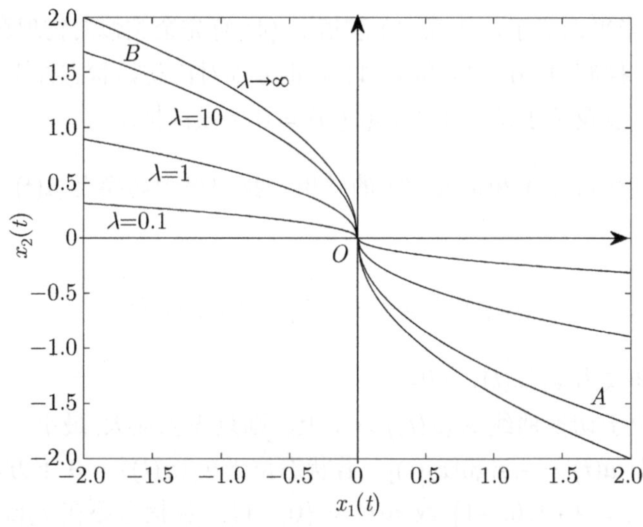

图 4.17　不同权重情况下的切换曲线

对于极限状态，当 $\lambda \to +\infty$ 时，两个切换曲线完全吻合，时间和燃料加权最优控制问题就变成了时间最短控制。而对于另外一个极端，当 $\lambda \to 0$ 时，停机的切换曲线逼近横轴，即，当时间的权重极小时，只需施加加速度保证速度略微大于零即可停机，保持极小的速度匀速运动至零点的邻域内再施加相反加速度将速度降为零即可以最小燃料到达目标。这也与物理直观完全相符。

其余两类控制律 $\{0, -1\}$ 和 $\{-1\}$ 则可分别处理初始状态位于上述两个切换曲线 $s_2(x(t)) = 0$ 以及曲线 (4.3.44) 之间，以及恰好位于切换曲线 $s_2(x(t)) = 0$ 上段，即满足式 (4.3.45) 的情况。

(5) 最优控制为 $\{-1,0,+1\},\{0,+1\},\{+1\}$ 的情况

考察最优控制末段为 $u(t)=+1$ 的三种情形。即 $\{-1,0,+1\}$，$\{0,+1\}$，$\{+1\}$。和情况 (4) 完全类似，对 $\{-1,0,+1\}$ 情况分析。可得，停机时刻 t_1 的状态应满足

$$x_1(t_1)=+\frac{\lambda+4}{2\lambda}x_2^2(t_1). \tag{4.3.46}$$

第二次切换时刻 t_2 的状态则与时间最短控制相同，为

$$s_2(x(t))=x_1(t)+\frac{1}{2}x_2(t)|x_2(t)|.$$

如图 4.17 右半平面所示，情况 (5) 和情况 (4) 有完全类似的物理意义。

类似地，控制律 $\{0,+1\}$ 和 $\{+1\}$ 则也分别对应初始状态位于上述两个切换曲线之间，以及位于切换曲线 $s_2(x(t))=0$ 下段的情况。

综合上述情况 (4) 和情况 (5) 的结果，我们得到切换至 $u(t)=0$ 的停机切换函数为

$$s_1(x(t))\stackrel{\text{def}}{=}x_1(t)+\frac{\lambda+4}{2\lambda}x_2(t)|x_2(t)|.$$

对应的切换曲线为 $s_1(x(t))=0$。

若状态位于切换曲线 $s_2(x(t))=0$ 上，则只需以最大/最小加速度让小车速度归零，即 $u(t)=-\operatorname{sign}[x_2(t)]$。若状态位于 $s_1(x(t))=0$ 下方，则还需判断应采取 $u(t)=\{+1,0,-1\}$ 或 $u(t)=\{0,-1\}$，若状态还在 $s_2(x(t))=0$ 下方，则需实施 $u(t)=+1$，否则实施 $u(t)=0$。若状态位于 $s_1(x(t))=0$ 和 $s_2(x(t))=0$ 的上方，则需实施 $u(t)=-1$，否则实施 $u(t)=0$。我们把上述控制切换过程整理至图 4.18。

综上，我们使用 Pontryagin 极小值原理得到了该时间和燃料加权最优控制问题的闭环形式最优控制：

$$u(t)=\begin{cases}+1, & s_1(x(t))<0, s_2(x(t))<0,\\ -1, & s_1(x(t))>0, s_2(x(t))>0,\\ -\operatorname{sign}[x_2(t)], & s_2(x(t))=0,\\ 0, & \text{其他情况}.\end{cases}$$

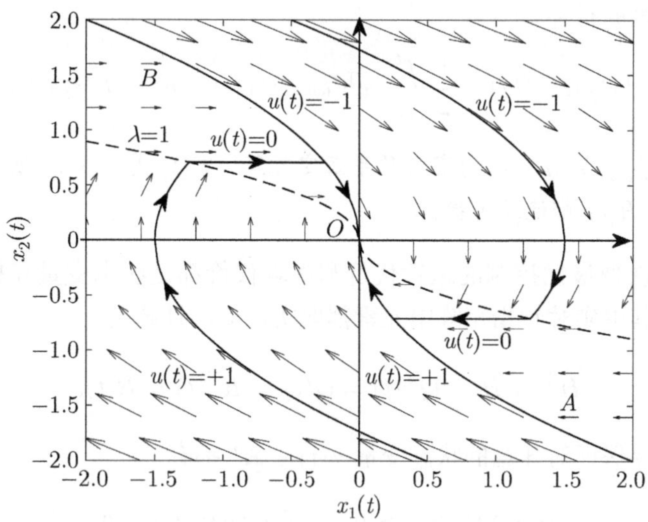

图 4.18 时间和燃料加权最优控制

4.4 线性二次型最优控制

时间最短问题和燃料最优控制问题从建模的角度十分直观，然而针对具体问题的适用范围有限。在本节中我们将研究的是一类有着极广泛应用的最优控制问题——线性二次型最优控制。与时间最短和燃料最省控制不同的是，线性二次型最优控制并没有非常确切的物理意义，在实际应用中尚需进一步建模分析或近似，然而我们利用 Pontryagin 极小值原理可以针对这一类问题求得闭环形式的最优控制，非常易于实用。

4.4.1 线性二次型最优控制与 Ricatti 方程

问题 4.5. 状态变量 $x(t):[t_0,t_f]\to\mathbb{R}^n$ 和控制变量 $u(t):[t_0,t_f]\to\mathbb{R}^m$ 都连续可微，且没有约束。状态方程为

$$\dot{x}(t)=A(t)x(t)+B(t)u(t), \tag{4.4.1}$$

其中 $A(t):[t_0,t_f]\to\mathbb{R}^n\times\mathbb{R}^n$ 和 $B(t):[t_0,t_f]\to\mathbb{R}^n\times\mathbb{R}^m$ 都是关于时间的连续可微矩阵值函数。控制目标集具有固定的终端时刻 t_f、自由的终端状态。最

小化二次型性能指标

$$J(u)=\frac{1}{2}x^{\mathrm{T}}(t_f)Hx(t_f)+\frac{1}{2}\int_{t_0}^{t_f}[x^{\mathrm{T}}(t)Q(t)x(t)+u^{\mathrm{T}}(t)R(t)u(t)]\mathrm{d}t. \quad (4.4.2)$$

其中 H 和 $Q(t)$ 是 $n\times n$ 的实对称半正定矩阵，$R(t)$ 是 $n\times m$ 实对称正定矩阵，$Q(t)$ 和 $R(t)$ 都连续可微。

在本节，我们更侧重于如何利用 Pontryagin 极小值原理求解线性二次型最优控制问题。对线性二次型最优控制的进一步介绍详见5.4节。

线性二次型最优控制的运行代价和终端代价都是状态变量和控制变量的二次函数。其中实对称指矩阵中元素都取实数值，且满足

$$H^{\mathrm{T}}=H,\quad Q^{\mathrm{T}}(t)=Q(t),\quad R^{\mathrm{T}}(t)=R(t),$$

半正定指需要保证对任意的状态变量 $x(t)\in\mathbb{R}^n$ 都有

$$x^{\mathrm{T}}(t_f)Hx(t_f)\geq 0,\quad x^{\mathrm{T}}(t)Q(t)x(t)\geq 0.$$

而正定则需保证对任意的控制变量 $u(t)\in\mathbb{R}^m$ 都有

$$u^{\mathrm{T}}(t)R(t)u(t)>0.$$

正定的矩阵必然半正定，同时保证了可逆的性质，即存在矩阵 $R^{-1}(t)$ 使得 $R^{-1}(t)R(t)=I$。其中 I 是 $m\times m$ 的单位阵。在下面的计算过程中将需要这一条件。$H,Q(t),R(t)$ 都是半正定的，保证了性能指标 J 半正定，这是为了确保对任意有限的状态变量和控制变量，性能指标都有下界，对其求极小化在数学上是有意义的。

下面我们将展示如何利用 Pontryagin 极小值原理分析线性二次型最优控制问题，并求得闭环形式的最优控制。引入协态变量 $p(t):[t_0,t_f]\to\mathbb{R}^n$，线性二次型最优控制具有如下形式的 Hamiltonian 函数

$$\begin{aligned}\mathcal{H}(x(t),u(t),p(t),t)=&\frac{1}{2}x^{\mathrm{T}}(t)Q(t)x(t)+\frac{1}{2}u^{\mathrm{T}}(t)R(t)u(t)\\&+p^{\mathrm{T}}(t)A(t)x(t)+p^{\mathrm{T}}(t)B(t)u(t).\end{aligned}$$

由于控制变量无约束，其驻点条件为

$$0=\frac{\partial\mathcal{H}}{\partial u}=R(t)u(t)+B^{\mathrm{T}}(t)p(t).$$

由于矩阵 $R(t)$ 有正定性，得到最优控制必满足

$$u(t) = -R^{-1}(t)B^{\mathrm{T}}(t)p(t). \tag{4.4.3}$$

由于该点满足 Hessian 矩阵正定，公式 (4.4.3) 保证了 Hamiltonian 函数取得极小值。

将上述最优控制的必要条件代入 Hamilton 方程组，得到最优控制下状态变量和协态变量的微分方程组。

$$\dot{x}(t) = +\frac{\partial \mathcal{H}}{\partial p}(x(t), u(t), p(t), t) = A(t)x(t) - B(t)R^{-1}(t)B^{\mathrm{T}}(t)p(t), \tag{4.4.4}$$

$$\dot{p}(t) = -\frac{\partial \mathcal{H}}{\partial x}(x(t), u(t), p(t), t) = -Q(t)x(t) - A^{\mathrm{T}}(t)p(t). \tag{4.4.5}$$

我们将其写成矩阵形式：

$$\begin{bmatrix} \dot{x}(t) \\ \dot{p}(t) \end{bmatrix} = \begin{bmatrix} A(t) & -B(t)R^{-1}(t)B^{\mathrm{T}}(t) \\ -Q(t) & -A^{\mathrm{T}}(t) \end{bmatrix} \begin{bmatrix} x(t) \\ p(t) \end{bmatrix}, \tag{4.4.6}$$

其中，

$$\mathcal{M}(t) = \begin{bmatrix} A(t) & -B(t)R^{-1}(t)B^{\mathrm{T}}(t) \\ -Q(t) & -A^{\mathrm{T}}(t) \end{bmatrix},$$

称为 Hamiltonian 矩阵。这一方程组是一个线性齐次常微分方程组，总可求解并写成如下形式：

$$\begin{bmatrix} x(t_f) \\ p(t_f) \end{bmatrix} = \phi(t_f, t) \begin{bmatrix} x(t) \\ p(t) \end{bmatrix}. \tag{4.4.7}$$

其中 $\phi(t_f, t)$ 是齐次方程的基解矩阵。将 ϕ 写成分块矩阵形式，每个 ϕ_{ij} 都是 $n \times n$ 矩阵：

$$\begin{bmatrix} x(t_f) \\ p(t_f) \end{bmatrix} = \begin{bmatrix} \phi_{11}(t_f, t) & \phi_{12}(t_f, t) \\ \phi_{21}(t_f, t) & \phi_{22}(t_f, t) \end{bmatrix} \begin{bmatrix} x(t) \\ p(t) \end{bmatrix}. \tag{4.4.8}$$

由于终端时刻固定、终端状态自由，根据 Pontryagin 极小值原理可得到上述常微分方程的边界条件：

$$p(t_f) = Hx(t_f). \tag{4.4.9}$$

将公式 (4.4.8) 代入上式，得到

$$H\phi_{11}(t_f,t)x(t)+H\phi_{12}(t_f,t)p(t)=\phi_{21}(t_f,t)x(t)+\phi_{22}(t_f,t)p(t). \tag{4.4.10}$$

由上式可知，我们可以将最优控制下的协态变量 $p(t)$ 表示成状态变量 $x(t)$ 的函数：

$$p(t)=[\phi_{22}(t_f,t)-H\phi_{12}(t_f,t)]^{-1}[H\phi_{11}(t_f,t)-\phi_{21}(t_f,t)]x(t). \tag{4.4.11}$$

上式中的矩阵可逆由 Kálmán 在 1960 年给出证明。我们把公式 (4.4.11) 简记为

$$p(t)=K(t)x(t). \tag{4.4.12}$$

其中 $K(t):[t_0,t_f]\to\mathbb{R}^n\times\mathbb{R}^n$ 为 $n\times n$ 矩阵值函数。将公式 (4.4.12) 代入最优控制的极值条件 (4.4.3)，我们就利用 Pontryagin 极小值原理求得了闭环形式最优控制：

$$u(t)=-R^{-1}(t)B^{\mathrm{T}}(t)K(t)x(t). \tag{4.4.13}$$

我们还可进一步分析矩阵 $K(t)$ 的性质。将公式 (4.4.12) 代入状态方程和协态方程，

$$\begin{aligned}&\dot{x}(t)=[A(t)-B(t)R^{-1}(t)B^{\mathrm{T}}(t)K(t)]x(t),\\&\dot{K}(t)x(t)+K(t)\dot{x}(t)=[-Q(t)-A^{\mathrm{T}}(t)K(t)]x(t).\end{aligned}$$

将两式的 $\dot{x}(t)$ 消去，得到对任意的状态 $x(t)$，

$$\begin{aligned}&\dot{K}(t)x(t)+K(t)[A(t)-B(t)R^{-1}(t)B^{\mathrm{T}}(t)K(t)]x(t)\\=&[-Q(t)-A^{\mathrm{T}}(t)K(t)]x(t).\end{aligned}$$

再结合边界条件 (4.4.9)，整理得矩阵函数 $K(t)$ 满足 Ricatti 方程：

$$\begin{aligned}0=&\dot{K}(t)+Q(t)-K(t)B(t)R^{-1}(t)B^{\mathrm{T}}(t)K(t)\\&+K(t)A(t)+A^{\mathrm{T}}(t)K(t).\end{aligned} \tag{4.4.14}$$

$$K(t_f) = H. \tag{4.4.15}$$

在上述计算过程中，公式 (4.4.11) 将协态变量 $p(t)$ 表示为状态变量 $x(t)$ 的函数，这就使得在公式 (4.4.3) 中已经表示为 $p(t)$ 和 $x(t)$ 函数的最优控制 $u(t)$ 可以进一步表示为当前时刻状态 $x(t)$ 的函数。这是通过 Pontryagin 极值原理求得闭环形式最优控制的关键。

在第 5 章，我们还将证明矩阵函数 $K(t)$ 对称正定，且

$$V(x(t_0), t_0) = \frac{1}{2} x^{\mathrm{T}}(t_0) K(t_0) x(t_0)$$

恰好是以 t_0 为初始时刻，$x(t_0)$ 为初始状态的线性二次型最优控制问题的最优性能指标。

4.4.2 极小值原理求解线性二次型最优控制示例

下面先来看一个 Pontryagin 极小值原理求解线性二次型最优控制的例子，我们不利用 Ricatti 方程，直接通过求解 Hamiltonian 矩阵形式的线性齐次常微分方程组计算矩阵 $K(t)$。

例 4.9 (解 Hamiltonian 矩阵). *状态变量 $x(t) : [t_0, t_f] \to \mathbb{R}$ 和控制变量 $u(t) : [t_0, t_f] \to \mathbb{R}$ 都是连续可微函数，且没有约束。初始时刻为 $t_0 = 0$。状态方程为*

$$\dot{x}(t) = x(t) + u(t). \tag{4.4.16}$$

终端时刻固定为 $t_f = 10$、终端状态自由。最小化二次型性能指标

$$J(u) = \frac{1}{2} x^2(t_f) + \int_0^{10} \frac{1}{2} u^2(t) \mathrm{d}t. \tag{4.4.17}$$

本例中，矩阵 A, B, H, Q, R 都退化为实数。其中，

$$A = 1, \quad B = 1,$$
$$H = 1, \quad Q = 0, \quad R = 1.$$

引入协态变量 $p(t):[t_0,t_f]\to\mathbb{R}$。可求最优控制下 Hamilton 方程组的 Hamiltonian 矩阵：

$$\begin{bmatrix}\dot{x}(t)\\ \dot{p}(t)\end{bmatrix}=\begin{bmatrix}A(t) & -B(t)R^{-1}(t)B^{\mathrm{T}}(t)\\ -Q(t) & -A^{\mathrm{T}}(t)\end{bmatrix}\begin{bmatrix}x(t)\\ p(t)\end{bmatrix}=\begin{bmatrix}1 & -2\\ 0 & -1\end{bmatrix}\begin{bmatrix}x(t)\\ p(t)\end{bmatrix},$$

$$\mathcal{M}=\begin{bmatrix}1 & -2\\ 0 & -1\end{bmatrix}. \tag{4.4.18}$$

求解这一线性齐次常微分方程组，

$$\begin{bmatrix}x(t_f)\\ p(t_f)\end{bmatrix}=\mathrm{e}^{\mathcal{M}(t_f-t)}\begin{bmatrix}x(t)\\ p(t)\end{bmatrix}=\begin{bmatrix}\mathrm{e}^{t_f-t} & \frac{1}{2}\mathrm{e}^{-(t_f-t)}-\frac{1}{2}\mathrm{e}^{t_f-t}\\ 0 & \mathrm{e}^{-(t_f-t)}\end{bmatrix}\begin{bmatrix}x(t)\\ p(t)\end{bmatrix}. \tag{4.4.19}$$

记

$$\phi(t_f,t)=\begin{bmatrix}\mathrm{e}^{t_f-t} & \frac{1}{2}\mathrm{e}^{-(t_f-t)}-\frac{1}{2}\mathrm{e}^{t_f-t}\\ 0 & \mathrm{e}^{-(t_f-t)}\end{bmatrix}.$$

得到

$$\begin{aligned}p(t)&=[\phi_{22}(t_f,t)-H\phi_{12}(t_f,t)]^{-1}[H\phi_{11}(t_f,t)-\phi_{21}(t_f,t)]x(t)\\ &=\left[\mathrm{e}^{-(t_f-t)}-\frac{1}{2}\mathrm{e}^{-(t_f-t)}+\frac{1}{2}\mathrm{e}^{t_f-t}\right]^{-1}[\mathrm{e}^{t_f-t}-0]x(t)\\ &=\frac{\mathrm{e}^{t_f-t}}{\mathrm{e}^{t_f-t}+\mathrm{e}^{-(t_f-t)}}x(t)\end{aligned}$$

记录其中

$$K(t)=\frac{\mathrm{e}^{t_f-t}}{\mathrm{e}^{t_f-t}+\mathrm{e}^{-(t_f-t)}}.$$

于是，得到线性二次型最优控制问题的最优控制为：

$$u(t)=-K(t)x(t)=-\frac{\mathrm{e}^{t_f-t}}{\mathrm{e}^{t_f-t}+\mathrm{e}^{-(t_f-t)}}x(t).$$

我们利用 Pontryagin 极小值原理得到了本例的闭环形式最优控制。选择 $x(0)=1$ 作为初值，画出最优控制下状态的变化。最优控制下的状态如图 4.19 所示，状态变量从初始时刻的 $x(0)=0$ 接近 x 轴，并在固定的终

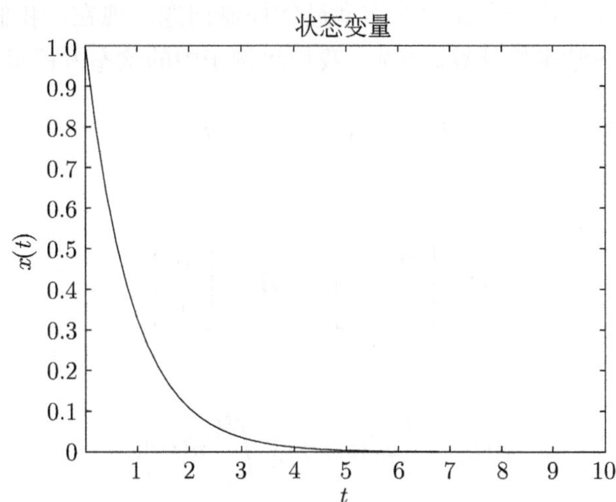

图 4.19 极小值原理求解线性二次型最优控制的最优状态轨迹

端时刻 $t_f = 10$ 达到 $x(10) = 0$。实施的最优控制如图 4.20 所示，从最初的 $u(0) = -2$，迅速接近 0。

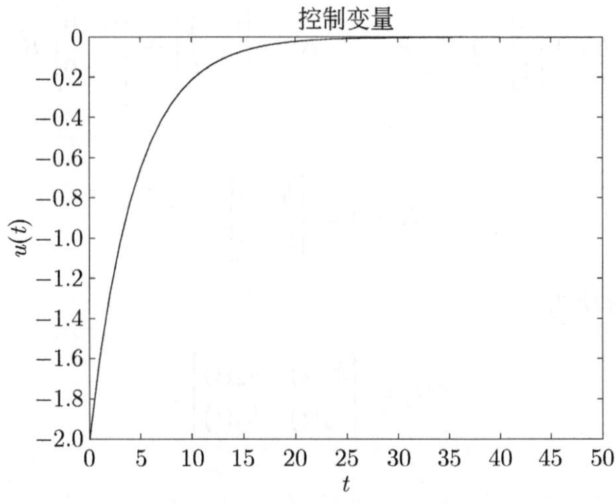

图 4.20 线性二次型的最优控制

作为动态规划例子的 2.3 节例 2.2 的拦截问题，在例 4.4 中曾利用 Pontryagin 极小值原理推得关于最优控制下状态变量和协态变量的两点边值问题。这同时也是一个线性二次型最优控制问题。现在，我们就通过求解 Ricatti 方程的方法继续计算。首先，我们将例子中的状态方程写成矩阵形式：

$$\dot{x}(t) = Ax(t) + Bu(t).$$

其中

$$A = \begin{bmatrix} 0 & 1 \\ 0 & 0 \end{bmatrix}, \quad B = \begin{bmatrix} 0 \\ 1 \end{bmatrix}.$$

性能指标为

$$J(u) = \frac{b}{2}x_1^2(t_f) + \frac{1}{2}\int_{t_0}^{t_f} u(t)\mathrm{d}t.$$

则

$$H = \begin{bmatrix} b & 0 \\ 0 & 0 \end{bmatrix}, \quad Q = \begin{bmatrix} 0 & 0 \\ 0 & 0 \end{bmatrix}, \quad R = 1.$$

于是，其 Ricatti 方程为

$$\dot{K}(t) - K(t)\begin{bmatrix} 0 \\ 1 \end{bmatrix}\begin{bmatrix} 0 & 1 \end{bmatrix}K(t) + K(t)\begin{bmatrix} 0 & 1 \\ 0 & 0 \end{bmatrix} + \begin{bmatrix} 0 & 0 \\ 1 & 0 \end{bmatrix}K(t) = 0,$$

边界条件为

$$K(t_f) = \begin{bmatrix} b & 0 \\ 0 & 0 \end{bmatrix}.$$

将矩阵 $K(t)$ 分块为

$$K(t) = \begin{bmatrix} k_1(t) & k_2(t) \\ k_2(t) & k_3(t) \end{bmatrix}.$$

得到，

$$\begin{bmatrix} \dot{k}_1(t) - k_2^2(t) & \dot{k}_2(t) + k_1(t) - k_2(t)k_3(t) \\ \dot{k}_2(t) + k_1(t) - k_2(t)k_3(t) & \dot{k}_3(t) + 2k_2(t) - k_3^2(t) \end{bmatrix} = 0.$$

与 2.3 节例 2.2 的结论相同。

小 结

本章主要沿用在第 2 章中介绍的引入 Pontryagin-McShane 变分的想法，从泛函极值的定义出发，给出 Pontryagin 极小值原理的证明。利用 Pontryagin 极小值原理，我们可以将有约束的多种目标集的最优控制问题转化为关于最优控制下状态变量和协态变量的两点边值问题求解。针对时间最短控制和燃料最省控制，我们给出了一定条件下的闭环形式最优控制。特别地，针对一类应用非常广泛的线性二次型最优控制问题，Pontryagin 极小值原理同样可以求得其闭环形式最优控制。

然而，在本章中我们也可看到，Pontryagin 极小值原理获得的两点边值问题在一般情况下并不易求解，对协态变量的细致分析也给计算机求解带来困难。与此同时，Pontryagin 极小值原理往往只能求得开环形式的最优控制，难以充分利用实时观测的状态。在本书下册第 3 部分 “最优控制的数值方法” 与 “模型预测控制” 中，我们将针对上述问题，在 Pontryagin 极小值原理的基础上进一步开发最优控制的智能方法。本章内容主要参考了文献 [6, 172, 175]。

第 5 章 动态规划

将问题嵌入到更大类的问题中，同时解决这一大类问题反而可能更容易。

——Lawrence Craig Evans（埃文斯），1949—

本章提要

Bellman 的动态规划方法与 Pontryagin 极小值原理均源自经典变分法，同为最优控制理论的奠基性工作。与极小值原理擅长计算开环形式最优控制不同，动态规划方法着力于寻求闭环控制。

本章内容组织如下：在 5.1 节，我们将介绍动态规划方法的“最优性原理”，并简要示例如何求解最短路问题；在 5.2 节，我们讨论如何利用动态规划方法求解离散时间最优控制问题的 Bellman 方程；在 5.3 节，利用 Bellman 方程简要证明连续时间最优控制问题的 Hamilton-Jacobi-Bellman 方程，讨论动态规划与 Pontryagin 极小值原理之间的关系，并证明在值函数二次连续可微的情况下 Hamilton-Jacobi-Bellman 方程还是最优控制的充分必要条件；在最后的 5.4 节，我们使用动态规划方法分别求解离散和连续的线性二次型最优控制。

5.1 最优性原理

在此前两章的变分法和 Pontryagin 极值原理中，我们将最优控制问题建模为由常微分方程建模的状态方程约束下，求关于控制变量的泛函极值问题。在本节，我们将最优控制问题近似地理解为一种多阶段决策的问题，利用动态规划方法求解。动态规划最基本的思想就是由 Richard Bellman 提出的“最优性原理”。

5.1.1 多阶段决策的最优性原理

在解释最优性原理之前，首先介绍计算机算法中常见的最短路问题。一旅客从上海出发，要沿着路程最短的路线，到达目的地北京。如图 5.1 所示，要决定走“上海 —南京 —北京”，还是走“上海 —南京 —天津 —北京”。

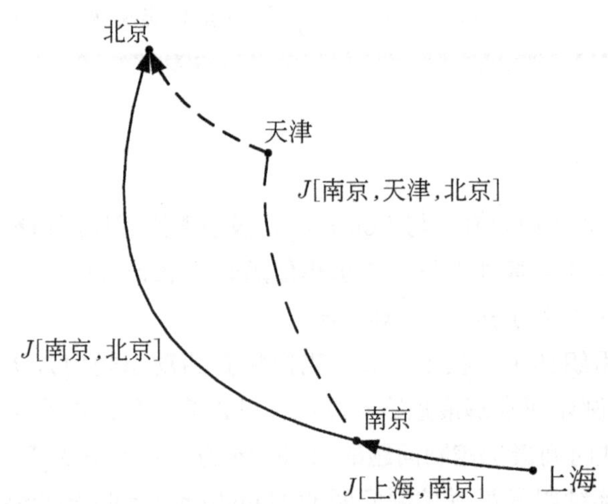

图 5.1 最优性原理示意

这是一个典型的多阶段决策问题，位于任何一个城市（状态如何）都需要作出决策，下一步去哪里（控制如何），直到达到目标（控制的目标集）为止。假如我们已知“上海 —南京 —北京”是最短路，那么从南京到北京的最短路一定是“上海 —南京 —北京”的子序列“南京 —北京”，而非“南京 —天津 —北京”——这是因为假如“南京 —天津 —北京”的路程优于“南京 —北京”的路程，我们从上海去北京就一定会选择“上海 —南京 —天津 —北京”

的路程，因为这样走的路程为“上海 —南京”加上“南京 —天津 —北京”，小于“上海 —南京 —北京”的路程：“上海 —南京”加上“南京 —北京”。这与题设中已知的最短路为“上海 —南京 —北京”矛盾。

Bellman 在他 1954 年的论文[41] 中将上述分析过程抽象，并表述为著名的最优性原理 (principle of optimality)：*多级决策过程的最优策略具有如下性质：不论初始状态和初始决策如何，其余的决策对于由初始决策所形成的状态来说，必定也是一个最优策略。*

最优性原理既给出了最优策略的必要条件，同时还蕴含了其所有子问题最优策略的充分条件。仍然以“上海到北京”的最短路问题为例，若“上海—南京 —北京”是最优策略，则需满足必要条件，子列“南京 —北京”是“南京到北京”最短路问题的最优策略。反之，对于其子问题“南京到北京”而言，“南京 —北京”是最优策略的充分条件是“上海 —南京 —北京”是从上海到北京的最短路。

对于最短路问题，若要寻找最优路径，以最小化某个性能指标（例如，对应路径的里程或时间），我们可将 Bellman 的最优性原理表述为：

定理 5.1 (最短路问题的最优性原理). *若 $x(1), x(2), \dots, x(N)$ 是 0 时刻起，以 $x(0)$ 为初始状态的最短路问题的最优解，则对任意的 $i = 0, 1, \dots, N-1$，决策序列 $x(i+1), x(i+2), \dots, x(N)$ 是以 i 为初始时刻，$x(i)$ 为初始状态的子问题的最优解。*

我们用反证法给出简要证明。若该命题不成立，即存在序号 i, $0 < i < N$，对于初始状态 $x(0), x(i)$ 后续的状态序列 $x'(i+1), x'(i+2), \dots, x'(N') = x(N)$ 可使得其性能指标更小：

$$
\begin{aligned}
&J[x(i), x(i+1), x(i+2), \dots, x(N)] \\
&> J[x(i), x'(i+1), x'(i+2), \dots, x'(N')].
\end{aligned}
$$

其中，$J[x_0, x_1, x_2, \dots, x_N]$ 表示从 x_0 出发到 x_N 的路径受到的损失。在该问题中，我们希望寻找从 x_0 出发的最优决策序列 $x_1, x_2, \dots, x_N$ 最小化这一性能指标。

于是，将路径 $x(0), x(1), x(2), \dots, x(N)$ 在 i 时刻之前部分不变，从 i 时刻起的部分替换为 $x'(i+1), x'(i+2), \dots, x'(N')$，组成新的路径 $x(0)$, $x(1)$, …, $x(i), x'(i+1), x'(i+2), \dots, x'(N') = x(N)$。其性能指标为

$$\begin{aligned}
&J[x(0),x(1),\ldots,x(i),x'(i+1),x'(i+2),\ldots,x'(N')]\\
=&J[x(0),x(1),\ldots,x(i)]+J[x(i),x'(i+1),x'(i+2),\ldots,x'(N')]\\
<&J[x(0),x(1),\ldots,x(i)]+J[x(i),x(i+1),x(i+2),\ldots,x(N)]\\
=&J[x(0),x(1),\ldots,x(i),x(i+1),x(i+2),\ldots,x(N)].
\end{aligned}$$

这与 $x(0),x(1),\ldots,x(N)$ 是原问题的最优解矛盾。

利用动态规划求解从起点到终点的最短路问题时，我们总是“将问题嵌入到更大类的问题中”，设计一类问题。即，以任意一点为起点，到达指定终点的最短路问题。若能“同时解决这一大类问题”，则最初的问题自然也是这一类问题的子问题。

正如本章之初数学家 Evans 的引言。

5.1.2 动态规划求解最短路示例

下面，我们以一个完整的最短路问题作为动态规划方法的示范。从最终目标出发，根据最优性原理，倒推地不断构造子问题，对任意点都求解其到达目标的最短路，求得闭环形式最优控制。

例 5.1 (动态规划求解最短路). 如图 5.2 所示，任意两点之间的有向边上记录了两点间路径的距离，求从 A 点到 H 的最短路径。或求更大类的问题，求任意一点出发到 H 的最短路径。

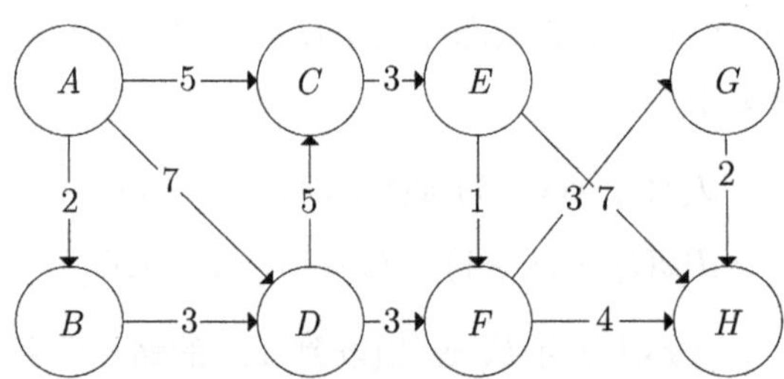

图 5.2 动态规划求解最短路问题

用 $V(x): X \to \mathbb{R}$ 表示从图 5.2 中一点 x 到 H 的最短路程。由于已知 H 点是终点，于是 $V(H)=0$。接下来我们倒推求解例 5.1，总以下一点的值函数已知作为选择子问题起点的根据。

(1) 从终点 H 点开始倒推求解：目前已知值函数的点只有 H，能直达 $\{H\}$ 的有 E,F,G。

G：只有 GH 一个选择可最终到达 H，H 的值函数已知，因此 $G\to H$ 的最短路程为

$$V(G)=J[GH]+V[H]=2+0=2,$$
$$\phi(G)=H.$$

其中 $J[GH]$ 表示经过 GH 的路程，作为该路径的性能指标，于是 $V(G)$ 就是最优性能指标。$\phi(G)=H$ 表示 G 作出的决策为 H，这是一种闭环形式的控制律。

F：有 FG 和 FH 两个选择均可最终到达 H，G 和 H 的值函数都已知，比较可知 $F\to H$ 的最短路程为

$$\begin{aligned}V(F)&=\min\{J[FG]+V[GH],J[FH]+V[H]\}\\&=\min\{3+2,4+0\}=4.\end{aligned}$$
$$\phi(F)=H.$$

E：有 EF，EH 两个选择均可最终到达 H，F 和 H 的值函数都已知，比较可知 $E\to H$ 的最短路程为

$$\begin{aligned}V(E)&=\min\{J[EF]+V[F],J[EH]+V[H]\}\\&=\min\{1+4,7+0\}=5.\end{aligned}$$
$$\phi(E)=F.$$

至此，我们已经计算了 E,F,G,H 的值函数和闭环形式最优控制。

(2) 已知 $\{E,F,G,H\}$ 值函数，继续倒推: 能直达 $\{E,F,G,H\}$ 的点有 C,D。

D：有 DC，DF 两个选择均可最终到达 H，C 的值函数还未知，暂不计算 D 的值函数。

C：只有 CE 一个选择可最终到达 H，E 的值函数已知，因此 $C\to H$ 的最短路程为

$$V(C)=J[CE]+V(E)=3+5=8.$$
$$\phi(C)=E.$$

(3) 已知 $\{C,E,F,G,H\}$ 值函数，继续倒推：能直达 $\{C,E,F,G,H\}$ 的点有 A,D。

D：有 DC，DF 两个选择均可最终到达 H，C 和 F 的值函数都已知，比较可知 $D \to H$ 的最短路程为

$$\begin{aligned} V(D) &= \min\{J[DC] + V(C), J[DF] + V[F]\} \\ &= \min\{5+8, 3+4\} = 7. \\ \phi(D) &= F. \end{aligned}$$

A：有 AB，AC，AD 三个选择均可最终到达 H，B 的值函数还未知，暂不计算 A 的值函数。

(4) 已知 $\{C,D,E,F,G,H\}$ 值函数，继续倒推：能直达 $\{C,D,E,F,G,H\}$ 的点有 A,B。

B：只有 BD 一个选择可最终到达 H，D 的值函数已知，因此 $B \to H$ 的最短路程为

$$\begin{aligned} V(B) &= J[BD] + V(D) = 3+7 = 10. \\ \phi(B) &= D. \end{aligned}$$

A：有 AB，AC，AD 三个选择均可最终到达 H，B，C，D 的值函数都已知，比较可知 $A \to H$ 的最短路程为

$$\begin{aligned} V(A) &= \min\{J[AB] + V(B), J[AC] + V(C), J[AD] + V(D)\} \\ &= \min\{2+10, 5+8, 7+7\} = 12. \\ \phi(A) &= B. \end{aligned}$$

至此，我们已经倒推遍历了所有点。并对 $\{A,B,C,D,E,F,G\}$ 中任意一点都求得了到达终点 H 的最短路程 $V(x)$ 以及能够达成这个最短路的下一步决策 $\phi(x)$。

于是从 A 出发到 H 的最短路径为

$$A \to \phi(A) = B \to \phi(B) = D \to \phi(D) = F \to \phi(F) = H.$$

总路径为

$$J[ABDFH] = 2+3+3+4 = 12.$$

与值函数 $V(A) = 12$ 结论相同。

利用 $V(\cdot)$ 和 $\phi(\cdot)$ 可以计算任意一点到达 H 的最短路径和最优策略。例如，从 C 出发到达目标的最短路径为

$$C \to \phi(C) = E \to \phi(E) = F \to \phi(F) = H.$$

总路径为

$$J[CEFH] = 3+1+4 = 8.$$

这也与值函数 $V(C) = 8$ 结论相同。

5.2 动态规划求解离散最优控制

第 3 章变分法和第 4 章 Pontryagin 极值原理讨论的连续时间最优控制问题都以积分形式的泛函作为性能指标，以及常微分方程形式的状态方程刻画控制变量对未来状态的影响。这是一种非常精确的刻画，在初始时刻 t_0 和终止时刻 t_f 之间的任意时刻都可由状态方程计算给定控制变量的状态变化率。然而在工程实践中，状态的观测和控制的实施往往只能发生在离散的时间序列 $t_0 < t_1 < t_2 < \ldots < t_N = t_f$。接下来，我们使用离散时间最优控制问题建模，以时段内运行代价的加和而非积分描述系统的运行时性能指标，使用状态的迭代方程刻画系统状态方程。

5.2.1 离散时间最优控制问题

考察离散时间最优控制问题：

问题 5.1 (离散时间最优控制问题). 状态变量为 $x(k): \mathbb{N} \to \mathbb{R}^n$，控制变量为 $u(k): \mathbb{N} \to \mathbb{R}^m$，其定义域均为非负整数$\mathbb{N} = \{0, 1, 2, \ldots, \}$。

(1) 被控对象的状态方程:

$$x(k+1) = f_D(x(k), u(k), k), \quad k = 0, \ldots, N-1. \tag{5.2.1}$$

(2) 容许控制:

$$u \in \mathcal{U}, \quad x \in \mathcal{X}. \tag{5.2.2}$$

为了区别于连续时间最优控制问题中的符号 f, g, h，我们使用符号 f_D, g_D, h_D 以表示问题是“离散”（discrete）的。

(3) 目标集:

$$x(N) \in S \subseteq \mathbb{R}^n. \tag{5.2.3}$$

(4) 以及对任意时刻 $k \in [0, N-1]$, $k \in \mathbb{N}$ 和初始容许的状态 $x(k)$，最小化性能指标:

$$J(u; x(k), k) = h_D(x(N), N) + \sum_{i=k}^{N-1} g_D(x(i), u(i), i). \tag{5.2.4}$$

其中，函数 f_D, g_D, h_D 分别取值于 $\mathbb{R}^n, \mathbb{R}, \mathbb{R}$。

注意到，在性能指标中，我们引入了新的自变量：时刻 k 和此时的状态变量 $x(k)$，以期望求解闭环形式的控制律

$$u(k) = \phi(x(k), k).$$

在本章中，我们希望对任意的初始时刻和初始状态，都求得上述离散时间最优控制问题。

离散与连续最优控制问题最大的区别就在于状态变量和控制变量的定义域不再是实数而变为非负整数。事实上，可以容易地将连续时间最优控制问题近似转化为离散时间最优控制问题，且离散化的方式并不唯一。

连续最优控制问题的离散化：时间

在一般的连续最优控制问题中，时间 t 取值为

$$t \in [t_0, t_f].$$

和 2.1.1 节中 Euler 的想法类似，我们在规定时间区间 $[t_0, t_f]$ 内进行 N 次采样和控制，分别在

$$t_0 < t_1 < \ldots < t_{N-1},$$

将终端时刻 $t_f > t_{N-1}$ 记为 $t_N = t_f$。时间区间 $[t_0, t_f]$ 就被划分成为 N 个子区间[1]

$$[t_0, t_1), [t_1, t_2), \ldots, [t_k, t_{k+1}), \ldots, [t_{N-1}, t_N)$$

---

[1] 上述区间划分的一个简单例子即选取足够大的 N，均分区间 $[t_0, t_f]$，$\Delta t_k = \Delta t = (t_f - t_0)/N$, $k = 0, 1, 2, \ldots, N-1$.

若时刻 t 落入其中某个区间 $[t_k, t_{k+1})$，则记作时段 k：

$$k = 0, 1, \ldots, N-1. \tag{5.2.5}$$

$k = N$ 即为终端时刻。

连续最优控制问题的离散化：状态方程

连续时间最优控制问题中，系统的状态方程使用常微分方程描述

$$\dot{x}(t) = f(x(t), u(t), t), \quad t \in [t_0, t_f]. \tag{5.2.6}$$

该常微分方程可按照采样时间化为近似的

$$\frac{x(t_{k+1}) - x(t_k)}{\Delta t_k} \approx f(x(t_k), u(t_k), t_k), \tag{5.2.7}$$

$$x(t_{k+1}) \approx x(t_k) + f(x(t_k), u(t_k), t_k)\Delta t_k. \tag{5.2.8}$$

状态方程离散化是求常微分方程初值问题数值解的常用技巧，并不限于这种形式，见本书下册第 3 部分“最优控制的数值方法”一章。

我们即可将其记作离散时间状态方程

$$x(k+1) = f_D(x(k), u(k), k),$$

状态变量 $x(k)$ 的自变量 k 即表示第 k 个区间或第 k 个采样时刻。

连续最优控制问题的离散化：性能指标

连续最优控制的性能指标往往用运行代价的积分与终止代价之和刻画。对于离散时间的最优控制问题，

$$J(u) = h(x(t_f), t_f) + \int_{t_0}^{t_f} g(x(t), u(t), t)\,\mathrm{d}t. \tag{5.2.9}$$

将性能指标泛函中的积分写成区间 $[t_0, t_1), [t_1, t_2), \ldots$ 上的分别加和，则其性能指标可化为

$$J(u) = h(x(t_f), t_f) + \sum_{k=0}^{N-1} \int_{t_k}^{t_{k+1}} g(x(t), u(t), t)\,\mathrm{d}t.$$

记

$$h_D(x(N), N) = h(x(t_f), t_f),$$

$$g_D(x(k),u(k),k)=\int_{t_k}^{t_{k+1}} g(x(t),u(t),t)\,\mathrm{d}t.$$

则得到离散时间最优控制问题的性能指标

$$J(u)=h_D(x(N),N)+\sum_{k=0}^{N-1} g_D(x(k),u(k),k). \tag{5.2.10}$$

至此，我们将连续时间最优控制问题转化为了离散时间最优控制问题。需要指出：(1) 上述转化是一种近似，并不唯一；(2) 离散时间最优控制问题具有和连续情况对等的地位，两种建模方式都有各自适用的具体问题。

在本书下册第 3 部分“最优控制的数值方法”一章中我们还会介绍其他离散形式。

5.2.2 Bellman 方程

参考最短路问题——例 5.1 的计算过程，对于离散时间最优控制问题 5.1，我们定义最优控制下最小化的性能指标为

$$V(x(k),k)\overset{\text{def}}{=}\min_{u\in\mathcal{U}} J(u;x(k),k), \quad k=0,1,\ldots \tag{5.2.11}$$

称其为最优控制问题的值函数。根据最优性原理以及定理 5.1 完全类似的证明过程，我们立刻可得离散时间最优控制问题 5.1 的 Bellman 方程。

定理 5.2 (Bellman 方程). *离散时间最优控制问题 5.1 的最优控制满足下列 Bellman 方程：*

$$V(x(N),N)=h_D(x(N),N). \tag{5.2.12}$$

$$V(x(k),k)=\min_{u\in\mathcal{U}}\{g_D(x(k),u(k),k)+V(x(k+1),k+1)\},$$
$$k=N-1,\ldots,0. \tag{5.2.13}$$

Bellman 方程是关于最优控制问题值函数的方程。若我们能解得上述 Bellman 方程的唯一解，对于 $k=0,1,\ldots,N$，都有已知的函数 $V(x(k),k)$，则对于任意时刻 k，对于任意可能的状态 $x(k)$，可以立刻得到最优控制

$$\begin{aligned} u(k)&=\min_{u\in\mathcal{U}}\Big\{g_D(x(k),u(k),k)+V(x(k+1),k+1)\Big\}\\ &=\min_{u\in\mathcal{U}}\Big\{g_D(x(k),u(k),k)+V(f_D(x(k),u(k),k),k+1)\Big\}. \end{aligned} \tag{5.2.14}$$

这样，求得值函数之后，根据公式 (5.2.14) 得到的最优控制 $u(k)$ 仅与当前系统状态 $x(k)$ 及 k 有关。这说明通过求解 Bellman 方程求得的最优控制符合闭环控制的定义：

$$u(t) = \phi(x(t), t).$$

此外，我们所熟悉的变分方法或 Pontryagin 极小值原理得到的必要条件是一个关于最优控制下状态变量和协态变量的常微分方程两点边值问题，在分析过程中并不涉及性能指标的计算。而动态规划方法则是直接求解关于最优性能指标的 Bellman 方程。与 Pontryagin 极小值原理类似，动态规划方法也是一种最优控制问题的通用方法，能处理非常广泛的情况，可以应对被控对象的状态方程难以使用常微分方程刻画的离散时间系统。接下来，我们将介绍如何使用动态规划方法求解离散最优控制问题。

5.2.3 动态规划求解离散最优控制示例

如何利用动态规划方法求解最优控制问题与具体问题特点有关。在本节中，我们详尽讲解如何直接倒推求解 Bellman 方程，并简要介绍其数值解法。

直接倒推求解 Bellman 方程

与最短路问题的例 5.1 类似，求解离散最优控制问题 Bellman 方程的计算过程十分直观，即从 N 时刻起用倒推法求解最优控制问题的值函数。假定对任意 k，状态变量 $x(k) \in X \subset \mathbb{R}^n$，控制变量 $u(k) \in U \subset \mathbb{R}^m$。

在终端时刻 N，控制变量将无法再改变状态变量，从此刻起性能指标的累加也仅有与控制变量无关的终端代价一项。因此，终端时刻的值函数 $V(x(N), N)$ 与控制变量无关，可由 Bellman 方程的边界条件 (5.2.12) 直接获得。即，对任意给定的容许状态 $x(N) \in X$，

$$V(x(N), N) = h_D(x(N), N).$$

倒推 $N-1$ 时刻的最优控制。如图 5.3 所示，在 $N-1$ 时刻，我们已经取得 N 时刻的值函数 $V(\cdot, N)$，要求解 $V(\cdot, N-1)$。根据 Bellman 方程 (5.2.13)，对任意给定的容许状态 $x(N-1) \in X$，求关于容许的控制变量 $u(N-1) \in U$

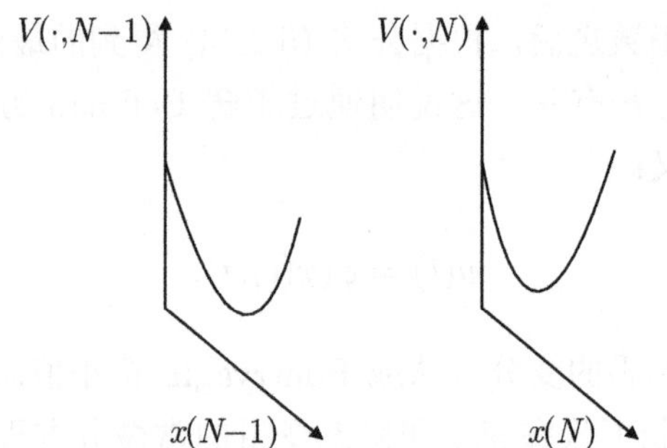

图 5.3 直接倒推求解 (从 N 时刻到 $N-1$ 时刻)

的函数极值：

$$\begin{aligned}&V(x(N-1),N-1)\\&=\min_{u(N-1)\in U}\Big\{g_D(x(N-1),u(N-1),N-1)+V(x(N),N)\Big\}\\&=\min_{u(N-1)\in U}\Big\{g_D(x(N-1),u(N-1),N-1)+V(f_D(x(N-1),u(N-1)),N)\Big\}.\end{aligned}$$

若上述极小值求解有唯一解，则在求解上述关于 $u(N-1)$ 的函数极值问题时，也得到了 $N-1$ 时刻闭环形式的最优控制

$$\begin{aligned}u(N-1)=\phi(x(N-1),N-1)=\underset{u(N-1)\in U}{\operatorname{argmin}}\Big\{&g_D(x(N-1),u(N-1),N-1)\\&+V(f_D(x(N-1),u(N-1)),N)\Big\}.\end{aligned}$$

继续倒向求解。如图 5.4 所示，对于任意的时刻 $k=N-1,N-2,\ldots,1,0$，假定在 k 时刻已经解得了值函数 $V(\cdot,k+1)$。根据 Bellman 方程 (5.2.13)，对于任意给定的容许状态 $x(k)\in X$，求关于容许的控制变量 $u(k)\in U$ 的函数极

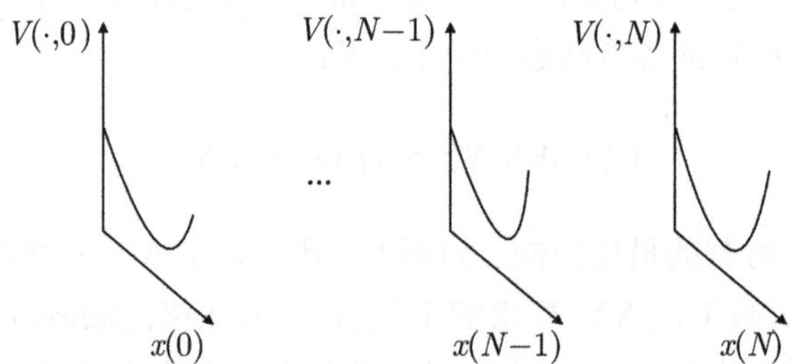

图 5.4 直接倒推求解直至 $k=0$

值即可得到 k 时刻的值函数 $V(x(k),k)$：

$$\begin{aligned}V(x(k),k) &= \min_{u(k)\in U}\left\{g_D(x(k),u(k),k)+V(x(k+1),k+1)\right\}\\ &= \min_{u(k)\in U}\left\{g_D(x(k),u(k),k)+V(f_D(x(k),u(k)),k+1)\right\}.\end{aligned}$$

若上述极小值求解有唯一解，则可得到 $k=N-1,N-2,\ldots,1,0$ 时刻闭环形式的最优控制

$$u(k)=\phi(x(k),k)=\min_{u(k)\in U}\left\{g_D(x(k),u(k),k)+V(f_D(x(N),u(N)),k+1)\right\}.$$

在图 5.4 中，当从终端时刻 N 倒推至初始时刻 0 就完成了对 Bellman 方程 (5.2.12) 和 (5.2.13) 的求解。我们得到的是对于任意时刻 $k=0,1,\ldots,N$、任意容许状态 $x(k)$ 在容许控制下的最优性能指标，即值函数 $V(x(k),k)$ 以及闭环形式的最优控制律。

在下面的例子中，我们将示范直接倒推求解 Bellman 方程。

例 5.2 (直接倒推求解 Bellman 方程). *状态变量* $x(k):\mathbb{N}\to\mathbb{R}$，*控制变量* $u(k):\mathbb{N}\to\mathbb{R}$。*初始时刻* $k=0$，*终端时刻* $N=2$。*离散时间状态方程为*

$$x(k+1)=x(k)+u(k),\quad k=0,1. \tag{5.2.15}$$

最小化性能指标

$$J(u)=x^2(2)+\sum_{k=0}^{1}(x^2(k)+u^2(k)). \tag{5.2.16}$$

(1) 终端时刻 $N=2$ 的值函数

直接由 Bellman 方程的边界条件即可得到对任意的 $x(2)\in\mathbb{R}$，

$$V(x(2),2)=h_D(x(2),2)=x^2(2).$$

(2) 求 $k=1$ 时刻值函数和最优控制

对任意的 $x(1)\in\mathbb{R}$，

$$\begin{aligned}V(x(1),1) &= \min_{u(1)\in\mathbb{R}}\left\{x^2(1)+u^2(1)+V(x(2),2)\right\}\\ &= \min_{u(1)\in\mathbb{R}}\left\{x^2(1)+u^2(1)+x^2(2)\right\}\end{aligned}$$

$$= \min_{u(1)\in\mathbb{R}} \left\{x^2(1) + u^2(1) + [x(1) + u(1)]^2\right\}.$$

对于给定的 $x(1) \in \mathbb{R}$，关于无约束自变量 $u(1) \in \mathbb{R}$ 的函数极值一阶条件为

$$0 = \frac{\partial}{\partial u(1)} \left\{x^2(1) + u^2(1) + [x(1) + u(1)]^2\right\}.$$

求得 $k = 1$ 时刻值闭环形式最优控制和值函数

$$\begin{aligned} u(1) &= -\frac{1}{2}x(1), \\ V(x(1), 1) &= x^2(1) + \left[-\frac{1}{2}x(1)\right]^2 + \left[x(1) - \frac{1}{2}x(1)\right]^2 = \frac{3}{2}x^2(1). \end{aligned}$$

(3) 求 $k = 0$ 时刻值函数和最优控制

对任意的 $x(0) \in \mathbb{R}$，

$$\begin{aligned} V(x(0), 0) &= \min_{u(0)\in\mathbb{R}} \left\{x^2(0) + u^2(0) + V(x(1), 1)\right\} \\ &= \min_{u(0)\in\mathbb{R}} \left\{x^2(0) + u^2(0) + \frac{3}{2}x^2(1)\right\} \\ &= \min_{u(0)\in\mathbb{R}} \left\{x^2(0) + u^2(0) + \frac{3}{2}[x(0) + u(0)]^2\right\}. \end{aligned}$$

对于给定的 $x(0) \in \mathbb{R}$，关于无约束自变量 $u(0) \in \mathbb{R}$ 的函数极值一阶条件为

$$0 = \frac{\partial}{\partial u(0)} \left\{x^2(0) + u^2(0) + \frac{3}{2}[x(0) + u(0)]^2\right\}.$$

求得 $k = 0$ 时刻闭环形式最优控制和值函数

$$\begin{aligned} u(0) &= -\frac{3}{5}x(0), \\ V(x(0), 0) &= x^2(0) + \left[-\frac{3}{5}x(0)\right]^2 + \frac{3}{2}\left[x(0) - \frac{3}{5}x(0)\right]^2 = \frac{8}{5}x^2(0). \end{aligned}$$

综上，获得闭环形式的最优控制，

$$u(0) = -\frac{3}{5}x(0), \tag{5.2.17}$$

$$u(1) = -\frac{1}{2}x(1), \tag{5.2.18}$$

以及值函数

$$V(x(0),0)=\frac{8}{5}x^2(0), \tag{5.2.19}$$

$$V(x(1),1)=\frac{3}{2}x^2(1), \tag{5.2.20}$$

$$V(x(2),2)=x^2(2). \tag{5.2.21}$$

在例 5.2 基础上加上约束条件，我们同样可以直接倒推求解 Bellman 方程，得到值函数和最优控制。

例 5.3 (直接倒推求解 Bellman 方程: 有约束的情况). *状态变量 $x(k):\mathbb{N}\to\mathbb{R}$，控制变量 $u(k):\mathbb{N}\to\mathbb{R}$。初始时刻 $k=0$，终端时刻 $N=2$。离散时间状态方程为*

$$x(k+1)=x(k)+u(k),\quad k=0,1. \tag{5.2.22}$$

状态变量和控制变量满足约束条件，对任意的 k，

$$-1\le x(k)\le 1,\quad -\frac{1}{2}\le u(k)\le\frac{1}{2}.$$

最小化性能指标

$$J(u)=x^2(2)+\sum_{k=0}^{1}(x^2(k)+u^2(k)). \tag{5.2.23}$$

(1) 终端时刻 $N=2$ 的值函数

约束条件并不影响终端时刻值函数的计算。直接由 Bellman 方程的边界条件即可得到对任意的 $-1\le x(2)\le 1$，

$$V(x(2),2)=h_D(x(2),2)=x^2(2).$$

(2) 求 $k=1$ 时刻值函数和最优控制

对任意的 $-1\le x(1)\le 1$，

$$\begin{aligned}V(x(1),1)&=\min_{-1/2\le u(1)\le 1/2}\left\{x^2(1)+u^2(1)+x^2(2)\right\}\\&=\min_{-1/2\le u(1)\le 1/2}\left\{x^2(1)+u^2(1)+[x(1)+u(1)]^2\right\}.\end{aligned}$$

计算有约束的条件极值，可知对任意的 $-1 \le x(1) \le 1$，上式的驻点条件 $u(1) = -\dfrac{1}{2}x(1)$ 都在控制变量约束 $-1/2 \le u(1) \le 1/2$ 之内。于是 $k=1$ 时刻闭环形式最优控制和值函数

$$
\begin{aligned}
u(1) &= -\frac{1}{2}x(1),\\
V(x(1),1) &= \frac{3}{2}x^2(1).
\end{aligned}
$$

(3) 求 $k=0$ 时刻值函数和最优控制

对任意的 $-1 \le x(0) \le 1$，

$$
\begin{aligned}
V(x(0),0) &= \min_{-1/2 \le u(0) \le 1/2} \left\{ x^2(0) + u^2(0) + \frac{3}{2}x^2(1) \right\}\\
&= \min_{-1/2 \le u(0) \le 1/2} \left\{ x^2(0) + u^2(0) + \frac{3}{2}[x(0)+u(0)]^2 \right\}.
\end{aligned}
$$

计算有约束的条件极值，可知对 $-5/6 \le x(0) \le 5/6$，驻点 $u(0) = -\dfrac{3}{5}x(0)$ 都在控制变量约束 $-1/2 \le u(0) \le 1/2$ 之内，此时

$$
\begin{aligned}
u(0) &= -\frac{3}{5}x(0),\\
V(x(0),0) &= \frac{8}{5}x^2(0).
\end{aligned}
$$

若 $5/6 < x(0) \le 1$，则

$$
\begin{aligned}
u(0) &= -\frac{1}{2},\\
V(x(0),0) &= x^2(0) + \left[-\frac{1}{2}\right]^2 + \frac{3}{2}\left[x(0) - \frac{1}{2}\right]^2 = \frac{5}{2}x^2(0) - \frac{3}{2}x(0) + \frac{5}{8}.
\end{aligned}
$$

若 $-1 \le x(0) < -5/6$， 则

$$
\begin{aligned}
u(0) &= \frac{1}{2},\\
V(x(0),0) &= x^2(0) + \left[\frac{1}{2}\right]^2 + \frac{3}{2}\left[x(0) + \frac{1}{2}\right]^2 = \frac{5}{2}x^2(0) + \frac{3}{2}x(0) + \frac{5}{8}.
\end{aligned}
$$

综上，获得闭环形式的最优控制，

$$
u(0) = \begin{cases}
-1/2, & 5/6 < x(0) \le 1,\\
-\dfrac{3}{5}x(0), & -5/6 \le x(0) \le 5/6,\\
+1/2, & -1 \le x(0) < -5/6.
\end{cases}
$$

$$u(1) = -\frac{1}{2}x(1). \tag{5.2.24}$$

以及值函数

$$V(x(0),0) = \begin{cases} \frac{5}{2}x^2(0) - \frac{3}{2}x(0) + \frac{5}{8}, & 5/6 < x(0) \leq 1, \\ \frac{8}{5}x(0)^2, & -5/6 \leq x(0) \leq 5/6, \\ \frac{5}{2}x^2(0) + \frac{3}{2}x(0) + \frac{5}{8}, & -1 \leq x(0) < -5/6. \end{cases}$$

$$V(x(1),1) = \frac{3}{2}x^2(1).$$

$$V(x(2),2) = x^2(2). \tag{5.2.25}$$

从上述计算过程容易看出，直接倒推求解 Bellman 方程可以求得最优控制和每时刻的值函数。然而，这种方法需要在每一时刻解析求解函数极值问题。例 5.2 在 $k=2$ 时刻，需要计算函数极值一阶条件

$$0 = \frac{\partial}{\partial u(2)}\left\{x(2)^2 + u(2)^2 + [x(2)+u(2)]^2\right\},$$

从而得到 $u(2) = -x(2)/2$ 的解析解。而例 5.3 在计算 $k=0$ 的最优控制和值函数时则更为繁琐。对于一般的非线性问题，若 N 很大，无法由人力解析求解，依靠计算机符号求解也可能难以自动完成。

对比上述最优控制问题的例 5.2 与 5.1 节的最短路问题例 5.1，二者最大的区别就在于最短路问题中可能的状态只有有限的 $A \sim H$ 八个，因此当我们倒推求解这个多级决策问题时，只需对这有限个状态求解 Bellman 方程，这种遍历的计算很容易利用计算机实现。而一般的最优控制问题，容许的状态和控制往往有无穷种选择，这让我们无法针对容许的状态空间中遍历。接下来，我们将介绍通过将容许状态、控制的空间离散化，让 Bellman 方程可以使用计算机近似表示和求解。

遍历离散状态空间

接下来，我们将通过离散化的手段将连续时间最优控制问题转化为能直接利用动态规划的近似问题并求解 Bellman 方程。一个最直观的想法就是将容许的状态变量所在空间 $X \subset \mathbb{R}^n$ 划分为网格。例如，如图 5.5 所示，状态空间为$X = [1,5] \times [1,4]$。

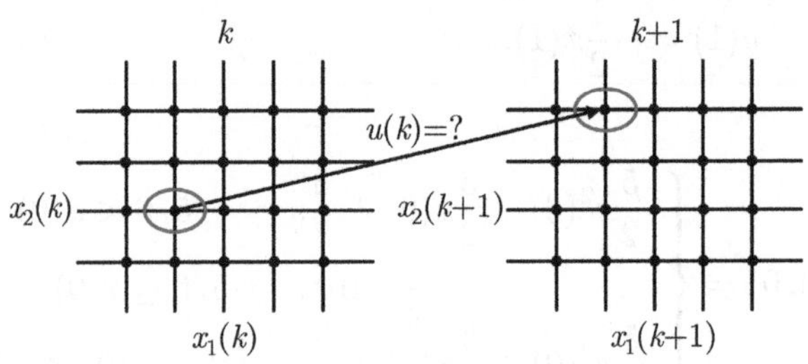

图 5.5 遍历离散状态空间

图中我们离散化了状态空间。$x(k) : \mathbb{N} \to \mathbb{R}^2$ 的取值空间 X 的矩形区域被离散化为 $5 \times 4 = 20$ 个点，$x_1(k) \in X_1$，$x_2(k) \in X_2$，其中

$$X_1 = \Big\{1, 2, 3, 4, 5\Big\}, \quad X_2 = \Big\{1, 2, 3, 4\Big\}.$$

在任意的 $k = 0, 1, 2, \ldots$，k 和 $k + 1$ 时刻都有 $s = 5 \times 4 = 20$ 种可能的状态选择，状态空间离散化为近似的

$$X = \left\{ \begin{array}{lllll} (1,1), & (2,1), & (3,1), & (4,1), & (5,1), \\ (1,2), & (2,2), & (3,2), & (4,2), & (5,2), \\ (1,3), & (2,3), & (3,3), & (4,3), & (5,3), \\ (1,4), & (2,4), & (3,4), & (4,4), & (5,4). \end{array} \right\}$$

我们可以记 $x^1 = (1,1), x^2 = (2,1), \ldots, x^{20} = (5,4)$，则状态空间近似为

$$X = \{x^1, x^2, \ldots, x^{20}\}.$$

将上述过程抽象化。为 k 时刻的状态选择合适的控制变量，使得状态变量根据状态方程跳转至 $k + 1$ 时刻的相应位置。网格中的结点为系统状态 $x(k)$ 和 $x(k + 1)$ 的可能取值。状态变量的取值空间为离散化的 $x_i(k) \in X_i, i = 1, 2, \ldots, n$，其中每个 X_i 包含 s_i 种可能选择

$$X_i = \Big\{x_i^1, \ldots, x_i^{s_i}\Big\}.$$

状态空间近似为 $X = X_1 \times X_2 \times \ldots \times X_n$， 共有 $s = s_1 \times s_2 \times \ldots \times s_n$ 个可能取值，写为

$$X = \Big\{x^1, x^2, \ldots, x^s\Big\}.$$

倒推求解具有离散化状态空间的 Bellman 方程时，需要记录的值函数就从连续状态空间的 $V(x,k):\mathbb{R}^n\times\mathbb{N}\to\mathbb{R}$ 变为对有限种可能的状态变量取值记录其值函数“表”，$V(x,k):X\times\mathbb{N}\to\mathbb{R}$。编写程序计算时，该表可以列表等数据结构存储在计算机中。与此同时，我们无需在任意时刻获得 Bellman 方程的解析解，只需在倒推时在任意时刻 k 从集合 X 中选取可能的状态变量，再数值求解关于控制变量的函数极值。这使得利用计算机倒推求解 Bellman 方程成为可能。

下面，我们利用上述状态空间离散化的方法，利用 Bellman 方程求解最优控制问题。例 5.3 的状态变量取值于 $\{x(k):-1\leq x(k)\leq 1\}$，将其离散化为

$$X=\Big\{-1.0,-0.9,-0.8,\dots,0.9,1.0\Big\}.$$

(1) 终端时刻 $N=2$ 的值函数表

直接由 Bellman 方程的边界条件即可得到对任意的 $x(2)\in X$，

$$V(x(2),2)=h_D(x(2),2)=x^2(2).$$

将集合 X 中的任意元素代入上式，即可得到终端时刻 $N=2$ 的值函数表（部分）见表 5.1。

表 5.1　例 5.3 $N=2$ 时刻值函数表 (部分)

$x(2)$	$V(x(2),2)$	$x(2)$	$V(x(2),2)$
−1.0	1.00	0.1	0.01
−0.9	0.81	0.2	0.04
−0.8	0.64	0.3	0.09
⋮	⋮	⋮	⋮
−0.1	0.01	0.9	0.81
0.0	0.00	1.0	1.00

(2) 求 $k=1$ 时刻值函数和最优控制

倒推求解。在 $k=N-1$ 时刻，已有值函数表表示的 $k+1$ 时刻值函数 $V(x(k+1),k+1)$, $x(k+1)\in X$，要对任意给定的 $x(k)\in X$，利用 Bellman

方程 (5.2.13)、状态方程 (5.2.1) 以及已知的 $k+1$ 时刻的值函数表求解其 k 时刻的值函数 $V(x(k),k)$。

继续例 5.3 的计算。若要从 $x(1)\in X$ 到达 $x(2)\in X$，控制变量可由状态方程 (5.2.22) 解得，$u(1)=x(2)-x(1)$。例如，若要计算状态 $x(1)=-1$ 对应的值函数。要从 $x(1)=-1$ 达到下一时刻状态 $x(2)=-1,\ -0.9,\ 1$ 需要控制变量分别为 $u(1)=x(2)-x(1)=0,\ 0.1,\ 2$，其中 $u(1)=2$ 不满足控制变量的约束条件 $-1/2\le u(1)\le 1/2$，对应的性能指标

$$J=x^2(1)+u^2(1)+V(x(2),2).$$

其中 $V(x(2),2)$ 可查表 5.1。对于$x(1)=-1$，没有容许控制可达 $x(2)>-0.5$，对于 $x(2)=-1,-0.9,\ldots,-0.5$，性能指标分别为

$$\begin{aligned}
J&=[-1]^2+[0.0]^2+V(-1.0,2)=2,\\
J&=[-1]^2+[0.1]^2+V(-0.9,2)=1.82,\\
J&=[-1]^2+[0.2]^2+V(-0.8,2)=1.68,\\
J&=[-1]^2+[0.3]^2+V(-0.7,2)=1.58,\\
J&=[-1]^2+[0.4]^2+V(-0.6,2)=1.52,\\
J&=[-1]^2+[0.5]^2+V(-0.5,2)=1.50.
\end{aligned}$$

可得

$$V(-1,1)=\min\{2.00,1.82,1.68,1.58,1.52,1.50\}=1.50.$$

类似地，对 $x(1)=-0.9,-0.8,\ldots,1.0$ 可分别计算值函数，解得表 5.2。

表 5.2 例 5.3 $k=1$ 时刻值函数表 (部分)

$x(1)$	$V(x(1),1)$	$x(1)$	$V(x(1),1)$
−1.0	1.50	0.1	0.02
−0.9	1.22	0.2	0.06
−0.8	0.96	0.3	0.14
−0.7	0.74	0.4	0.24
−0.6	0.54	0.5	0.38
⋮	⋮	⋮	⋮
0.0	0.00	1.0	1.50

我们也可将上述计算过程记录在表 5.3 中。该表假定已经求得 $k+1$ 时刻值函数表 $V(x(k+1),k+1)$，计算 k 时刻状态 $x(k)=x^1,x^2,\dots,x^s$ 时的值函数 $V(x(k),k)$。表格从左至右每列依次为：

- 记录要计算的状态 $x(k)$，遍历 X，共 s 种可能。
- 与 $x(k)$ 对应的，下一时刻可能状态 $x(k+1)$，如表 5.3 所示，$x(k)=x^1$ 对应了 $x(k+1)=x^1,\dots,x^s$ 共 s 种可能的下一时刻状态。
- 从 $x(k)$ 到达 $x(k+1)$ 所需的控制 $u(k)$，如表 5.3 所示可由状态方程计算，暂时记为 $\bar{u}^1,\dots,\bar{u}^s$，并验证其是否容许。
- 以 k 为初始时刻，以 $x(k)$ 为初始状态，分别以 $u(k)=\bar{u}^1,\dots,\bar{u}^s$ 为 k 时刻的控制，随后采用此前值函数表计算过程中得到的最优控制，记录可获得性能指标

$$J(u;x(k),k)=g_D(x(k),u(k),k)+V(x(k+1),k+1).$$

- 对 $x(k)$ 对应的全部可能性能指标，取极小值即为 $V(x(k),k)$，记录在最后一列记录。

根据例 5.3 通过直接倒推解析求解的精确值函数 (5.2.25)，可以计算

$$V(-1.0,1)=1.5,\qquad V(-0.9,1)=1.215,\qquad V(-0.8,1)=0.96,\qquad \dots$$
$$V(0.8,1)=0.96,\qquad V(0.9,1)=1.215,\qquad V(1,1)=1.5.$$

可见，值函数表 5.2 的结果与之非常接近。

(3) 继续求 $k=0$ 时刻值函数和最优控制

继续倒推求解，对任意时刻 $k=N-1,N-2,\dots,0$，假定在 k 时刻已经解得了值函数表 $V(x,k+1),\ x\in X$（例如 $k=2$ 时刻的表 5.1 或 $k=1$ 时刻的表 5.2），可继续结合 Bellman 方程、状态方程求得 $V(x,k),\ x\in X$。求解的精度与连续状态空间离散化为 X 时的划分粒度有关。

表 5.4 展示了例 5.3 在 $k=0$ 时刻，$x(0)=-1,0.5$ 的计算。这是两个有代表性的点。在例 5.3 的解析计算中，由于约束条件，我们得到的精确的最优控制和值函数是分段的，由公式 (5.2.25) 和公式 (5.2.24) 可知，

$$\text{若 } x(0)=-1,\qquad V(-1,0)=1.625,\qquad u(0)=\phi(-1,0)=0.5.$$
$$\text{若 } x(0)=0.5,\qquad V(0.5,0)=0.4,\qquad u(0)=\phi(-1,0)=-0.3.$$

表 5.3 k 时刻遍历状态空间，与例 5.3 值函数表 ($k=1, x(1)=-1$，部分)

$x(k)$	$x(k+1)$	$x(k+1)=f_D(x(k),u(k),k)$	$J=g_D+V(x(k+1),k+1)$	$V=\min_{x(k+1)} J$
x^1	x^1	$\bar{u}^1$	$J(\bar{u}^1\ldots;x^1,k)$	$V(x^1,k)$
	$\vdots$	$\vdots$	$\vdots$	
	x^s	$\bar{u}^s$	$J(\bar{u}^s\ldots;x^1,k)$	
$\vdots$	$\vdots$	$\vdots$	$\vdots$	
x^s	x^1	$\bar{u}^1$	$J(\bar{u}^1\ldots;x^s,k)$	$V(x^s,k)$
	$\vdots$	$\vdots$	$\vdots$	
	x^s	$\bar{u}^s$	$J(\bar{u}^s\ldots;x^s,k)$	
$x(1)$	$x(2)$	$x(2)=x(1)+u(1)$	$J=x^2(1)+u^2(1)+V(x(2),2)$	$V=\min_{x(2)} J$
-1	-1.0	$\bar{u}^1=-1-(-1)=0$	$(-1)^2+(0)^2+1=2$	$V(-1,1)=1.50$
	-0.9	$\bar{u}^2=-0.9-(-1)=0.1$	$(-1)^2+(0.1)^2+0.81=1.82$	
	-0.8	$\bar{u}^3=-0.8-(-1)=0.2$	$(-1)^2+(0.2)^2+0.64=1.68$	
	-0.7	$\bar{u}^4=-0.7-(-1)=0.3$	$(-1)^2+(0.3)^2+0.49=1.58$	
	-0.6	$\bar{u}^5=-0.6-(-1)=0.4$	$(-1)^2+(0.4)^2+0.36=1.52$	
	-0.5	$\bar{u}^6=-0.5-(-1)=0.5$	$(-1)^2+(0.5)^2+0.25=1.50$	
	$-0.4\times$	$\bar{u}^7=-0.4-(-1)=0.6>0$	非容许控制	
$\vdots$	$\vdots$	$\vdots$	$\vdots$	

值函数表 5.4 的结果为

若 $x(0)=-1$, $\quad V(-1,0)=1.63$, $\quad u(0)=\phi(-1,0)=0.5$.

若 $x(0)=0.5$, $\quad V(0.5,0)=0.40$, $\quad u(0)=\phi(-0.5,0)=-0.3$.

与之非常接近。

练习 5.1. 使用任何一种编程语言编写计算机程序，离散化状态空间并遍历，求解例 5.2 和例 5.3。

遍历离散状态空间和控制空间

以上计算过程中，需要多次对任意的状态 $x(k)\in X$, $x(k+1)\in X$ 求解关于控制变量的状态方程

$$x(k+1)=f_D(x(k),u(k),k).$$

表 5.4 例 5.3 值函数表（$k=0, x(0)=-1$ 和 $k=0, x(0)=0.5$，部分）遍历状态空间

$x(0)$	$x(1)$	$x(1)=x(0)+u(0)$	$J=x^2(0)+u^2(0)+V(x(1),1)$	$V=\min_{x(1)} J$
-1	-1.0	$\bar{u}^1=-1-(-1)=0$	$(-1)^2+(0)^2+1.50=2.50$	$V(-1,0)=1.63$
	-0.9	$\bar{u}^2=-0.9-(-1)=0.1$	$(-1)^2+(0.1)^2+1.22=2.23$	
	-0.8	$\bar{u}^3=-0.8-(-1)=0.2$	$(-1)^2+(0.2)^2+0.96=2.00$	
	-0.7	$\bar{u}^4=-0.7-(-1)=0.3$	$(-1)^2+(0.3)^2+0.74=1.83$	
	-0.6	$\bar{u}^5=-0.6-(-1)=0.4$	$(-1)^2+(0.4)^2+0.54=1.7$	
	-0.5	$\bar{u}^6=-0.5-(-1)=0.5$	$(-1)^2+(0.5)^2+0.38=1.63$	
0.5	0.0	$\bar{u}^1=0.0-0.5=-0.5$	$0.5^2+(-0.5)^2+0=0.50$	$V(0.5,0)=0.40$
	0.1	$\bar{u}^2=0.1-0.5=-0.4$	$0.5^2+(-0.4)^2+0.02=0.43$	
	0.2	$\bar{u}^3=0.2-0.5=-0.3$	$0.5^2+(-0.3)^2+0.06=0.40$	
	0.3	$\bar{u}^4=0.3-0.5=-0.2$	$0.5^2+(-0.2)^2+0.14=0.43$	
	0.4	$\bar{u}^5=0.4-0.5=-0.1$	$0.5^2+(-0.1)^2+0.24=0.50$	
	0.5	$\bar{u}^6=0.5-0.5=0$	$0.5^2+0^2+0.38=0.63$	
	0.6	$\bar{u}^7=0.6-0.5=0.1$	$0.5^2+0.1^2+0.54=0.80$	
	0.7	$\bar{u}^8=0.7-0.5=0.2$	$0.5^2+0.2^2+0.74=1.03$	
	0.8	$\bar{u}^9=0.8-0.5=0.3$	$0.5^2+0.3^2+0.96=1.30$	
	0.9	$\bar{u}^{10}=0.9-0.5=0.4$	$0.5^2+0.4^2+1.22=1.63$	
	1.0	$\bar{u}^{11}=1.0-0.5=0.5$	$0.5^2+0.5^2+1.50=2.00$	

当无法解析求得 $u(k)$ 时，需要数值计算函数极值。接下来，我们利用相同的离散化方法，将控制变量的取值空间也离散化为 U，同时遍历 X 和 U，同样利用倒推的方法求解 Bellman 方程。如图 5.6 所示。

数值求解函数极值是比较成熟的方法，我们将在本书下册第 3 部分“最优控制的数值方法”一章中介绍。

首先，我们将容许控制的取值空间也离散化为网格，得到 $u_j(k)\in U_j$, $j=1,2,\ldots,m$，其中每个 U_j 包含 c_j 种可能选择

$$U_j=\left\{u_j^1,\ldots,u_j^{c_j}\right\}.$$

则控制变量的取值空间 $U=U_1\times U_2\times\ldots\times U_m$ 共有 $c=c_1\times c_2\times\ldots\times c_m$ 个可能取值，

$$U=\left\{u^1,u^2,\ldots,u^c\right\}.$$

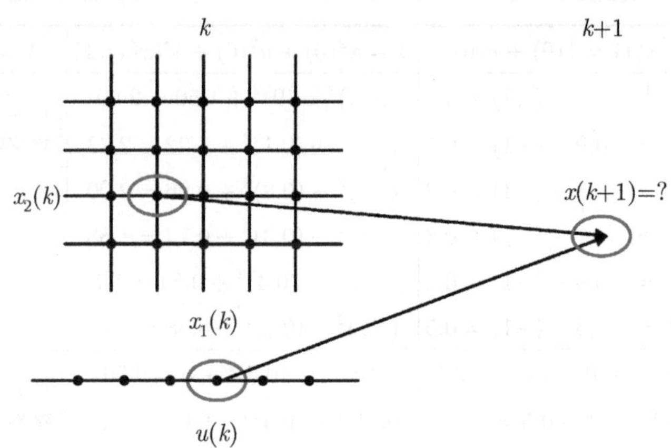

图 5.6 遍历状态空间和控制空间，查值函数表

接下来，我们同时离散化状态变量和控制变量的取值空间求解最优控制。仍然以例 5.3 为例，控制变量取值于 $\{u(k) : -1/2 \leq u(k) \leq 1/2\}$ 将其离散化为，

$$U = \Big\{ -0.5, -0.4, -0.3, -0.2, -0.1, 0, 0.1, 0.2, 0.3, 0.4, 0.5 \Big\}.$$

(1) 终端时刻 $k = N$ 的值函数表

终端时刻 $k = N$ 的值函数并不涉及控制变量，与仅离散化状态空间的方法完全相同，直接利用性能指标的终端代价计算即可。例 5.3 的终端时刻值函数表依然见表 5.1。

(2) 求 $k = N - 1$ 时刻值函数和最优控制

倒推求解。在 $k = N - 1$ 时刻，已有值函数表表示的 $k + 1$ 时刻值函数 $V(x(k+1), k+1), x(k+1) \in X$，要对任意给定的 $x(k) \in X$，利用 Bellman 方程，状态方程以及 $k + 1$ 时刻的值函数表求解其值函数 $V(x(k), k)$。对于任意 $x(k) \in X$，选择任意的控制变量 $u(k) \in U$，利用状态方程即可求得可能的下一时刻状态

$$x(k+1) = f_D(x(k), u(k), k).$$

若 $x(k+1) \in X$ 则说明 $u(k)$ 是容许控制。则可计算状态 $x(k)$ 对应的性能指

标为

$$V(x(k),k)=\min_{u(k)}\{g_D(x(k),u(k),k)+V(x(k+1),k+1)\}.$$

将上述计算过程填写入表格 5.5。该表假定已经求得 $k+1$ 时刻值函数表 $V(x(k+1),k+1)$，计算 k 时刻状态 $x(k)=x^1,x^2,\ldots,x^s$ 时的值函数 $V(x(k),k)$。表格从左至右每列依次为

- 记录要计算的状态 $x(k)$。
- 与 $x(k)$ 对应的，遍历可能的容许控制 $u(k)$，如表 5.5 所示，$x(k)=x^1$ 对应了 $u(k)=u^1,\ldots,u^c$ 共 c 种可能的控制变量。
- 根据 $x(k)$ 和 $u(k)$，利用状态方程可计算 $x(k+1)$，验证是否容许。
- 以 k 为初始时刻，以 $x(k)$ 为初始状态，以 $u(k)$ 为 k 时刻的控制，随后采用最优控制，记录可获得的性能指标

$$J(u;x(k),k)=g_D(x(k),u(k),k)+V(x(k+1),k+1).$$

- 与仅离散化状态空间的方法类似，对 $x(k)$ 对应的全部可能性能指标，取极小值即为 $V(x(k),k)$，记录在最后一列记录。

继续例 5.3 的计算。如表 5.5，在状态 $x(1)\in X$ 实施控制 $u(1)\in U$ 可使下一时刻状态变为 $x(2)=x(1)+u(1)$。假如 $x(1)=-1$，实施控制 $u(1)=-0.1$，则 $x(2)=-1-0.1=-1.1$ 不满足状态变量的约束条件 $[-1,1]$，若实施控制 $u(1)=0,0.1,\ldots,0.5$ 则下一时刻状态变为 $x(2)=-1,-0.9,\ldots,-0.5$。利用性能指标

$$J=x^2(1)+u^2(1)+V(x(2),2).$$

其中 $V(x(2),2)$ 可查表。$x(1)=-1$，$u(1)<0$ 非容许控制，可得

$$V(-1,1)=\min\{2.00,1.82,1.68,1.58,1.52,1.50\}=1.50.$$

类似地，对 $x(1)=-0.9,-0.8,\ldots,1.0$，在本例中解得了与表 5.2 相同的结果。

表 5.5 k 时刻遍历状态与控制空间，与例 5.3 值函数表 ($k=1, x(1)=-1$，部分)

$x(k)$	$u(k)$	$x(k+1)=f_D(x(k),u(k))$	$J=g_D+V(x(k+1),k+1)$	$V=\min_{u(k)} J$
x^1	u^1	$f_D(x^1,u^1)$	$J(u^1\ldots;x^1,k)$	$V(x^1,k)$
	$\vdots$	$\vdots$	$\vdots$	
	u^c	$f_D(x^1,u^c)$	$J(u^c\ldots;x^1,k)$	
$\vdots$	$\vdots$	$\vdots$	$\vdots$	
x^s	u^1	$f_D(x^s,u^1)$	$J(u^1\ldots;x^s,k)$	$V(x^s,k)$
	$\vdots$	$\vdots$	$\vdots$	
	u^c	$f_D(x^s,u^c)$	$J(u^s\ldots;x^s,k)$	
$x(1)$	$u(1)$	$x(2)=x(1)+u(1)$	$J=x^2(1)+u^2(1)+V(x(2),2)$	$V=\min_{u(1)} J$
-1	-0.1	$-1-0.1=-1.1\times$	非容许控制	$V(-1,0)=1.50$
	0	$-1+0=-1$	$(-1)^2+(0)^2+(-1)^2=2$	
	0.1	$-1+0.1=-0.9$	$(-1)^2+(0.1)^2+(-0.9)^2=1.82$	
	0.2	$-1+0.2=-0.8$	$(-1)^2+(0.2)^2+0.64=1.68$	
	0.3	$-1+0.3=-0.7$	$(-1)^2+(0.3)^2+0.49=1.58$	
	0.4	$-1+0.4=-0.6$	$(-1)^2+(0.4)^2+0.36=1.52$	
	0.5	$-1+0.5=-0.5$	$(-1)^2+(0.5)^2+0.25=1.50$	

(3) 继续求 $k=0$ 时刻值函数和最优控制

继续倒推求解。对任意时刻 $k=N-1,N-2,\ldots,0$，假定在 k 时刻已经解得了值函数表 $V(x,k+1)$, $x\in X$，可继续结合 Bellman 方程、状态方程求得 $V(x,k)$, $x\in X$。

表 5.6 展示了例 5.3 在 $k=0$ 时刻，$x(0)=-1,0.5$ 的计算。此前我们已经利用遍历状态空间的方法计算过这两个点的值函数。尽管计算过程并不完全相同，在本例中，遍历状态与控制空间所得结果与之相同。

练习 5.2. 使用任何一种编程语言编写计算机程序，离散化状态空间和控制空间并遍历，求解例 5.2 和例 5.3。

近似的值函数

我们在遍历状态变量取值空间与控制变量取值空间时，可能遇到一些困扰。在我们的例子中，若 k 时刻，状态变量为 $x(k)$，实施控制变量 $u(k)$ 将

表 5.6 例 5.3 值函数表（$k=0, x(0)=-1$ 和 $k=0, x(0)=0.5$，部分）遍历状态与控制空间

$x(0)$	$u(0)$	$x(1)=x(0)+u(0)$	$J=x^2(0)+u^2(0)+V(x(1),1)$	$V=\min_{x(1)} J$
-1	0	$-1+0=-1$	$(-1)^2+(0)^2+1.50=2.50$	$V(-1,0)=1.63$
	0.1	$-1+0.1=-0.9$	$(-1)^2+(0.1)^2+1.22=2.23$	
	0.2	$-1+0.2=-0.8$	$(-1)^2+(0.2)^2+0.96=2.00$	
	0.3	$-1+0.3=-0.7$	$(-1)^2+(0.3)^2+0.74=1.83$	
	0.4	$-1+0.4=-0.6$	$(-1)^2+(0.4)^2+0.54=1.7$	
	0.5	$-1+0.5=-0.5$	$(-1)^2+(0.5)^2+0.38=1.63$	
0.5	-0.5	$0.5-0.5=0$	$0.5^2+(-0.5)^2+0=0.50$	$V(0.5,0)=0.40$
	-0.4	$0.5-0.4=0.1$	$0.5^2+(-0.4)^2+0.02=0.43$	
	-0.3	$0.5-0.3=0.2$	$0.5^2+(-0.3)^2+0.06=0.40$	
	-0.2	$0.5-0.2=0.3$	$0.5^2+(-0.2)^2+0.14=0.43$	
	-0.1	$0.5-0.1=0.4$	$0.5^2+(-0.1)^2+0.24=0.50$	
	0	$0.5+0=0.5$	$0.5^2+0^2+0.38=0.63$	
	0.1	$0.5+0.1=0.6$	$0.5^2+0.1^2+0.54=0.80$	
	0.2	$0.5+0.2=0.7$	$0.5^2+0.2^2+0.74=1.03$	
	0.3	$0.5+0.3=0.8$	$0.5^2+0.3^2+0.96=1.30$	
	0.4	$0.5+0.4=0.9$	$0.5^2+0.4^2+1.22=1.63$	
	0.5	$0.5+0.5=1.0$	$0.5^2+0.5^2+1.50=2.00$	

导致下一时刻状态为 $x(k+1)=x(k)+u(k)$，离散化的状态空间 $X=\{-1, -0.9, -0.8, -0.7, \ldots, 1\}$ 中的元素与离散化的控制空间 $U=\{-0.5, -0.4, \ldots, 0.5\}$ 之加和若依然在状态变量的值域 $[-1,1]$ 之内，则一定落在 X 中。

然而，如图 5.7 所示，$x(k+1)=f_D(x(k),u(k),k)$ 可能并不在离散化的状态变量取值空间 X 中。假如状态方程为 $x(k+1)=x(k)+0.33u(k)$，$x(k)=-1$ 和 $u(k)=0.5$ 将导致 $x(k+1)=-1+0.33\times 0.5=-0.835$，尽管 $-0.835\in[-1,1]$，却并未落入离散化的 $X=\{-1,-0.9,-0.8,-0.7,\ldots,1\}$，无法根据查表获得 $V(-0.835,k+1)$。这让遍历状态和控制空间的方法经常难以实施。

对于给定的 k，若值函数 $V(x(k+1),k+1)$ 关于状态 $x(k+1)$ 连续，则可以根据 -0.9, -0.8 的值函数取值 $V(-0.9,k+1)$ 与 $V(-0.8,k+1)$ 作

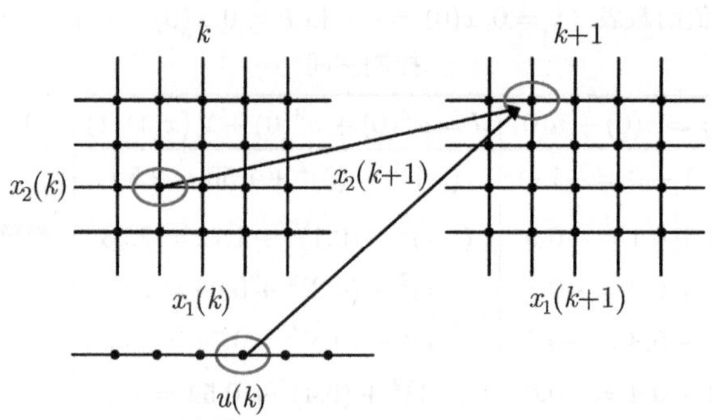

图 5.7 遍历离散的状态空间和控制空间，近似查表

为 $V(-0.835,k+1)$ 的参考值。例如使用与其最接近的 $V(-0.8,k+1)$ 作为 $V(-0.835,k+1)$ 的近似，称为近似查表法。另外一类常见的近似方法是如例 5.4 的插值方法。

例 5.4 (线性内插值). 利用经过 (x_1,y_1),(x_2,y_2) 两点的直线

$$\frac{x-x_1}{x_1-x_2}=\frac{y-y_1}{y_1-y_2}, \tag{5.2.26}$$

可将 $(x^1,V(x^1,k)),(x^2,V(x^2,k))\dots(x^s,V(x^s,k))$ 各点两两相连作为值函数 $V(\cdot,k)$ 的近似。如图 5.8 所示。

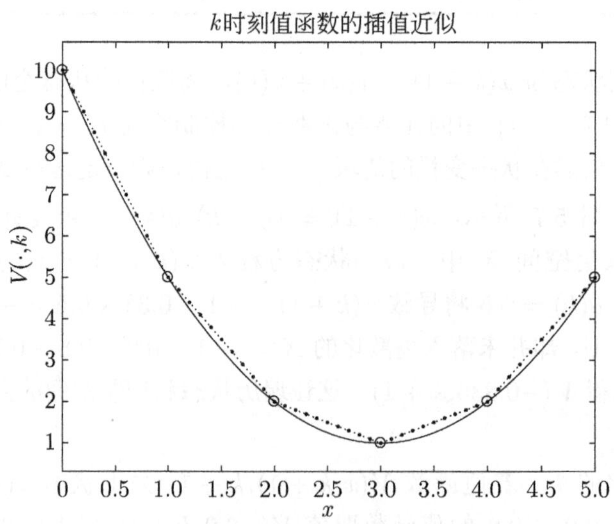

图 5.8 对 k 时刻的值函数插值近似

利用上述插值法，我们可以将没有直接计算的 $k+1$ 时刻 $x(k+1) = -0.835$ 对应的最优性能指标 $V(-0.835, k+1)$ 近似为

$$V(-0.835, k+1) \approx 0.35 \times V(-0.9, k+1) + 0.65V(-0.8, k+1).$$

在第 2 章 2.5 节我们曾简要介绍过，在强化学习与自适应动态规划方法中，我们常使用神经网络等方法近似最优控制问题的值函数和（或）控制律。尽管这些近似方法将不可避免地引入近似误差，本章接下来的内容将着重于动态规划方法本身，以及动态规划与 Pontryagin 极小值原理的关系，暂时假定值函数可以解析求解，或精确表示。

5.2.4 “维数灾难”之咒

上小节介绍的几种 Bellman 方程倒推求解方法适用范围极为广泛，针对不连续或有约束的最优控制问题都可轻易计算，当离散化的过程非常精细时，可以获得很高的计算精度。然而，精细的划分同时也带来巨大的计算和存储代价。尤其对于高维的状态变量和控制变量，以及较长的最优控制时间区间，倒推求解 Bellman 方程的方法将面临巨大挑战。

考虑一个离散时间最优控制问题，状态变量 $x(k): \mathbb{N} \to \mathbb{R}^n$，控制变量 $u(k): \mathbb{N} \to \mathbb{R}^m$。假如状态变量取值空间被离散化为

$$X = \left\{x^1, x^2, \ldots, x^s\right\}.$$

其中

$$X_i = \left\{x_i^1, \ldots, x_i^{s_i}\right\}.$$

控制变量取值空间被离散化为

$$U = \left\{u^1, u^2, \ldots, u^c\right\}.$$

其中

$$U_j = \left\{u_j^1, \ldots, u_j^{c_j}\right\}.$$

要存储倒推求解 Bellman 方程所需的值函数 $V(x, k)$, $k = N, N-1, \ldots, 0$, $x \in X$，需要存储数据 $s_1 \times s_2 \times \cdots \times s_n \times N$ 条。假如状态变量取值空间的每一维均离散化为 s_0 个元素，控制变量取值空间的每一维均离散化为 c_0 个元

素，即 $s_1 = s_2 = \cdots = s_n = s_0$，$c_1 = c_2 = \cdots = c_m = c_0$。则存储值函数需要 $s_0^n \times N$ 条数据。通过遍历状态和控制空间倒推求解时，每个时刻都需要至少计算 $s_0^n c_0^m \times N$ 次性能指标。Bellman 称其为“维数灾难”。

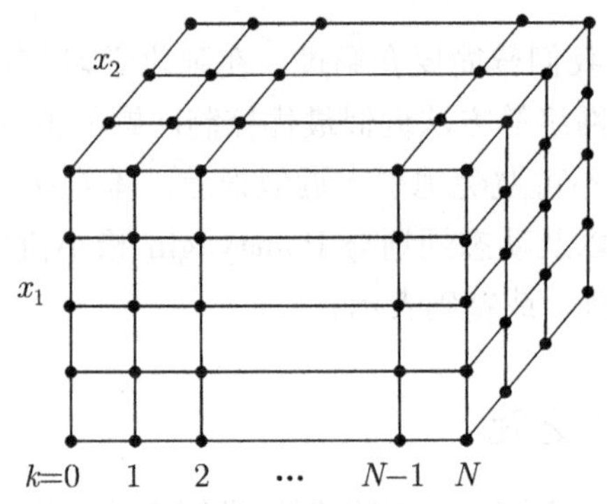

图 5.9 二维状态空间的值函数存储量

一方面，我们将在下一节的 Hamilton-Jacobi-Bellman 方程中尝试对连续时间最优控制问题避免离散化而寻找直接解析计算的方法；另一方面，在本书下册第 3 部分“强化学习与自适应动态规划”中，针对动态规划的“维数灾难”提出自适应动态规划方法，将通过对值函数的近似避免值函数的大量存储需求，近似求解最优控制。

5.3 动态规划求解连续最优控制

在 2.3 节中，我们已经简要示例了如何利用连续时间最优控制问题的 Hamilton-Jacobi-Bellman 方程（简称 HJB 方程）求解最优控制。在本节中，我们将从最优性原理和离散时间最优控制问题的 Bellman 方程出发，在状态和控制都无约束的情况下证明当值函数二阶连续可微时，HJB 方程是连续时间最优控制的充分必要条件。HJB 方程不仅可以用于求解最优控制问题，还与 Pontryagin 极小值原理有着深刻的联系。

5.3.1 Hamilton-Jacobi-Bellman 方程

和 5.2 节类似，我们首先将连续时间最优控制问题 1.2 拓展为一类更广泛的问题。以任意时刻 $t \in \mathbb{R}$ 为初始时刻，任意容许的状态 $x(t)$ 为初始状态，

定义性能指标为

$$J(u;x(t),t)=h(x(t_f),t_f)+\int_t^{t_f} g(x(\tau),u(\tau),\tau)\,\mathrm{d}\tau. \tag{5.3.1}$$

可知，对于给定的 t 和 $x(t)$，上述性能指标依然是控制变量 $u\in\mathcal{U}$ 的泛函。当取初始时刻为 t_0，初始状态为 $x(t_0)$ 时，就得到了连续时间最优控制问题 1.2。在本节中，我们考察以任意时刻为初始时刻，以任意容许状态为初始状态，满足连续时间最优控制问题的状态方程且最小化性能指标(5.3.1)的一类最优控制问题的解。

定义最优控制下的性能指标为

$$V(x,t)\overset{\text{def}}{=}\min_{u\in\mathcal{U}} J(u;x,t),\quad t\in[t_0,t_f]. \tag{5.3.2}$$

称其为该最优控制问题的值函数。

定理 5.3 (Hamilton-Jacobi-Bellman 方程，简称 HJB 方程). 状态变量 $x(t):[t_0,t_f]\to\mathbb{R}^n$ 和控制变量 $u(t):[t_0,t_f]\to\mathbb{R}^m$ 都连续可微。被控对象的状态方程为

$$\dot{x}(t)=f(x(t),u(t),t),\quad t\in[t_0,t_f]. \tag{5.3.3}$$

终端状态自由，以公式(5.3.1)为性能指标。若值函数 $V(x,t)$ 二阶连续可微，则如下 Hamilton-Jacobi-Bellman 方程（简称 HJB 方程）是最优控制的充分必要条件，$t\in[t_0,t_f]$，

$$-\frac{\partial V}{\partial t}(x(t),t)=\min_{u(t)\in\mathbb{R}^m}\mathcal{H}\Big(x(t),u(t),\frac{\partial V}{\partial x}(x(t),t),t\Big). \tag{5.3.4}$$

边界条件为

$$V(x(t_f),t_f)=h(x(t_f),t_f). \tag{5.3.5}$$

其中 $\mathcal{H}(x,u,p,t)=g(x,u,t)+p\cdot f(x,u,t)$ 为 Hamiltonian 函数。

可见，HJB 方程是关于值函数的偏微分方程，其中等式右侧的

$$\mathcal{H}\Big(x(t),u(t),\frac{\partial V}{\partial x}(x(t),t),t\Big)$$

不但和值函数 V 有关，还需对其求关于 $u(t)$ 的极值，这使得 HJB 方程在非线性状态方程的情况下不易直接求解。

接下来，我们将首先由最优性原理推导 HJB 方程，证明其必要性。我们仅给出值函数二阶连续可微情况的证明。1983 年，数学家 Crandall 和 Lions 给出了微分方程粘性解的概念，并完善了 HJB 方程在值函数非光滑情况的数学基础，感兴趣的读者可参考文献 [134] 或文献 [6]。随后证明满足 HJB 方程的二次连续可微函数 V 正是相应最优控制问题的值函数，完成充分性证明。

HJB 方程：必要性的简要证明

在必要性证明中，我们将利用最优性原理证明，若函数 $u(t):[t_0,t_f]\to\mathbb{R}^m$ 是最优控制，且值函数二阶连续可微，则 HJB 方程必然成立。

证明： 设函数 $u(t):[t_0,t_f]\to\mathbb{R}^m$ 是最优控制。选择较小的 $\Delta t\in\mathbb{R}, 0<\Delta t<t_f-t$，将 $[t,t_f]$ 区间上最优控制问题的性能指标分为 $[t,t+\Delta t]$ 和 $[t+\Delta t,t_f]$ 两段，其中 $t\geq t_0$ 任取。值函数满足

$$\begin{aligned}V(x(t),t) &= \min_{u(\tau):[t,t_f]\to\mathbb{R}^m}\left\{h(x(t_f),t_f)+\int_t^{t_f} g(x(\tau),u(\tau),\tau)\,\mathrm{d}\tau\right\}\\ &= \min_{u(\tau):[t,t_f]\to\mathbb{R}^m}\left\{h(x(t_f),t_f)+\int_{t+\Delta t}^{t_f} g(x(\tau),u(\tau),\tau)\,\mathrm{d}\tau\right.\\ &\qquad\left.+\int_t^{t+\Delta t} g(x(\tau),u(\tau),\tau)\,\mathrm{d}\tau\right\}.\end{aligned} \tag{5.3.6}$$

考察区间 $[t+\Delta t,t_f]$ 上的最优控制子问题。令该子问题的初始时刻为 $t+\Delta t$，初始状态为 $x(t+\Delta t)$。其值函数为

$$\begin{aligned}V(x(t+\Delta t),t+\Delta t) = \min_{u(\tau):[t+\Delta t,t_f]\to\mathbb{R}^m}&\left\{h(x(t_f),t_f)\right.\\ &\left.+\int_{t+\Delta t}^{t_f} g(x(\tau),u(\tau),\tau)\,\mathrm{d}\tau\right\}.\end{aligned}$$

根据最优性原理，若 $u(\tau):[t,t_f]\to\mathbb{R}^m$ 是 $[t,t_f]$ 上的最优控制，在子区间 $[t+\Delta t,t_f]$ 上 $u(\tau):[t+\Delta t,t_f]\to\mathbb{R}^m$ 也是子问题的最优控制。于是式 (5.3.6) 可化为

$$\begin{aligned}V(x(t),t) = \min_{u(\tau):[t,t+\Delta t]\to\mathbb{R}^m}&\left\{\int_t^{t+\Delta t} g(x(\tau),u(\tau),\tau)\,\mathrm{d}\tau\right.\\ &\left.+V(x(t+\Delta t),t+\Delta t)\right\}.\end{aligned}$$

由题设假定，该最优控制问题的值函数二阶连续可微，将 $t+\Delta t$ 时刻的值函数 $V(x(t+\Delta t),t+\Delta t)$ 在 $x(t),t$ 点一阶 Taylor 展开，得到

$$\begin{aligned}V(x(t),t) &= \min_{u(\tau):[t,t+\Delta t]\to\mathbb{R}^m}\left\{\int_t^{t+\Delta t} g(x(\tau),u(\tau),\tau)\,\mathrm{d}\tau + V(x(t{+}\Delta t),t{+}\Delta t)\right\}\\ &= \min_{u(\tau):[t,t+\Delta t]\to\mathbb{R}^m}\left\{\int_t^{t+\Delta t} g(x(\tau),u(\tau),\tau)\,\mathrm{d}\tau + V(x(t),t)\right.\\ &\qquad \left.+\frac{\partial V}{\partial t}(x(t),t)\Delta t + \frac{\partial V}{\partial x}(x(t),t)\cdot[x(t+\Delta t)-x(t)] + o(\Delta t)\right\}.\end{aligned}$$

对上式化简。对足够小的 Δt, $\tau\in[t,t+\Delta t]$，g 对 t 连续，于是

$$\int_t^{t+\Delta t} g(x(\tau),u(\tau),\tau)\,\mathrm{d}\tau = g(x(t),u(t),t)\Delta t + o(\Delta t).$$

$$\frac{\partial V}{\partial x}(x(t),t)\cdot[x(t+\Delta t)-x(t)] = \frac{\partial V}{\partial x}(x(t),t)\cdot f(x(t),u(t),t)\Delta t + o(\Delta t).$$

得到:

$$\begin{aligned}V(x(t),t) = \min_{u(\tau):[t,t+\Delta t]\to\mathbb{R}^m}&\Big\{g(x(t),u(t),t)\Delta t + V(x(t),t)\\ &+\frac{\partial V}{\partial t}(x(t),t)\Delta t + \frac{\partial V}{\partial x}(x(t),t)\cdot f(x(t),u(t),t)\Delta t + o(\Delta t)\Big\}.\end{aligned}$$

移项整理可得，

$$\begin{aligned}-\frac{\partial V}{\partial t}(x(t),t)\Delta t = \min_{u(\tau):[t,t+\Delta t]\to\mathbb{R}^m}&\Big\{g(x(t),u(t),t)\Delta t\\ &+\frac{\partial V}{\partial x}(x(t),t)\cdot f(x(t),u(t),t)\Delta t + o(\Delta t)\Big\}.\end{aligned}$$

两边同时除以 Δt，再取极限 $\Delta t\to 0$。得到，对于任意的 $t\in[t_0,t_f]$ 都有

$$-\frac{\partial V}{\partial t}(x(t),t) = \min_{u(t)\in U}\Big\{g(x(t),u(t),t) + \frac{\partial V}{\partial x}(x(t),t)\cdot f(x(t),u(t),t)\Big\}.$$

得到 HJB 方程，$t\in[t_0,t_f]$，

$$\boxed{-\frac{\partial V}{\partial t}(x(t),t) = \min_{u(t)\in U}\mathcal{H}\Big(x(t),u(t),\frac{\partial V}{\partial x}(x(t),t),t\Big).}$$

在性能指标 (5.3.1) 中，令 $t=t_f$，即可得到边界条件

$$V(x(t_f),t_f) = h(x(t_f),t_f).$$

必要条件证毕。 □

HJB 方程：充分性的简要证明

我们首先叙述定理 5.3 充分性的命题。由最优性原理，$[t_0,t_f]$ 上最优控制问题的最优控制也是其子问题的最优控制，在充分条件证明中我们只需证明满足 HJB 方程及其边界条件的函数就等于 $[t_0,t_f]$ 上最优控制问题的最优性能指标。

定理 5.4 (HJB 方程的充分条件). *考察定理 5.3 的最优控制问题，若存在函数 $V(x,t):\mathbb{R}^n\times[t_0,t_f]\to\mathbb{R}$ 满足 HJB 方程，$t\in[t_0,t_f]$，*

$$-\frac{\partial V}{\partial t}(x(t),t)=\min_{\xi\in\mathbb{R}^m}\mathcal{H}\Big(x(t),\xi,\frac{\partial V}{\partial x}(x(t),t),t\Big), \tag{5.3.7}$$

且满足边界条件

$$V(x(t_f),t_f)=h(x(t_f),t_f). \tag{5.3.8}$$

则，$V(x_0,t_0)$ 等于以 t_0 为初始时刻，以 $x_0\in\mathbb{R}^n$ 为初始状态的所有容许控制的性能指标的最小值。

我们需要更加具体化要证明的问题。即，若连续可微函数 $u(\tau):[t,t_f]\to\mathbb{R}^m$ 及其对应的以公式 (5.3.3) 为状态方程的状态变量 $x(\tau):[t,t_f]\to\mathbb{R}^n$ 恰好最小化式 (5.3.7) 中的 Hamiltonian 函数，

$$\mathcal{H}\Big(x(t),u(t),\frac{\partial V}{\partial x}(x(t),t),t\Big)=\min_{\xi\in\mathbb{R}^m}\mathcal{H}\Big(x(t),\xi,\frac{\partial V}{\partial x}(x(t),t),t\Big). \tag{5.3.9}$$

则对任意容许控制 $u'(\tau):[t,t_f]\to\mathbb{R}^m$，

$$V(x(t),t)=\min_{u'(\tau):[t,t_f]\to\mathbb{R}^m}J(u';x(t),t). \tag{5.3.10}$$

证明的基本思路是，首先证明满足 HJB 方程 (5.3.7) 的 $V(x(t),t)$ 等于控制律 $u(\tau):[t,t_f]\to\mathbb{R}^m$ 对应的性能指标$J(u;x(t),t)$；之后再证明对相同的初始时刻、初始状态以及任意容许的控制律 $u'(t):[t_0,t_f]\to\mathbb{R}^m$，其性能指标都不会优于 $V(x(t_0),t_0)$，这就说明了 $u(t):[t_0,t_f]\to\mathbb{R}^m$ 是最优控制。

证明: (1) 证明 $V(x_0, t_0)$ 等于 $u(t)$ 的性能指标 $J(u; x_0, t_0)$

由上述分析可知，对任意时刻 $t \in [t_0, t_f]$，$u(t)$ 总能最小化 Hamiltonian 函数。我们将 $x(t)$ 和 $u(t)$ 代入 HJB 方程。

$$\begin{aligned}
-\frac{\partial V}{\partial t}(x(t), t) &= \min_{\xi \in \mathbb{R}^m} \mathcal{H}\Big(x(t), \xi, \frac{\partial V}{\partial x}(x(t), t), t\Big) \\
&= \mathcal{H}\Big(x(t), u(t), \frac{\partial V}{\partial x}(x(t), t), t\Big) \\
&= g(x(t), u(t), t) + \frac{\partial V}{\partial x}(x(t), t) \cdot f(x(t), u(t), t).
\end{aligned}$$

将等式左侧移项至右侧，

$$\begin{aligned}
0 &= g(x(t), u(t), t) + \frac{\partial V}{\partial x}(x(t), t) \cdot f(x(t), u(t), t) + \frac{\partial V}{\partial t}(x(t), t) \\
&= g(x(t), u(t), t) + \frac{\partial V}{\partial x}(x(t), t) \cdot \dot{x}(t) + \frac{\partial V}{\partial t}(x(t), t) \\
&= g(x(t), u(t), t) + \frac{\mathrm{d}}{\mathrm{d}t}\Big[V(x(t), t)\Big].
\end{aligned}$$

由于上式对任意的 $t \in [t_0, t_f]$ 都成立，等式两侧在区间上积分，得到

$$0 = \int_{t_0}^{t_f} g(x(t), u(t), t)\,\mathrm{d}t + \Big[V(x(t_f), t_f) - V(x(t_0), t_0)\Big].$$

移项可得

$$V(x(t_0), t_0) = V(x(t_f), t_f) + \int_{t_0}^{t_f} g(x(t), u(t), t)\,\mathrm{d}t.$$

将边界条件 (5.3.8) 代入上式，得到

$$\begin{aligned}
V(x(t_0), t_0) &= h(x(t_f), t_f) + \int_{t_0}^{t_f} g(x(t), u(t), t)\,\mathrm{d}t = J(u; x(t_0), t_0). \\
V(x_0, t_0) &= J(u; x_0, t_0).
\end{aligned} \tag{5.3.11}$$

这说明，$V(x_0, t_0)$ 等于以 t_0 为初始时刻，$x(t_0) = x_0$ 为初始状态，控制律 u 的性能指标。

(2) 证明 u 是最优控制

接下来，我们要证明任意容许控制 $u'(t):[t_0,t_f]\to\mathbb{R}^m$，其性能指标 $J(u';x_0,t_0)$ 都不会小于 $J(u;x_0,t_0)$。我们依然回到 HJB 方程。在 t 时刻，对任意的容许状态 $x'(t)$ 作为初始状态的最优控制问题，

$$\begin{aligned}-\frac{\partial V}{\partial t}(x'(t),t)&=\min_{\xi\in\mathbb{R}^m}\mathcal{H}\Big(x'(t),\xi,\frac{\partial V}{\partial x}(x'(t),t),t\Big)\\&\leq\mathcal{H}\Big(x'(t),u'(t),\frac{\partial V}{\partial x}(x'(t),t),t\Big)\\&=g(x'(t),u'(t),t)+\frac{\partial V}{\partial x}(x'(t),t)\cdot f(x'(t),u'(t),t).\end{aligned}$$

移项可得

$$\begin{aligned}&0\leq g(x'(t),u'(t),t)+\frac{\partial V}{\partial x}(x'(t),t)\cdot f(x'(t),u'(t),t)+\frac{\partial V}{\partial t}(x'(t),t),\\&0\leq g(x'(t),u'(t),t)+\frac{\mathrm{d}}{\mathrm{d}t}\Big[V(x'(t),t)\Big].\end{aligned}$$

不等式两边在区间 $[t_0,t_f]$ 积分，

$$0\leq\int_{t_0}^{t_f}g(x'(t),u'(t),t)\,\mathrm{d}t+\Big[V(x'(t_f),t_f)-V(x'(t_0),t_0)\Big].$$

我们得到了，对任意的容许控制 $u'(t):[t_0,t_f]\to\mathbb{R}^m$ 和任意的初始状态 $x'(t_0)$，

$$V(x'(t_0),t_0)\leq h(x'(t_f),t_f)+\int_{t_0}^{t_f}g(x'(t),u'(t),t).$$

令 $x'(t_0)=x_0$，

$$V(x_0,t_0)\leq h(x'(t_f),t_f)+\int_{t_0}^{t_f}g(x'(t),u'(t),t).$$

由公式 (5.3.11)，不等式左侧是以 t_0 为初始时刻，x_0 为初始状态，控制律 $u(t):[t_0,t_f]\to\mathbb{R}^m$ 的性能指标。不等式右侧是以 t_0 为初始时刻，以 x_0 为初始状态，$u'(t)$ 的性能指标，等于 $J(u';x_0,t_0)$。我们得到，

$$J(u;x_0,t_0)\leq J(u';x_0,t_0).$$

即，$u(t):[t_0,t_f]\to\mathbb{R}^m$ 是最优控制。充分条件证毕。 □

5.3.2 动态规划与极小值原理的关系

从 HJB 方程的表述中可知，最优控制 $u(t)$ 及其对应的状态轨迹 $x(t)$ 让 Hamiltonian 函数取极值

$$\mathcal{H}\Big(x(t), u(t), \frac{\partial V}{\partial x}(x(t), t), t\Big) = \min_{\xi \in \mathbb{R}^m} \mathcal{H}\Big(x(t), \xi, \frac{\partial V}{\partial x}(x(t), t), t\Big).$$

换言之，对任意的容许控制 $u'(t) : [t_0, t_f] \to \mathbb{R}^m$，

$$\mathcal{H}\Big(x(t), u(t), \frac{\partial V}{\partial x}(x(t), t), t\Big) \le \mathcal{H}\Big(x(t), u'(t), \frac{\partial V}{\partial x}(x(t), t), t\Big).$$

读者可能已经想到，如果动态规划与 Pontryagin 极小值原理存在一定联系，那么协态变量应该满足

$$p(t) = \frac{\partial V}{\partial x}(x(t), t). \tag{5.3.12}$$

这样，HJB 方程右侧即成为 Pontryagin 极小值原理的极值条件。即，在最优控制下的状态变量和协态变量，则上述 Hamiltonian 函数最小化成立。

接下来我们就将证明，当最优控制问题的值函数二次连续可微时，值函数的偏导满足协态变量所应满足的方程，即协态方程和边界条件。继而，由 HJB 方程推得 Pontryagin 极小值原理。在下面的证明中，我们仅讨论 $n = 1$ 的情况，$n > 1$ 的情况完全类似。

证明： 在值函数 $V(x, t)$ 二次连续可微的情况下，我们有

$$\begin{aligned}
\frac{\mathrm{d}}{\mathrm{d}t}\Big[\frac{\partial V}{\partial x}(x(t), t)\Big] &= \frac{\partial^2 V}{\partial x^2}(x(t), t)\frac{\mathrm{d}x}{\mathrm{d}t} + \frac{\partial^2 V}{\partial t \partial x}(x(t), t) \\
&= \frac{\partial^2 V}{\partial x^2}(x(t), t) f(x(t), u(t), t) + \frac{\partial^2 V}{\partial t \partial x}(x(t), t).
\end{aligned}$$

二次连续可微函数的偏导可换序：

$$\frac{\partial^2 V}{\partial t \partial x}(x(t), t) = \frac{\partial^2 V}{\partial x \partial t}(x(t), t).$$

得到，

$$\begin{aligned}
\frac{\mathrm{d}}{\mathrm{d}t}\Big[\frac{\partial V}{\partial x}(x(t), t)\Big] &= \frac{\partial^2 V}{\partial x^2}(x(t), t) f(x(t), u(t), t) + \frac{\partial^2 V}{\partial x \partial t}(x(t), t) \\
&= \frac{\partial^2 V}{\partial x^2}(x(t), t) f(x(t), u(t), t) + \frac{\partial}{\partial x}\Big[\frac{\partial V}{\partial t}(x(t), t)\Big].
\end{aligned}$$

由 HJB 方程，最优控制 $u(t)$ 及其对应的状态轨迹 $x(t)$ 满足

$$-\frac{\partial V}{\partial t}(x(t),t)=g(x(t),u(t),t)+\frac{\partial V}{\partial x}(x(t),t)f(x(t),u(t),t).$$

于是

$$\begin{aligned}\frac{\mathrm{d}}{\mathrm{d}t}\left[\frac{\partial V}{\partial x}(x(t),t)\right]&=\frac{\partial^2 V}{\partial x^2}(x(t),t)f(x(t),u(t),t)\\&\quad-\frac{\partial}{\partial x}\left[g(x(t),u(t),t)+\frac{\partial V}{\partial x}(x(t),t)f(x(t),u(t),t)\right]\\&=\frac{\partial^2 V}{\partial x^2}(x(t),t)f(x(t),u(t),t)\\&\quad-\frac{\partial g}{\partial x}(x(t),u(t),t)-\frac{\partial^2 V}{\partial x^2}(x(t),t)f(x(t),u(t),t)\\&\quad-\frac{\partial V}{\partial x}(x(t),t)\frac{\partial f}{\partial x}(x(t),u(t),t)\\&=-\frac{\partial g}{\partial x}(x(t),u(t),t)-\frac{\partial V}{\partial x}(x(t),t)\frac{\partial f}{\partial x}(x(t),u(t),t)\\&=-\frac{\partial \mathcal{H}}{\partial x}\left(x(t),u(t),\frac{\partial V}{\partial x}(x(t),t),t\right).\end{aligned}$$

我们就得到了，$\partial V/\partial x$ 满足协态方程。

直接由 HJB 方程的边界条件

$$V(x(t_f),t_f)=h(x(t_f),t_f)$$

可知

$$\frac{\partial V}{\partial x}(x(t_f),t_f)=\frac{\partial h}{\partial x}(x(t_f),t_f).$$

这正是自由终端状态最优控制问题应满足的边界条件。

直接由 HJB 方程还有

$$\begin{aligned}0&=\frac{\partial V}{\partial t}(x(t_f),t_f)+\min_{u(t_f)\in\mathbb{R}^m}\mathcal{H}\left(x(t_f),u(t_f),\frac{\partial V}{\partial x}(x(t_f),t_f),t_f\right)\\&=\frac{\partial h}{\partial t}(x(t_f),t_f)+\mathcal{H}\left(x(t_f),u(t_f),\frac{\partial V}{\partial x}(x(t_f),t_f),t_f\right).\end{aligned}$$

这恰是自由终端时刻最优控制问题应满足的边界条件。

我们证明了 $\partial V/\partial x$ 满足了协态应满足的协态方程和边界条件，在最优控制问题的值函数二次连续可微情况下，由 HJB 方程推得了 Pontryagin 极小值原理。 □

在本节的证明中，我们都假定最优控制问题的值函数二阶连续可微。事实上，在数学意义上，这是一个比较强的假设，并不总能成立。然而也正因为此，若动态规划方法满足适用条件，则总能求得闭环形式的最优控制，这是经典变分与 Pontryagin 极小值原理不能保证的。

5.3.3 动态规划求解连续最优控制示例

终端状态自由的最优控制问题都可以直接获得关于值函数的偏微分方程。然而，这个偏微分方程中包含了对 Hamiltonian 函数的极值，一般来说并不容易求解。在下面的例子中，状态方程是线性常微分方程，状态变量和控制变量均没有约束，我们可以显式求得 Hamiltonian 函数的极值条件，并通过试凑的方法求解关于值函数的偏微分方程。

例 5.5 (终端状态自由的最优控制问题)**.** 状态变量 $x(t):[t_0,t_f]\to\mathbb{R}$，控制变量 $u(t):[t_0,t_f]\to\mathbb{R}$ 都连续可微。状态方程为

$$\dot{x}(t)=x(t)+u(t).$$

最小化性能指标

$$J(u;x_0,t_0)=\frac{1}{2}x^2(t_f)+\int_{t_0}^{t_f}\frac{1}{2}u^2(t)\,\mathrm{d}t.$$

终端时刻 $t_f=10$ 固定、终端状态自由，求闭环形式最优控制。

(1) 计算 Hamiltonian 函数，考察极值条件

令 $V(x,t)$ 为该问题的值函数，本问题是稳态系统，稳态的 Hamiltonian 函数为

$$\mathcal{H}\left(x(t),u(t),\frac{\partial V}{\partial x}(x(t),t)\right)=\frac{1}{2}u^2(t)+\frac{\partial V}{\partial x}(x(t),t)[x(t)+u(t)].\tag{5.3.13}$$

Hamiltonian 函数取极值的必要条件为

$$u(t)=-\frac{\partial V}{\partial x}(x(t),t).\tag{5.3.14}$$

此时 Hamiltonian 函数的极小值为

$$\min_{u(t)\in\mathbb{R}}\mathcal{H}\left(x(t),u(t),\frac{\partial V}{\partial x}(x(t),t)\right)$$

$$
\begin{aligned}
&=\frac{1}{2}\Big[-\frac{\partial V}{\partial x}(x(t),t)\Big]^2+\frac{\partial V}{\partial x}(x(t),t)x(t)-\Big[\frac{\partial V}{\partial x}(x(t),t)\Big]^2\\
&=-\frac{1}{2}\Big[\frac{\partial V}{\partial x}(x(t),t)\Big]^2+\frac{\partial V}{\partial x}(x(t),t)x(t).
\end{aligned}
$$

(2) 将极值条件代入 HJB 方程

HJB 方程和边界条件为

$$
\begin{aligned}
-\frac{\partial V}{\partial t}(x(t),t)&=\min_{u(t)\in\mathbb{R}}\mathcal{H}\Big(x(t),u(t),\frac{\partial V}{\partial x}(x(t),t)\Big)\\
&=-\frac{1}{2}\Big[\frac{\partial V}{\partial x}(x(t),t)\Big]^2+\frac{\partial V}{\partial x}(x(t),t)x(t). \qquad (5.3.15)\\
V(x(t_f),t_f)&=\frac{1}{2}x^2(t_f). \qquad (5.3.16)
\end{aligned}
$$

(3) 假定值函数形式化简 HJB 方程

HJB 方程的求解并无一般解法，对于此例，我们可用试凑法，猜测值函数的形式为关于状态变量的二次函数，即

$$
V(x(t),t)=\frac{1}{2}K(t)x^2(t), \qquad (5.3.17)
$$

其中函数 $K(t):[t_0,t_f]\to\mathbb{R}$ 待定。于是

$$
\begin{aligned}
\frac{\partial V}{\partial t}(x(t),t)&=\frac{1}{2}\dot{K}(t)x^2(t) \qquad (5.3.18)\\
\frac{\partial V}{\partial x}(x(t),t)&=K(t)x(t), \qquad (5.3.19)\\
u(t)&=-\frac{\partial V}{\partial x}(x(t),t)=-K(t)x(t). \qquad (5.3.20)
\end{aligned}
$$

注意上述对 t 的偏导是针对 V 的最后一个方向的偏导，而不需要加上 x 的方向的偏导。

(4) 求解 HJB 方程

引入待定函数后，HJB 方程和边界条件化为

$$
\begin{aligned}
0&=\frac{1}{2}\dot{K}(t)x^2(t)-K^2(t)x^2(t)+K(t)x^2(t),\\
\frac{1}{2}K(t_f)x^2(t_f)&=\frac{1}{4}x^2(t_f).
\end{aligned}
$$

化简为

$$\frac{1}{2}\dot{K}(t) - K^2(t) + K(t) = 0, \tag{5.3.21}$$

$$K(t_f) = \frac{1}{2}. \tag{5.3.22}$$

通过分离变量法求解上述方程可得

$$K(t) = \frac{\mathrm{e}^{t_f - t}}{\mathrm{e}^{t_f - t} + \mathrm{e}^{-t_f + t}}, \tag{5.3.23}$$

得到值函数与闭环形式的最优控制分别为

$$V(x(t), t) = \frac{1}{2}K(t)x^2(t) = \frac{1}{2}\frac{\mathrm{e}^{t_f - t}}{\mathrm{e}^{t_f - t} + \mathrm{e}^{-t_f + t}}x^2(t), \tag{5.3.24}$$

$$u(t) = -K(t)x(t) = -\frac{2\mathrm{e}^{t_f - t}}{\mathrm{e}^{t_f - t} + \mathrm{e}^{-t_f + t}}x(t). \tag{5.3.25}$$

常微分方程 (5.3.21) 与边界条件 (5.3.22) 可以看成从 t_f 时刻时间倒向运动的*常微分方程初值问题*。除如上解析求解外，还可以利用数值方法计算。回顾 5.2.1 节我们将连续时间最优控制问题转化为近似的离散时间最优控制问题时对状态方程的离散化操作，依此即可解得常微分方程初值问题的数值解。对取值于 $\mathbb{R}^n$ 的连续函数 ψ，有关于 $x(t) : [t_0, t_f] \to \mathbb{R}^n$ 的常微分方程：

$$\dot{x}(t) = \psi(x(t), t), \quad t \in [t_0, t_f].$$

将区间等分为 N 份，$t_0 < t_1 < \ldots < t_{N-1} < t_N = t_f$，则可将常微分方程离散化。若已知 $x(t_0) = x_0$，则对 $k = 0, 1, 2, \ldots, N-1$，

$$\frac{x(t_{k+1}) - x(t_k)}{\Delta t} \approx \phi(x(t_k), t_k), \quad x(t_{k+1}) \approx x(t_k) + \phi(x(t_k), t_k)\Delta t.$$

即可得到常微分方程初值问题的数值解 $x(t_1), x(t_2), \ldots, x(t_N)$。

如本例，已知 $x(t_f) = x_f$，则对 $k = N-1, N-2, \ldots, 2, 1, 0$，

$$\frac{x(t_{k+1}) - x(t_k)}{\Delta t} \approx \phi(x(t_{k+1}), t_{k+1}), \quad x(t_k) \approx x(t_{k+1}) - \phi(x(t_{k+1}), t_{k+1})\Delta t.$$

同样可得常微分方程的数值解。

回顾第2章的例 2.1 和例 2.2，我们曾利用 HJB 方程得到关于待定函数 k 的常微分方程组，以及终端时刻的边界条件式 (2.3.12)~(2.3.14)。利用上述数

值方法，可近似为对 $k=N-1,N-2,\ldots,2,1,0$，有

$$\begin{aligned}\frac{k_1(t_{k+1})-k_1(t_k)}{\Delta t}&\approx k_2^2(t_{k+1})\\ \frac{k_2(t_{k+1})-k_2(t_k)}{\Delta t}&\approx -k_1(t_{k+1})+k_2(t)k_3(t_{k+1})\\ \frac{k_3(t_{k+1})-k_3(t_k)}{\Delta t}&\approx -2k_2(t_{k+1})+k_3^2(t_{k+1}).\end{aligned}$$

即，

$$\begin{aligned}k_1(t_k)&\approx k_1(t_{k+1})-\Big[k_2^2(t_{k+1})\Big]\Delta t\\ k_2(t_k)&\approx k_2(t_{k+1})-\Big[-k_1(t_{k+1})+k_2(t_{k+1})k_3(t_{k+1})\Big]\Delta t\\ k_3(t_k)&\approx k_2(t_{k+1})-\Big[-2k_2(t_{k+1})+k_3^2(t_{k+1})\Big]\Delta t.\end{aligned}$$

以此倒推，即可解得 k_1,k_2,k_3 的数值解。

选取 $b=2000$，将时间区间 $[0,2]$ 等分为 $N=2000$ 份，即以 0.001 为时间间隔，仿真状态方程。如图 5.10 所示，得到最优控制下的状态轨迹。尽管在引入惩罚函数、常微分方程数值求解，以及控制仿真中都引入了一定的误差，图中状态轨迹与经典变分解得的精确解（图 2.6）几乎完全相同。仿真结果中终止时刻小车的状态为 $[-5.4\mathrm{E}-04, 9.8\mathrm{E}-04]^{\mathrm{T}}$，基本达成控制目标。

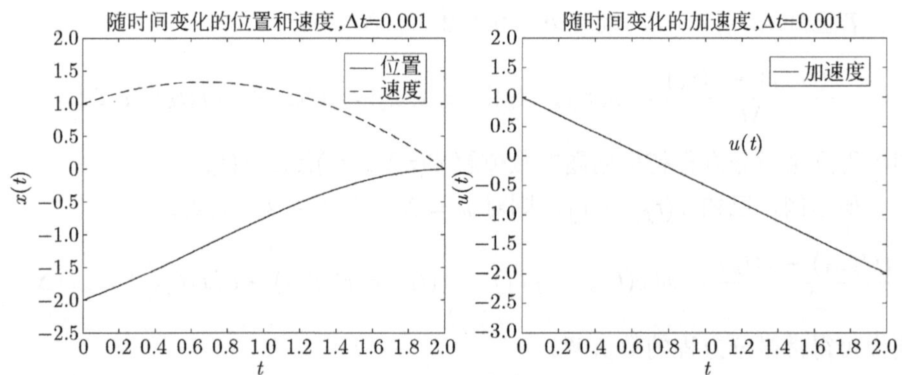

图 5.10 动态规划求解最优控制：状态 -时间和控制 -时间

练习 5.3. 使用任何一种编程语言编写计算机程序，利用动态规划方法分析连续时间最优控制问题，例 4.9，使用本节的数值方法计算常微分方程的数值解。

一些特殊的例子也可以利用 HJB 方程求解。

例 5.6 (HJB 方程的例子). 状态变量 $x(t):[t_0,t_f]\to\mathbb{R}^n$ 和控制变量 $u(t):[t_0,t_f]\to\mathbb{R}^n$ 维数相同。状态方程为

$$\dot{x}(t)=Ax(t)+u(t).$$

其中A 是 $n\times n$ 矩阵，满足 $A+A^{\mathrm{T}}=0$。控制变量有约束条件

$$\|u(t)\|\leq 1.$$

要最小化性能指标

$$J(u;x(t_0),t_0)=\int_{t_0}^{t_f}\mathrm{d}t=t_f-t_0.$$

设值函数为 $V(x,t)$，则 Hamiltonian 函数为

$$\mathcal{H}\Big(x(t),u(t),\frac{\partial V}{\partial x}(x(t),t)\Big)=1+\frac{\partial V}{\partial x}(x(t),t)\cdot[Ax(t)+u(t)].$$

在约束条件 $\|u(t)\|\leq 1$ 下，由 Cauchy–Schwarz 不等式，

$$\left|\frac{\partial V}{\partial x}(x(t),t)\cdot u(t)\right|^2\leq\left\|\frac{\partial V}{\partial x}(x(t),t)\right\|^2\|u(t)\|^2,$$

有，

$$\frac{\partial V}{\partial x}(x(t),t)\cdot u(t)\geq-\left\|\frac{\partial V}{\partial x}(x(t),t)\right\|\|u(t)\|=-\left\|\frac{\partial V}{\partial x}(x(t),t)\right\|.$$

于是，

$$\begin{aligned}\mathcal{H}\Big(x(t),u(t),\frac{\partial V}{\partial x}(x(t),t)\Big)=&1+\frac{\partial V}{\partial x}(x(t),t)\cdot[Ax(t)]+\frac{\partial V}{\partial x}(x(t),t)\cdot[u(t)]\\ \geq&1+\frac{\partial V}{\partial x}(x(t),t)\cdot[Ax(t)]-\left\|\frac{\partial V}{\partial x}(x(t),t)\right\|.\end{aligned}$$

上述极小在 $\|u(t)\|=1$，且 $\partial V/\partial x=ku(t)$ 时取得。HJB 方程为

$$-\frac{\partial V}{\partial t}(x(t),t) = 1 + \frac{\partial V}{\partial x}(x(t),t)\cdot[Ax(t)] - \left\|\frac{\partial V}{\partial x}(x(t),t)\right\|.$$

下面我们来验证，$V(x(t),t) = \|x(t)\|$ 满足上述 HJB 方程。若 $x(t) \neq 0$，

$$V(x(t),t) = \|x(t)\| = \frac{x^{\mathrm{T}}(t)x(t)}{\|x(t)\|},$$
$$\frac{\partial V}{\partial x}(x(t),t) = \frac{x(t)}{\|x(t)\|}, \quad \frac{\partial V}{\partial t}(x(t),t) = 0.$$

则

$$\begin{aligned}
&\frac{\partial V}{\partial t}(x(t),t) + 1 + \frac{\partial V}{\partial x}(x(t),t)\cdot[Ax(t)] - \left\|\frac{\partial V}{\partial x}(x(t),t)\right\| \\
=&0 + 1 + \frac{x^{\mathrm{T}}(t)Ax(t)}{\|x(t)\|} - \frac{\|x(t)\|}{\|x(t)\|} = \frac{x^{\mathrm{T}}(t)Ax(t)}{\|x(t)\|} \\
=&\frac{1}{\|x(t)\|}\frac{1}{2}x^{\mathrm{T}}(t)[A + A^{\mathrm{T}}]x(t) = 0.
\end{aligned}$$

即，$V(x(t),t) = \|x(t)\|$ 满足 HJB 方程。利用 Cauchy–Schwarz 不等式取等号的条件，就得到最优控制的充分条件为

$$u(t) = -\frac{x(t)}{\|x(t)\|}.$$

5.4 动态规划求解线性二次型最优控制

我们在第 4 章中已经介绍过线性二次型最优控制问题。其状态方程是线性方程，状态变量和控制变量均无约束，性能指标则为关于状态变量和控制变量二次函数的加和或积分。若我们希望将系统状态以较小的控制代价维持在平衡状态附近，或跟踪目标状态轨迹，即可使用二次型的性能指标刻画其偏差。在本节，我们分别利用动态规划方法求解离散时间和连续时间的线性二次型最优控制。

5.4.1 离散时间线性二次型最优控制

本节将讨论如何使用 Bellman 方程求解离散时间的线性二次型控制。首先，我们将离散时间的线性二次型控制问题定义如下。

问题 5.2 (离散时间线性二次型最优控制). 状态变量 $x(k):\mathbb{N}\to\mathbb{R}^n$，控制变量 $x(k):\mathbb{N}\to\mathbb{R}^n$。离散的状态方程

$$x(k+1)=A(k)x(k)+B(k)u(k),\quad k=0,1,\dots,N-1.$$

最小化性能指标

$$J(u)=\frac{1}{2}x^{\mathrm{T}}(N)Hx(N)+\frac{1}{2}\sum_{k=0}^{N-1}[x^{\mathrm{T}}(k)Q(k)x(k)+u^{\mathrm{T}}(k)R(k)u(k)].$$

对于任意 $k, A(k), B(k), H, Q(k), R(k)$ 分别是是 $n\times n, n\times m, n\times n, n\times n, m\times m$ 的矩阵。H 和 $Q(k)$ 实对称半正定，$R(k)$ 实对称正定。考察固定的终端时刻 N 和自由的终端状态。

简洁起见，我们在下列计算过程中将 $x(k), u(k), A(k), B(k), Q(k), R(k)$ 简记为 $x_k, u_k, A_k, B_k, Q_k, R_k$。则状态方程可表示为

$$x_{k+1}=A_kx_k+B_ku_k.$$

性能指标可表示为

$$J(u)=\frac{1}{2}x_N^{\mathrm{T}}Hx_N+\frac{1}{2}\sum_{k=0}^{N-1}[x_k^{\mathrm{T}}Q_kx_k+u_k^{\mathrm{T}}R_ku_k].$$

下面我们求解 Bellman 方程，从终止时刻倒推。

(1) $k=N$ 时刻值函数

$k=N$ 时直接利用 Bellman 方程的边界条件即可得到对任意的 $x_N\in\mathbb{R}^n$，

$$V(x_N,N)=\frac{1}{2}x_N^{\mathrm{T}}Hx_N.$$

注意到，$k=N$ 时刻的值函数是状态变量 x_N 的二次函数。令

$$K_N=H, \tag{5.4.1}$$

则

$$V(x_N,N)=\frac{1}{2}x_N^{\mathrm{T}}K_Nx_N.$$

正因为此，我们可以假定值函数为二次，进而求解线性二次型最优控制问题的 HJB 方程。

接下来，我们将用数学归纳法证明对任意的 $k=N,N-1,\ldots,0$离散时间线性二次型最优控制问题的值函数总形如

$$V(x_k,k)=\frac{1}{2}x_k^{\mathrm{T}}K_kx_k,$$

其中 K_k 实对称半正定。

(2) $k=N-1$ 时刻最优控制

此时我们已经解得 $V(x_N,N)$。对任意的 $x_{N-1}\in\mathbb{R}^n$，

$$\begin{aligned}
&V(x_{N-1},N-1)\\
&=\min_{u_{N-1}}\left\{\frac{1}{2}[x_{N-1}^{\mathrm{T}}Q_{N-1}x_{N-1}+u_{N-1}^{\mathrm{T}}R_{N-1}u_{N-1}]+V(x_N,N)\right\}\\
&=\min_{u_{N-1}}\frac{1}{2}\left\{x_{N-1}^{\mathrm{T}}Q_{N-1}x_{N-1}+u_{N-1}^{\mathrm{T}}R_{N-1}u_{N-1}+x_N^{\mathrm{T}}K_Nx_N\right\}\\
&=\min_{u_{N-1}}\frac{1}{2}\Big\{x_{N-1}^{\mathrm{T}}Q_{N-1}x_{N-1}+u_{N-1}^{\mathrm{T}}R_{N-1}u_{N-1}\\
&\qquad+[A_{N-1}x_{N-1}+B_{N-1}u_{N-1}]^{\mathrm{T}}K_N[A_{N-1}x_{N-1}+B_{N-1}u_{N-1}]\Big\}.
\end{aligned}$$

上述极值成立的条件即导数为零，

$$\begin{aligned}
0&=u_{N-1}^{\mathrm{T}}R_{N-1}+[A_{N-1}x_{N-1}+B_{N-1}u_{N-1}]^{\mathrm{T}}K_NB_{N-1},\\
u_{N-1}&=-[R_{N-1}+B_{N-1}^{\mathrm{T}}K_NB_{N-1}]^{-1}B_{N-1}^{\mathrm{T}}K_NA_{N-1}x_{N-1}.
\end{aligned}$$

令

$$F_{N-1}=-[R_{N-1}+B_{N-1}^{\mathrm{T}}K_NB_{N-1}]^{-1}B_{N-1}^{\mathrm{T}}K_NA_{N-1}, \tag{5.4.2}$$

则

$$u_{N-1}=F_{N-1}x_{N-1}.$$

(3) $k=N-1$ 时刻值函数

将 $k=N-1$ 时刻最优控制代入值函数得到

$$\begin{aligned}
V(x_{N-1},N-1)=\frac{1}{2}x_{N-1}^{\mathrm{T}}\Big\{&Q_{N-1}+F_{N-1}^{\mathrm{T}}R_{N-1}F_{N-1}\\
&+[A_{N-1}+B_{N-1}F_{N-1}]^{\mathrm{T}}K_N[A_{N-1}+B_{N-1}F_{N-1}]\Big\}x_{N-1}.
\end{aligned}$$

令

$$\begin{aligned}K_{N-1} =&Q_{N-1} + F_{N-1}^{\mathrm{T}} R_{N-1} F_{N-1}\\&+ [A_{N-1} + B_{N-1}F_{N-1}]^{\mathrm{T}} K_N [A_{N-1} + B_{N-1}F_{N-1}].\end{aligned}$$

得到

$$V(x_{N-1}, N-1) = \frac{1}{2} x_{N-1}^{\mathrm{T}} K_{N-1} x_{N-1}.$$

容易验证，当 K_N 实对称半正定时，K_{N-1} 依然实对称半正定。

对 $k = N-2, \ldots, 0$ 继续上述迭代过程，即可完成数学归纳法。同时，我们也解得离散时间线性二次型的最优控制和值函数为

$$V(x_N, N) = \frac{1}{2} x_N^{\mathrm{T}} K_N x_N. \tag{5.4.3}$$

对 $k = N-1, \ldots, 0$，

$$u_k = F_k x_k, \tag{5.4.4}$$

$$V(x_k, k) = \frac{1}{2} x_k^{\mathrm{T}} K_k x_k. \tag{5.4.5}$$

其中

$$K_N = H, \tag{5.4.6}$$

$$F_k = -[R_k + B_k^{\mathrm{T}} K_{k+1} B_k]^{-1} B_k^{\mathrm{T}} K_{k+1} A_k, \tag{5.4.7}$$

$$K_k = Q_k + F_k^{\mathrm{T}} R_k F_k + [A_k + B_k F_k]^{\mathrm{T}} K_{k+1} [A_k + B_k F_k]. \tag{5.4.8}$$

或使用函数形式记法，

$$V(x(N), N) = \frac{1}{2} x^{\mathrm{T}}(N) K(N) x(N). \tag{5.4.9}$$

对 $k = N-1, \ldots, 0$，

$$u(k) = F(k)x(k), \tag{5.4.10}$$

$$V(x(k), k) = \frac{1}{2}x^{\mathrm{T}}(k)K(k)x(k). \tag{5.4.11}$$

其中

$$K(N) = H, \tag{5.4.12}$$

$$F(k) = -\left[R(k) + B^{\mathrm{T}}(k)K(k+1)B(k)\right]^{-1}B^{\mathrm{T}}(k)K(k+1)A(k), \tag{5.4.13}$$

$$\begin{aligned} K(k) = & Q(k) + F^{\mathrm{T}}(k)R(k)F(k) \\ & + [A(k) + B(k)F(k)]^{\mathrm{T}}K(k+1)[A(k) + B(k)F(k)]. \end{aligned} \tag{5.4.14}$$

在下面的例子中，我们直接使用上述结论，倒推迭代 K_k 和 F_k，求解一例离散时间线性二次型最优控制问题。

例 5.7 (动态规划求解离散线性二次型最优控制)**.** 状态变量 $x(k): \mathbb{N} \to \mathbb{R}$，控制变量 $u(k): \mathbb{N} \to \mathbb{R}$。状态方程

$$x(k+1) = x(k) + [x(k) + u(k)]\Delta t. \tag{5.4.15}$$

其中 $\Delta t = (t_f - t_0)/N$。

最小化性能指标

$$J(u) = \frac{1}{2}x^2(N) + \sum_{k=0}^{N-1}\frac{1}{2}u^2(k)\Delta t. \tag{5.4.16}$$

$t_0 = 0$，$t_f = 10$，取 $N = 10$。终端状态自由。

容易看出，若我们将时间区间细分至 $N \to \infty$，上例即为连续时间最优控制的例 4.9。

我们将本例写成矩阵形式。状态方程为

$$x(k+1) = Ax(k) + Bu(k).$$

其中

$$A = 1 + \Delta t, \quad B = \Delta t.$$

性能指标为

$$J(u)=\frac{1}{2}x^{\mathrm{T}}(N)Hx(N)+\frac{1}{2}\sum_{k=0}^{N-1}[x^{\mathrm{T}}(k)Qx(k)+u^{\mathrm{T}}(k)Ru(k)], \tag{5.4.17}$$

其中

$$H=1,\quad Q=0,\quad R=1.$$

利用公式 (5.4.12)~(5.4.14) 迭代求解 $K(N)$ 和 $K(k),F(k)$，$k=N-1, N-2,\ldots,0$，得到闭环形式最优控制

$$u(k)=F(k)x(k),\quad k=0,1,\ldots,N-1.$$

为了对比，我们选择了与例 4.9 相同的 $x(0)=1$ 作为初值。将时间区间分割为 $N=10$ 等份，即，$\Delta t=1$，实施上述闭环形式最优控制，得到最优状态轨迹和最优控制如图 5.11 所示。

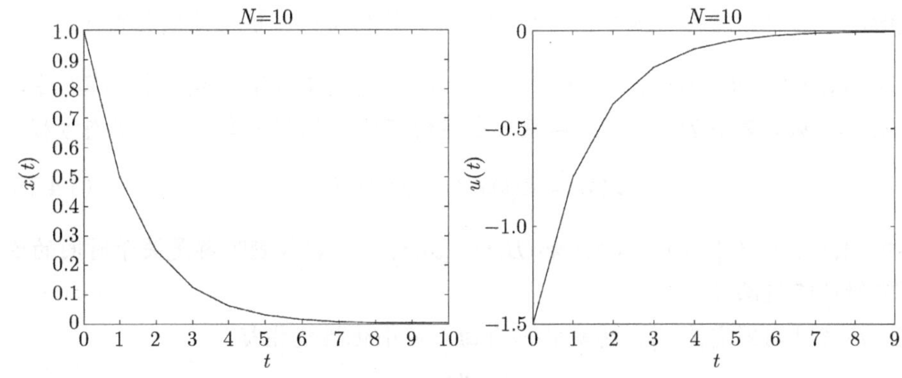

图 5.11 $\Delta t=1, N=10$, 状态变量和控制变量

选取更细致的时间区间分割，令 $N=100$，即，$\Delta t=0.1$，实施上述闭环形式最优控制，得到最优状态轨迹和最优控制如图 5.12 所示。可以看出控制和状态的轨迹更加平滑，与例 4.9 的状态轨迹（如图 4.19）和控制轨迹（如图 4.20）非常接近。

练习 5.4. 首先将例 2.1 离散化为离散线性二次型最优控制问题。再使用任何一种编程语言编写计算机程序求解最优控制及值函数。

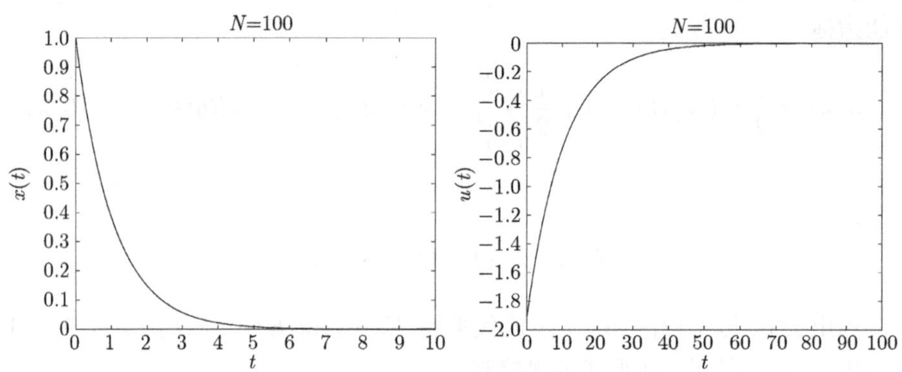

图 5.12 $\Delta t=0.1, N=100$, 状态变量和控制变量

5.4.2 连续时间线性二次型最优控制

在 4.4 节，我们曾经使用 Pontryagin 极小值原理给出连续时间线性二次型最优控制问题的闭环形式最优控制。在 5.3.3 节，我们又使用动态规划方法计算了两个线性二次型最优控制的例子。在本节，我们将利用 HJB 方程系统地解决连续时间线性二次型最优控制问题，其分析过程更加简洁和直接。

问题 5.3 (连续时间线性二次型最优控制). 状态变量 $x(t):[t_0,t_f]\to\mathbb{R}^n$ 连续可微，控制变量 $u(t):[t_0,t_f]\to\mathbb{R}^m$ 也连续可微，且都没有约束。状态方程

$$\dot{x}(t)=A(t)x(t)+B(t)u(t), \tag{5.4.18}$$

其中 $A(t):[t_0,t_f]\to\mathbb{R}^n\times\mathbb{R}^n$ 和 $B(t):[t_0,t_f]\to\mathbb{R}^n\times\mathbb{R}^m$ 都是关于时间的连续可微矩阵值函数。

终端时刻固定为 t_f，终端状态自由。最小化性能指标

$$J(u;x_0,t_0)=\frac{1}{2}x^{\mathrm{T}}(t_f)Hx(t_f)+\frac{1}{2}\int_{t_0}^{t_f}\left[x^{\mathrm{T}}(t)Q(t)x(t)+u^{\mathrm{T}}(t)R(t)u(t)\right]\mathrm{d}t. \tag{5.4.19}$$

其中 H 和 $Q(t)$ 是 $n\times n$ 的实对称半正定矩阵，$R(t)$ 是 $n\times m$ 实对称正定矩阵，$Q(t)$ 和 $R(t)$ 都连续可微。

(1) 计算 Hamiltonian, 考察极值条件

令 $V(x,t)$ 为该问题的值函数，本问题是稳态系统，则 Hamiltonian 函数与时间无关，为

$$\mathcal{H}\Big(x(t), u(t), \frac{\partial V}{\partial x}(x(t), t), t\Big) = \frac{1}{2}x^{\mathrm{T}}(t)Q(t)x(t) + \frac{1}{2}u^{\mathrm{T}}(t)R(t)u(t) + \left[\frac{\partial V}{\partial x}(x(t), t)\right]^{\mathrm{T}}[A(t)x(t) + B(t)u(t)].$$

于是 Hamiltonian 函数取极值的必要条件为

$$0 = \frac{\partial \mathcal{H}}{\partial u}\Big(x(t), u(t), \frac{\partial V}{\partial x}(x(t), t), t\Big),$$

于是，最优控制满足

$$u(t) = -R^{-1}(t)B^{\mathrm{T}}(t)\frac{\partial V}{\partial x}(x(t), t). \tag{5.4.20}$$

回忆在 2.5.3 节中，Saridis 提出的迭代控制律恰形如此式。

此时 Hamiltonian 函数的极小值为

$$\begin{aligned}
&\min_{u(t)\in\mathbb{R}^m} \mathcal{H}\Big(x(t), u(t), \frac{\partial V}{\partial x}(x(t), t), t), t\Big) \\
=& \frac{1}{2}x^{\mathrm{T}}(t)Q(t)x(t) + \left[\frac{\partial V}{\partial x}(x(t), t)\right]^{\mathrm{T}} B(t)R^{-1}(t)B^{\mathrm{T}}(t)\frac{\partial V}{\partial x}(x(t), t) \\
&+ \left[\frac{\partial V}{\partial x}(x(t), t)\right]^{\mathrm{T}} \left[A(t)x(t) - B(t)R^{-1}(t)B^{\mathrm{T}}(t)\frac{\partial V}{\partial x}(x(t), t)\right] \\
=& \frac{1}{2}x^{\mathrm{T}}(t)Q(t)x(t) + \left[\frac{\partial V}{\partial x}(x(t), t)\right]^{\mathrm{T}} A(t)x(t) \\
&- \frac{1}{2}\left[\frac{\partial V}{\partial x}(x(t), t)\right]^{\mathrm{T}} B(t)R^{-1}(t)B^{\mathrm{T}}(t)\frac{\partial V}{\partial x}(x(t), t).
\end{aligned}$$

(2) 将极值条件代入 HJB 方程

$$\begin{aligned}
\frac{\partial V}{\partial t}(x(t), t) + \frac{1}{2}x^{\mathrm{T}}(t)Q(t)x(t) + \left[\frac{\partial V}{\partial x}(x(t), t)\right]^{\mathrm{T}} A(t)x(t) \\
- \frac{1}{2}\left[\frac{\partial V}{\partial x}(x(t), t)\right]^{\mathrm{T}} B(t)R^{-1}(t)B^{\mathrm{T}}(t)\frac{\partial V}{\partial x}(x(t), t) = 0.
\end{aligned} \tag{5.4.21}$$

边界条件为

$$V(x(t_f), t_f) = \frac{1}{2}x^{\mathrm{T}}(t_f)Hx(t_f). \tag{5.4.22}$$

(3) 假定值函数形式化简 HJB 方程

作为离散时间系统的极限，猜测 HJB 方程为二次形式

$$V(x(t),t)=\frac{1}{2}x^{\mathrm{T}}(t)K(t)x(t),\quad t\in[t_0,t_f]. \tag{5.4.23}$$

其中 $K(t):[t_0,t_f]\to\mathbb{R}^n\times\mathbb{R}^n$ 为实对称半正定矩阵，待定。很显然，在 t_f 时刻，根据 HJB 方程的边界条件有

$$K(t_f)=H$$

是一个实对称半正定矩阵。对于 $t\in[t_0,t_f]$，

$$\frac{\partial V}{\partial t}(x(t),t)=\frac{1}{2}x^{\mathrm{T}}(t)\dot{K}(t)x(t),\quad \frac{\partial V}{\partial x}(x(t),t)=K(t)x(t).$$

将其代入公式 (5.4.21)，得到 Ricatti 方程

$$\begin{aligned}0=\dot{K}(t)+Q(t)-K(t)B(t)R^{-1}(t)B^{\mathrm{T}}(t)K(t)\\+K(t)A(t)+A^{\mathrm{T}}(t)K(t).\end{aligned} \tag{5.4.24}$$

以及边界条件

$$K(t_f)=H.$$

最优控制为闭环形式的

$$u(t)=-R^{-1}(t)B^{\mathrm{T}}(t)K(t)x(t). \tag{5.4.25}$$

我们使用上述结论，再次求解连续时间线性二次型最优控制问题——例 4.9。状态方程

$$\dot{x}(t)=x(t)+u(t).$$

可写作矩阵形式：

$$\dot{x}(t)=Ax(t)+Bu(t),\quad A=1,\ B=1.$$

性能指标为

$$J(u)=\frac{1}{2}x^{\mathrm{T}}(t_f)Hx(t_f)+\frac{1}{2}\int_0^{10}x^{\mathrm{T}}(t)Qx(t)+u^{\mathrm{T}}(t)Ru(t)\,\mathrm{d}t.$$

其中

$$H=1,\quad Q=0,\quad R=1.$$

使用 5.3.3 节的数值方法求解常微分方程

$$\dot{K}(t)+Q-K(t)BR^{-1}B^{\mathrm{T}}K(t)+K(t)A+A^{\mathrm{T}}K(t)=0 \tag{5.4.26}$$

$$K(t_f)=H. \tag{5.4.27}$$

可得到最优控制

$$u(t)=-R^{-1}B^{\mathrm{T}}K(t)x(t).$$

即解得连续时间线性二次型最优控制问题的闭环形式的最优控制。其状态和控制轨迹如图 5.13 所示。

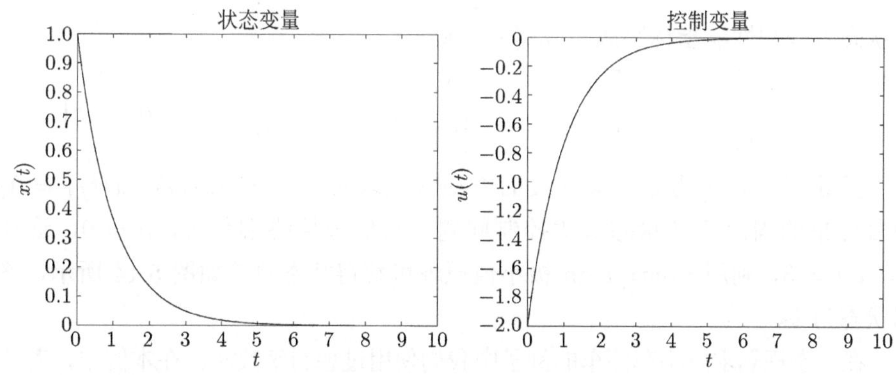

图 5.13 连续动态规划求解线性二次型, 状态变量和控制变量

练习 5.5. 参考 5.3.3 节引入惩罚函数对例 2.1 的近似，通过求解 Ricatti 方程的方法，编写计算机程序求解最优控制。尝试选择不同的参数 b，观察最优控制与最优状态轨迹。

5.4.3 二次型性能指标的参数

线性二次型最优控制的状态方程往往由实际系统给定或近似确定。而性能指标矩阵的选择则在很大程度上影响着最优控制下状态轨迹的形态。尽管对于有限的终端时刻，线性二次最优控制并不能保证在终端时刻状态为零，却可通过参数的选择而尽量接近。我们将在下面的例子中给出示范。

例 5.8 (线性二次型的参数). 状态变量 $x(t):[t_0,t_f]\to\mathbb{R}^2$，控制变量 $u(t):[t_0,t_f]\to\mathbb{R}^m$ 都连续无约束。状态方程

$$\dot{x}_1 = x_2, \tag{5.4.28}$$

$$\dot{x}_2 = x_2 + u. \tag{5.4.29}$$

$t_0=0,\ t_f=10$，初始状态 $x_1(t_0)=1,\ x_2(t_0)=1$。控制目标是在控制能量较小的情况下让状态 $x_1(t), x_2(t)$ 在 $[t_0,t_f]$ 尽量接近原点。

本例并非严格的数学问题，而更接近于工程实践，并无唯一解答。我们希望让状态变量与控制变量都接近 0。选择性能指标

$$J(u)=\frac{h}{2}x_2^2(t_f)+\int_{t_0}^{t_f}\left[\frac{q}{2}x_1^2(t)+\frac{r}{2}u^2(t)\right]\mathrm{d}t. \tag{5.4.30}$$

将状态方程和性能指标写成矩阵形式，则

$$A=\begin{bmatrix}0&1\\0&1\end{bmatrix},\quad B=\begin{bmatrix}0\\1\end{bmatrix},\quad H=\begin{bmatrix}0&0\\0&h\end{bmatrix},\quad Q=\begin{bmatrix}q&0\\0&0\end{bmatrix},\quad R=\begin{bmatrix}r\end{bmatrix}.$$

要让终端状态为零，最直接的方法就是求解以 $\mathcal{S}=\{x(t_f):x(t_f)=0\}$ 为目标集的固定终端状态最优控制问题。我们去掉终端代价，$h=0$，选择 $q=1, r=3$，利用 Pontryagin 极小值原理可解得状态轨迹如图 5.14 所示，终端状态为零。

在动态规划求解小车停车的例子中我们使用过惩罚函数法。在本例中，若选定较大的终端代价参数 h，则可以将终端代价看做终端状态不为零的惩罚函数

$$h(x(t_f),t_f)=\frac{1}{2}hx_2^2(t_f).$$

在性能指标 (5.4.30) 中选择较大的终端状态 h，即可提高 $x_2(t_f)\neq 0$ 的惩罚。我们选择 $h=4$，利用动态规划方法求解可得状态轨迹如图 5.15 所示，终端状态接近原点，与图 5.14 效果相似。

类似的，在本例中我们也可以选择相对较大的 q。这将导致性能指标 (5.4.30) 中

$$\int_{t_0}^{t_f}\frac{1}{2}qx_1^2(t)\,\mathrm{d}t$$

的权重增加。与终端代价不同，运行代价需要从 t_0 到 t_f 时刻积分，因此本例中 q 的提升并不会直接令终端状态 $x_1(t_f)$ 接近零，而是在整个区间上降低，进而导致 $x_1(t_f)$ 接近原点。相对于图 5.15，具有较大 q 的图 5.16结果中，状态变量更早开始接近原点。

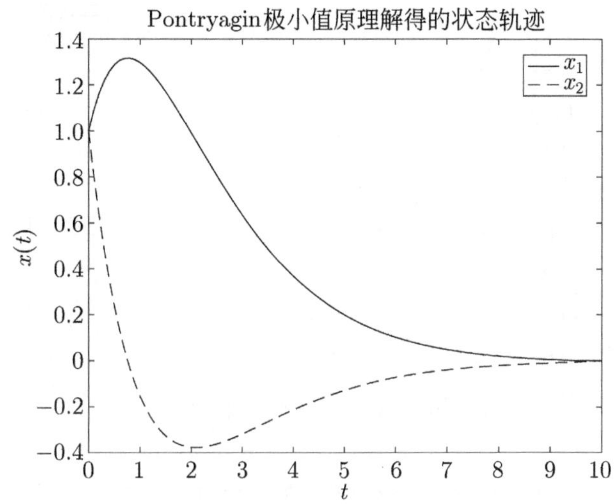

图 5.14　极小值原理求解，固定终端状态 $x(t_f)=0, q=1, r=3$

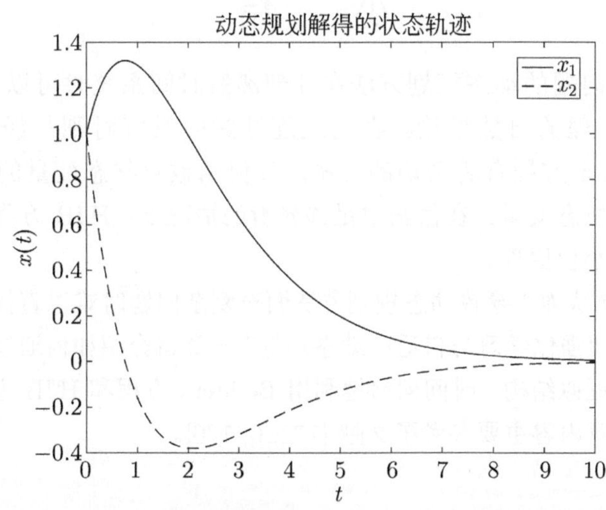

图 5.15　动态规划求解，$h=4, q=1, r=3$

线性二次型最优控制问题易于求解，通过对性能指标的设计，可以便捷地近似达成控制目标。对于非线性的状态方程，也常设计二次型性能指标，在本书下册第 3 部分最优控制的智能方法中将多次使用。

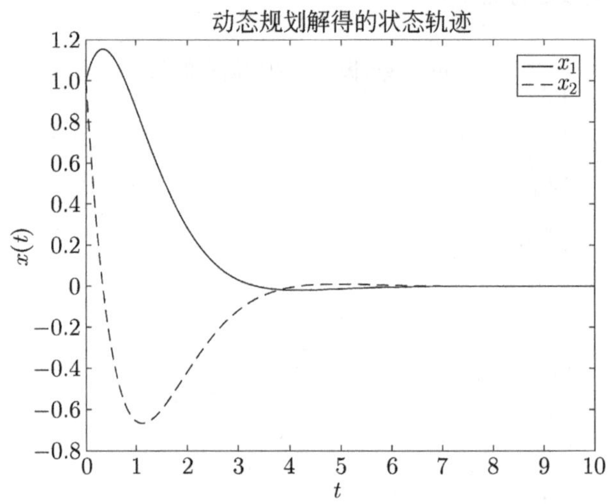

图 5.16 动态规划求解，$h = 0.1, q = 10, r = 3$

小　　结

最优控制问题的动态规划方法在处理离散时间系统时可以认为是 Bellman 最优性原理的自然推论。在处理连续时间系统时则与经典变分中的 Hamilton-Jacobi 方程有着密切的关系，其值函数对状态变量的梯度方向正是变分法中的协态变量。在值函数足够光滑的情况下，HJB 方程还可以推得 Pontryagin 极小值原理。

尽管“维数灾难”导致动态规划方法面对复杂问题时难以直接实用，本书下册第 3 部分“强化学习与自适应动态规划”一章将介绍如何通过构造值函数和控制策略的近似结构，时间向前地利用 Bellman 方程和 HJB 方程求解最优控制问题。本章内容主要参考了文献 [172, 6, 176]。

参考文献

[1] Ekeland I. The best of all possible worlds: mathematics and destiny. University of Chicago Press, 2006.

[2] 埃克朗. 最佳可能的世界：数学与命运. 北京: 科学出版社, 2012.

[3] Zipf G K. Human behavior and the principle of least effort. Addison-Wesley Press, 1949.

[4] 莫里斯·克莱因. 古今数学思想. 上海: 上海科学技术出版社, 2014.

[5] Sussmann H J, Willems J C. 300 years of optimal control: from the brachystochrone to the maximum principle. IEEE Control Systems, 1997, 17(3): 32-44.

[6] Liberzon D. Calculus of variations and optimal control theory: a concise introduction. Princeton University Press, 2012.

[7] Tent M B. Leonhard Euler and the Bernoullis: mathematicians from Basel. CRC Press, 2009.

[8] 张筑生. 数学分析新讲. 北京: 北京大学出版社, 1990.

[9] Varberg D, Purcell E J, Rigdon S E. Calculus. 9th ed. Pearson, 2006.

[10] Ferguson J. A brief survey of the history of the calculus of variations and its applications. arXiv preprint math/0402357, 2004.

[11] Goddard R H. A method of reaching extreme altitudes. Smithsonian Institute Miscellaneous Collections, vol. 71, 1919.

[12] Hamel G. Uber eine mit dem problem der rakete zusammenhangende aufgabe der variationsrechnung. Zamm, 1927, 7(6): 451-452.

[13] Goldstine H H. A History of the Calculus of Variations from the 17th through the 19th Century. Springer Science & Business Media, 2012, vol. 5.

[14] 何毓琦. 科学人生纵横：何毓琦博文集萃. 北京: 清华大学出版社, 2009.

[15] Rugescu R D. Goddard's 85 years optimal ascent problem finally solved. AAS History Series, 2012, 37: 337-355.

[16] Tsien H S. Engineering Cybernetics. New York: McGraw-Hill, 1954.

[17] 钱学森. 工程控制论 (新世纪版). 上海: 上海交通大学出版社, 2007.

[18] Wiener N. Cybernetics or control and communication in the animal and the machine. MIT Press, 1961, vol. 25.

[19] 维纳. 控制论, 或关于在动物和机器中控制和通信的科学. 北京: 北京大学出版社, 2007.

[20] Wiener N. The human use of human beings: cybernetics and society. Da Capo Press, 1988.

[21] 维纳. 人有人的用处 ——控制论与社会. 北京: 北京大学出版社, 2010.

[22] Rid T. Rise of the machines: the lost history of cybernetics. Scribe Publications, 2016.

[23] 托马斯・瑞德. 机器崛起：遗失的控制论历史. 北京: 机械工业出版社, 2017.

[24] Tsien H S, Evans R C. Optimum thrust programming for a sounding rocket. Journal of the American Rocket Society, 1951, (5): 99-107.

[25] Bryson A E. Applied optimal control: optimization, estimation and control. CRC Press, 1975.

[26] Pesch H J, Plail M, Munich D. The maximum principle of optimal control: a history of ingenious ideas and missed opportunities. Control and Cybernetics, 2009, 38(4A): 973-995.

[27] Pesch H J, Bulirsch R. The maximum principle, Bellman's equation, and Carathéodory's work. Journal of Optimization Theory and Applications, 1994, 80(2): 199-225.

[28] Pesch H J, Plail M. The cold war and the maximum principle of optimal control. Optimization Stories. Documenta Mathematica, 2012.

[29] Hestenes M R, Stiefel E. Methods of conjugate gradients for solving linear systems. NBS, 1952, vol. 49.

[30] Hestenes M R. A general problem in the calculus of variations with applications to paths of least time. Rand Corporation, RM100, Tech. Rep., 1950.

[31] Berkovitz L D. Variational methods in problems of control and programming. Journal of Mathematical Analysis and Applications, 1961, 3(1): 145-169.

[32] Ben-Asher J Z. Optimal control theory with aerospace applications. American Institute of Aeronautics and Astronautics, 2010.

[33] Isaacs R. Games of pursuit. Rand Corporation Research Memorandum, 1951.

[34] Isaacs R. Differential games I: Introduction. Rand Corporation Research Memorandum, 1954.

[35] Isaacs R. Differential Games. John Wiley & Sons, 1965.

[36] Ho Y C, Bryson A E, Baron S. Differential games and optimal pursuit-evasion strategies. IEEE Transaction on Control Systems, 1965, 10(4): 385-389.

[37] LaSalle J. Study of the basic principle underlying the bang-bang servo, goodyear aircraft corp. Bull. Amer. Math. Soc, 1954, 60: 154.

[38] Bellman R, Glicksberg I, Gross O. On the bang-bang control problem. DTIC Document, Tech. Rep., 1955.

[39] Bellman R E, Lee E S. History and development of dynamic programming. IEEE Control Systems Magazine, 1984, 4(4): 24-28.

[40] Bellman R. On the theory of dynamic programming. Proceedings of the National Academy of Sciences, 1952, 38(8): 716-719.

[41] Bellman R, et al. The theory of dynamic programming. Bulletin of the American Mathematical Society, 1954, 60(6):503-515.

[42] Bellman R. Dynamic programming. Princeton, NJ: Princeton University Press, 1957.

[43] Bellman R. Eye of the hurricane. World Scientific, 1984.

[44] Boltyanskii V G, Gamkrelidze R V, Pontryagin L S. Towards a theory of optimal processes. Proceedings of the USSR Academy of Sciences, 1956, 110(1): 7-10.

[45] Pontryagin L S, Boltyanskii V, Gamkrelidze R V, et al. The mathematical theory of optimal processes. New York: John Wiley, 1962.

[46] Wiener N. Extrapolation, interpolation, and smoothing of stationary time series. Cambridge, MA: MIT Press, 1949, vol. 7.

[47] Hall A C. The analysis and synthesis of linear servomechanisms. Massachusetts Institute of Technology, 1947.

[48] Kalman R E, et al. Contributions to the theory of optimal control. Bol. Soc. Mat. Mexicana, 1960, 5(2): 102-119.

[49] 柴天佑，岳恒. 自适应控制. 北京: 清华大学出版社, 2016.

[50] Wang L X. Adaptive fuzzy systems and control: design and stability analysis. Prentice-Hall, Inc., 1994.

[51] Spearman C. General intelligence, öbjectively determined and measured. The American Journal of Psychology, 1904, 15(2): 201-292.

[52] Gardner H. Frames of mind: the theory of multiple intelligences. New York: Basic Books, 1983.

[53] Sternberg R J. Beyond IQ: a triarchic theory of intelligence. Cambridge: Cambridge University Press, 1985.

[54] Jung R E, Haier R J. The parieto-frontal integration theory (P-FIT) of intelligence: converging neuroimaging evidence. Behavioral and Brain Sciences, 2007, 30(2): 135-154.

[55] Myerson R B. Game theory. Harvard University Press, 2013.

[56] Fu K S. Learning control systems: review and outlook. IEEE Transactions on Automatic Control, 1970, 15(2): 210-221.

[57] Saridis G N. On a class of performance-adaptive self-organizing control systems. Pattern Recognition and Machine Learning. Springer, 1971: 204-220.

[58] Saridis G N. Self-organizing control of stochastic systems. M. Dekker, 1977, vol. 4.

[59] Fu K S. Learning control systems and intelligent control systems: an intersection of artifical intelligence and automatic control. IEEE Transactions on Automatic Control, 1971, 16(1): 70-72.

[60] Saridis G N. Foundations of the theory of intelligent controls. IEEE Workshop on Intelligent Control, 1985: 23-28.

[61] Saridis G N, Valavanis K P. Analytic design of intelligent machines. Automatica, 1988, 24(2): 123-133.

[62] Wang F Y, Saridis G N. A coordination theory for intelligent machines. Automatica, 1990, 26(5): 833-844.

[63] Sutton R S, Barto A G. Reinforcement learning: an introduction. MIT Press, 1998.

[64] Minsky M L. Theory of neural-analog reinforcement systems and its application to the brain-model problem. Ph.D. thesis, Princeton University, 1954.

[65] Waltz M, Fu K. A heuristic approach to reinforcement learning control systems. IEEE Transactions on Automatic Control, 1965, 10(4): 390-398.

[66] Mendel J M. A survey of learning control systems (on-line-learning and off-line-learning self-organizing control systems. ISA TRANSACTIONS, 1966, 5: 297-303.

[67] Minsky M. Steps toward artificial intelligence. Proceedings of the IRE, 1971, 49(1): 8-30.

[68] Werbos P J. Beyond regression: new tools for prediction and analysis in the behavioral sciences. Ph.D. thesis, Harvard University, 1974.

[69] Werbos P J. The roots of backpropagation: from ordered derivatives to neural networks and political forecasting. John Wiley & Sons, 1994, vol. 1.

[70] Kelley H J. Gradient theory of optimal flight paths. Ars Journal, 1960, 30(10): 947-954.

[71] Bryson A E. A gradient method for optimizing multi-stage allocation processes. Proc. Harvard Univ. Symposium on Digital Computers and Their Applications, 1961: 72.

[72] Dreyfus S E. Artificial neural networks, back propagation, and the kelley-bryson gradient procedure. Journal of Guidance, Control, and Dynamics, 1990, 13(5): 926-928.

[73] Mizutani E, Dreyfus S E, Nishio K. On derivation of MLP backpropagation from the Kelley-Bryson optimal-control gradient formula and its application. Proceedings of the IEEE-INNS-ENNS International Joint Conference on Neural Networks, 2000. IJCNN 2000, vol. 2. IEEE, 2000: 167-172.

[74] Howard R A. Dynamic programming and Markov process. Cambridge, MA: MIT Press, 1960.

[75] Werbos P J. Advanced forecasting methods for global crisis warning and models of intelligence. General Systems Yearbook, 1977, 22(12): 25-38.

[76] Werbos P J. Approximate dynamic programming for real-time control and neural modeling. Handbook of Intelligent Control: Neural, Fuzzy, and Adaptive Approaches, 1992, 15: 493-525.

[77] Goodfellow I, Bengio Y, Courville A. Deep learning. MIT Press, 2016.

[78] Saridis G N, Lee C-S G. An approximation theory of optimal control for trainable manipulators. IEEE Transactions on systems, Man, and Cybernetics, 1979, 9(3): 152-159.

[79] Wang F Y, Saridis G N. Suboptimal control for nonlinear stochastic systems. Proceedings of the 31st IEEE Conference on Decision and Control, 1992. IEEE, 1992: 1856-1861.

[80] Saridis G N, Wang F Y. Suboptimal control of nonlinear stochastic systems. Control Theory and Advanced Technology, 1994, 10(4): 847-871.

[81] Wang F Y, Saridis G N. On successive approximation of optimal control of stochastic dynamic systems. Modeling Uncertainty, 2005: 333-358.

[82] Beard R W, Saridis G N, Wen J T. Galerkin approximations of the generalized Hamilton-Jacobi-Bellman equation. Automatica, 1997, 321(12): 2159-2177.

[83] Murray J J, Cox C J, Lendaris G G, et al. Adaptive dynamic programming. IEEE Transactions on Systems, Man, and Cybernetics, Part C: Applications and Reviews, 2002: 32(2): 140-153.

[84] Abu-Khalaf M, Lewis F L. Nearly optimal state feedback control of constrained nonlinear systems using a neural networks HJB approach. Annual Reviews in Control, 2004, 28(2): 239-251.

[85] Prokhorov D V, Wunsch D C, et al. Adaptive critic designs. IEEE Transactions on Neural Networks, 1997, 8(5): 997-1007.

[86] Powell W B. Approximate dynamic programming: solving the curses of dimensionality. John Wiley & Sons, 2007, vol. 703.

[87] Al-Tamimi A, Lewis F L, Abu-Khalaf M. Discrete-time nonlinear HJB solution using approximate dynamic programming: convergence proof. IEEE Transactions on Systems, Man, and Cybernetics, Part B: Cybernetics, 2008, 38(4): 943-949.

[88] Saeks R E, Cox C J, Mathia K, et al. Asymptotic dynamic programming: preliminary concepts and results. International Conference on Neural Networks, 1997, vol. 4. IEEE, 1997: 2273-2278.

[89] Bertsekas D P, Tsitsiklis J N. Neuro-dynamic programming (optimization and neural computation series, 3). Athena Scientific, 1996, 7: 15-23.

[90] Enns R, Si J. Helicopter trimming and tracking control using direct neural dynamic programming. IEEE Transactions on Neural Networks, 2003, 14(4): 929-939.

[91] Doya K. Reinforcement learning in continuous time and space. Neural computation, 2000, 12(1): 219-245.

[92] Wang F Y, Zhang H, Liu D. Adaptive dynamic programming: an introduction. IEEE Computational Intelligence Magazine, 2009, 4(2): 39-47.

[93] Lewis F L, Vrabie D. Reinforcement learning and adaptive dynamic programming for feedback control. IEEE Circuits and Systems Magazine, 2009, 9(3).

[94] Silver D, Huang A, Maddison C J, et al. Mastering the game of Go with deep neural networks and tree search. Nature, 2016, 529(7587): 484-489.

[95] Wang F Y, Zhang J J, Zheng X, et al. Where does AlphaGo go: from Church-Turing thesis to AlphaGo thesis and beyond. IEEE/CAA Journal of Automatica Sinica, 2016, 3(2): 113-120.

[96] Garcia C E, Prett D M, Morari M. Model predictive control: theory and practice—a survey. Automatica, 1989, 25(3): 335-348.

[97] Richalet J, Rault A, Testud J, et al. Model predictive heuristic control: applications to industrial processes. Automatica, 1978, 14(5): 413-428.

[98] Cutler C R, Ramaker B L. Dynamic matrix control—a computer control algorithm. Joint Automatic Control Conference, 1980, p. 72.

[99] 席裕庚. 预测控制 (第 2 版). 北京: 国防工业出版社, 2013.

[100] Qin S J, Badgwell T A. A survey of industrial model predictive control technology. Control Engineering Practice, 2003, 11(7): 733-764.

[101] Draeger A, Engell S, Ranke H. Model predictive control using neural networks. IEEE Control Systems, 1995, 15(5): 61-66.

[102] Lenz I, Knepper R, Saxena A. Deepmpc: learning deep latent features for model predictive control. Robotics Science and Systems (RSS), 2015.

[103] Rao A V. A survey of numerical methods for optimal control. Advances in the Astronautical Sciences, 2009, 135(1): 497-528.

[104] Bryson E, Jr. Optimum rocket trajectories with aerodynamic drag. Journal of Jet Propulsion, 1958, 28(7): 465-469.

[105] Keller H B. Numerical methods for two-point boundary value problems. 1968. Walthman, MA: Ginn-Blaisdel, 1968.

[106] Keller H B. Numerical methods for two-point boundary-value problems. Society for Industrial and Applied Mathematics, 1976.

[107] Kraft D. On converting optimal control problems into nonlinear programming problems. Computational Mathematical Programming. Springer, 1985: 261-280.

[108] Betts J T. Practical methods for optimal control and estimation using nonlinear programming. SIAM, 2010, vol. 19.

[109] Wang F Y. The emergence of intelligent enterprises: from CPS to CPSS. IEEE Intelligent Systems, 2010, 25(4): 85-88.

[110] 王飞跃. 软件定义的系统与知识自动化: 从牛顿到默顿的平行升华. 自动化学报, 2015, 41(1): 1-8.

[111] 王飞跃. 平行控制：数据驱动的计算控制方法. 自动化学报, 2013, 39(2): 293-302.

[112] 钱学森，于景元，戴汝为. 一个科学新领域 ——开放的复杂巨系统及其方法论. 自然杂志, 1990, (1): 3-10.

[113] Gallagher R, Appenzeller T, Normile D, et al. Beyond reductionism. Science, 1999, 284(5411): 79.

[114] 王飞跃. 关于复杂系统研究的计算理论与方法. 中国基础科学, 2004, 6(5): 3-10.

[115] 王飞跃. 平行系统方法与复杂系统的管理和控制. 控制与决策, 2004, 19(5): 485-489.

[116] 王飞跃. 人工社会, 计算实验, 平行系统: 关于复杂社会经济系统计算研究的讨论. 复杂系统与复杂性科学, 2004, 1(4): 25-35.

[117] 王飞跃，史帝夫 • 兰森. 从人工生命到人工社会 ——复杂社会系统研究的现状和展望. 复杂系统与复杂性科学, 2004, (5): 42-47.

[118] 王飞跃. 计算实验方法与复杂系统行为分析和决策评估. 系统仿真学报, 2004, 16(5): 893-897.

[119] 王飞跃. 从 AlphaGo 到平行智能：启示与展望. 科技导报, 2016, 34(7): 72-74.

[120] Wang F Y, Wang X, Li L, Li L. Steps toward parallel intelligence. IEEE/CAA Journal of Automatica Sinica, 2016, 3(4): 345-348.

[121] Hanc J. The original Euler's calculus-of-variations method: key to Lagrangian mechanics for beginners. submitted to American Journal of Physics, 2004.

[122] Gelfand I M, Fomin S V. Calculus of variations. Dover Publications, 2000.

[123] Kuhn H, Tucker A. Nonlinear programming. Proceedings of 2nd Berkeley Symposium. Berkeley: University of California Press, 1951: 481-492.

[124] Karush W. Minima of functions of several variables with inequalities as side conditions. M.Sc. Dissertation, Univ. of Chicago, Chicago, Illinois., 1939.

[125] Everett H. III. Generalized Lagrange multiplier method for solving problems of optimum allocation of resources. Operations Research, 1963, 11(3): 399-417.

[126] Bolza O. Lectures on the calculus of variations. New York: Chelsea Publishing Company, 1904.

[127] Bliss G A. Lectures on the calculus of variations. University of Chicago Press, 1948.

[128] McShane E J. On multipliers for Lagrange problems. American Journal of Mathematics, 1939, 61(4): 809-819.

[129] Hestenes M-R. Calculus of variations and optimal control theory. John Wiley & Sons, Inc., Gauthier-Villars, 1965.

[130] Chang S S. Optimal control in bounded phase space. Automatica, 1963, 1(1): 55-67.

[131] B. 阿诺尔德. 经典力学的数学方法 (第 4 版). 北京: 高等教育出版社, 2006.

[132] Boerner H. Carathéodory's eingang zur variationsrechnung. Jahresbericht der deutschen Mathematiker-Vereinigung, 1953, 56: 31-58.

[133] Bryson E. Jr. Optimal control: 1950 to 1985. IEEE Control Systems, 1996, 16(3): 26-33.

[134] Crandall M G, Lions P-L. Viscosity solutions of Hamilton-Jacobi equations. Transactions of the American Mathematical Society, 1983, 277(1): 1-42.

[135] von Neumann J. Zur theorie der gesellschaftsspiele. Mathematische Annalen, 1928, 100(1): 295-320.

[136] von Neumann J. On the theory of games of strategy. Contributions to the Theory of Games, 1959, 4: 13-42.

[137] von Neumann J, Morgenstern O. Theory of games and economic behavior. Princeton University Press: 1944.

[138] Nash J F, et al. Equilibrium points in *n*-person games. Proceedings of the National Academy of Sciences, 1950, 36(1): 48-49.

[139] Başar T, Bernhard P. H-infinity optimal control and related minimax design problems: a dynamic game approach. Boston, MA: Birkhaüser, 1991.

[140] Abu-Khalaf M, Lewis F L, Huang J. Hamilton-Jacobi-Isaacs formulation for constrained input nonlinear systems. 43rd IEEE Conference on Decision and Control, 2004. CDC. vol. 5. IEEE, 2004: 5034-5040.

[141] McCulloch W S, Pitts W. A logical calculus of the ideas immanent in nervous activity. The Bulletin of Mathematical Biophysics, 1943, 5(4): 115-133.

[142] Rosenblatt F. The perceptron: a probabilistic model for information storage and organization in the brain. Psychological Review, 1958, 65(6): 386.

[143] Widrow B. An adaptive "ADALINE" neuron using chemical "memistors". Office of Naval Research, Tech. Rep., 1960.

[144] Cybenko G. Approximation by superpositions of a sigmoidal function. Mathematics of Control, Signals, and Systems (MCSS), 1989, 2(4): 303-314.

[145] Liu D, Wei Q. Policy iteration adaptive dynamic programming algorithm for discrete-time nonlinear systems. IEEE Transactions on Neural Networks and Learning Systems, 2014, 25(3): 621-634.

[146] Puterman M L, Shin M C. Modified policy iteration algorithms for discounted Markov decision problems. Management Science, 1978, 24(11): 1127-1137.

[147] Wei Q, Liu D, Lin H. Value iteration adaptive dynamic programming for optimal control of discrete-time nonlinear systems. IEEE Transactions on Cybernetics, 2016, 46(3): 840-853.

[148] Lewis F, Ge S S. Neural networks in feedback control systems. Mechanical Engineer's Handbook, 2005.

[149] Narendra K S, Parthasarathy K. Identification and control of dynamical systems using neural networks. IEEE Transactions on Neural Networks, 1990, 1(1): 4-27.

[150] Narendra K S, Parthasarathy K. Gradient methods for the optimization of dynamical systems containing neural networks. IEEE Transactions on Neural Networks, 1991, 2(2): 252-262.

[151] Wang F Y, Kim H. Implementing adaptive fuzzy logic controllers with neural networks: a design paradigm. Journal of Intelligent & Fuzzy Systems, 1995, 3(2): 165-180.

[152] Chen C P, Wen G X, Liu Y J, Wang F Y. Adaptive consensus control for a class of nonlinear multiagent time-delay systems using neural networks. IEEE Transactions on Neural Networks and Learning Systems, 2014, 25(6): 1217-1226.

[153] Wang F Y, Jin N, Liu D, Wei Q. Adaptive dynamic programming for finite-horizon optimal control of discrete-time nonlinear systems with ϵ-error bound. IEEE Transactions on Neural Networks, 2011, 22(1): 24-36.

[154] Liu D, Wei Q. Finite-approximation-error-based optimal control approach for discrete-time nonlinear systems. IEEE Transactions on Cybernetics, 2013, 43(2): 779-789.

[155] Wei Q, Wang F Y, Liu D, Yang X. Finite-approximation-error-based discrete-time iterative adaptive dynamic programming. IEEE Transactions on Cybernetics, 2014, 44(12): 2820-2833.

[156] Wang F Y, Zhang J, Wei Q, Zheng X, Li L. PDP: parallel dynamic programming. IEEE/CAA Journal of Automatica Sinica, 2017, 4(1): 1-5.

[157] 李力，林懿伦，曹东璞，郑南宁，王飞跃. 平行学习 ——机器学习的一个新型理论框架. 自动化学报, 2017, 43(1): 1-8.

[158] Wang F Y. Parallel Control and Management for Intelligent Transportation Systems: Concepts, Architectures, and Applications. IEEE Transactions on Intelligent Transportation Systems, 2010, 11(3): 630-638.

[159] Wang F Y. Agent-based control for networked traffic management systems, IEEE Intelligent Systems, 2005, 20(5): 92-96.

[160] Lv Y, Duan Y, Kang W, Li Z, Wang F Y. Traffic Flow Prediction With Big Data: A Deep Learning Approach. IEEE Transactions on Intelligent Transportation Systems, 2015, 16(2): 865-873.

[161] 王飞跃，李晓晨，毛文吉，王涛. 社会计算的基本方法与应用. 杭州: 浙江大学出版社, 2013.

[162] Wang F Y. Toward a paradigm shift in social computing: The ACP approach. IEEE Intelligent Systems, 2007, 22(5): 65-67.

[163] Wang F Y, Carley K M, Zeng D, Mao W. Social Computing: From Social Informatics to Social Intelligence. IEEE Intelligent Systems, 2007, 22(2): 79-83.

[164] Wang K, Gou C, Zheng N, Rehg J M, Wang F-Y. Parallel vision for perception and understanding of complex scenes: methods, framework, and perspectives. Artificial Intelligence Review, 2017, 48(3): 298-328.

[165] 王坤峰，苟超，王飞跃. 平行视觉: 基于 ACP 的智能视觉计算方法. 自动化学报, 2016, 42(10): 1490-1500.

[166] 王坤峰，鲁越，王雨桐，熊子威，王飞跃. 平行图像: 图像生成的一个新型理论框架. 模式识别与人工智能, 2017, 30(7): 577-587.

[167] Li L, Lin Y, Zheng N, Wang F Y. Parallel learning: a perspective and a framework. IEEE/CAA Journal of Automatica Sinica, 2017, 4(3): 389-395.

[168] Zhang J, Li L, Wang F Y. A Probabilistic Mechanism Design for Online Auctions. IEEE Access, 2017, 5: 10782-10794.

[169] Wang F Y, Zheng N, Cao D, Martinez C M, Liu T, Parallel driving in CPSS: a unified approach for transport automation and vehicle intelligence. IEEE/CAA Journal of Automatica Sinica, 2017, 4(4): 577-587.

[170] 张恭庆. 变分学讲义. 北京: 高等教育出版社, 2011.

[171] Kamien M I, Schwartz N L. Dynamic optimization: the calculus of variations and optimal control in economics and management. Courier Corporation, 2012.

[172] Kirk D E. Optimal control theory: an introduction. New York: Dover Publications, 2004.

[173] 丁同仁，李承治. 常微分方程教程. 北京: 高等教育出版社, 1991.

[174] Chachuat B C. Nonlinear and dynamic optimization: from theory to practice. École polytechnique fédérale de Lausanne, Tech. Rep., 2007.

[175] 钟宜生. 最优控制. 北京: 清华大学出版社, 2015.

[176] 解学书. 最优控制理论与应用. 北京: 清华大学出版社, 1986.

索　　引